钣金展开计算实例
(坐标系法)

蒋国成　编著

机械工业出版社

本书主要用平行线法、三角形法、放射线法及综合线法介绍了常用构件的计算展开。为便于读者掌握和应用钣金展开计算公式，本书本着由简入繁、循序渐进的原则，对每个典型构件均先介绍计算公式，再辅以实例进行讲解，层次清楚、容易掌握。本书主要内容包括：钣金展开计算方法的由来与相关的解析几何数学公式的应用、等径圆管的组成构件与平行线展开计算方法的应用、圆口变方（长方）口的构件与三角形展开计算方法的应用、由圆锥管组成的构件与放射线展开计算方法的应用和有关配套的几何图形与相关的数学公式的应用。

本书可供在岗的一线工人使用，也可供各类院校的相关专业师生参考。

图书在版编目（CIP）数据

钣金展开计算实例：坐标系法/蒋国成编著. —北京：机械工业出版社，2017.2

ISBN 978-7-111-56016-6

Ⅰ.①钣…　Ⅱ.①蒋…　Ⅲ.①钣金工-计算方法　Ⅳ.①TG936

中国版本图书馆 CIP 数据核字（2017）第 027096 号

机械工业出版社（北京市百万庄大街 22 号　邮政编码 100037）
策划编辑：侯宪国　责任编辑：侯宪国　责任校对：张晓蓉
封面设计：马精明　责任印制：李　飞
北京机工印刷厂印刷（三河市南杨庄国丰装订厂装订）
2017 年 9月第 1 版第 1 次印刷
169mm×239mm · 20.5 印张 · 419 千字
0001 — 3000 册
标准书号：ISBN 978-7-111-56016-6
定价：49.80元

凡购本书，如有缺页、倒页、脱页，由本社发行部调换

电话服务	网络服务
服务咨询热线：010-88361066	机 工 官 网：www.cmpbook.com
读者购书热线：010-68326294	机 工 官 博：weibo.com/cmp1952
010-88379203	金 书 网：www.golden-book.com
封面无防伪标均为盗版	教育服务网：www.cmpedu.com

前　言

钣金加工是机械制造、汽车、造船、航空航天等行业的重要加工方法之一，从精密产品加工到重型机械加工都离不开钣金加工。我国这些行业的发展以及生产能力与需求的提高，也促进了钣金加工行业的快速发展。钣金展开是钣金加工中非常重要的一步，而钣金计算是实现钣金展开的方法之一。用计算法进行钣金展开放样，简单明了、准确无误且适用范围广，避免了图解法的操作复杂、效率低且精度低的缺点。因此，作者特编写了本书。

本书内容涵盖了常用典型管件的基本构件、相贯件、组合件等的展开计算所涉及的公式，只需要用计算器便可计算得出各类构件的展开数据，为读者提供了方便。本书中的计算公式及图形建立于划定的空间（或平面）直角坐标系中，构件的展开图曲线是平面坐标点的轨迹，计算更简便，图形清晰易操作。本书具有以下特点：

1）本书中所述坐标系法用计算式直接给出，免去推导过程，避免给一线工人带来困扰。

2）本书采用的直角坐标系法计算式经作者多年工作检验，计算所得数据与实际数据准确无误，且展开图易操作。

3）每个计算式之后都辅以计算实例来讲解说明，使读者更方便使用。

4）本书采用图文结合的形式，使所要讲述的内容一目了然。

本书由本钢集团结构设计工程师蒋国成编写，是长期工作经验的总结，并通过了实践验证。但由于编者水平有限，书中难免存在不妥或遗漏之处，敬请读者批评指正。

编　者

目　录

第1章　钣金展开计算方法的由来与相关的解析几何数学公式的应用

钣金构件展开图的传统几何图解划法是把施工图上的钣金构件，诸如等（变）径圆（方）管、圆（棱）锥管、球形壳体及其组合构件、容器等的几何外形，按1∶1的比例放样到平整、宽阔的钢板地板平面上，划出构件的立面图、平面图、侧面图及必要的剖（切）面图。将构件的支件圆管（或圆锥管）的横截面圆周等分成若干（适当密集的）等份。选准恰当的一个等分点作为起始（零）点，并按顺序标注各等分点的序号。过各等分点作平行于等径圆管中心轴线的直线素线（若是圆锥管则为放射线素线）与构件的主件圆管（或其他形式的壳体）的相应直线素线相交得出一系列点的轨迹，这就是构件的接合线（相贯线）曲线的投影。它与直线素线的交点到素线端点的长度，可作为支件等径圆管展开图曲线上点的直角坐标的纵坐标 y_i 值；在平面直角坐标系的横轴 ox 上，截取支件圆管的直径圆周的展开长度，并等分与该支件圆管的横截面圆周所等分的相同数目的等份，由坐标原点（为零点）开始依次标注各等分点序号。从坐标原点分别到各等分点的有向线段长度，依次作为支件等径圆管展开图曲线上点的直角坐标的横坐标 x_i 值，有了这些点（x_i，y_i）的直角坐标，就可以描点连接成曲线，与有关线段一起组成该支件等径圆管的展开图。这种几何图解划法工艺过程复杂、操作费工费时、工效低，束缚了施工进度，被施工者认为是亟待攻关革新的技能工艺环节。

现代电子计算机、计算器的普遍使用，使钣金展开计算划法中复杂的、多位数的数学计算工作能够快速、准确地完成。剩下的手工（或计算机操作）划制构件展开图的事情就很容易了。钣金构件的支、主件圆管（或其他形式的壳体）几何外形特征，都可以用解析几何学中相应的数学解析式子（公式）来表示，由于支、主件壳体的相交，所以把两两相关的数学解析式子组成联立方程组，经整理化简得到一个函数式，它表示该构件的接合线（相贯线）曲线上点的直角坐标的计算式；有时，还要引进一个已知量组成新的计算式，这就是该构件的支件圆管展开图曲线上的点的直角坐标的计算式。这个计算式中的自变量是以含有另一个参变量的参数方程表示的，这个参变量的几何图形位置是构件的支件圆管（或圆锥管）的一个恰当的横截面圆周等分若干（适当密集的）等份的等分点，并选准一个等分点为起始（零）点，再依次标注各等分点的序号，这一组点序号就是参变量的取值范围。把参变量依次代入支件圆管展开图曲线上点的直角坐标的计算式，可计算得到该支件圆管展开图曲线上全部点的直角坐标，进而描划出支件圆管的展开图。

例：一个水平等径圆管与圆锥管的侧旁相交（图1.1）。这个水平等径圆管展开图曲线上点的直角坐标的计算式的建立及推导过程如下：构件的主件圆锥管的数学解析式是二次圆锥曲面方程$\frac{x^2}{a^2}+\frac{y^2}{a^2}-\frac{z^2}{c^2}=0$，水平等径圆管的圆筒表面均匀分布着平行于其中心轴线，而且过圆管横截面圆周很多（具有适当密集数目的）等分点的直线素线，这些直线素线和所过等分点的直角坐标是同一个参数方程式：

$$\begin{cases} x_i=\dfrac{d}{2}\sin\left(\dfrac{360°}{i_{\max}}\cdot i\right)+e \\ z_i=\dfrac{d}{2}\cos\left(\dfrac{360°}{i_{\max}}\cdot i\right)+H \end{cases}$$

，（这里取H的正值，不影响最后的计算结果）。

将上述参数方程代入圆锥管的二次圆锥曲面方程，经整理、化简得构件的接合线（相贯线）曲线上点的直角坐标的纵坐标y_i的函数式：$y_i=\sqrt{\left(\dfrac{a}{c}\right)^2\left[\dfrac{d}{2}\cos\left(\dfrac{360°}{i_{\max}}\cdot i\right)+H\right]^2-\left[\dfrac{d}{2}\sin\left(\dfrac{360°}{i_{\max}}\cdot i\right)+e\right]^2}$，用这个式子$y_i$值减去等径圆管的中心轴线的截取长度$L$值的代数和，就是水平等径圆管展开图曲线上点的直径坐标的纵坐标y_i'值（式中取L的负值，是为了把圆管展开图布置在平面直角坐标的第Ⅳ象限）。

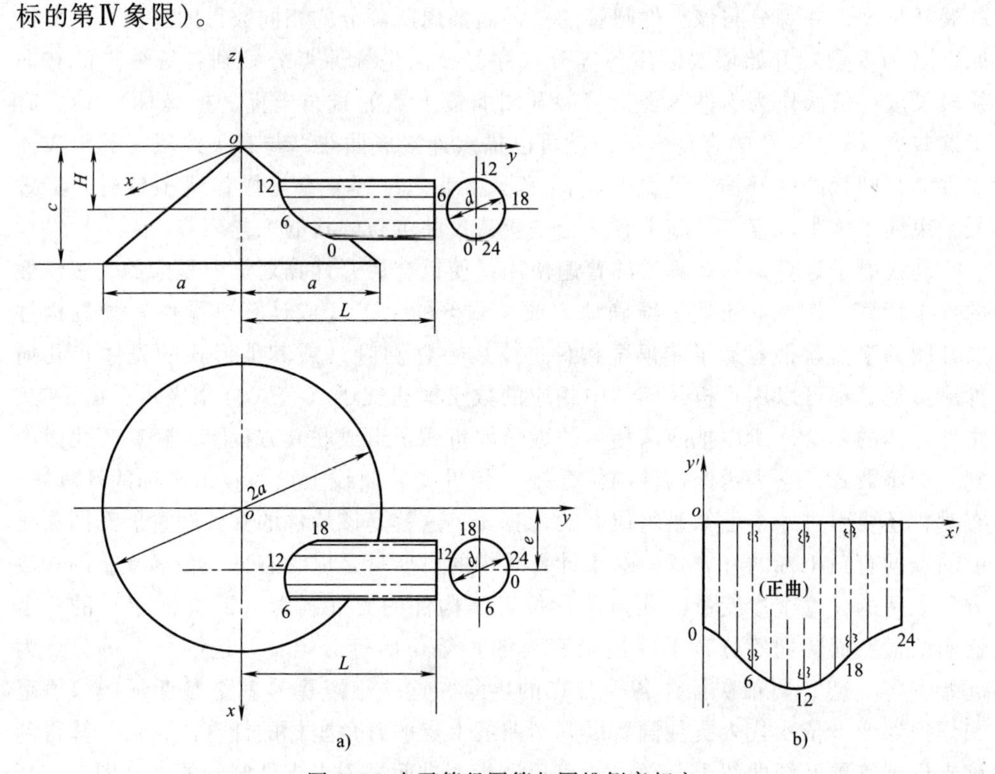

图 1.1　水平等径圆管与圆锥侧旁相交

a）水平等径圆管与圆锥侧旁相交示意图　b）水平等径圆管展开图示意

然后在横轴 ox' 上截取水平等径圆管直径圆周的展开长度 πd，并等分与圆管横截面圆周所等分的相同数目的等分点，依次标注各等分点的点序号，得圆管展开图曲线上点的直角坐标的横坐标 x_i' 值，将横坐标 x_i' 以及纵坐标 y_i' 的数学表达式联立，就得到支件水平等径圆管展开图曲线上点（x_i'，y_i'）直角坐标的计算式

$$\begin{cases} x_i' = \dfrac{\pi d}{i_{\max}} \cdot i \\ y_i' = \sqrt{\left(\dfrac{a}{c}\right)^2 \left[\dfrac{d}{2}\cos\left(\dfrac{360°}{i_{\max}} \cdot i\right) + H\right]^2 - \left[\dfrac{d}{2}\sin\left(\dfrac{360°}{i_{\max}} \cdot i\right) + e\right]^2} - L \end{cases}$$

（取 $i=0$、1、2、…、$i_{\max}$），将参变量 i 值依次代入上式计算，可得水平等径圆管展开图曲线上全部点（x_i'，y_i'）的直角坐标，进而描划出圆管的展开图。

这两种钣金构件展开图的划法的解题思路和步骤是相同的，而原来的几何图解划法又指引和启发了后者展开计算划法的形成和建立。尤其是几何图解划法中在构件的支件圆管（或圆锥管）的一个基准横截面圆周上等分若干（适当密集的）等分点，又过各等分点作相应的平行直线素线（或需要作放射性素线），这种做法在展开计算划法中就是建立这个圆管的横截面圆周上的等分一定数量的等分点的直角坐标的参数方程，它也是过各个等分点的直线素线的参数方程，再代入构件的主件圆管（或圆锥管）的数学解析式，经整理化简得到一个表示构件的接合线（相贯线）曲线投影的参数方程式，再加入所需要的一个已知量后的新方程式，与有关式子组成联立参数方程组，就是支件圆管展开图曲线上点的直角坐标的计算式。这个参变量就是支件圆管的横截面圆周上的等分点的个数按顺序排列起来的一组递增整数数列。它体现着计算工作和划展开图的顺序和精密程度，是看得见、摸得着的一组参变量的取值范围。它的应用继承了传统几何图解划法中的优点，符合工艺操作规律，容易理解与掌握，操作起来很方便，使计算工作有规律可依，有条不紊地进行。这两种划法所适用的范围和构件的规格是相同的。当构件的尺寸增大时，选择支件的横截面圆周的等分点，要相应地增多，使构件表面的直线素线的密度增加，这样构件的展开图曲线上的点也增多，便于绘制曲线成图。

方（棱）锥壳体、方（长方）形截面的折线形式的弯折管道构件的展开计算，可先根据图样上的已知条件，计算出各棱边线段相交的棱角点的直角坐标，然后应用两点间的距离公式来求解各棱边线段的长度，再应用三条线段可组成一个三角形，两个三角形拼接成一个四边形的方法，可求得方（长方）形截面折线形式的弯折管道的某一个平板的实形，如此求解整个构件的板块的展开图。

展开计算划法以数学计算式的运算工作代替了几何图解划法中大量、复杂的各种几何投影面的变换及各种线条的划制方法，解除了烦琐、辛劳的手工作业，降低了劳动强度，极大地提高了工效和产品精度，实现了该工艺计算机自动控制程序化操作，推进了生产、施工的现代化水平，会给施工带来巨大的经济效益和广泛的社会效益。

第 2 章　等径圆管的组成构件与平行线展开计算方法的应用

2.1　等径圆管斜截端的展开计算

图 2.1a 所示为等径圆管斜截端立体图。如图 2.1b 所示，等径圆管的板厚中心直径为 d，其中心轴线的截取长度为 L，与倾斜平面相交的夹角为 α（°），该等径圆管斜截端展开图曲线上的点 $m_i(x_i, y_i)$ 直角坐标的计算式为：

$$\begin{cases} x_i = \dfrac{\pi d}{i_{\max}} \cdot i \\ y_i = L + \tan\alpha \cdot \dfrac{d}{2}\sin\left(\dfrac{360°}{i_{\max}} \cdot i\right) \end{cases} \tag{2.1}$$

（取 $i=0$、1、2、…、$i_{\max}$）

式中　π——圆周率；

d——等径圆管的板厚中心直径；

L——等径圆管的中心轴线的截取长度；

i——参变数，最大值 $i_{\max}$ 是圆管的直径圆周需要等分的份数，且应是数“4”的整数倍。

例 2.1　如图 2.1b 所示，等径圆管的板厚中心直径 $d=110$，其中心轴线的截取长度 $L=200$，与倾斜平面相交的夹角 $\alpha=25°$，取 $i_{\max}=24$，求该等径圆管斜截端的展开图。

解：将已知数代入计算式（2.1），得该例的等径圆管斜截端展开图曲线上的点 m_i（x_i，y_i）直角坐标的计算式：

$$\begin{cases} x_i = \dfrac{100\pi}{24} \cdot i = 14.4i \\ y_i = 200 + \tan 25° \cdot \dfrac{110}{2}\sin\left(\dfrac{360°}{24} \cdot i\right) = 200 + 25.6469212\sin(15° \cdot i) \end{cases}$$

（取 $i=0$、1、2、…、24）

依次将 i 值代入上式计算：

当 $i=0$ 时，得：

$$\begin{cases} x_0 = 14.4 \times 0 = 0 \\ y_0 = 200 + 25.6469212\sin(15° \times 0) = 200 \end{cases}$$

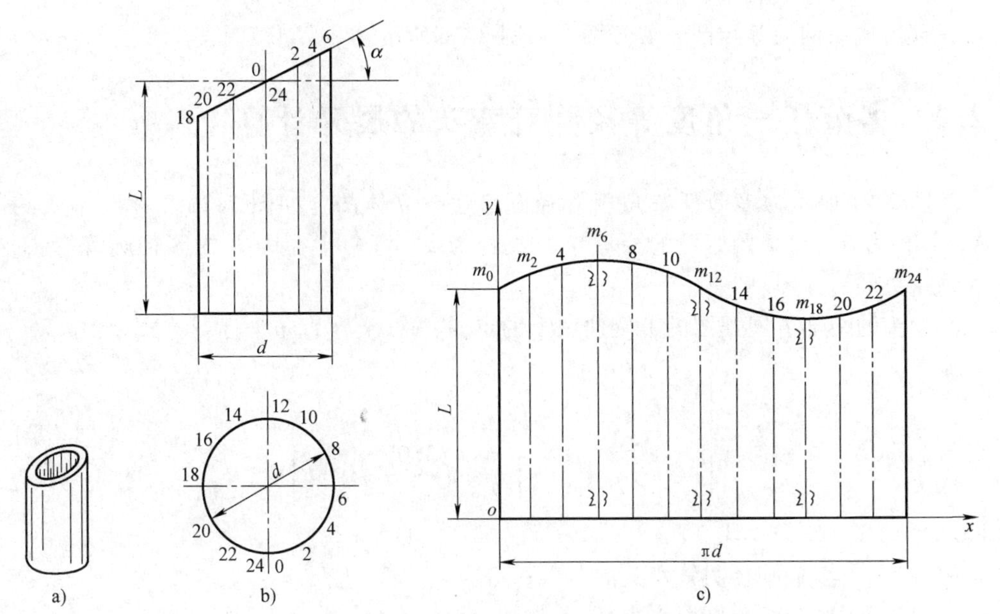

图 2.1　等径圆管斜截端的展开计算

a）立体图　b）示意图　c）展开图

当 $i=1$ 时，得：

$$\begin{cases} x_1 = 14.4 \times 1 = 14.4 \\ y_1 = 200 + 25.6469212\sin(15° \times 1) = 206.6 \end{cases}$$

……

将计算结果列于表 2.1 中。

表 2.1　例 2.1 等径圆管斜截端展开图曲线上的点 $m_i(x_i,\ y_i)$ 直角坐标值

直角坐标 / 点序号 i	x_i	y_i	直角坐标 / 点序号 i	x_i	y_i	直角坐标 / 点序号 i	x_i	y_i
0	0	200	4	57.6	222.2	15	216.0	181.9
12	172.8		8	115.2		21	302.4	
24	345.6		5	72.0	224.8	16	230.4	177.8
1	14.4	206.6	7	100.8		20	288.0	
11	158.4		6	86.4	225.6	17	244.8	175.2
2	28.8	212.8	13	187.2	193.4	19	273.6	
10	144.0		23	331.2		18	259.2	174.4
3	43.2	218.1	14	201.6	187.2			
9	129.6		22	316.8				

在平面直角坐标系 oxy 中，将表 2.1 中的点 $m_i(x_i,\ y_i)$ 直角坐标依次描出，得系列点 m_0、m_1、m_2、…、m_{24}。用平滑曲线连接各点，得一规律曲线与有关线

段一起组成该例的等径圆管展开图，如图 2. 1c 所示。

2.2 多节任一角度等径圆管弯头的展开计算

图 2. 2a 所示为多节任一角度等径圆管弯头立体图。如图 2. 2b 所示，节数为 N，转角为 β（°），圆管壁的板厚中心直径为 d，弯曲半径为 R 的等径圆管弯头，求该弯头的展开图。

弯头的中部节展开图的上侧曲线上的点 $m_i(x_i, y_i)$ 直角坐标计算式为：

$$\begin{cases} x_i = \dfrac{\pi d}{i_{\max}} \cdot i \\ y_i = \tan \dfrac{\beta}{2(N-1)} \left[\dfrac{d}{2} \sin\left(\dfrac{360°}{i_{\max}} \cdot i \right) + R \right] \end{cases} \tag{2.2}$$

（取 $i=0$、1、2、…、$i_{\max}$）

式中 N——多节等径圆管弯头的节数；

d——圆管的板厚中心直径；

β——弯头的转角（°）；

R——弯头的弯曲半径；

π——圆周率；

i——参变数，最大值 $i_{\max}$ 是圆管的直径圆周需要等分的份数，且应是数“4”的整数倍。

例 2.2 如图 2. 2b 所示，弯头的节数 $N=4$，转角 $\beta=90°$，圆管的板厚中心直径 $d=150$，弯曲半径 $R=300$，取 $i_{\max}=24$，求该弯头的展开图。

解：将已知数代入计算式（2. 2），得本例的弯头中部节展开图的上侧曲线上的点 $m_i(x_i, y_i)$ 直角坐标计算式为：

$$\begin{cases} x_i = \dfrac{150\pi}{24} \cdot i \\ y_i = \tan \dfrac{90°}{2\times(4-1)} \left[\dfrac{150}{2} \sin\left(\dfrac{360°}{24} \cdot i \right) + 300 \right] \end{cases}$$

整理后得：

$$\begin{cases} x_i = 19.635i \\ y_i = \tan 15° [75\sin(15° \cdot i) + 300] \end{cases}$$

（取 $i=0$、1、2、…、24）

依次将 i 值代入上式计算：

当 $i=0$ 时，得：

$$\begin{cases} x_0 = 19.635\times0 = 0 \\ y_0 = \tan 15° [75\sin(15°\times0) + 300] = 80.4 \end{cases}$$

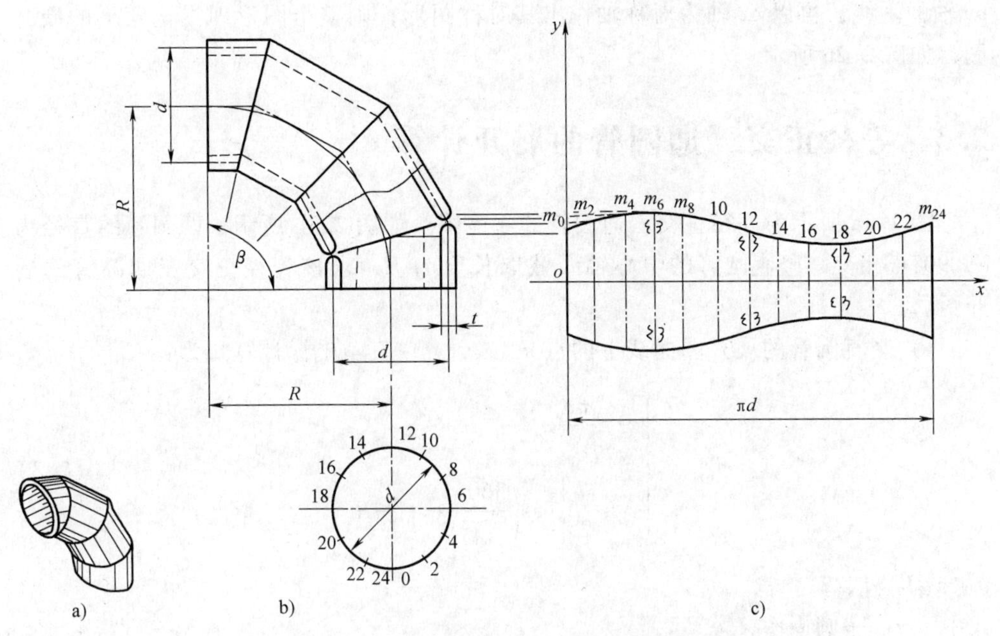

图 2.2　多节任一角度等径圆管弯头的展开计算

a）立体图　b）示意图　c）展开图

当 $i=1$ 时，得：

$$\begin{cases} x_1 = 19.635\times 1 = 19.6 \\ y_1 = \tan 15°[75\sin(15°\times 1)+300] = 85.6 \end{cases}$$

……

将计算结果列于表 2.2 中。

表 2.2　例 2.2 四节 90°等径圆管弯头的中部节展开图的上侧曲线上的点 $m_i(x_i,\ y_i)$ 直角坐标值

直角坐标 / 点序号 i	x_i	y_i	直角坐标 / 点序号 i	x_i	y_i	直角坐标 / 点序号 i	x_i	y_i	直角坐标 / 点序号 i	x_i	y_i
0	0	80.4	2	39.3	90.4	5	98.2	99.8	15	294.5	66.2
12	235.6		10	196.4		7	137.4		21	412.3	
24	471.2		3	58.9	94.6	6	117.8	100.5	16	314.2	63.0
1	19.6	85.6	9	176.7		13	255.3	75.2	20	392.7	
11	216.0		4	78.5	97.8	23	451.6		17	333.8	61.0
			8	157.1		14	274.9	70.3	19	373.1	
						22	432.0		18	353.4	60.3

在平面直角坐标系 oxy 中，将表 2.2 中的点 $m_i(x_i,\ y_i)$ 依序描出，得系列点 m_0、m_1、m_3、…、m_{24}，用光滑曲线连接各点得一规律曲线，并且过点 m_0、m_{24} 作

ox 轴的垂线，再以 ox 轴为对称轴作出其对称图形，则整个图形即本例弯头的展开图，如图 2.2c 所示。

2.3 等径正交三通圆管的展开计算

图 2.3a 所示为等径正交三通圆管的立体图。如图 2.3b 所示，两圆管的直径为 d，90°正相交，竖直圆管的中心轴线截取长度为 H，求该等径正交三通圆管的展开图。

1）竖直圆管的展开图曲线上的点 $m_i(x_i, y_i)$ 直角坐标计算式为：

$$\begin{cases} x_i = \dfrac{\pi d}{i_{\max}} \cdot i \\ y_i = \dfrac{d}{2}\left|\cos\left(\dfrac{360^\circ}{i_{\max}} \cdot i\right)\right| - H \end{cases} \tag{2.3}$$

（取 $i=0$、1、2、…、$i_{\max}$）

式中　π——圆周率；

d——圆管的板厚中心直径；

H——竖直圆管中心轴线的截取长度；

i——参变数，最大值 $i_{\max}$ 是圆管的直径圆周需要等分的份数，且应是数“4”的整数倍。

2）水平圆管的开孔展开图曲线上的点 $N_i(x_i, y_i)$ 直角坐标计算式为：

$$\begin{cases} x_i = \dfrac{d}{2}\cos\left(\dfrac{360^\circ}{i_{\max}} \cdot i\right) \\ y_i = \dfrac{\pi d}{360^\circ}\left\{\arcsin\left[\sin\left(\dfrac{360^\circ}{i_{\max}} \cdot i\right)\right]\right\} \end{cases} \tag{2.4}$$

（取 $i=0$、1、2、…、$i_{\max}$）

式中　π、d、i——同前。

3）水平圆管的开孔展开图曲线上的点 $N_i'(x_i, y_i)$ 直角坐标计算式为：

$$\begin{cases} x_i = \dfrac{\pi d}{i_{\max}} \cdot i \\ y_i = \dfrac{d}{2}\cos\left(\dfrac{360^\circ}{i_{\max}} \cdot i\right) \end{cases} \tag{2.5}$$

（取 $i=0$、1、2、…、$\dfrac{i_{\max}}{4}$）

式中　π、d、i——同前。

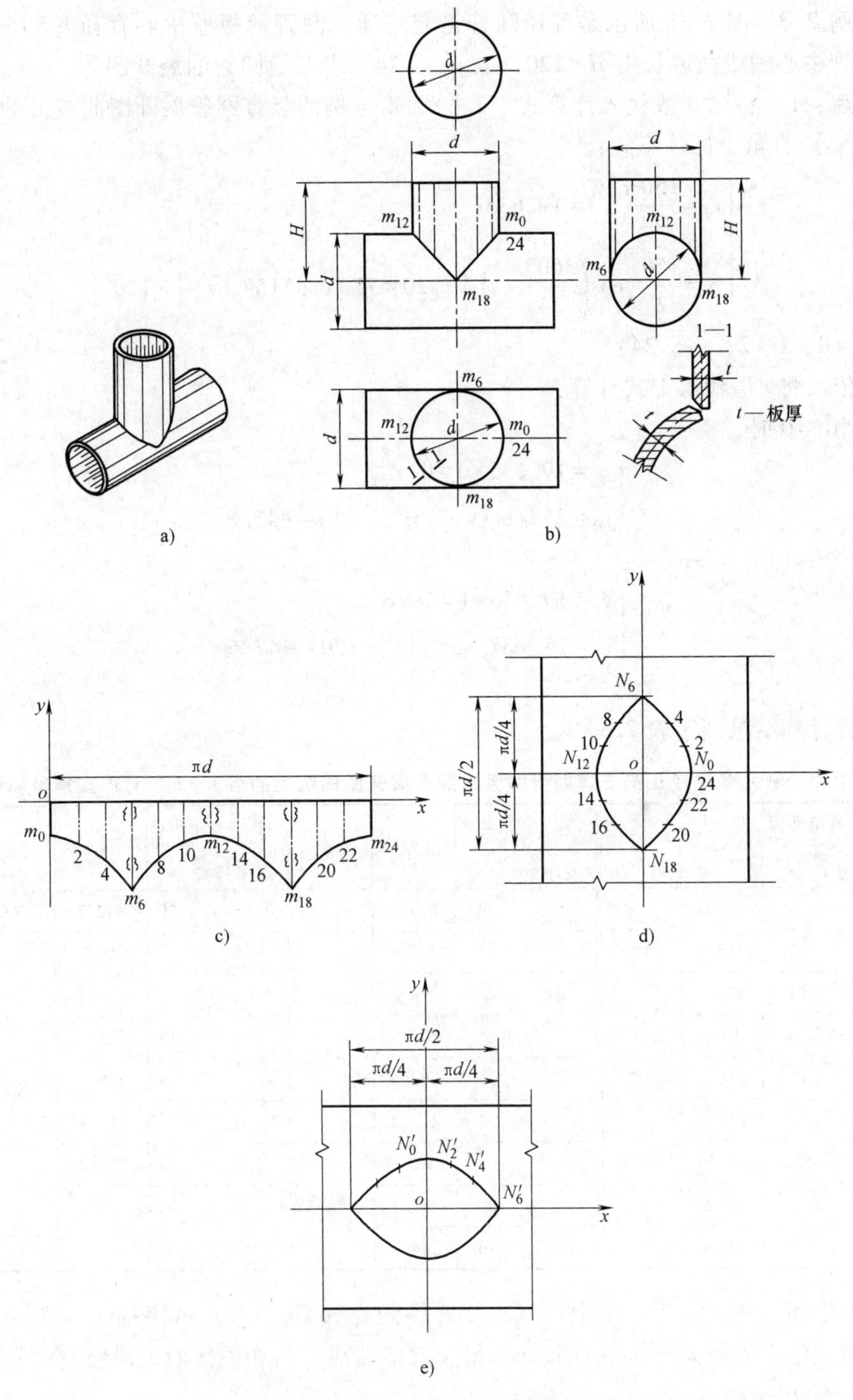

图 2.3　等径正交三通圆管的展开计算

a）立体图　b）等径正交三通圆管示意图　c）（例题）竖直圆管展开图示意

d）水平圆管开孔展开图示意（一）　e）水平圆管开孔展开图示意（二）

例 2.3　图 2.3b 所示是等径圆管正交三通，圆管的板厚中心直径 $d=150$，竖直圆管中心轴线截取长度 $H=120$，取 $i_{\max}=24$，求三通圆管的展开图。

解：1）将已知数代入计算式（2.3），得本例的竖直圆管展开图曲线上的点 m_i（x_i，y_i）直角坐标计算式：

$$\begin{cases} x_i=\dfrac{150\pi}{24}\cdot i=19.635i \\ y_i=\dfrac{150}{2}\left|\cos\left(\dfrac{360°}{24}\cdot i\right)\right|-120=75\left|\cos(15°\cdot i)\right|-120 \end{cases}$$

（取 $i=0$、1、2、…、24）

依次将 i 值代入上式计算：

当 $i=0$ 时，得：

$$\begin{cases} x_0=19.635\times0=0 \\ y_0=75\left|\cos(15°\times0)\right|-120=-45.0 \end{cases}$$

当 $i=1$ 时，得：

$$\begin{cases} x_1=19.635\times1=19.6 \\ y_1=75\left|\cos(15°\times1)\right|-120=-47.6 \end{cases}$$

……

将计算结果列于表 2.3 中。

表 2.3　例 2.3 等径正交三通圆管的竖直圆管展开图曲线上的点 $m_i(x_i, y_i)$ 直角坐标值

<table>
<tr><th>直角坐标
点序号 i</th><th>x_i</th><th>y_i</th><th>直角坐标
点序号 i</th><th>x_i</th><th>y_i</th><th>直角坐标
点序号 i</th><th>x_i</th><th>y_i</th></tr>
<tr><td>0</td><td>0</td><td rowspan="3">-45.0</td><td>14</td><td>274.9</td><td rowspan="2">-55.0</td><td>20</td><td>392.7</td><td>-82.5</td></tr>
<tr><td>12</td><td>235.6</td><td>22</td><td>432.0</td><td>5</td><td>98.2</td><td rowspan="4">-100.6</td></tr>
<tr><td>24</td><td>471.2</td><td>3</td><td>58.9</td><td rowspan="4">-67.0</td><td>7</td><td>137.4</td></tr>
<tr><td>1</td><td>19.6</td><td rowspan="4">-47.6</td><td>9</td><td>176.7</td><td>17</td><td>333.8</td></tr>
<tr><td>11</td><td>216.0</td><td>15</td><td>294.5</td><td>19</td><td>373.1</td></tr>
<tr><td>13</td><td>255.3</td><td>21</td><td>412.3</td><td>6</td><td>117.8</td><td rowspan="2">-120.0</td></tr>
<tr><td>23</td><td>451.6</td><td>4</td><td>78.5</td><td rowspan="3">-82.5</td><td>18</td><td>353.4</td></tr>
<tr><td>2</td><td>39.3</td><td rowspan="2">-55.0</td><td>8</td><td>157.1</td><td></td><td></td><td rowspan="2"></td></tr>
<tr><td>10</td><td>196.4</td><td>16</td><td>314.2</td><td></td><td></td></tr>
</table>

在平面直角坐标系 oxy 中，将表 2.3 中的点 $m_i(x_i, y_i)$ 依序描出，用光滑曲线连接这组系列点 m_0、m_1、…、m_{24} 得一规律曲线，与相关线段组成竖直圆管的展开图如图 2.3c 所示。

2）将已知数代入计算式（2.4），得本例的水平圆管的开孔展开图曲线上的点 $N_i(x_i, y_i)$ 直角坐标计算式：

$$\begin{cases} x_i = \dfrac{150}{2}\cos\left(\dfrac{360°}{24} \cdot i\right) = 75\cos(15° \cdot i) \\ y_i = \dfrac{150\pi}{360°}\left\{\arcsin\left[\sin\left(\dfrac{360°}{24} \cdot i\right)\right]\right\} = 1.308996939\{\arcsin[\sin(15° \cdot i)]\} \end{cases}$$

（取 $i=0$、1、2、…、24）

依次将 i 值代入上式计算：

当 $i=0$ 时，得：

$$\begin{cases} x_0 = 75\cos(15° \times 0) = 75.0 \\ y_0 = 1.308996939\{\arcsin[\sin(15° \times 0)]\} = 0 \end{cases}$$

当 $i=1$ 时，得：

$$\begin{cases} x_1 = 75\cos(15° \times 1) = 72.44 \\ y_1 = 1.308996939\{\arcsin[\sin(15° \times 1)]\} = 19.63 \end{cases}$$

将计算结果列于表 2.4 中。

表 2.4　例 2.3 等径正交三通圆管的水平圆管的开孔展开图曲线上的点 $N_i(x_i, y_i)$ 直角坐标值

直角坐标 / 点序号 i	x_i	y_i	直角坐标 / 点序号 i	x_i	y_i
0	75	0	6	0	117.81
24			13	-72.44	-19.63
12	-75		23	72.44	
1	72.44	19.63	14	-64.95	-39.27
11	-72.44		22	64.95	
2	64.95	39.27	15	-53.03	-58.90
10	-64.95		21	53.03	
3	53.03	58.90	16	-37.50	-78.54
9	-53.03		20	37.50	
4	37.50	78.52	17	-19.41	-98.17
8	-37.50		19	19.41	
5	19.41	98.17	18	0	-117.81
7	-19.41				

在平面直角坐标系 oxy 中，将表 2.4 中的点 $N_i(x_i, y_i)$ 依序描出，得系列点 N_0、N_1、…、N_{24}，用光滑曲线连接这组系列点，得含有拐点 N_6、N_{18} 的一规律闭合曲线，即本例的水平圆管的开孔展开图，如图 2.3d 所示。

3）将已知数代入计算式（2.5）中，得本例的水平圆管的开孔展开图曲线上的点 $N'_i(x_i, y_i)$ 直角坐标计算式：

$$\begin{cases} x_i = \dfrac{150\pi}{24} \cdot i = 19.63i \\ y_i = \dfrac{150}{2}\cos\left(\dfrac{360^\circ}{24} \cdot i\right) = 75\cos(15^\circ \cdot i) \end{cases}$$

（取 $i=0$、1、2、…、6）

依次将 i 值代入上式计算：

当 $i=0$ 时，得：

$$\begin{cases} x_0 = 19.63 \times 0 = 0 \\ y_0 = 75\cos(15^\circ \times 0) = 75 \end{cases}$$

当 $i=1$ 时，得：

$$\begin{cases} x_1 = 19.63 \times 1 = 19.63 \\ y_1 = 75\cos(15^\circ \times 1) = 72.44 \end{cases}$$

……

将计算结果列于表 2.5 中。

表 2.5　例 2.3 等径正交三通圆管的水平圆管的开孔展开图曲线上的点 $N'_i(x_i, y_i)$ 直角坐标值

直角坐标 ＼ 点序号 i	0	1	2	3	4	5	6
x_i	0	19.63	39.26	58.89	78.52	98.15	117.78
y_i	75	72.44	64.95	53.03	37.50	19.41	0

在平面直角坐标 oxy 中，将表 2.5 中的点 $N'_i(x_i, y_i)$ 依序描出，得系列点 N'_0、N'_1、…、N'_6，用光滑曲线连接这组系列点，得一规律曲线；由于开孔展开图具有点对称和轴对称的性质，所以可作出其他三个象限的对称曲线，得含有拐点 N'_6 及其对称点的一规律闭合曲线，即本例的水平圆管的开孔展开图，如图 2.3e 所示。

2.4　等径斜交三通圆管的展开计算

图 2.4a 所示为等径斜交三通圆管的立体图。如图 2.4b 所示，等直径 d 的两圆管以夹角 β（$<90^\circ$）相交，斜向圆管的中心轴线的截取长度为 L，求该等径斜交三通圆管的展开图。

1）斜向圆管展开图曲线上的点 $m_i(x_i, y_i)$ 直角坐标计算式为：

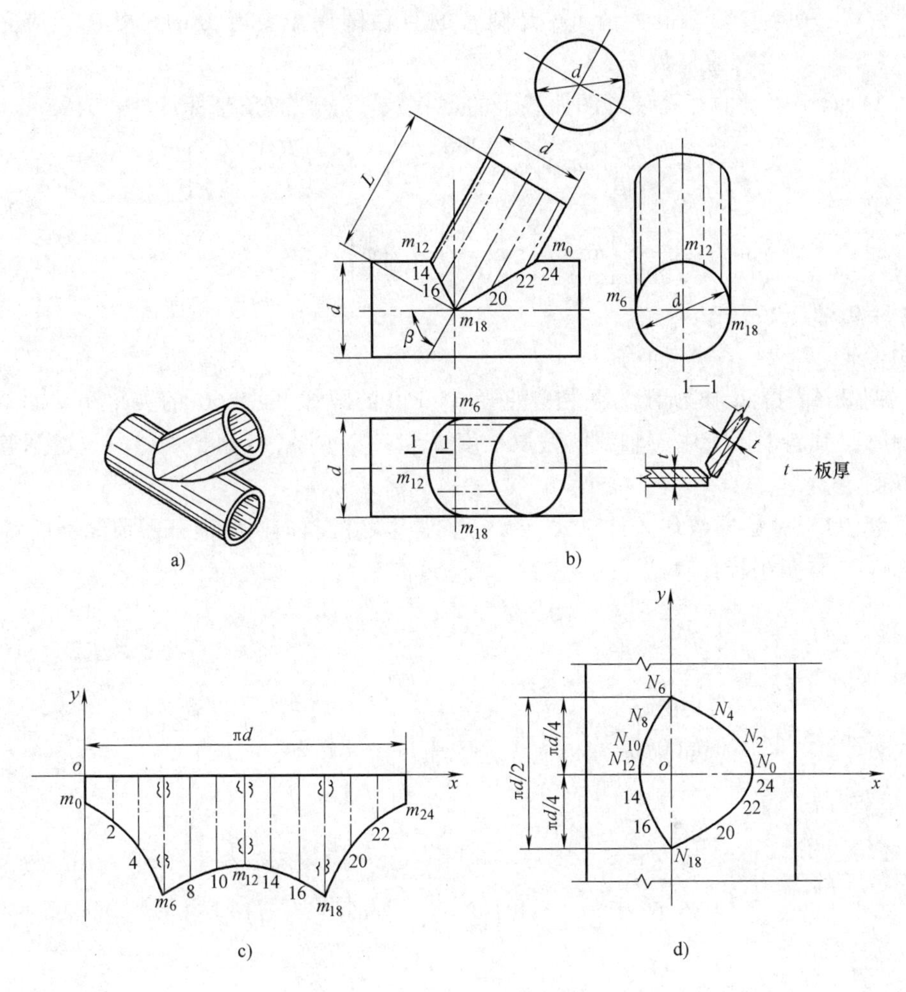

图 2.4　等径斜交三通圆管的展开计算

a）立体图　b）等径斜交三通圆管示意图　c）（例题）斜交等径圆管展开图　d）水平圆管开孔展开图

$$\begin{cases} x_i = \dfrac{\pi d}{i_{\max}} \cdot i \\ y_i = \dfrac{d}{2\sin\beta}\left[\cos\beta\cos\left(\dfrac{360°}{i_{\max}} \cdot i\right) + \left|\cos\left(\dfrac{360°}{i_{\max}} \cdot i\right)\right|\right] - L \end{cases} \tag{2.6}$$

（取 $i=0$、1、2、…、$i_{\max}$）

式中　π——圆周率；

　　d——圆管的板厚中心直径；

　　L——斜向圆管中心轴线的截取长度$\left(L>\dfrac{d}{2}\cot\dfrac{\beta}{2}\right)$；

　　β——两圆管中心轴线的夹角（°）；

i——参变数，最大值 i_{max} 是圆管的直径圆周需要等分的份数，且应是数“4”的整数倍。

2）水平圆管的开孔展开图曲线上的点 $N_i(x_i, y_i)$ 直角坐标计算式为：

$$\begin{cases} x_i=\dfrac{d}{2\sin\beta}\left[\cos\beta\left|\cos\left(\dfrac{360°}{i_{max}}\cdot i\right)\right|+\cos\left(\dfrac{360°}{i_{max}}\cdot i\right)\right] \\ y_i=\dfrac{\pi d}{360°}\left\{\arcsin\left[\sin\left(\dfrac{360°}{i_{max}}\cdot i\right)\right]\right\} \end{cases} \tag{2.7}$$

（取 $i=0$、1、2、…、i_{max}）

式中　π、d、β、i——同前。

例 2.4　图 2.4b 所示为两相等直径 $d=150$ 的圆管以 $\beta=60°$ 的夹角相交的斜三通圆管，其斜向圆管中心轴线的截取长度 $L=170$，取 $i_{max}=24$，求斜向三通圆管的展开图。

解： 1）将已知数代入计算式（2.6），得本例的斜向圆管展开图曲线上的点 $m_i(x_i, y_i)$ 直角坐标计算式：

$$\begin{cases} x_i=\dfrac{150\pi}{24}\cdot i \\ y_i=\dfrac{150}{2\sin60°}\left[\cos60°\cos\left(\dfrac{360°}{24}\cdot i\right)+\left|\cos\left(\dfrac{360°}{24}\cdot i\right)\right|\right]-170 \end{cases}$$

整理后，得：

$$\begin{cases} x_i=19.635i \\ y_i=86.6025[0.5\cos(15°\cdot i)+|\cos(15°\cdot i)|]-170 \end{cases}$$

（取 $i=0$、1、2、…、24）

依次将 i 值代入上式计算：

当 $i=0$ 时，得：

$$\begin{cases} x_0=19.635\times0=0 \\ y_0=86.6025[0.5\cos(15°\times0)+|\cos(15°\times0)|]-170=-40.1 \end{cases}$$

当 $i=1$ 时，得：

$$\begin{cases} x_1=19.635\times1=19.6 \\ y_1=86.6025[0.5\cos(15°\times1)+|\cos(15°\times1)|]-170=-44.5 \end{cases}$$

……

将计算结果列于表 2.6 中。

在平面直角坐标系 oxy 中，将表 2.6 中的点 $m_i(x_i, y_i)$ 依序描出，用光滑曲线连接这组系列点 m_0、m_1、…、m_{24}，得一规律曲线与相关线段组成斜向圆管展开图，如图 2.4c 所示。

表 2.6　例 2.4 等径斜交三通圆管的斜向圆管展开图曲线上的点 $m_i(x_i,\ y_i)$ 直角坐标值

点序号 i \ 直角坐标	x_i	y_i	点序号 i \ 直角坐标	x_i	y_i
0	0	−40.1	6	117.8	−170.0
24	471.2		18	353.4	
1	19.6	−44.5	7	137.4	−158.8
23	451.6		17	333.8	
2	39.3	−57.5	8	157.1	−148.3
22	432.0		16	314.2	
3	58.9	−78.1	9	176.7	−139.4
21	412.3		15	294.5	
4	78.5	−105.0	10	196.4	−132.5
20	392.7		14	274.9	
5	98.2	−136.4	11	216.0	−128.2
19	373.1		13	255.3	
			12	235.6	−126.7

2）将已知数代入计算式（2.7），得本例的水平圆管的开孔展开图曲线上的点 $N_i(x_i,\ y_i)$ 直角坐标计算式：

$$\begin{cases} x_i = \dfrac{150}{2\sin 60^\circ}\left[\cos 60^\circ \left|\cos\left(\dfrac{360^\circ}{24}\cdot i\right)\right| + \cos\left(\dfrac{360^\circ}{24}\cdot i\right)\right] \\ y_i = \dfrac{150\pi}{360^\circ}\left\{\arcsin\left[\sin\left(\dfrac{360^\circ}{24}\cdot i\right)\right]\right\} \end{cases}$$

整理后，得：

$$\begin{cases} x_i = 86.60254038[0.5|\cos(15^\circ\cdot i)| + \cos(15^\circ\cdot i)] \\ y_i = 1.308996939\{\arcsin[\sin(15^\circ\cdot i)]\} \end{cases}$$

（取 $i=0$、1、2、…、24）

依次将 i 值代入上式计算：

当 $i=0$ 时，得：

$$\begin{cases} x_0 = 86.60254038[0.5|\cos(15^\circ\times 0)| + \cos(15^\circ\times 0)] = 129.90 \\ y_0 = 1.308996939\{\arcsin[\sin(15^\circ\times 0)]\} = 0 \end{cases}$$

当 $i=1$ 时，得：

$$\begin{cases} x_1 = 86.60254038[0.5|\cos(15^\circ\times 1)| + \cos(15^\circ\times 1)] = 125.48 \\ y_1 = 1.308996939\{\arcsin[\sin(15^\circ\times 1)]\} = 19.63 \end{cases}$$

……

将计算结果列于表 2.7 中。

表 2.7　例 2.4 等径斜交三通圆管的水平圆管开孔展开图曲线上的点 $N_i(x_i, y_i)$ 直角坐标值

直角坐标 / 点序号 i	x_i	y_i	直角坐标 / 点序号 i	x_i	y_i
0	129.90	0	6	0	117.81
24			18		-117.81
1	125.48	19.63	7	-11.21	98.17
23		-19.63	17		-98.17
2	112.50	39.27	8	-21.50	78.54
22		-39.27	16		-78.54
3	91.86	58.90	9	-30.62	-58.90
21		-58.90	15		-58.90
4	64.95	78.54	10	-37.50	39.27
20		-78.54	14		-39.27
5	33.62	98.17	11	-41.83	19.63
19		-98.17	13		-19.63
			12	-43.30	0

在平面直角坐标系 oxy 中，将表 2.7 中的点 $N_i(x_i, y_i)$ 依序描出，得系列点 N_0、N_1、N_2、…、N_{24}。用光滑曲线连接这组系列点，得含有拐点 N_6、N_{18} 的一规律闭合曲线，即本例的水平圆管开孔展开图，如图 2.4d 所示。

2.5　等径正交单补料三通圆管的展开计算

图 2.5a 所示为等径正交单补料三通圆管的立体图。如图 2.5b 所示，等径正交单补料三通圆管的直径为 d，补料的平板直角等腰三角形的斜边上的高为 P，竖直圆管的中心轴线高为 H，求该单补料三通圆管的展开图。

1. 竖直圆管的展开计算

1）竖直圆管的右半圆展开图曲线上的点 $m_i(x_i, y_i)$ 直角坐标计算式为：

$$\begin{cases} x_i = \dfrac{\pi d}{i_{\max}} \cdot i \\ y_i = \tan 22.5° \dfrac{d}{2} \cos\left(\dfrac{360°}{i_{\max}} \cdot i\right) + P\sqrt{2} - H \end{cases} \tag{2.8}$$

（取 $i=0$、1、2、…、$\frac{1}{4}i_{\max}$；$\frac{3}{4}i_{\max}$、$\frac{3}{4}i_{\max}+1$、…、$i_{\max}$）

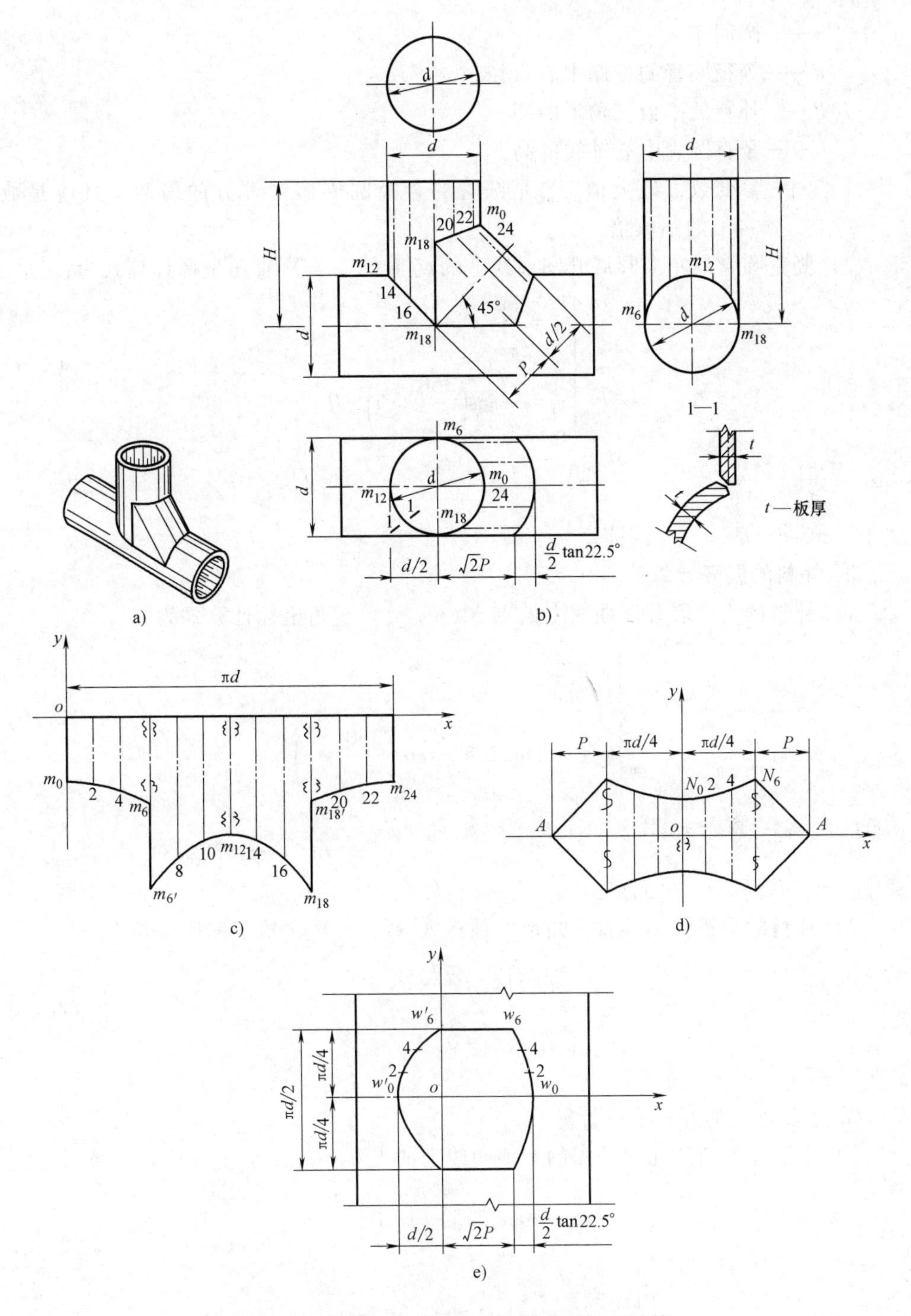

图 2.5　等径正交单补料三通圆管的展开计算

a）立体图　b）等径正交单补斜三通圆管示意图　c）（例题）竖直圆管展开图

d）（例题）单补料展开图　e）水平圆管开孔展开图

式中 π——圆周率；

d——等径圆管的板厚中心直径；

P——补料的平板三角形的高；

H——竖直圆管中心轴线的高；

i——参变数，最大值 i_{max} 是圆管的直径圆周需要等分的份数，且应是数“4”的整数倍。

2）竖直圆管的左半圆展开图曲线上的点 $m_i(x_i, y_i)$ 直角坐标计算式为：

$$\begin{cases} x_i = \dfrac{\pi d}{i_{max}} \cdot i \\ y_i = \dfrac{-d}{2}\cos\left(\dfrac{360°}{i_{max}} \cdot i\right) - H \end{cases} \tag{2.9}$$

（取 $i=\dfrac{i_{max}}{4}$、$\dfrac{i_{max}}{4}+1$、…、$\dfrac{3i_{max}}{4}$）

式中 π、d、H、i——同前。

2. 补料的展开计算

1）补料的半圆展开图曲线上的点 $N_i(x_i, y_i)$ 直角坐标计算式为：

$$\begin{cases} x_i = \dfrac{\pi d}{i_{max}} \cdot i \\ y_i = P - \tan 22.5° \dfrac{d}{2}\cos\left(\dfrac{360°}{i_{max}} \cdot i\right) \end{cases} \tag{2.10}$$

（取 $i=0$、1、2、…、$\dfrac{i_{max}}{4}$）

式中 π、d、P、i——同前。

2）补料的平板直角等腰三角形的顶点 $A(x_A, y_A)$ 直角坐标计算式为：

$$\begin{cases} x_A = \dfrac{\pi d}{4} + P \\ y_A = 0 \end{cases} \tag{2.11}$$

式中 π、d、P——同前。

3. 水平圆管的开孔展开计算

1）水平圆管的开孔展开图的右侧曲线上的点 $w_i(x_i, y_i)$ 直角坐标计算式为：

$$\begin{cases} x_i = P\sqrt{2} + \tan 22.5° \dfrac{d}{2}\cos\left(\dfrac{360°}{i_{max}} \cdot i\right) \\ y_i = \dfrac{\pi d}{i_{max}} \cdot i \end{cases} \tag{2.12}$$

（取 $i=0$、1、2、…、$\dfrac{i_{max}}{4}$）

式中　π、d、P、i——同前。

2）水平圆管的开孔展开图的左侧曲线上的点 $w_i'(x_i,\ y_i)$ 直角坐标计算式为：

$$\begin{cases} x_i = \dfrac{-d}{2}\cos\left(\dfrac{360°}{i_{\max}} \cdot i\right) \\ y_i = \dfrac{\pi d}{i_{\max}} \cdot i \end{cases} \tag{2.13}$$

（取 $i=0$、1、2、…、$\dfrac{i_{\max}}{4}$）

式中　π、d、i——同前。

例 2.5　图 2.5b 所示为两支相等直径 $d=150$ 的圆管垂直相交的单补料三通圆管，补料的平板直角等腰三角形的顶点 A 的高 $P=85$，竖直圆管中心轴线的高 $H=240$，取 $i_{\max}=24$，求等径正交单补料三通圆管的展开图。

解：1）将已知数代入计算式（2.8）中，得本例的竖直圆管的右半圆展开图曲线上的点 $m_i(x_i,\ y_i)$ 直角坐标计算式：

$$\begin{cases} x_i = \dfrac{150\pi}{24} \cdot i \\ y_i = \tan 22.5° \dfrac{150}{2}\cos\left(\dfrac{360°}{24} \cdot i\right) + 85 \cdot \sqrt{2} - 240 \end{cases}$$

整理后得：

$$\begin{cases} x_i = 19.635i \\ y_i = 31.066\cos(15° \cdot i) - 119.79 \end{cases}$$

（取 $i=0$、1、2、…、6；18、19、…、24）

依次将 i 值代入上式计算：

当 $i=0$ 时，得：

$$\begin{cases} x_0 = 19.635 \times 0 = 0 \\ y_0 = 31.066\cos(15° \times 0) - 119.78 = -88.7 \end{cases}$$

当 $i=1$ 时，得：

$$\begin{cases} x_1 = 19.635 \times 1 = 19.6 \\ y_1 = 31.066\cos(15° \times 1) - 119.78 = -89.8 \end{cases}$$

……

将计算结果列于表 2.8 中。

2）将已知数代入计算式（2.9）中，得本例的竖直圆管的左半圆展开图曲线上的点 $m_i(x_i,\ y_i)$ 直角坐标计算式：

$$\begin{cases} x_i = \dfrac{150\pi}{24} \cdot i = 19.635i \\ y_i = \dfrac{-150}{2}\cos\left(\dfrac{360°}{24} \cdot i\right) - 240 = -75\cos(15° \cdot i) - 240 \end{cases}$$

（取 $i=6$、7、…、18）

依次将 i 值代入上式计算：

当 $i=6$ 时，得：

$$\begin{cases} x_6 = 19.635 \times 6 = 117.8 \\ y_6 = -75\cos(15° \times 6) - 240 = -240 \end{cases}$$

当 $i=7$ 时，得：

$$\begin{cases} x_7 = 19.635 \times 7 = 137.4 \\ y_7 = -75\cos(15° \times 7) - 240 = -220.6 \end{cases}$$

……

以上计算结果列于表 2.8 中。

表 2.8　例 2.5 等径正交单补料三通圆管的竖直圆管展开图曲线上的点 $m_i(x_i, y_i)$ 直角坐标值

<table>
<tr><th colspan="2">直角坐标 / 点序号 i</th><th>x_i</th><th>y_i</th></tr>
<tr><td>0</td><td></td><td>0</td><td rowspan="2">−88.7</td></tr>
<tr><td></td><td>24</td><td>471.2</td></tr>
<tr><td>1</td><td></td><td>19.6</td><td rowspan="2">−89.8</td></tr>
<tr><td></td><td>23</td><td>451.6</td></tr>
<tr><td>2</td><td></td><td>39.3</td><td rowspan="2">−92.9</td></tr>
<tr><td></td><td>22</td><td>432.0</td></tr>
<tr><td>3</td><td></td><td>58.9</td><td rowspan="2">−97.8</td></tr>
<tr><td></td><td>21</td><td>412.3</td></tr>
<tr><td>4</td><td></td><td>78.5</td><td rowspan="2">−104.3</td></tr>
<tr><td></td><td>20</td><td>392.7</td></tr>
<tr><td>5</td><td></td><td>98.2</td><td rowspan="2">−111.8</td></tr>
<tr><td></td><td>19</td><td>373.1</td></tr>
</table>

<table>
<tr><th colspan="2">直角坐标 / 点序号 i</th><th>x_i</th><th>y_i</th></tr>
<tr><td>6</td><td></td><td rowspan="2">117.8</td><td>−119.8</td></tr>
<tr><td></td><td>6′</td><td>−240.0</td></tr>
<tr><td>18</td><td></td><td rowspan="2">353.4</td><td>−119.8</td></tr>
<tr><td></td><td>18′</td><td>−240.0</td></tr>
<tr><td>7</td><td></td><td>137.4</td><td rowspan="2">−220.6</td></tr>
<tr><td></td><td>17</td><td>333.8</td></tr>
<tr><td>8</td><td></td><td>157.1</td><td rowspan="2">−202.5</td></tr>
<tr><td></td><td>16</td><td>314.2</td></tr>
<tr><td>9</td><td></td><td>176.7</td><td rowspan="2">−187.0</td></tr>
<tr><td></td><td>15</td><td>294.5</td></tr>
<tr><td>10</td><td></td><td>196.4</td><td rowspan="2">−175.1</td></tr>
<tr><td></td><td>14</td><td>274.9</td></tr>
<tr><td>11</td><td></td><td>216.0</td><td rowspan="2">−167.6</td></tr>
<tr><td></td><td>13</td><td>255.3</td></tr>
<tr><td>12</td><td></td><td>235.6</td><td>−165.0</td></tr>
</table>

在平面直角坐标系 oxy 中，将表 2.8 中的点 $m_i(x_i, y_i)$ 依序描出，得系列点 m_0、m_1、…、m_6；$m_{6'}$、m_7、…、m_{17}、m_{18}；$m_{18'}$、m_{19}、…、m_{24}。用光滑曲线连接这组系列点，与有关线段组成一规律的曲线，即本例的竖直圆管的展开图，如图 2.5c 所示。

3）将已知数代入计算式（2.10）中，得本例的补料的半圆展开图曲线上的点 $N_i(x_i,\ y_i)$ 直角坐标计算式：

$$\begin{cases} x_i = \dfrac{150\pi}{24} \cdot i = 19.635 \cdot i \\ y_i = 85 - \tan 22.5° \dfrac{150}{2} \cos\left(\dfrac{360°}{24} \cdot i\right) = 85 - 31.066\cos(15° \cdot i) \end{cases}$$

（取 $i=0$、1、2、…、6）

依次将 i 值代入上式计算：

当 $i=0$ 时，得：

$$\begin{cases} x_0 = 19.635 \times 0 = 0 \\ y_0 = 85 - 31.066\cos(15° \times 0) = 53.9 \end{cases}$$

当 $i=1$ 时，得：

$$\begin{cases} x_1 = 19.635 \times 1 = 19.6 \\ y_1 = 85 - 31.066\cos(15° \times 1) = 55.0 \end{cases}$$

……

将计算结果列于表 2.9 中。

表 2.9　例 2.5 等径正交单补料三通圆管的补料展开图曲线上的点 $N_i(x_i,\ y_i)$ 直角坐标值

直角坐标 / 点序号 i	x_i	y_i	直角坐标 / 点序号 i	x_i	y_i
0	0	53.9	4	78.5	69.5
1	19.6	55.0	5	98.2	77.0
2	39.3	58.1	6	117.8	85.0
3	58.9	63.0	A	202.8	0

4）将已知数代入计算式（2.11）中，得本例的补料展开图的平板直角等腰三角形的顶点 A（x_A，y_A）直角坐标：

$$\begin{cases} x_A = \dfrac{150\pi}{4} + 85 = 202.8 \\ y_A = 0 \end{cases}$$

在平面直角坐标系 oxy 中，将表 2.9 中的点 $N_i(x_i,\ y_i)$ 及点 A（202.8，0）依序描出。用光滑曲线连接这组系列点 N_1、N_2、…、N_6；用直线连接点 N_6、A，得补料展开图的四分之一；由于补料展开图具有轴对称和点对称的性质，可在第Ⅱ、Ⅲ、Ⅳ象限作出所得图形的对称图形。整个图形是本例的单补料的展开图，如图 2.5d 所示。

5）将已知数代入计算式（2.12）中，得本例的水平圆管开孔展开图的右侧曲

线上的点 $w_i(x_i, y_i)$ 直角坐标计算式：

$$\begin{cases} x_i = 85\sqrt{2} + \tan 22.5° \dfrac{150}{2} \cos\left(\dfrac{360°}{24} \cdot i\right) \\ y_i = \dfrac{150\pi}{24} \cdot i \end{cases}$$

整理后得：

$$\begin{cases} x_i = 120.2081528 + 31.06601718\cos(15° \cdot i) \\ y_i = 19.63495i \end{cases}$$

（取 $i=0$、1、2、…、6）

依次将 i 值代入上式计算：

当 $i=0$ 时，得：

$$\begin{cases} x_0 = 120.2081528 + 31.06601718\cos(15° \times 0) = 151.27 \\ y_0 = 19.63495 \times 0 = 0 \end{cases}$$

当 $i=1$ 时，得：

$$\begin{cases} x_1 = 120.2081528 + 31.06601718\cos(15° \times 1) = 150.22 \\ y_1 = 19.63495 \times 1 = 19.63 \end{cases}$$

……

将计算结果列于表 2.10 中。

6）将已知数代入计算式（2.13）中，得本例的水平圆管开孔展开图的左侧曲线上的点 $w_i'(x_i, y_i)$ 直角坐标计算式：

$$\begin{cases} x_i = \dfrac{-150}{2}\cos\left(\dfrac{360°}{24} \cdot i\right) = -75\cos(15° \cdot i) \\ y_i = \dfrac{150\pi}{24} \cdot i = 19.63495 \cdot i \end{cases}$$

（取 $i=0$、1、2、…、6）

依次将 i 值代入上式计算。

当 $i=0$ 时，得：

$$\begin{cases} x_0 = -75\cos(15° \times 0) = -75 \\ y_0 = 19.63495 \times 0 = 0 \end{cases}$$

当 $i=1$ 时，得：

$$\begin{cases} x_1 = -75\cos(15°\times1) = -72.44 \\ y_1 = 19.63495\times1 = 19.63 \end{cases}$$

……

将计算结果列于表 2.10 中。

表 2.10　例 2.5 等径正交单补料三通圆管的水平圆管开孔展开图曲线上的点 $w_i/w_i'(x_i,\ y_i)$ 直角坐标值

直角坐标 \ 点序号 i		0	1	2	3	4	5	6
x_i	点 w_i	151.27	150.22	147.11	142.18	135.74	128.25	120.21
	点 w_i'	−75	−72.44	−64.95	−53.03	−37.50	−19.41	0
y_i(共同)		0	19.63	39.27	58.90	78.54	98.17	117.81

在平面直角坐标系 oxy 中，将表 2.10 中的点 $w_i(x_i,\ y_i)$ 及点 $w_i'(x_i,\ y_i)$ 依序描出，得两组系列点 w_0、w_1、…、w_6 及 w_0'、w_1'、…、w_6'。各组系列点分别用光滑曲线连接，得两段规律曲线，用直线连接点 w_6、w_6'。由于水平圆管的开孔图形具有轴对称性质，可在 ox 轴的下方作出上述曲线的对称图形，则整个图形即为本例的水平圆管的开孔展开图，如图 2.5e 所示。

2.6　Y 形等径三通圆管的展开计算

图 2.6a 所示为 Y 形等径三通圆管的立体图。如图 2.6b 所示，三支相等直径 d 的圆管的中心轴线在同一个平面内且相交于一点，竖直圆管的中心轴线与两支斜圆管的中心轴线的夹角为 β，竖直圆管及斜圆管的中心轴线的截取长度分别是 H、L，求该 Y 形等径三通圆管的展开图。

1. 竖直圆管的展开计算

竖直圆管展开图曲线上的点 $m_i(x_i,\ y_i)$ 直角坐标计算式为：

$$\begin{cases} x_i = \dfrac{\pi d}{i_{\max}} \cdot i \\ y_i = \tan\dfrac{\beta}{2} \cdot \dfrac{d}{2}\left|\cos\left(\dfrac{360°}{i_{\max}} \cdot i\right)\right| - H \end{cases} \tag{2.14}$$

（取 $i=0$、1、2、…、$i_{\max}$）

式中　π——圆周率；

d——圆管的板厚中心直径；

β——竖直圆管与每单支斜圆管中心轴线的夹角（°）；

H——竖直圆管中心轴线的截取长度；

i——参变数，最大值 $i_{\max}$ 是圆管的直径圆周需要等分的份数，且应是数“4”的整数倍。

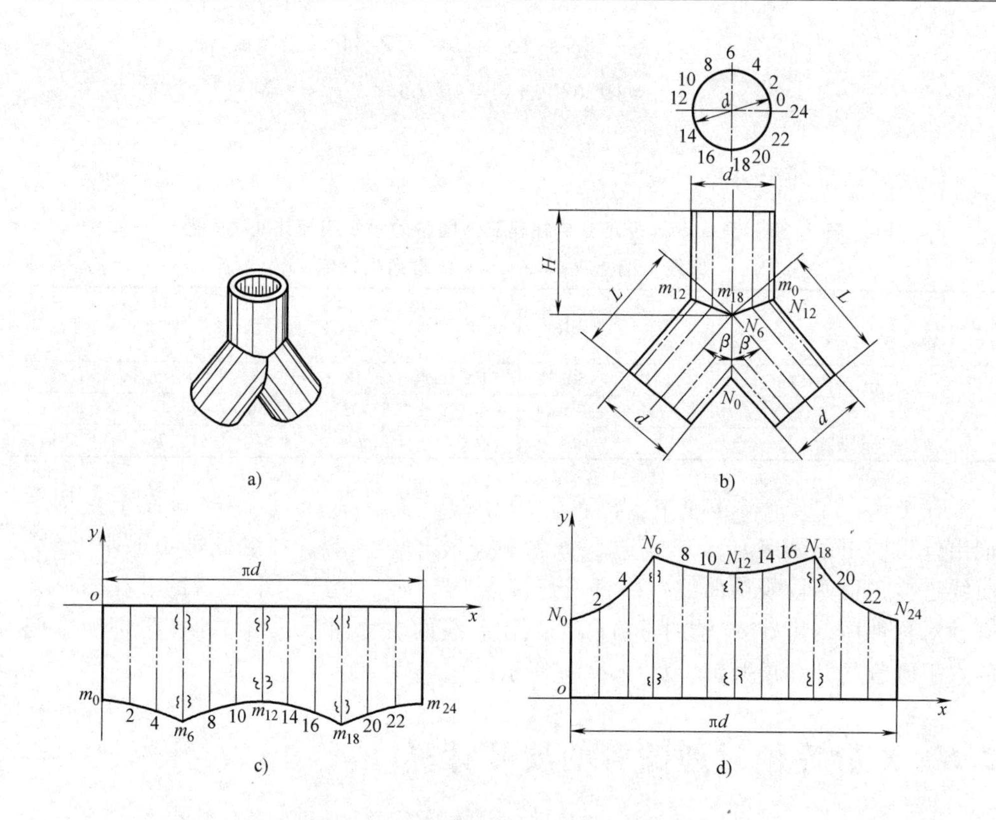

图 2.6　Y 形等径三通圆管的展开计算

a）立体图　b）Y 形等径三通圆管示意图　c）（例题）竖直圆管展开图

d）（例题）斜支圆管展开图

2. 斜圆管的展开计算

1）斜圆管的下半圆展开图曲线上的点 $N_i(x_i,\ y_i)$ 直角坐标计算式为：

$$\begin{cases} x_i = \dfrac{\pi d}{i_{\max}} \cdot i \\ y_i = L - \dfrac{d}{2\tan\beta}\cos\left(\dfrac{360°}{i_{\max}} \cdot i\right) \end{cases} \tag{2.15}$$

（取 $i=0$、1、2、…、$\dfrac{i_{\max}}{4}$；$\dfrac{3i_{\max}}{4}$、$\dfrac{3i_{\max}}{4}+1$、…、$i_{\max}$）

式中　　　L——斜圆管中心轴线的截取长度；

π、d、β、i——同前。

2）斜圆管的上半圆展开图曲线上的点 $N_i(x_i,\ y_i)$ 直角坐标计算式为：

$$\begin{cases} x_i=\dfrac{\pi d}{i_{max}}\cdot i \\ y_i=L+\tan\dfrac{\beta}{2}\cdot\dfrac{d}{2}\cos\left(\dfrac{360°}{i_{max}}\cdot i\right) \end{cases} \tag{2.16}$$

（取 $i=\dfrac{i_{max}}{4}$、$\dfrac{i_{max}}{4}+1$、…、$\dfrac{3i_{max}}{4}$）

式中　π、d、β、L、i——同前。

例 2.6　如图 2.6b 所示，相等直径 $d=120$ 的三支圆管中心轴线在同一个平面内相交于一点，竖直圆管与每单支斜圆管的中心轴线的夹角 $\beta=40°$，竖直圆管及斜圆管的中心轴线的截取长度分别是 $H=130$、$L=160$，取 $i_{max}=24$，求该 Y 形等径三通圆管的展开图。

解：

（1）竖直圆管的展开计算

将已知数代入计算式（2.14）中，得本例的竖直圆管展开图曲线上的点 m_i（x_i，y_i）直角坐标计算式：

$$\begin{cases} x_i=\dfrac{120\pi}{24}\cdot i \\ y_i=\tan\dfrac{40°}{2}\cdot\dfrac{120}{2}\left|\cos\left(\dfrac{360°}{24}\cdot i\right)\right|-130 \end{cases}$$

（取 $i=0$、1、2、…、24）

整理后得：

$$\begin{cases} x_i=15.71\cdot i \\ y_i=21.8382\left|\cos(15°\cdot i)\right|-130 \end{cases}$$

（取 $i=0$、1、2、…、24）

依次将 i 值代入上式计算：

当 $i=0$ 时，得：

$$\begin{cases} x_0=15.71\times 0=0 \\ y_0=21.8382\left|\cos(15°\times 0)\right|-130=-108.2 \end{cases}$$

当 $i=1$ 时，得：

$$\begin{cases} x_1=15.71\times 1=15.7 \\ y_1=21.8382\left|\cos(15°\times 1)\right|-130=-108.9 \end{cases}$$

……

将计算结果列于表 2.11 中。

表 2.11　例 2.6Y 形等径三通圆管的竖直圆管展开图曲线上的点 $m_i(x_i, y_i)$ 直角坐标值

直角坐标 / 点序号 i	x_i	y_i	直角坐标 / 点序号 i	x_i	y_i
0	0	-108.2	15	235.7	-114.6
12	188.5		21	329.9	
24	377.0		4	62.8	-119.1
1	15.7	-108.9	8	125.7	
11	172.8		16	251.4	
13	204.2		20	314.2	
23	361.3		5	78.6	-124.3
2	31.4	-111.1	7	110.0	
10	157.1		17	267.1	
14	219.9		19	298.5	
22	345.6		6	94.3	-130.0
3	47.1	-114.6	18	282.8	
9	141.4				

（2）斜圆管的展开计算

1）将已知数代入计算式（2.15）中，得本例的斜圆管的下半圆展开图曲线上的点 $N_i(x_i, y_i)$ 直角坐标计算式：

$$\begin{cases} x_i = \dfrac{120\pi}{24} \cdot i \\ y_i = 160 - \dfrac{120}{2\tan 40°}\cos\left(\dfrac{360°}{24} \cdot i\right) \end{cases}$$

整理后，得：

$$\begin{cases} x_i = 15.71i \\ y_i = 160 - 71.5052\cos(15° \cdot i) \end{cases}$$

（取 i=0、1、2、…、6；18、19、…、24）

依次将 i 值代入上式计算：

当 i=0 时，得：

$$\begin{cases} x_0 = 15.71 \times 0 = 0 \\ y_0 = 160 - 71.5052\cos(15° \times 0) = 88.5 \end{cases}$$

当 i=1 时，得：

$$\begin{cases} x_1 = 15.71 \times 1 = 15.7 \\ y_1 = 160 - 71.5052\cos(15° \times 1) = 90.9 \end{cases}$$

……

将计算结果列于表 2.12 中。

2）将已知数代入计算式（2.16）中，得本例的斜圆管的上半圆展开图曲线上的点 $N_i(x_i, y_i)$ 直角坐标计算式：

$$\begin{cases} x_i = \dfrac{120\pi}{24} \cdot i \\ y_i = 160 + \tan\dfrac{40°}{2} \cdot \dfrac{120}{2}\cos\left(\dfrac{360°}{24} \cdot i\right) \end{cases}$$

整理后得：

$$\begin{cases} x_i = 15.71i \\ y_i = 160 + 21.8382\cos(15° \cdot i) \end{cases}$$

（取 $i=6$、7、…、18）

依次将 i 值代入上式计算：

当 $i=6$ 时，得：

$$\begin{cases} x_6 = 15.71 \times 6 = 94.3 \\ y_6 = 160 + 21.8382\cos(15° \times 6) = 160 \end{cases}$$

当 $i=7$ 时，得：

$$\begin{cases} x_7 = 15.71 \times 7 = 110.0 \\ y_7 = 160 + 21.8382\cos(15° \times 7) = 154.3 \end{cases}$$

……

将计算结果列于表 2.12 中。

表 2.12　例 2.6Y 形等径三通圆管的斜圆管展开图曲线上的点 $N_i(x_i, y_i)$ 直角坐标值

直角坐标 / 点序号 i	x_i	y_i	直角坐标 / 点序号 i	x_i	y_i
0	0	88.5	6	94.3	160.0
24	377.0		18	282.8	
1	15.7	90.9	7	110.0	154.3
23	361.3		17	267.1	
2	31.4	98.1	8	125.7	149.1
22	345.6		16	251.4	
2	47.1	109.4	9	141.4	144.6
21	329.9		15	235.7	
4	62.8	124.2	10	157.1	141.1
20	314.2		14	219.9	
5	78.6	141.5	11	172.8	138.9
19	298.5		13	204.2	
			12	188.5	138.2

在平面直角坐标系 oxy 中，将表 2.11 中的点 $m_i(x_i, y_i)$ 依序描出，得系列点 m_0、m_1、…、m_{24}，用光滑曲线连接各点得一规律曲线与有关线段组成本例的竖直圆管展开图，如图 2.6c 所示。

参照上文，由表 2.12 中的数据，描划出本例的斜圆管展开图，如图 2.6d 所示。

2.7 Y 形等径补料三通圆管的展开计算

图 2.7a 所示为 Y 形等径补料三通圆管的立体图。如图 2.7b 所示，三支等直径 d 的圆管的中心轴线在同一个平面内且相交于一点，竖直圆管中心轴线与两支斜向圆管中心轴线的夹角为 β，补料的平板等腰三角形的顶点 A 的高为 P，竖直圆管与斜圆管中心轴线的截取长度分别是 H、L，求该 Y 形等径补料三通圆管的展开图。

1. 竖直圆管的展开计算

竖直圆管展开图曲线上的点 $m_i(x_i, y_i)$ 直角坐标计算式为：

$$\begin{cases} x_i = \dfrac{\pi d}{i_{\max}} \cdot i \\ y_i = \tan\dfrac{\beta}{2} \cdot \dfrac{d}{2}\left|\cos\left(\dfrac{360°}{i_{\max}} \cdot i\right)\right| - H \end{cases} \tag{2.17}$$

（取 $i=0$、1、2、…、$i_{\max}$）

式中 π——圆周率；

d——圆管的板厚中心直径；

β——竖直圆管与每单支斜圆管中心轴线的夹角（°）；

H——竖直圆管中心轴线的截取长度；

i——参变数，最大值 $i_{\max}$ 是圆管的直径圆周需要等分的份数，且应是数“4”的整数倍。

2. 斜圆管的展开计算

1）斜圆管的下半圆展开图曲线上的点 $N_i(x_i、y_i)$ 直角坐标计算式为：

$$\begin{cases} x_i = \dfrac{\pi d}{i_{\max}} \cdot i \\ y_i = L - \dfrac{P}{\cos\beta} - \tan\left(45° - \dfrac{\beta}{2}\right) \cdot \dfrac{d}{2}\cos\left(\dfrac{360°}{i_{\max}} \cdot i\right) \end{cases} \tag{2.18}$$

（取 $i=0$、1、2、…、$\dfrac{i_{\max}}{4}$；$\dfrac{3i_{\max}}{4}$、$\dfrac{3i_{\max}}{4}+1$、…、$i_{\max}$）

式中 π——圆周率；

d——圆管的板厚中心直径；

β——竖直圆管与每支斜圆管中心轴线的夹角（°）；

L——斜圆管中心轴线的截取长度；

P——补料的平板等腰三角形的顶点 A 的高；

i——参变数，最大值 i_{max} 是圆管的直径圆周需要等分的份数，且应是数"4"的整数倍。

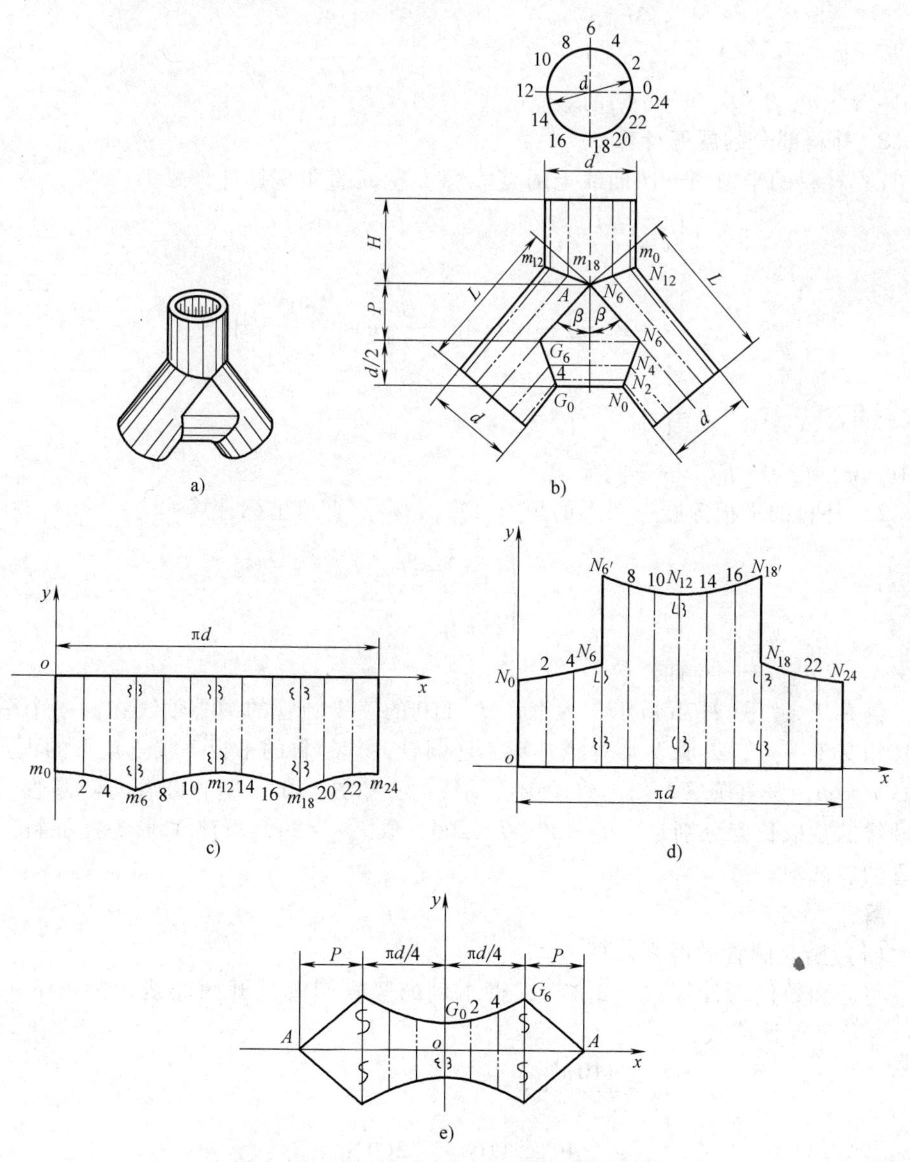

图 2.7　Y 形等径补料三通圆管的展开计算

a）立体图　b）Y 形等径补料三通圆管示意图　c）（例题）竖直圆管展开图　d）（例题）斜圆管展开图　e）（例题）补料展开图

2）斜圆管的上半圆展开图曲线上的点 $N_i(x_i, y_i)$ 直角坐标计算式为：

$$\begin{cases} x_i = \dfrac{\pi d}{i_{\max}} \cdot i \\ y_i = L + \tan\dfrac{\beta}{2} \cdot \dfrac{d}{2}\cos\left(\dfrac{360°}{i_{\max}} \cdot i\right) \end{cases} \tag{2.19}$$

$\left(取\ i = \dfrac{i_{\max}}{4}、\dfrac{i_{\max}}{4}+1、\cdots、\dfrac{3i_{\max}}{4}\right)$

式中　π、d、β、L、i——同前。

3. 补料部分的展开计算

1）补料的半圆展开图曲线上的点 $G_i(x_i,\ y_i)$ 直角坐标计算式为：

$$\begin{cases} x_i = \dfrac{\pi d}{i_{\max}} \cdot i \\ y_i = P\tan\beta - \dfrac{d}{2}\tan\left(45° - \dfrac{\beta}{2}\right)\cos\left(\dfrac{360°}{i_{\max}} \cdot i\right) \end{cases} \tag{2.20}$$

$\left(取\ i = 0、1、2、\cdots、\dfrac{i_{\max}}{4}\right)$

式中　π、d、β、P、i——同前。

2）补料的平板等腰三角形的顶点 $A(x_A、y_A)$ 直角坐标计算式为：

$$\begin{cases} x_A = \dfrac{\pi d}{4} + P \\ y_A = 0 \end{cases} \tag{2.21}$$

式中　π、d、P——同前。

例 2.7　如图 2.7b 所示，等直径 $d=110$ 的三支圆管的中心轴线在同一个平面内且相交于一点，组成 Y 形等径补料三通圆管，其补料的平板等腰三角形的顶点 A 的高 $P=65$，竖直圆管与斜圆管的中心轴线的夹角 $\beta=40°$，竖直圆管与斜圆管的中心轴线的截取长度分别是：$H=120$、$L=200$，取 $i_{\max}=24$，求该 Y 形等径补料三通圆管的展开图。

解：

（1）竖直圆管的展开计算

将已知数代入计算式（2.17），得本例的竖直圆管展开图曲线上的点 $m_i(x_i,\ y_i)$ 直角坐标计算式：

$$\begin{cases} x_i = \dfrac{110\pi}{24} \cdot i \\ y_i = \tan\dfrac{40°}{2} \cdot \dfrac{110}{2}\left|\cos\left(\dfrac{360°}{24} \cdot i\right)\right| - 120 \end{cases}$$

整理后得：

$$\begin{cases} x_i = 14.4 \cdot i \\ y_i = 20.0184\left|\cos(15° \cdot i)\right| - 120 \end{cases}$$

（取 i=0、1、2、…、24）

依次将 i 值代入上式计算。

当 i=0 时，得：

$$\begin{cases} x_0 = 14.4 \times 0 = 0 \\ y_0 = 20.0184 \left| \cos(15° \times 0) \right| - 120 = -100.0 \end{cases}$$

当 i=1 时，得：

$$\begin{cases} x_1 = 14.4 \times 1 = 14.4 \\ y_1 = 20.0184 \left| \cos(15° \times 1) \right| - 120 = -100.7 \end{cases}$$

……

将计算结果列于表 2.13 中。

表 2.13　例 2.7Y 形等径补料三通圆管的竖直圆管展开图曲线上的点 $m_i(x_i,\ y_i)$ 直角坐标值

直角坐标 / 点序号 i	x_i	y_i	直角坐标 / 点序号 i	x_i	y_i
0	0	-100.0	15	216.0	-105.8
12	172.8		21	302.4	
24	345.6		4	57.6	-110.0
1	14.4	-100.7	8	115.2	
11	158.4		16	230.4	
13	187.2		20	288.0	
23	331.2		5	72.0	-114.8
2	28.8	-102.7	7	100.8	
10	144.0		17	244.8	
14	201.6		19	273.6	
22	316.8		6	86.4	-120.0
3	43.2	-105.8	18	259.6	
9	129.6				

（2）斜圆管的展开计算

1）将已知数代入计算式（2.18），得本例的斜圆管的下半圆展开图曲线上的点 $N_i(x_i,\ y_i)$ 直角坐标计算式：

$$\begin{cases} x_i = \dfrac{110\pi}{24} \cdot i \\ y_i = 200 - \dfrac{65}{\cos 40°} - \tan\left(45° - \dfrac{40°}{2}\right) \cdot \dfrac{110}{2} \cos\left(\dfrac{360°}{24} \cdot i\right) \end{cases}$$

整理后得：

$$\begin{cases}x_i=14.4i\\y_i=115.1485-25.6469\cos(15°\cdot i)\end{cases}$$

（取 i=0、1、2、…、6；18、19、…、24）

依次将 i 值代入上式计算：

当 i=0 时，得：

$$\begin{cases}x_0=14.4\times0=0\\y_0=115.1485-25.6469\cos(15°\times0)=89.5\end{cases}$$

当 i=1 时，得：

$$\begin{cases}x_1=14.4\times1=14.4\\y_1=115.1485-25.6469\cos(15°\times1)=90.4\end{cases}$$

……

将计算结果列于表 2.14 中。

2）将已知数代入计算式（2.19），得本例的斜圆管的上半圆展开图曲线上的点 $N_i(x_i, y_i)$ 直角坐标计算式：

$$\begin{cases}x_i=\dfrac{110\pi}{24}\cdot i\\y_i=200+\tan\dfrac{40°}{2}\cdot\dfrac{110}{2}\cos\left(\dfrac{360°}{24}\cdot i\right)\end{cases}$$

整理后得：

$$\begin{cases}x_i=14.4i\\y_i=200+20.0184\cos(15°\cdot i)\end{cases}$$

（取 i=6、7、…、18）

依次将 i 值代入上式计算：

当 i=6 时，得：

$$\begin{cases}x_6=14.4\times6=86.4\\y_6=200+20.0184\cos(15°\times6)=200\end{cases}$$

当 i=7 时，得：

$$\begin{cases}x_7=14.4\times7=100.8\\y_7=200+20.0184\cos(15°\times7)=194.8\end{cases}$$

……

将计算结果列于表 2.14 中。

表 2.14　例 2.7Y 形等径补料三通圆管的斜圆管展开图曲线上的点 $N_i(x_i,\ y_i)$ 直角坐标值

<table>
<tr><th>直角坐标
点序号 i</th><th>x_i</th><th>y_i</th><th>直角坐标
点序号 i</th><th>x_i</th><th>y_i</th></tr>
<tr><td>0</td><td>0</td><td rowspan="2">89.5</td><td>18</td><td rowspan="2">259.6</td><td>115.2</td></tr>
<tr><td>24</td><td>345.6</td><td>18′</td><td>200.0</td></tr>
<tr><td>1</td><td>14.4</td><td rowspan="2">90.4</td><td>7</td><td>100.8</td><td rowspan="2">194.8</td></tr>
<tr><td>23</td><td>331.2</td><td>17</td><td>244.8</td></tr>
<tr><td>2</td><td>28.8</td><td rowspan="2">92.9</td><td>8</td><td>115.2</td><td rowspan="2">190.0</td></tr>
<tr><td>22</td><td>316.8</td><td>16</td><td>230.4</td></tr>
<tr><td>3</td><td>43.2</td><td rowspan="2">97.0</td><td>9</td><td>129.6</td><td rowspan="2">185.8</td></tr>
<tr><td>21</td><td>302.4</td><td>15</td><td>216.0</td></tr>
<tr><td>4</td><td>57.6</td><td rowspan="2">102.3</td><td>10</td><td>144.0</td><td rowspan="2">182.7</td></tr>
<tr><td>20</td><td>288.0</td><td>14</td><td>201.6</td></tr>
<tr><td>5</td><td>72.0</td><td rowspan="2">108.5</td><td>11</td><td>158.4</td><td rowspan="2">180.7</td></tr>
<tr><td>19</td><td>273.6</td><td>13</td><td>187.2</td></tr>
<tr><td>6</td><td rowspan="2">86.4</td><td>115.2</td><td>12</td><td>172.8</td><td>180.0</td></tr>
<tr><td>6′</td><td>200.0</td><td></td><td></td><td></td></tr>
</table>

（3）补料部分的展开计算

1）将已知数代入计算式（2.20），得本例的补料的半圆展开图曲线上的点 $G_i(x_i,\ y_i)$ 直角坐标计算式：

$$\begin{cases} x_i=\dfrac{110\pi}{24}\cdot i \\ y_i=65\tan40°-\dfrac{110}{2}\tan\left(45°-\dfrac{40°}{2}\right)\cos\left(\dfrac{360°}{24}\cdot i\right) \end{cases}$$

整理后得：

$$\begin{cases} x_i=14.4i \\ y_i=54.54-25.6469\cos(15°\cdot i) \end{cases}$$

（取 $i=0$、1、2、…、6）

依次将 i 值代入上式计算：

当 $i=0$ 时，得：

$$\begin{cases} x_0=14.4\times0=0 \\ y_0=54.54-25.6469\cos(15°\times0)=28.9 \end{cases}$$

当 $i=1$ 时，得：

$$\begin{cases} x_1=14.4\times1=14.4 \\ y_1=54.54-25.6469\cos(15°\times1)=29.8 \end{cases}$$

……

将计算结果列于表 2. 15 中。

表 2. 15 例 2. 7Y 形等径补料三通圆管的补料展开图曲线上的点 $G_i(x_i,\ y_i)$ 直角坐标值

直角坐标 \ 点序号 i	0	1	2	3	4	5	6	A
x_i	0	14.4	28.8	43.2	57.6	72.0	86.4	151.4
y_i	28.9	29.8	32.3	36.4	41.7	47.9	54.5	0

2）将已知数代入计算式（2. 21）中，得本例的补料展开图中的平板等腰三角形的顶点 $A(x_A、y_A)$ 直角坐标：

$$\begin{cases} x_A = \dfrac{110\pi}{4} + 65 = 151.4 \\ y_A = 0 \end{cases}$$

参照 2. 6 节中构件的展开图划制方法，应用本节表 2. 13 与表 2. 14 中的数据，可描划出本例的竖直圆管和料圆管的展开图，如图 2. 7c、d 所示。

在平面直角坐标系 oxy 中，将表 2. 15 中的点 $G_i(x_i,\ y_i)$ 及点 A 依次描出，用光滑曲线连接点 G_0、$G_1 \sim G_6$ 得一规律曲线，再用线段连接点 G_6 和点 A；由于该补料展开图具有关于坐标原点 o 的点对称和关于 ox 轴、oy 轴的轴对称的性质，所以在第Ⅱ、Ⅲ、Ⅳ象限作出上述曲线的对称图形。则整个图形即本例的补料展开图，如图 2. 7e 所示。

2. 8 偏坡 Y 形等径三通圆管的展开计算

图 2. 8a 所示为偏坡 Y 形等径三通圆管的立体图。如图 2. 8b 所示，三支等径圆管的中心轴线相交于点 C，它们的中心直径为 D，上部两圆管中心轴线的夹角的一半为 γ，且两中心轴线构成的倾斜平面的倾角为 ω，每单支圆管中心轴线的截取长度为 L，下部竖直圆管中心轴线的截取长度为 H，求该偏坡 Y 形等径三通圆管的展开图。

1. 预备数据（图 2. 8b、c）

1）上部倾斜两圆管中心轴线在水平面上的投影线段所构成的夹角的一半 α 的计算式为：

$$\alpha = \arctan\frac{\tan\gamma}{\cos\omega} \tag{2.22}$$

2）每支倾斜圆管与下节竖直圆管的中心轴线的夹角 β 的计算式为：

$$\beta = \arccos(\cos\gamma\ \sin\omega) \tag{2.23}$$

式中 γ——上部两倾斜圆管中心轴线相交的夹角的一半（°）；

ω——上部两倾斜圆管中心轴线相交所形成的倾斜平面的倾角（°）。

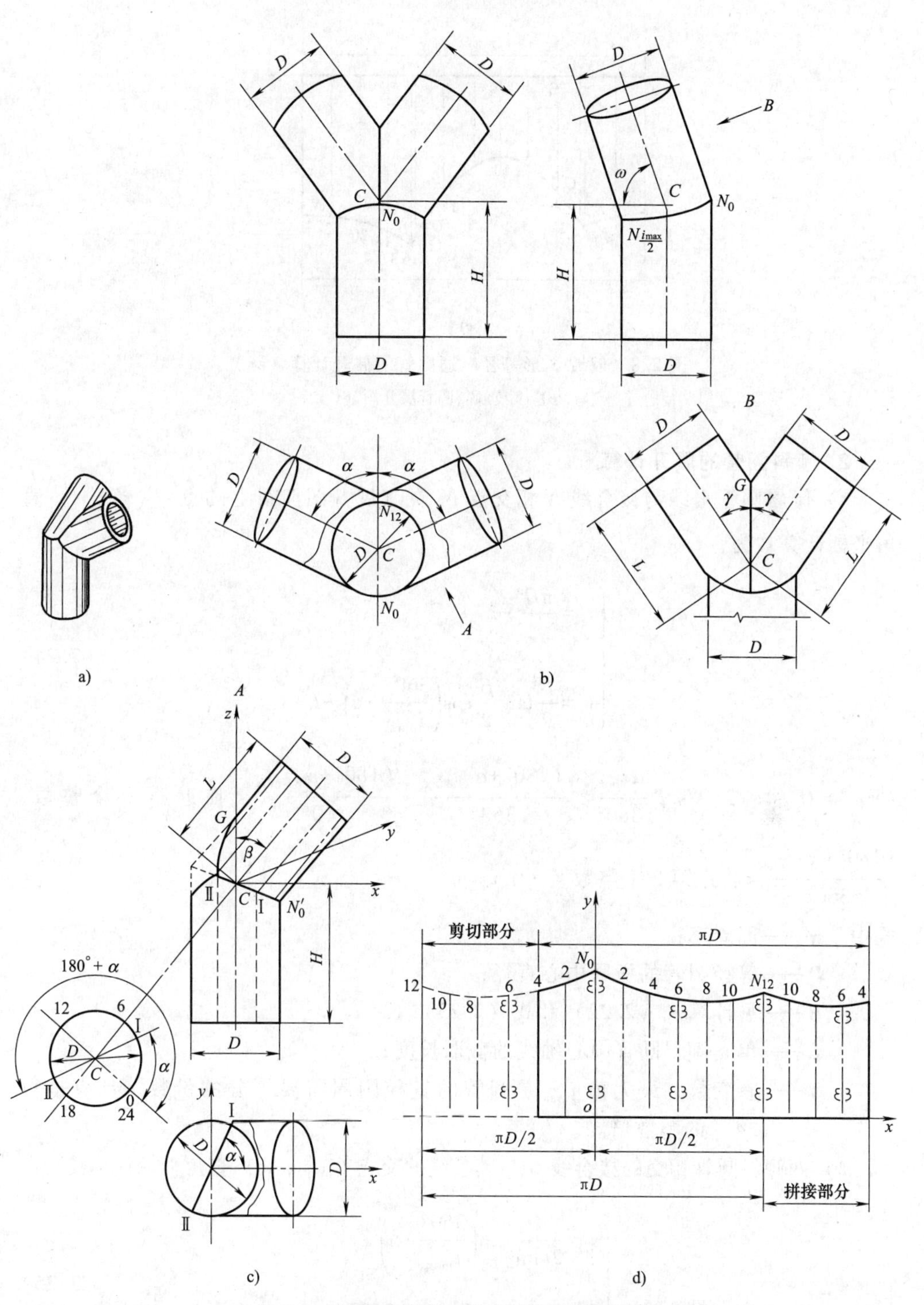

图 2.8　偏坡 Y 形等径三通圆管的展开计算

a）立体图　b）偏坡 Y 形等径三通圆管示意图　c）展开计算辅助示意图　d）下节竖直圆管展开图

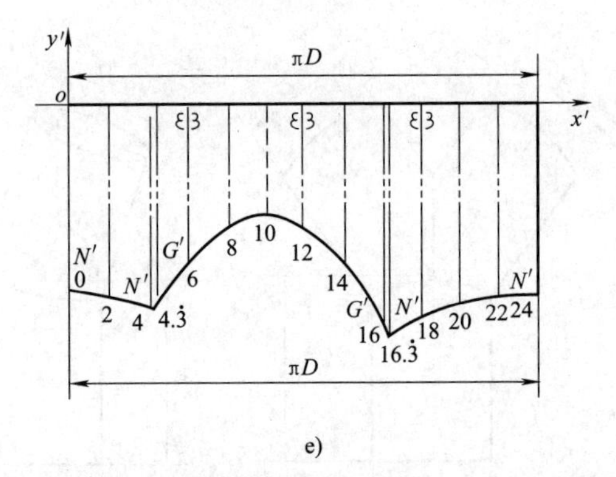

图 2.8　偏坡 Y 形等径三通圆管的展开计算（续）

e）上节倾斜圆管展开图

2. 倾斜圆管的展开计算

1）倾斜圆管素线与接合线 N 相交点 N_i 在其展开图曲线上的点 $N_i'(x_i', y_i')$ 直角坐标计算式为：

$$\begin{cases} x_i' = \dfrac{\pi D}{i_{\max}} \cdot i \\ y_i' = \dfrac{D}{2}\tan\dfrac{\beta}{2}\cos\left(\dfrac{360°}{i_{\max}} \cdot i\right) - L \end{cases} \tag{2.24}$$

（取 $i = 0$、1、2、…、$\dfrac{\alpha i_{\max}}{360°}$；$\dfrac{(180°+\alpha) i_{\max}}{360°}$、$\dfrac{(180°+\alpha) i_{\max}}{360°}$ < 临近第 1 个整数、$\dfrac{(180°+\alpha) i_{\max}}{360°}$ < 临近第 2 个整数、…、$i_{\max}$）

式中　π——圆周率；

D——等径圆管的板厚中心直径；

α、β——见计算式（2.22）和式（2.23）；

L——单支倾斜圆管中心轴线的截取长度；

i——参变数，最大值 $i_{\max}$ 是圆管的直径圆周需要等分的份数，且应是数“4”的整数倍。

2）两倾斜圆管相交的接合线 G 与其素线的交点 $G_i(x_i, z_i)$ 直角坐标计算式为：

$$\begin{cases} x_i = \dfrac{D}{2\tan\alpha}\sin\left(\dfrac{360°}{i_{\max}} \cdot i\right) \\ z_i = \cot\beta x_i - \dfrac{D}{2\sin\beta}\cos\left(\dfrac{360°}{i_{\max}} \cdot i\right) \end{cases} \tag{2.25}$$

$$\left[\text{取 } i=\frac{\alpha i_{max}}{360^\circ}、\frac{\alpha i_{max}}{360^\circ}<\text{临近第 1 个整数}、\frac{\alpha i_{max}}{360^\circ}<\text{临近第 2 个整数}、\cdots、\frac{(180^\circ+\alpha)i_{max}}{360^\circ}\right]$$

3）倾斜圆管展开图曲线上的点 $G_i'(x_i'、y_i')$ 直角坐标计算式为：

$$\begin{cases} x_i'=\dfrac{\pi D}{i_{max}}\cdot i \\ y_i'=x_i\sin\beta+z_i\cos\beta-L \end{cases} \tag{2.26}$$

$$\left[\text{取 } i=\frac{\alpha i_{max}}{360^\circ}、\frac{\alpha i_{max}}{360^\circ}<\text{临近第 1 个整数}、\frac{\alpha i_{max}}{360^\circ}<\text{临近第 2 个整数}、\cdots、\frac{(180^\circ+\alpha)i_{max}}{360^\circ}\right]$$

式中　　x_i、z_i——见计算式（2.25）

π、D、L、α、β、i——同前。

下节竖直圆管展开计算：

下节竖直圆管展开图曲线上的点 $N_i(x_i,\ y_i)$ 直角坐标计算式为：

$$\begin{cases} x_i=\dfrac{\pi D}{i_{max}}\cdot i \\ y_i=H-\dfrac{D}{2}\tan\dfrac{\beta}{2}\cos\left[180^\circ+\alpha+\left(\dfrac{360^\circ}{i_{max}}\cdot i\right)\right] \end{cases} \tag{2.27}$$

（取 $i=0、1、2、\cdots、\dfrac{i_{max}}{2}$）

式中　　H——下节竖直圆管中心轴线的截取长度；

π、D、α、β、i——同前。

例 2.8　如图 2.8b 所示，三支等直径 $D=100$ 的圆管的中心轴线相交于点 C，上部两倾斜圆管中心轴线的夹角的一半 $\gamma=35.82327585^\circ$，且两中心轴线构成的倾斜平面的倾角 $\omega=70.33015311^\circ$，每单支倾斜圆管中心轴线的截取长度 $L=140$，下部竖直圆管中心轴线的截取长度 $H=180$，取 $i_{max}=24$。求该偏坡 Y 形等径三通圆管的展开图。

（1）预备数据

将已知数代入计算式（2.22）与计算式（2.23）中，得本例的有关几何数据：

1）两倾斜圆管中心轴线在水平面上的投影线段的夹角的一半 α 为：

$$\alpha=\arctan\left(\frac{\tan35.82327585^\circ}{\cos70.33015311^\circ}\right)=65^\circ$$

2）每支倾斜圆管中心轴线与下节竖直圆管中心轴线的夹角 β 为：

$$\beta=\arccos(\cos35.82327585^\circ\cdot\sin70.33015311^\circ)=40.22514874^\circ$$

（2）倾斜圆管的展开计算

1）将已知数代入计算式（2.24）中，得本例的倾斜圆管展开图曲线上的点 N_i'

$(x'_i,\ y'_i)$ 直角坐标计算式：

$$\begin{cases} x'_i=\dfrac{100\pi}{24}\cdot i \\ y'_i=\dfrac{100}{2}\tan\dfrac{40.22514874°}{2}\cos\left(\dfrac{360°}{24}\cdot i\right)-140 \end{cases}$$

（取 $i=0、1、2、\cdots、\dfrac{65°\times24}{360°}$；$\dfrac{(180°+65°)\times24}{360°}、\cdots、24$）

整理后得：
$$\begin{cases} x'_i=13.09i \\ y'_i=18.30984538\cos(15°\cdot i)-140 \end{cases}$$

（取 $i=0、1、2、\cdots、4.3$；$16.3、17、18、\cdots、24$）

依次将 i 值代入上式计算：

当 $i=0$ 时，得：
$$\begin{cases} x'_0=13.09\times0=0 \\ y'_0=18.30984538\cos(15°\times0)-140=-121.69 \end{cases}$$

当 $i=1$ 时，得：
$$\begin{cases} x'_1=13.09\times1=13.1 \\ y'_1=18.30984538\cos(15°\times1)-140=-122.31 \end{cases}$$

……

将计算结果列于表 2.16 中。

2）将已知数代入计算式（2.25）与计算式（2.26）中，得本例的接合线 G 上的点 $G_i(x_i,\ z_i)$ 空间直角坐标计算式及其在倾斜圆管展开图曲线上的点 $G'_i(x'_i,\ y'_i)$ 直角坐标计算式：

$$\begin{cases} x_i=\dfrac{100}{2\tan65°}\sin\left(\dfrac{360°}{24}\cdot i\right) \\ z_i=\cot40.22514874°x_i-\dfrac{100}{2\sin40.22514874°}\cos\left(\dfrac{360°}{24}\cdot i\right) \end{cases}$$

$\left[取\ i=\dfrac{65°\times24}{360°}、\dfrac{65°\times24}{360°}<临近第1个整数、\cdots、\dfrac{(180°+65°)\times24}{360°}\right]$

$$\begin{cases} x'_i=\dfrac{100\pi}{24}\cdot i \\ y'_i=x_i\sin40.22514874°+z_i\cos40.22514874°-140 \end{cases}$$

$\left[取\ i=\dfrac{65°\times24}{360°}、\dfrac{65°\times24}{360°}<临近第1个整数、\cdots、\dfrac{(180°+65°)\times24}{360°}\right]$

整理后得：
$$\begin{cases} x_i=23.31538291\sin(15°\cdot i) \\ z_i=1.182287189x_i-77.42420482\cos(15°\cdot i) \end{cases}$$

（取 $i=4.\dot{3}$、5、6、…、15、16、$16.\dot{3}$）

$$\begin{cases} x'_i=13.09\cdot i \\ y'_i=x_i\sin 40.22514874°+z_i\cos 40.22514874°-140 \end{cases}$$

（取 $i=4.\dot{3}$、5、6、…、15、16、$16.\dot{3}$）

依次将 i 值代入上式计算：

当 $i=4.\dot{3}$ 时，得：

$$\begin{cases} x_{4.\dot{3}}=23.31538291\sin(15°\times 4.\dot{3})=21.13091309 \\ z_{4.\dot{3}}=1.182287189\times 21.13091309-77.42420482\cos(15°\times 4.\dot{3})=-7.738075028 \end{cases}$$

$$\begin{cases} x'_{4.\dot{3}}=13.09\times 4.\dot{3}=56.72\dot{3} \\ y'_{4.\dot{3}}=21.13091309\sin 40.22514874°+(-7.738075028)\cos 40.22514874°-140=-132.26 \end{cases}$$

当 $i=5$ 时，得：

$$\begin{cases} x_5=23.31538291\sin(15°\times 5)=22.5209305 \\ z_5=1.182287189\times 22.5209305-77.42420482\cos(15°\times 5)=6.587348851 \end{cases}$$

$$\begin{cases} x'_5=13.09\times 5=65.45 \\ y'_5=22.5209305\sin 40.22514874°+6.587348851\cos 40.22514874°-140=-120.43 \end{cases}$$

……

将计算结果列于表 2.16 中。

表 2.16　例 2.8 偏坡 Y 形等径三通圆管的倾斜圆管展开图曲线上的点 $N'_i/G'_i(x'_i,\ y'_i)$ 直角坐标值

<table>
<tr><th colspan="2">直角坐标 / 点序号 i</th><th>x'_i</th><th>y'_i</th><th colspan="2">直角坐标 / 点序号 i</th><th>x'_i</th><th>y'_i</th><th colspan="2">直角坐标 / 点序号 i</th><th>x'_i</th><th>y'_i</th></tr>
<tr><td rowspan="9">N'_i</td><td>0</td><td>0</td><td rowspan="2">-121.7</td><td rowspan="2">N'_i</td><td>20</td><td>261.8</td><td>-130.8</td><td rowspan="6">G'_i</td><td>12</td><td>157.1</td><td>-80.9</td></tr>
<tr><td>24</td><td>314.2</td><td>$4.\dot{3}$</td><td>56.7</td><td>-132.3</td><td>13</td><td>170.2</td><td>-92.2</td></tr>
<tr><td>1</td><td>13.1</td><td rowspan="2">-122.3</td><td rowspan="7">G'_i</td><td>5</td><td>65.5</td><td>-120.4</td><td>14</td><td>183.3</td><td>-106.9</td></tr>
<tr><td>23</td><td>301.1</td><td>6</td><td>78.5</td><td>-103.9</td><td>15</td><td>196.4</td><td>-123.7</td></tr>
<tr><td>2</td><td>26.2</td><td rowspan="2">-124.1</td><td>7</td><td>91.6</td><td>-89.8</td><td>16</td><td>209.4</td><td>-141.7</td></tr>
<tr><td>22</td><td>288.0</td><td>8</td><td>104.7</td><td>-79.2</td><td>$16.\dot{3}$</td><td>213.8</td><td>-147.7</td></tr>
<tr><td>3</td><td>39.3</td><td rowspan="2">-127.1</td><td>9</td><td>117.8</td><td>-72.7</td><td rowspan="3">N'_i</td><td>17</td><td>222.5</td><td>-144.7</td></tr>
<tr><td>21</td><td>274.9</td><td>10</td><td>130.9</td><td>-70.8</td><td>18</td><td>235.6</td><td>-140.0</td></tr>
<tr><td>4</td><td>52.4</td><td>-130.8</td><td>11</td><td>144.0</td><td>-73.6</td><td>19</td><td>248.7</td><td>-135.3</td></tr>
</table>

（3）下节竖直圆管展开计算

将已知数代入计算式（2.27）中，得本例的下节竖直圆管展开图曲线上的点

$N_i(x_i, y_i)$ 直角坐标计算式：

$$\begin{cases} x_i = \dfrac{100\pi}{24} \cdot i \\ y_i = 180 - \dfrac{100}{2}\tan\dfrac{40.22514874°}{2}\cos\left[180°+65°+\left(\dfrac{360°}{24}\cdot i\right)\right] \end{cases}$$

（取 $i=0$、1、2、…、$\dfrac{24}{2}$）

整理后得：

$$\begin{cases} x_i = 13.09i \\ y_i = 180 - 18.30984538\cos[245°+(15°\cdot i)] \end{cases}$$

（取 $i=0$、1、2、…、12）

依次将 i 值代入上式计算：

当 $i=0$ 时，得：

$$\begin{cases} x_0 = 13.09\times 0 = 0 \\ y_0 = 180 - 18.30984538\cos[245°+(15°\times 0)] = 187.738 \end{cases}$$

当 $i=1$ 时，得：

$$\begin{cases} x_1 = 13.09\times 1 = 13.1 \\ y_1 = 180 - 18.30984538\cos[245°+(15°\times 1)] = 183.179 \end{cases}$$

……

将计算结果列于表 2.17 中。

表 2.17　例 2.8 偏坡 Y 形等径三通圆管的下节竖直等径圆管展开图曲线（半侧）上的点 $N_i(x_i, y_i)$ 直角坐标值

直角坐标 / 点序号 i	x_i	y_i	直角坐标 / 点序号 i	x_i	y_i	备　注
0	0	187.7	7	91.6	162.0	下节竖直等径圆管展开图具有轴对称性质，所以只需展开计算图曲线（半侧）上的点的直角坐标就可以了
1	13.1	183.2	8	104.7	161.8	
2	26.2	178.4	9	117.8	162.8	
3	39.3	173.7	10	130.9	165.0	
4	52.4	169.5	11	144.0	168.2	
5	65.5	166.0	12	157.1	172.3	
6	78.5	163.4				

（4）制作展开图

1）在平面直角坐标系 $ox'y'$ 中，将表 2.16 中的点 N'_i、G'_i（x'_i，y'_i）依次描出，得系列点 N'_0、N'_1、N'_2、…、$N'_{4.3}$（$G'_{4.3}$）、G'_5、G'_6、…、G'_{16}、$G'_{16.3}$（$N'_{16.3}$）、

N'_{17}、N'_{18}、…、N'_{24}，用光滑曲线连接各组段中的点，得呈现拐点 4.3、16.3 的一规律曲线，与相关线段组成上节倾斜圆管展开图（见图 2.8e）。

2）在平面直角坐标 oxy 中，将表 2.17 中的点 $N_i(x_i, y_i)$ 依次描出，得系列点 N_0、N_1、N_2、…、N_{12}，用光滑曲线连接各点得一规律曲线。在 oy 轴的另一侧作出该曲线的对称图形，与相关线段组成本例的下节竖直圆管展开图。为了避免构件的纵向焊缝的重缝，该展开图的接口线需要做一改动，如图 2.8d 所示。

2.9　异径正交三通圆管的展开计算

图 2.9a 所示为异径正交三通圆管的立体图。如图 2.9b 所示，直径为 d 的竖直圆管与直径为 $D(d<D)$ 的水平圆管中心轴线相交，竖直圆管的顶端到水平圆管中心轴线的距离为 H。求异径正交三通圆管的展开图。

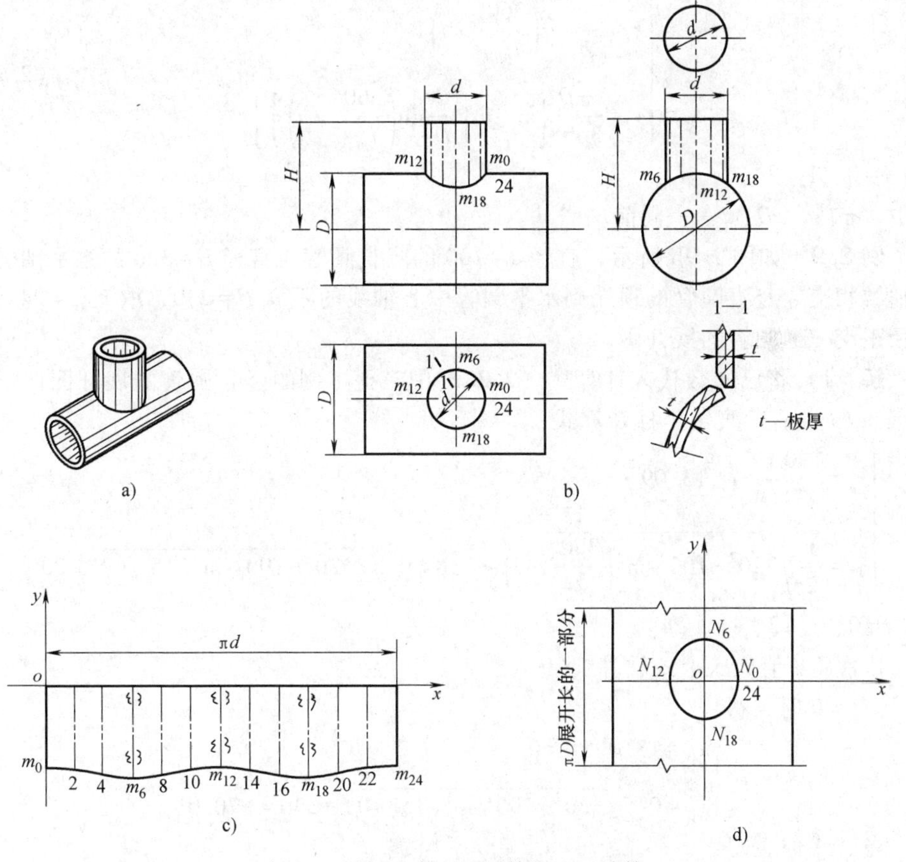

图 2.9　异径正交三通圆管的展开计算

a）立体图　b）异径正交三通圆管示意图　c）竖直圆管展开图

d）水平圆管开孔展开图

1）竖直圆管的展开图曲线上的点 $m_i(x_i, y_i)$ 直角坐标计算式为：

$$\begin{cases} x_i = \dfrac{\pi d}{i\max} \cdot i \\ y_i = \dfrac{1}{2}\sqrt{D^2 - d^2 \sin^2\left(\dfrac{360°}{i\max} \cdot i\right)} - H \end{cases} \tag{2.28}$$

（取 $i=0$、1、2、…、$i_{\max}$）

式中 π——圆周率；

d——竖直圆管的板厚中心直径；

D——水平圆管的板厚中心直径；

H——竖直圆管顶端到水平圆管中心轴线的距离；

i——参变数，最大值 $i_{\max}$ 是圆管的直径圆周需要等分的份数，且应是数“4”的整数倍。

2）水平圆管的开孔展开图曲线上的点 $N_i(x_i, y_i)$ 直角坐标计算式为：

$$\begin{cases} x_i = \dfrac{d}{2}\cos\left(\dfrac{360°}{i_{\max}} \cdot i\right) \\ y_i = \dfrac{\pi D}{360°}\left\{\arcsin\left[\dfrac{d}{D}\sin\left(\dfrac{360°}{i_{\max}} \cdot i\right)\right]\right\} \end{cases} \tag{2.29}$$

（取 $i=0$、1、2、…、$i_{\max}$）

式中 π、d、D、i——同前。

例 2.9 如图 2.9b 所示，直径 $d=100$ 的竖直圆管与直径 $D=320$ 的水平圆管中心轴线相交，竖直圆管的顶端到水平圆管中心轴线的距离 $H=230$，取 $i_{\max}=24$。求异径正交三通圆管的展开图。

解：1）将已知数代入计算式（2.28）中，得本例的竖直圆管的展开图曲线上的点 $m_i(x_i, y_i)$ 直角坐标计算式：

$$\begin{cases} x_i = \dfrac{100\pi}{24} \cdot i = 13.09 \cdot i \\ y_i = \dfrac{1}{2}\sqrt{320^2 - 100^2 \sin^2\left(\dfrac{360°}{24} \cdot i\right)} - 230 = 0.5\sqrt{320^2 - 100^2 \sin^2(15° \cdot i)} - 230 \end{cases}$$

（取 $i=0$、1、2、…、24）

依次将 i 值代入上式计算：

当 $i=0$ 时，得：

$$\begin{cases} x_0 = 13.09 \times 0 = 0 \\ y_0 = 0.5\sqrt{320^2 - 100^2 \sin^2(15° \times 0)} - 230 = -70.0 \end{cases}$$

当 $i=1$ 时，得：

$$\begin{cases} x_1 = 13.09 \times 1 = 13.1 \\ y_1 = 0.5\sqrt{320^2 - 100^2 \sin^2(15° \times 1)} - 230 = -70.5 \end{cases}$$

……

将计算结果列于表 2.18 中。

2）将已知数代入计算式（2.29）中，得本例的水平圆管的开孔展开图曲线上的点 $N_i(x_i, y_i)$ 直角坐标计算式：

$$\begin{cases} x_i = \dfrac{100}{2}\cos\left(\dfrac{360°}{24}\cdot i\right) = 50\cos(15°\cdot i) \\ y_i = \dfrac{320\pi}{360°}\left\{\arcsin\left[\dfrac{100}{320}\sin\left(\dfrac{360°}{24}\cdot i\right)\right]\right\} = 2.792526803\{\arcsin[0.3125\sin(15°\cdot i)]\} \end{cases}$$

（取 $i=0$、1、2、…、24）

依次将 i 值代入上式计算：

当 $i=0$ 时，得：

$$\begin{cases} x_0 = 50\cos(15°\times 0) = 50 \\ y_0 = 2.792526803\{\arcsin[0.3125\sin(15°\times 0)]\} = 0 \end{cases}$$

当 $i=1$ 时，得：

$$\begin{cases} x_1 = 50\cos(15°\times 1) = 48.30 \\ y_1 = 2.792526803\{\arcsin[0.3125\sin(15°\times 1)]\} = 12.96 \end{cases}$$

……

将计算结果列于表 2.19 中。

表 2.18　例 2.9 异径正交三通圆管的竖直圆管展开图曲线上的点 $m_i(x_i, y_i)$ 直角坐标值

直角坐标 / 点序号 i	x_i	y_i	直角坐标 / 点序号 i	x_i	y_i
0		-70.0	15	196.4	-74.0
12	157.1		21	274.9	
24	314.2		4	52.4	-76.0
1	13.1	-70.5	8	104.7	
11	144.0		16	209.4	
13	170.2		20	261.8	
23	301.1		5	65.5	-77.5
2	26.2	-72.0	7	91.6	
10	130.9		17	222.5	
14	183.3		19	248.7	
22	288.0		6	78.5	-78.0
3	39.3	-74.0	18	235.6	
9	117.8				

表 2.19　例 2.9 异径正交三通圆管的水平圆管的开孔展开图曲线上的点 $N_i(x_i, y_i)$ 直角坐标值

点序号 i \ 直角坐标	x_i	y_i	点序号 i \ 直角坐标	x_i	y_i
0	50	0	6	0	50.85
24			13	-48.30	-12.96
12	-50		23	48.30	
1	48.30	12.96	14	-43.30	-25.10
11	-48.30		22	43.30	
2	43.30	25.1	15	-35.36	-35.65
10	-43.30		21	35.36	
3	35.36	35.65	16	-25.00	-43.85
9	-35.36		20	25.00	
4	25.00	43.84	17	-12.94	-49.06
8	-25.00		19	12.94	
5	12.94	49.06	18	0	-50.85
7	-12.94				

参照 2.3 节中展开图的作图方法，将表 2.18 和表 2-19 中的点 $m_i(x_i、y_i)$、$N_i(x_i, y_i)$ 分别描点、连线，得本例的竖直圆管展开图和水平圆管的开孔展开图，如图 2.9c、d 所示。

2.10　异径正交错心三通圆管的展开计算

图 2.10a 所示为异径正交错心三通圆管的立体图。如图 2.10b 所示，直径为 d 的竖直圆管与直径为 $D(d<D)$ 的水平圆管垂直、错心正相交，在左视图中错心距离为 e，两圆管的中心轴线不相交，竖直圆管顶端到水平圆管中心轴线的铅垂距离为 H。求异径正交错心三通圆管的展开图。

1）竖直圆管的展开图曲线上的点 $m_i(x_i, y_i)$ 直角坐标计算式为：

$$\begin{cases} x_i = \dfrac{\pi d}{i_{\max}} \cdot i \\ y_i = \sqrt{\left(\dfrac{D}{2}\right)^2 - \left[\dfrac{d}{2}\sin\left(\dfrac{360°}{i_{\max}} \cdot i\right) - e\right]^2} - H \end{cases} \tag{2.30}$$

（取 $i=0、1、2、\cdots、i_{\max}$）

式中　π——圆周率；

d——竖直圆管的板厚中心直径；

D——水平圆管的板厚中心直径；

H——竖直圆管的顶端到水平圆管中心轴线的铅垂距离；

e——竖直圆管中心轴线偏离水平圆管中心轴线的水平距离；

i——参变数，最大值 i_{max} 是圆管的直径圆周需要等分的等份，且应是数“4”的整数倍。

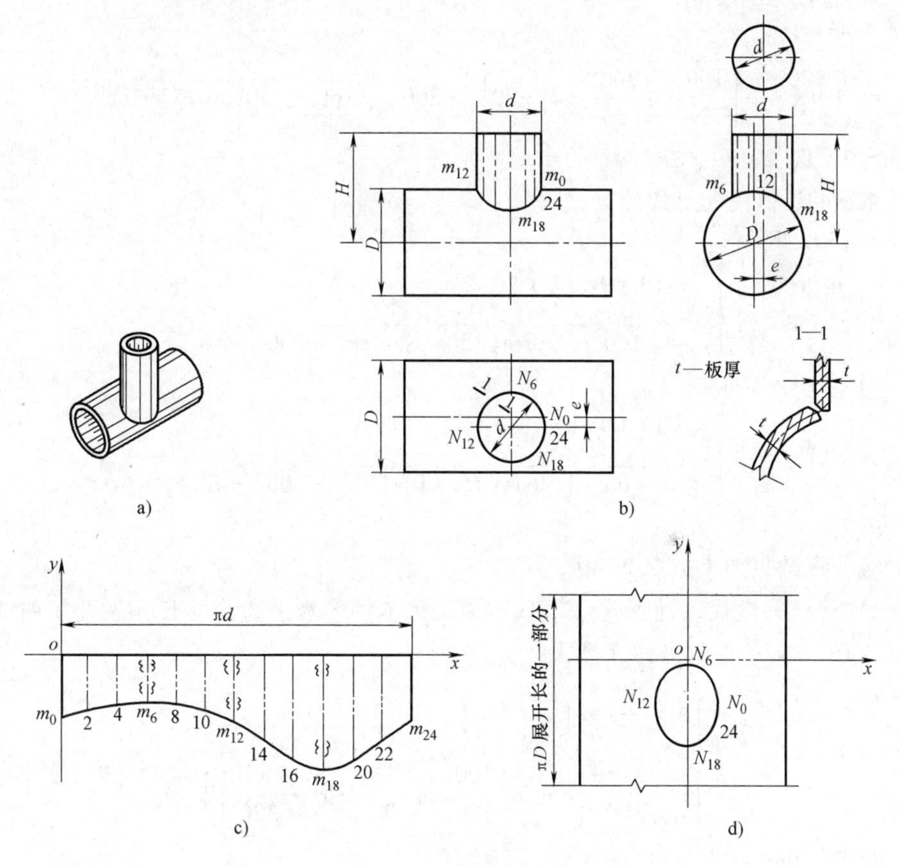

图 2.10　异径正交错心三通圆管的展开计算

a）立体图　b）异径正交错心三通圆管示意图　c）竖向圆管展开图　d）水平圆管开孔展开图

2）水平圆管的开孔展开图曲线上的点 $N_i(x_i,\ y_i)$ 直角坐标计算式为：

$$\begin{cases} x_i = \dfrac{d}{2}\cos\left(\dfrac{360°}{i_{max}} \cdot i\right) \\ y_i = \dfrac{\pi D}{360°}\left\{\arcsin\left[\dfrac{d}{D}\sin\left(\dfrac{360°}{i_{max}} \cdot i\right) - \dfrac{2e}{D}\right]\right\} \end{cases} \tag{2.31}$$

（取 $i=0$、1、2、…、i_{max}）

式中　π、d、D、e、i——同前。

例 2.10　如图 2.10b 所示，异径正交错心三通圆管各部分尺寸分别为：$d=100$，$D=320$，$H=200$，$e=70$，取 $i_{max}=24$。求该构件展开图。

解：1）将已知数代入计算式（2.30）中，得本例的竖直圆管的展开图曲线上的点 $m_i(x_i,\ y_i)$ 直角坐标计算式：

$$\begin{cases} x_i=\dfrac{100\pi}{24}\cdot i=13.09i \\ y_i=\sqrt{\left(\dfrac{320}{2}\right)^2-\left[\dfrac{100}{2}\sin\left(\dfrac{360°}{24}\cdot i\right)-70\right]^2}-200=\sqrt{160^2-[50\sin(15°\cdot i)-70]^2}-200 \end{cases}$$

（取 $i=0$、1、2、…、24）

依次将 i 值代入上式计算：

当 $i=0$ 时，得：

$$\begin{cases} x_0=13.09\times 0=0 \\ y_0=\sqrt{160^2-[50\sin(15°\times 0)-70]^2}-200=-56.1 \end{cases}$$

当 $i=1$ 时，得：

$$\begin{cases} x_1=13.09\times 1=13.1 \\ y_1=\sqrt{160^2-[50\sin(15°\times 1)-70]^2}-200=-50.5 \end{cases}$$

……

将计算结果列于表 2.20 中。

2）将已知数代入计算式（2.31）中，得本例的水平圆管的开孔展开图曲线上的点 $N_i(x_i,\ y_i)$ 直角坐标计算式：

$$\begin{cases} x_i=\dfrac{100}{2}\cos\left(\dfrac{360°}{24}\cdot i\right) \\ y_i=\dfrac{320\pi}{360°}\left\{\arcsin\left[\dfrac{100}{320}\sin\left(\dfrac{360°}{24}\cdot i\right)-\dfrac{2\times 70}{320}\right]\right\} \end{cases}$$

整理后得：

$$\begin{cases} x_i=50\cos(15°\cdot i) \\ y_i=2.792526803\{\arcsin[0.3125\sin(15°\cdot i)-0.4375]\} \end{cases}$$

（取 $i=0$、1、2、…、24）

依次将 i 值代入上式计算：

当 $i=0$ 时，得：

$$\begin{cases} x_0=50\cos(15°\times 0)=50 \\ y_0=2.792526803\{\arcsin[0.3125\sin(15°\times 0)-0.4375]\}=-72.45 \end{cases}$$

当 $i=1$ 时，得：

$$\begin{cases} x_1 = 50\cos(15°\times 1) = 48.30 \\ y_1 = 2.792526803\{\arcsin[0.3125\sin(15°\times 1) - 0.4375]\} = -58.34 \end{cases}$$

……

将计算结果列于表 2.21 中。

表 2.20　例 2.10 异径正交错心三通圆管的竖直圆管展开图曲线上的点 $m_i(x_i, y_i)$ 直角坐标值

直角坐标 / 点序号 i	x_i	y_i	直角坐标 / 点序号 i	x_i	y_i
0	0	-56.1	6	78.5	-41.3
12	157.1		13	170.2	-63.2
24	314.2		23	301.1	
1	13.1	-50.5	14	183.3	-71.3
11	144.0		22	288.0	
2	26.2	-46.5	15	196.4	-79.6
10	130.9		21	274.9	
3	39.3	-43.8	16	209.4	-87.1
9	117.8		20	216.8	
4	52.4	-42.2	17	222.5	-92.3
8	104.7		19	248.3	
5	65.5	-41.5	18	235.6	-94.2
7	91.6				

表 2.21　例 2.10 异径正交错心三通圆管的水平圆管开孔展开图曲线上的点 $N_i(x_i, y_i)$ 直角坐标值

直角坐标 / 点序号 i	x_i	y_i	直角坐标 / 点序号 i	x_i	y_i
0	50	-72.45	6	0	-20.05
24			13	-48.30	-87.19
12	-50		23	48.30	
1	48.30	-58.34	14	-43.30	-101.71
11	-48.30		22	43.30	
2	43.30	-45.62	15	-35.36	-115.01
10	-43.30		21	35.36	
3	35.36	-34.92	16	-25.00	-125.90
9	-35.36		20	25.00	
4	25.00	-26.82	17	-12.94	-133.14
8	-25.00		19	12.94	
5	12.94	-21.77	18	0	-135.69
7	-12.94				

参照 2.3 节中展开图的作图方法，将表 2.20 与表 2.21 中的点 $m_i(x_i, y_i)$、$N_i(x_i, y_i)$ 分别描点、连线，得本例的竖直圆管展开图和水平圆管的开孔展开图，如图 2.10c、d 所示。

2.11　异径斜交三通圆管的展开计算

图 2.11a 所示为异径斜交三通圆管的立体图。如图 2.11b 所示，直径为 d 的斜

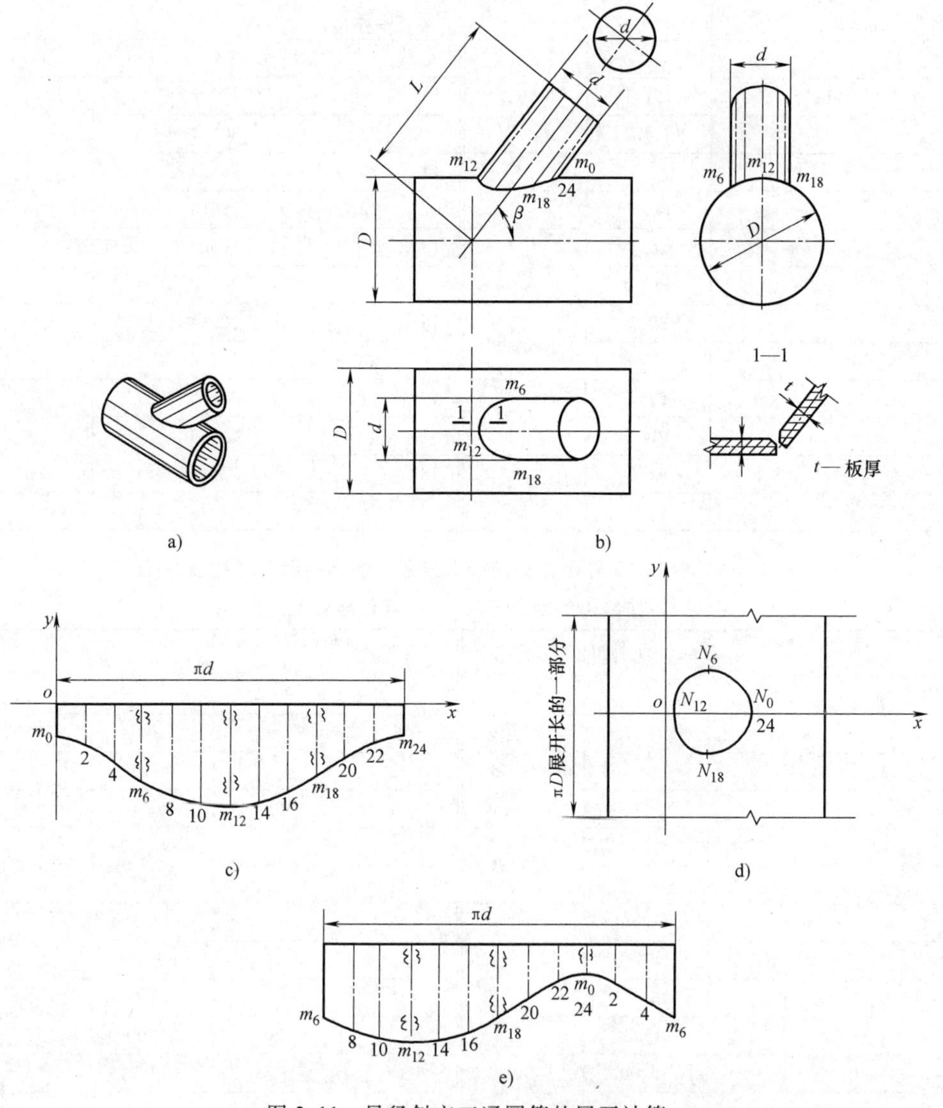

图 2.11　异径斜交三通圆管的展开计算

a）立体图　b）异径斜交三通圆管示意图　c）斜向圆管展开图　d）水平圆管开孔展开图　e）斜向圆管展开图

向圆管与直径为 D（$d<D$）的水平圆管两中心轴线相交的夹角为 β，斜向圆管中心轴线的截取长度为 L，求异径斜交三通圆管的展开图。

1）斜向圆管展开图曲线上的点 $m_i(x_i,\ y_i)$ 直角坐标计算式为：

$$\begin{cases} x_i = \dfrac{\pi d}{i_{max}} \cdot i \\ y_i = \dfrac{1}{2\sin\beta}\left[\sqrt{D^2 - d^2\sin^2\left(\dfrac{360°}{i_{max}} \cdot i\right)} + d\cos\beta\cos\left(\dfrac{360°}{i_{max}} \cdot i\right)\right] - L \end{cases} \tag{2.32}$$

（取 $i = 0$、1、2、…、i_{max}）

式中　π——圆周率；

d——斜向圆管的板厚中心直径；

D——水平圆管的板厚中心直径；

L——斜向圆管中心轴线的截取长度$\left(L > \dfrac{D + d\cos\beta}{2\sin\beta}\right)$；

β——两圆管中心轴线相交的夹角（°）；

i——参变数。最大值 i_{max} 是圆管的直径圆周需要等分的份数，且应是数“4”的整数倍。

2）水平圆管的开孔展开图曲线上的点 $N_i(x_i,\ y_i)$ 直角坐标计算式为：

$$\begin{cases} x_i = \dfrac{1}{2\sin\beta}\left[\cos\beta\sqrt{D^2 - d^2\sin^2\left(\dfrac{360°}{i_{max}} \cdot i\right)} + d\cos\left(\dfrac{360°}{i_{max}} \cdot i\right)\right] \\ y_i = \dfrac{\pi D}{360°}\left\{\arcsin\left[\dfrac{d}{D}\sin\left(\dfrac{360°}{i_{max}} \cdot i\right)\right]\right\} \end{cases} \tag{2.33}$$

（取 $i = 0$、1、2、…、i_{max}）

式中　π、d、D、β、i——同前。

例 2.11　如图 2.11b 所示，异径斜交三通圆管各部分尺寸分别为：$d = 100$，$D = 320$，$\beta = 60°$，$L = 240$。取 $i_{max} = 24$。求该构件的展开图。

解：1）将已知数代入计算式（2.32）中，得本例的斜向圆管展开图曲线上的点 $m_i(x_i,\ y_i)$ 直角坐标计算式：

$$\begin{cases} x_i = \dfrac{100\pi}{24} \cdot i \\ y_i = \dfrac{1}{2\sin 60°}\left[\sqrt{320^2 - 100^2\sin^2\left(\dfrac{360°}{24} \cdot i\right)} + 100\cos 60°\cos\left(\dfrac{360°}{24} \cdot i\right)\right] - 240 \end{cases}$$

整理后得：

$$\begin{cases} x_i = 13.09i \\ y_i = 0.57735\left[\sqrt{320^2 - 100^2\sin^2(15° \cdot i)} + 50\cos(15° \cdot i)\right] - 240 \end{cases}$$

（取 $i = 0$、1、2、…、24）

依次将 i 值代入上式计算：

当 $i=0$ 时，得：

$$\begin{cases}x_0=13.09\times0=0\\ y_0=0.57735\left[\sqrt{320^2-100^2\sin^2(15°\times0)}+50\cos(15°\times0)\right]-240=-26.4\end{cases}$$

当 $i=1$ 时，得：

$$\begin{cases}x_1=13.09\times1=13.1\\ y_1=0.57735\left[\sqrt{320^2-100^2\sin^2(15°\times1)}+50\cos(15°\times1)\right]-240=-28.0\end{cases}$$

……

将计算结果列于表 2.22 中。

表 2.22　例 2.11 异径斜交三通圆管的斜向圆管展开图曲线上的点 $m_i(x_i,\ y_i)$ 直角坐标值

直角坐标 / 点序号 i	x_i	y_i	直角坐标 / 点序号 i	x_i	y_i
0	0	-26.4	6	78.5	-64.5
24	314.2		18	235.6	
1	13.1	-28.0	7	91.6	-71.3
23	301.1		17	222.5	
2	26.2	-32.5	8	104.7	-76.6
22	288.0		16	209.4	
3	39.3	-39.4	9	117.8	-80.2
21	274.9		15	196.4	
4	52.4	-47.7	10	130.9	-82.5
20	261.8		14	183.3	
5	65.5	-56.4	11	144.0	-83.7
19	248.7		13	170.2	
			12	157.1	-84.1

2）将已知数代入计算式（2.33）中，得本例的水平圆管开孔展开图曲线上的点 $N_i(x_i,\ y_i)$ 直角坐标计算式：

$$\begin{cases}x_i=\dfrac{1}{2\sin60°}\left[\cos60°\sqrt{320^2-100^2\sin^2\left(\dfrac{360°}{24}\cdot i\right)}+100\cos\left(\dfrac{360°}{24}\cdot i\right)\right]\\ y_i=\dfrac{320\pi}{360°}\left\{\arcsin\left[\dfrac{100}{320}\sin\left(\dfrac{360°}{24}\cdot i\right)\right]\right\}\end{cases}$$

整理后得：

$$\begin{cases} x_i = 0.57735\times[0.5\times\sqrt{320^2-100^2\sin^2(15°\cdot i)}+100\cos(15°\cdot i)] \\ y_i = 2.792526803\{\arcsin[0.3125\sin(15°\cdot i)]\} \end{cases}$$

（取 $i=0$、1、2、…、24）

依次将 i 值代入上式计算：

当 $i=0$ 时，得：

$$\begin{cases} x_0 = 0.57735[0.5\sqrt{320^2-100^2\sin^2(15°\times0)}+100\cos(15°\times0)] = 150.11 \\ y_0 = 2.792526803\{\arcsin[0.3125\sin(15°\times0)]\} = 0 \end{cases}$$

当 $i=1$ 时，得：

$$\begin{cases} x_1 = 0.57735[0.5\sqrt{320^2-100^2\sin^2(15°\times1)}+100\cos(15°\times1)] = 147.84 \\ y_1 = 2.792526803\{\arcsin[0.3125\sin(15°\times1)]\} = 12.96 \end{cases}$$

……

将计算结果列于表 2.23 中。

表 2.23　例 2.11 异径斜交三通圆管的水平圆管开孔展开图曲线上的点 $N_i(x_i,\ y_i)$ 直角坐标值

<table>
<tr><th>直角坐标
点序号 i</th><th>x_i</th><th>y_i</th><th>直角坐标
点序号 i</th><th>x_i</th><th>y_i</th></tr>
<tr><td>0</td><td rowspan="2">150.11</td><td rowspan="3">0</td><td>6</td><td>87.75</td><td>50.85</td></tr>
<tr><td>24</td><td>13</td><td>36.31</td><td rowspan="2">−12.96</td></tr>
<tr><td>12</td><td>34.64</td><td>23</td><td>147.84</td></tr>
<tr><td>1</td><td>147.84</td><td rowspan="2">12.96</td><td>14</td><td>41.24</td><td rowspan="2">−25.10</td></tr>
<tr><td>11</td><td>36.31</td><td>22</td><td>141.24</td></tr>
<tr><td>2</td><td>141.24</td><td rowspan="2">25.10</td><td>15</td><td>49.27</td><td rowspan="2">−35.65</td></tr>
<tr><td>10</td><td>41.24</td><td>21</td><td>130.92</td></tr>
<tr><td>3</td><td>130.92</td><td rowspan="2">35.65</td><td>16</td><td>60.06</td><td rowspan="2">−43.85</td></tr>
<tr><td>9</td><td>49.27</td><td>20</td><td>117.80</td></tr>
<tr><td>4</td><td>117.80</td><td rowspan="2">43.85</td><td>17</td><td>73.12</td><td rowspan="2">−49.06</td></tr>
<tr><td>8</td><td>60.06</td><td>19</td><td>103.01</td></tr>
<tr><td>5</td><td>103.01</td><td rowspan="2">49.06</td><td>18</td><td>87.75</td><td>−50.85</td></tr>
<tr><td>7</td><td>73.12</td><td></td><td></td><td></td></tr>
</table>

参照 2.4 节中展开图的作图方法，将表 2.22 与表 2.23 中的点 $m_i(x_i,\ y_i)$、$N_i(x_i,\ y_i)$ 分别描点、连线，得本例的竖直圆管展开图和水平圆管的开孔展开图，如图 2.11c、d 所示。图 2.11e 所示为斜向圆管展开图的另一种形式。

2.12　异径斜交错心三通圆管的展开计算

图 2.12a 所示为异径斜交错心三通圆管的立体图。如图 2.12b 所示，直径为 d 的斜向圆管与直径为 $D(d<D)$ 的水平圆管两中心轴线不相交，而空间水平距离为 e，空间夹角为 β，在主视图中斜向圆管中心轴线的截取长度为 L。求异径斜交错心三通圆管的展开图。

1）斜向圆管的展开图曲线上的点 $m_i(x_i,\ y_i)$ 直角坐标计算式为：

$$\begin{cases} x_i=\dfrac{\pi d}{i_{\max}}\cdot i \\ y_i=\dfrac{1}{\sin\beta}\left\{\sqrt{\left(\dfrac{D}{2}\right)^2-\left[\dfrac{d}{2}\sin\left(\dfrac{360°}{i_{\max}}\cdot i\right)-e\right]^2}+\dfrac{d}{2}\cos\beta\cos\left(\dfrac{360°}{i_{\max}}\cdot i\right)\right\}-L \end{cases} \tag{2.34}$$

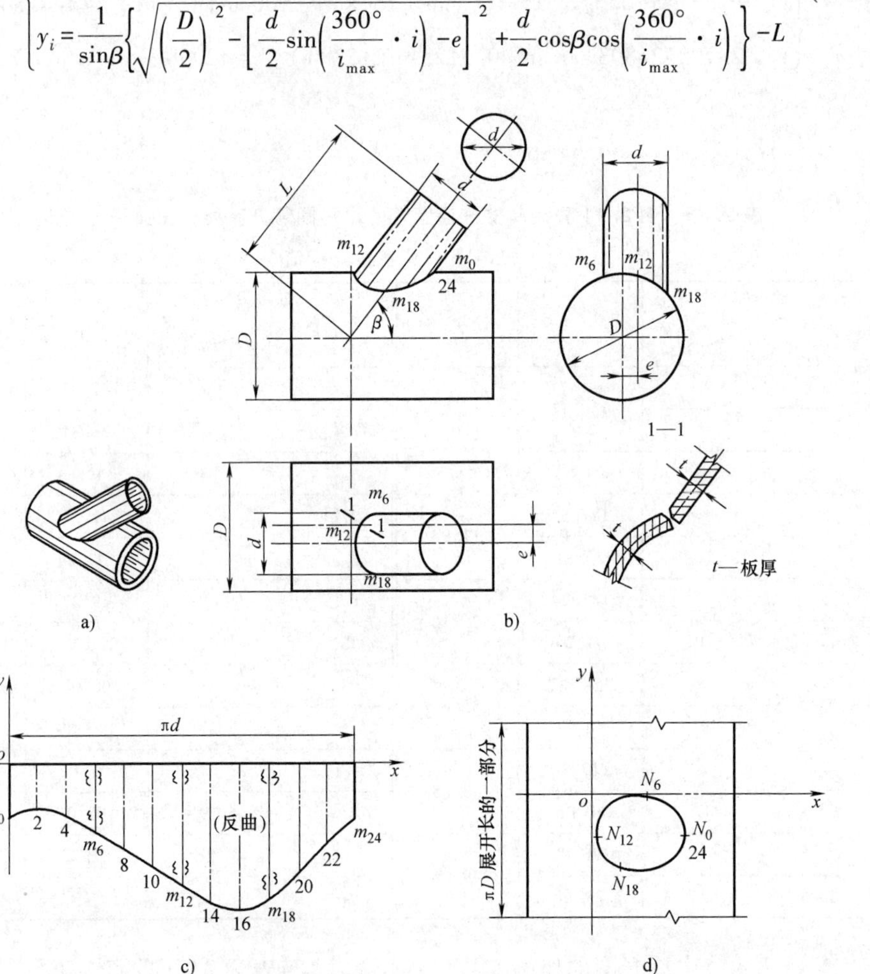

图 2.12　异径斜交错心三通圆管的展开计算

a）立体图　b）异径斜交错心三通圆管示意图　c）斜向圆管展开图　d）水平圆管开孔展开图

（取 $i=0、1、2、\cdots、i_{max}$）

式中　π——圆周率；

d——斜向圆管的板厚中心直径；

D——水平圆管的板厚中心直径；

L——斜向圆管中心轴线的截取长度$\left(L>\dfrac{D+d\cos\beta}{2\sin\beta}\right)$；

e——两圆管中心轴线之间的水平距离，它的位置同左视图一致时取正值，反之取负值；

β——两圆管中心轴线在主视图中的夹角（°）；

i——参变数，最大值 i_{max} 是圆管的直径圆周需要等分的份数，且应是数“4”的整数倍。

2）水平圆管的开孔展开图曲线上的点 $N_i(x_i,\ y_i)$ 直角坐标计算式为：

$$\begin{cases} x_i=\dfrac{1}{\sin\beta}\left\{\cos\beta\sqrt{\left(\dfrac{D}{2}\right)^2-\left[\dfrac{d}{2}\sin\left(\dfrac{360°}{i_{max}}\cdot i\right)-e\right]^2}+\dfrac{d}{2}\cos\left(\dfrac{360°}{i_{max}}\cdot i\right)\right\} \\ y_i=\dfrac{\pi D}{360°}\left\{\arcsin\left[\dfrac{d}{D}\sin\left(\dfrac{360°}{i_{max}}\cdot i\right)-\dfrac{2e}{D}\right]\right\} \end{cases} \tag{2.35}$$

（取 $i=0、1、2、\cdots、i_{max}$）

式中　π、d、D、e、β、i——同前。

例 2.12　如图 2.12b 所示，异径斜交错心三通圆管各部分尺寸分别为：$d=100$，$D=320$，$\beta=60°$，$e=70$，$L=240$。取 $i_{max}=24$。求该构件展开图。

解：1）将已知数代入计算式（2.34）中，得本例的斜向圆管展开图曲线上的 $m_i(x_i,\ y_i)$ 直角坐标计算式：

$$\begin{cases} x_i=\dfrac{100\pi}{24}\cdot i \\ y_i=\dfrac{1}{\sin60°}\left\{\sqrt{\left(\dfrac{320}{2}\right)^2-\left[\dfrac{100}{2}\sin\left(\dfrac{360°}{24}\cdot i\right)-70\right]^2}+\dfrac{100}{2}\cos60°\cos\left(\dfrac{360°}{24}\cdot i\right)\right\}-240 \end{cases}$$

整理后得：

$$\begin{cases} x_i=13.09i \\ y_i=1.1547\left\{\sqrt{160^2-[50\sin(15°\cdot i)-70]^2}+25\cos(15°\cdot i)\right\}-240 \end{cases}$$

（取 $i=0、1、2、\cdots、24$）

依次将 i 值代入上式计算：

当 $i=0$ 时，得：

$$\begin{cases} x_0=13.09\times0=0 \\ y_0=1.1547\left\{\sqrt{160^2-[50\sin(15°\times0)-70]^2}+25\cos(15°\times0)\right\}-240=-45.0 \end{cases}$$

当 $i=1$ 时，得：

$$\begin{cases} x_1 = 13.09\times1 = 13.1 \\ y_1 = 1.1547\left\{\sqrt{160^2-[50\sin(15°\times1)-70]^2}+25\cos(15°\times1)\right\}-240 = -39.5 \end{cases}$$

……

将计算结果列于表 2.24 中。

表 2.24　例 2.12 异径斜交错心三通圆管的斜向圆管展开图曲线上的点 $m_i(x_i,\ y_i)$ 直角坐标值

直角坐标 / 点序号 i	x_i	y_i	直角坐标 / 点序号 i	x_i	y_i
0	0	-45.0	12	157.1	-102.7
24	314.2		13	170.2	-109.9
1	13.1	-39.5	14	183.3	-116.3
2	26.2	-37.7	15	196.4	-121.4
3	39.3	-39.2	16	209.4	-123.9
4	52.4	-43.4	17	222.5	-123.1
5	65.5	-49.5	18	235.6	-117.8
6	78.5	-56.7	19	248.7	-108.1
7	91.6	-64.4	20	261.8	-95.1
8	104.7	-72.3	21	274.9	-80.5
9	117.8	-80.0	22	288.0	-66.3
10	130.9	-87.7	23	301.1	-54.1
11	144.0	-95.3			

2）将已知数代入计算式（2.35）中，得本例的水平圆管的开孔展开图曲线上的点 $N_i(x_i,\ y_i)$ 直角坐标计算式：

$$\begin{cases} x_i = \dfrac{1}{\sin60°}\left\{\cos60°\sqrt{\left(\dfrac{320}{2}\right)^2-\left[\dfrac{100}{2}\sin\left(\dfrac{360°}{24}\cdot i\right)-70\right]^2}+\dfrac{100}{2}\cos\left(\dfrac{360°}{24}\cdot i\right)\right\} \\ y_i = \dfrac{320\pi}{360°}\left\{\arcsin\left[\dfrac{100}{320}\sin\left(\dfrac{360°}{24}\cdot i\right)-\dfrac{2\times70}{320}\right]\right\} \end{cases}$$

整理后得：

$$\begin{cases} x_i = 1.1547\{0.5\sqrt{160^2-[50\sin(15°\cdot i)-70]^2}+50\cos(15°\cdot i)\} \\ y_i = 2.7925268\{\arcsin[0.3125\sin(15°\cdot i)-0.4375]\} \end{cases}$$

（取 $i=0$、1、2、…、24）

依次将 i 值代入上式计算：

当 $i=0$ 时，得：

$$\begin{cases}x_0=1.1547\{0.5\sqrt{160^2-[50\sin(15°\times0)-70]^2}+50\cos(15°\times0)\}=140.80\\y_0=2.7925268\{\arcsin[0.3125\sin(15°\times0)-0.4375]\}=-72.45\end{cases}$$

当 $i=1$ 时，得：

$$\begin{cases}x_1=1.1547\{0.5\sqrt{160^2-[50\sin(15°\times1)-70]^2}+50\cos(15°\times1)\}=142.07\\y_1=2.7925268\{\arcsin[0.3125\sin(15°\times1)-0.4375]\}=-58.34\end{cases}$$

……

将计算结果列于表 2.25 中。

表 2.25　例 2.12 异径斜交错心三通圆管的水平圆管开孔展开图曲线上的点 $N_i(x_i, y_i)$ 直角坐标值

<table>
<tr><th>直角坐标
点序号 i</th><th>x_i</th><th>y_i</th><th>直角坐标
点序号 i</th><th>x_i</th><th>y_i</th></tr>
<tr><td>0</td><td rowspan="2">140.80</td><td rowspan="3">-72.45</td><td>6</td><td>91.65</td><td>-20.05</td></tr>
<tr><td>24</td><td>13</td><td>23.23</td><td rowspan="2">-87.19</td></tr>
<tr><td>12</td><td>25.33</td><td>23</td><td>134.76</td></tr>
<tr><td>1</td><td>142.07</td><td rowspan="2">-58.34</td><td>14</td><td>24.33</td><td rowspan="2">-101.71</td></tr>
<tr><td>11</td><td>30.53</td><td>22</td><td>124.33</td></tr>
<tr><td>2</td><td>138.65</td><td rowspan="2">-45.62</td><td>15</td><td>28.70</td><td rowspan="2">-115.01</td></tr>
<tr><td>10</td><td>38.65</td><td>21</td><td>110.35</td></tr>
<tr><td>3</td><td>131.01</td><td rowspan="2">-34.92</td><td>16</td><td>36.36</td><td rowspan="2">-125.09</td></tr>
<tr><td>9</td><td>49.36</td><td>20</td><td>94.09</td></tr>
<tr><td>4</td><td>119.95</td><td rowspan="2">-26.82</td><td>17</td><td>47.26</td><td rowspan="2">-133.14</td></tr>
<tr><td>8</td><td>62.21</td><td>19</td><td>77.14</td></tr>
<tr><td>5</td><td>106.47</td><td rowspan="2">-21.77</td><td>18</td><td>61.10</td><td>-135.69</td></tr>
<tr><td>7</td><td>76.58</td><td></td><td></td><td></td></tr>
</table>

参照 2.4 节中展开图的作图方法，将表 2.24 与表 2.25 中的点 $m_i(x_i, y_i)$、$N_i(x_i, y_i)$ 描点、连线，得本例的斜向圆管展开图和水平圆管开孔展开图，如图 2.12c、d 所示。

2.13　异径正交单补料三通圆管的展开计算

图 2.13 所示为异径正交单补料三通圆管的立体图。如图 2.13b 所示，直径为 d 的竖直圆管与直径为 $D(d<D)$ 的水平圆管两中心轴线正相交，竖直圆管顶端到水平圆管中心轴线的垂直高为 H，补料的平板直角等腰三角形的顶点 A 的高为 P。

求异径正交单补料三通圆管的展开图。

1. 竖直圆管的展开计算

1）竖直圆管的右半圆展开图曲线上的点 $m_i(x_i, y_i)$ 直角坐标计算式为：

$$\begin{cases} x_i = \dfrac{\pi d}{i_{max}} \cdot i \\ y_i = \tan 22.5° \cdot \dfrac{d}{2}\cos\left(\dfrac{360°}{i_{max}} \cdot i\right) + \dfrac{1}{2}\sqrt{D^2 - d^2} + P\sqrt{2} - H \end{cases} \quad (2.36)$$

（取 $i = 0、1、2、\cdots、\dfrac{i_{max}}{4}；\dfrac{3i_{max}}{4}、\dfrac{3i_{max}}{4}+1、\cdots、i_{max}$）

式中　π——圆周率；

d——竖直圆管的板厚中心直径；

D——水平圆管的板厚中心直径；

H——竖直圆管顶端到水平圆管中心轴线的垂直距离；

P——补料的平板三角形的顶点 A 的高；

i——参变数，最大值 i_{max} 是圆管的直径圆周需要等分的份数，且应是数“4”的整数倍。

2）竖直圆管的左半圆展开图曲线上的点 $m_i(x_i, y_i)$ 直角坐标计算式为：

$$\begin{cases} x_i = \dfrac{\pi d}{i_{max}} \cdot i \\ y_i = \dfrac{1}{2}\sqrt{D^2 - d^2 \sin^2\left(\dfrac{360°}{i_{max}} \cdot i\right)} - H \end{cases} \quad (2.37)$$

$\left(取\ i = \dfrac{i_{max}}{4}、\dfrac{i_{max}}{4}+1、\cdots、\dfrac{3i_{max}}{4}\right)$

式中　π、d、D、H、i——同前。

2. 补料的展开计算

1）补料的半圆展开图的上边缘曲线上的点 $G_i(x_i, y_i)$ 直角坐标计算式为：

$$\begin{cases} x_i = \dfrac{\pi d}{i_{max}} \cdot i \\ y_i = P - \tan 22.5° \cdot \dfrac{d}{2}\cos\left(\dfrac{360°}{i_{max}} \cdot i\right) \end{cases} \quad (2.38)$$

$\left(取\ i = 0、1、2、\cdots、\dfrac{1}{4}i_{max}\right)$

式中　π、d、P、i——同前。

2）补料的半圆展开图的下边缘曲线上的点 $N_i(x_i, y_i)$ 直角坐标计算式为：

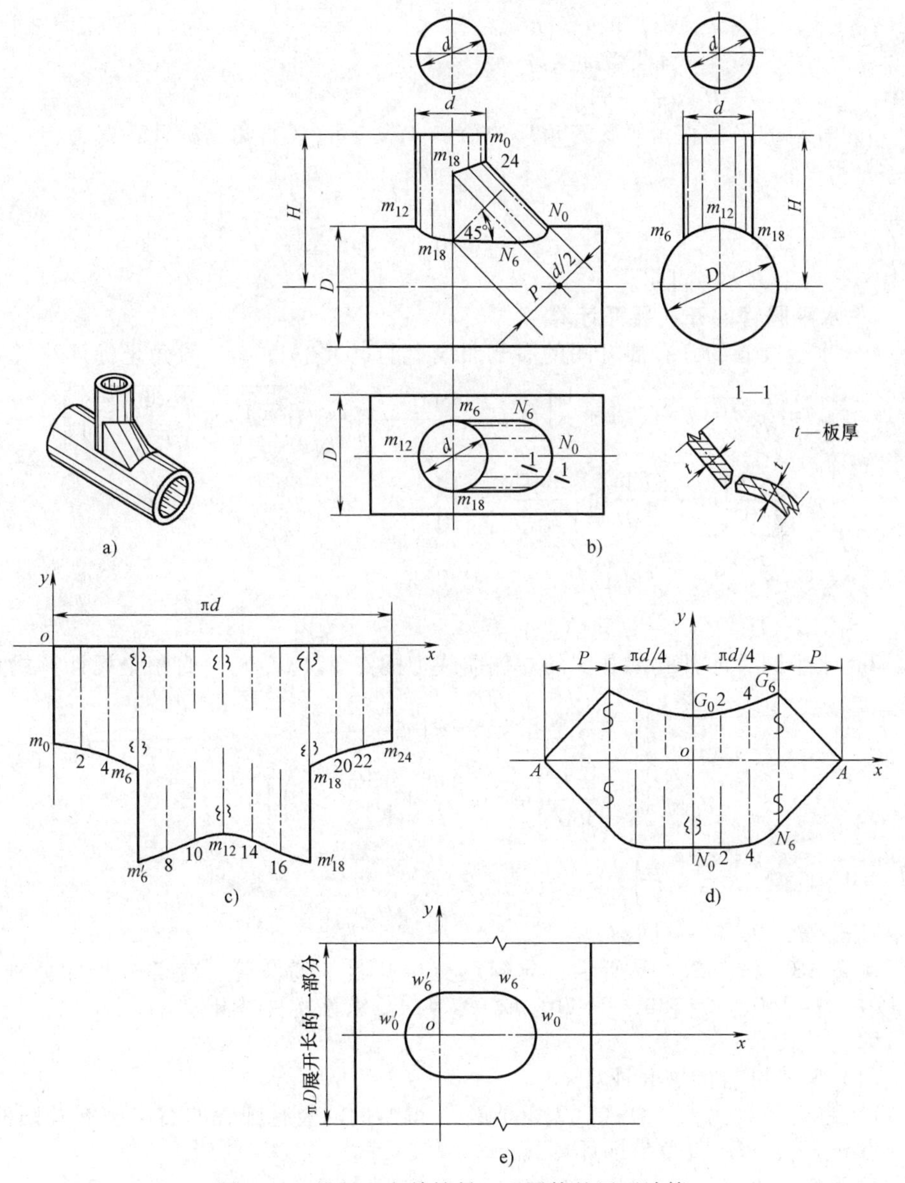

图 2.13　异径正交单补料三通圆管的展开计算

a）立体图　b）异径正交单补料三通圆管示意图　c）竖直圆管展开图　d）单补料展开图

e）水平圆管开孔展开图

$$
\begin{cases}
x_i = \dfrac{\pi d}{i_{\max}} \cdot i \\[2ex]
y_i = \dfrac{\sqrt{2}}{2}\sqrt{D^2 - d^2\sin^2\left(\dfrac{360°}{i_{\max}} \cdot i\right)} - \dfrac{d}{2}\cos\left(\dfrac{360°}{i_{\max}} \cdot i\right) - \dfrac{\sqrt{2}}{2}\sqrt{D^2 - d^2} - P
\end{cases}
\tag{2.39}
$$

（取 $i=0$、1、2、…、$\frac{1}{4}i_{max}$）

式中　π、d、D、P、i——同前。

3）补料的平板直角等腰三角形的顶点 $A(x_A、y_A)$ 直角坐标计算式为：

$$\begin{cases}x_A=\dfrac{\pi d}{4}+P\\y_A=0\end{cases}\tag{2.40}$$

式中　π、d、P——同前。

3. 水平圆管的开孔展开计算

1）水平圆管的开孔展开图的右侧曲线上的点 $W_i(x_i,\ y_i)$ 直角坐标计算式为：

$$\begin{cases}x_i=\dfrac{1}{2}\sqrt{D^2-d^2}+P\sqrt{2}+\dfrac{1}{2}\left[\sqrt{2}\,d\cos\left(\dfrac{360°}{i_{max}}\cdot i\right)-\sqrt{D^2-d^2\sin^2\left(\dfrac{360°}{i_{max}}\cdot i\right)}\right]\\y_i=\dfrac{\pi D}{360°}\left\{\arcsin\left[\dfrac{d}{D}\sin\left(\dfrac{360°}{i_{max}}\cdot i\right)\right]\right\}\end{cases}\tag{2.41}$$

$\left(\text{取 } i=0、1、2、\cdots、\dfrac{1}{4}i_{max}\right)$

式中　π、d、D、P、i——同前。

2）水平圆管的开孔展开图的左侧曲线上的点 $W'_i(x_i,\ y_i)$ 直角坐标计算式为：

$$\begin{cases}x_i=\dfrac{-d}{2}\cos\left(\dfrac{360°}{i_{max}}\cdot i\right)\\y_i=\dfrac{\pi D}{360°}\left\{\arcsin\left[\dfrac{d}{D}\sin\left(\dfrac{360°}{i_{max}}\cdot i\right)\right]\right\}\end{cases}\tag{2.42}$$

$\left(\text{取 } i=0、1、2、\cdots、\dfrac{i_{max}}{4}\right)$

式中　π、d、D、i——同前。

例 2.13　如图 2.13b 所示，异径正交单补料三通圆管，各部分尺寸分别为：$d=120$，$D=160$，$H=280$，$P=70$，取 $i_{max}=24$。求该构件展开图。

解：

（1）竖直圆管的展开计算

1）将已知数代入计算式（2.36）中，得本例的竖直圆管的右半圆展开图曲线上的点 $m_i(x_i,\ y_i)$ 直角坐标计算式：

$$\begin{cases}x_i=\dfrac{120\pi}{24}\cdot i=15.71\cdot i\\y_i=\tan22.5°\cdot\dfrac{120}{2}\cos\left(\dfrac{360°}{24}\cdot i\right)+\dfrac{1}{2}\sqrt{160^2-120^2}+70\cdot\sqrt{2}-280=24.8528\cos(15°\cdot i)-128.09\end{cases}$$

（取 $i=0$、1、2、…、6；18、19、…、24）

依次将 i 值代入上式计算：

当 $i=0$ 时，得：

$$\begin{cases}x_0=15.71\times0=0\\y_0=24.8528\cos(15°\times0)-128.09=-103.2\end{cases}$$

当 $i=1$ 时，得：

$$\begin{cases} x_1 = 15.71 \times 1 = 15.7 \\ y_1 = 24.8528\cos(15° \times 1) - 128.09 = -104.1 \end{cases}$$

……

将计算结果列于表 2.26 中。

2）将已知数代入计算式（2.37）中。得本例的竖直圆管的左半圆展开图曲线上的点 $m_i(x_i, y_i)$ 直角坐标计算式：

$$\begin{cases} x_i = \dfrac{120\pi}{24} \cdot i = 15.71 \cdot i \\ y_i = 0.5\sqrt{160^2 - 120^2\sin^2\left(\dfrac{360°}{24} \cdot i\right)} - 280 = 0.5\sqrt{160^2 - 120^2\sin^2(15° \cdot i)} - 280 \end{cases}$$

（取 $i=6$、7、…、18）

依次将 i 值代入上式计算：

当 $i=6$ 时，得：

$$\begin{cases} x_6 = 15.71 \times 6 = 94.3 \\ y_6 = 0.5\sqrt{160^2 - 120^2\sin^2(15° \times 6)} - 280 = -227.1 \end{cases}$$

当 $i=7$ 时，得：

$$\begin{cases} x_7 = 15.71 \times 7 = 110.0 \\ y_7 = 0.5\sqrt{160^2 - 120^2\sin^2(15° \times 7)} - 280 = -224.9 \end{cases}$$

……

将计算结果列于表 2.26 中。

在平面直角坐标系 oxy 中，将表 2.26 中的点 $m_i(x_i, y_i)$ 依序描出，得到三段系列点 m_0、m_1、m_2、…、m_6；$m_{6'}$、m_7、m_8、…、m_{17}、$m_{18'}$；m_{18}、m_{19}、…、m_{24}。用光滑曲线连接各段系列点，与有关线段组成一规律曲线，即本例的竖直圆管的展开图，如图 2.13c 所示。

（2）补料的展开计算

1）将已知数代入计算式（2.38）中，得本例的补料半圆展开图的上边缘曲线上的点 $G_i(x_i, y_i)$ 直角坐标计算式：

$$\begin{cases} x_i = \dfrac{120\pi}{24} \cdot i = 15.71i \\ y_i = 70 - \tan22.5° \cdot \dfrac{120}{2}\cos\left(\dfrac{360°}{24} \cdot i\right) = 70 - 24.8528\cos(15° \cdot i) \end{cases}$$

（取 $i=0$、1、2、…、6）

依次将 i 值代入上式计算：

当 $i=0$ 时，得：

$$\begin{cases} x_0 = 15.71 \times 0 = 0 \\ y_0 = 70 - 24.8528\cos(15° \times 0) = 45.1 \end{cases}$$

表 2.26　例 2.13 异径正交单补料三通圆管的竖直圆管展开图曲线上的点 $m_i(x_i, y_i)$ 直角坐标值

直角坐标 / 点序号 i	x_i	y_i	直角坐标 / 点序号 i	x_i	y_i
0	0	−103.2	7	110.0	−224.9
24	377.0		17	267.1	
1	15.7	−104.1	8	125.7	−219.2
23	261.3		16	251.4	
2	31.4	−106.6	9	141.4	−212.2
22	345.6		15	235.7	
3	47.1	−110.5	10	157.1	−205.8
21	329.9		14	219.9	
4	62.8	−115.7	11	172.8	−201.5
20	314.2		13	204.2	
5	78.6	−121.7	12	188.5	−200.0
19	298.5				
6	94.3	−128.1			
18	282.8	−227.1			

当 $i=1$ 时，得：

$$\begin{cases} x_1 = 15.71\times1 = 15.7 \\ y_1 = 70-24.8528\cos(15°\times1) = 46.0 \end{cases}$$

……

将计算结果列于表 2.27 中。

2）将已知数代入计算式（2.39）中，得本例的补料半圆展开图的下边缘曲线上的点 $N_i(x_i, y_i)$ 直角坐标计算式：

$$\begin{cases} x_i = \dfrac{120\pi}{24}\cdot i \\ y_i = \dfrac{\sqrt{2}}{2}\sqrt{160^2-120^2\sin^2\left(\dfrac{360°}{24}\cdot i\right)} - \dfrac{120}{2}\cos\left(\dfrac{360°}{24}\cdot i\right) - \dfrac{\sqrt{2}}{2}\sqrt{160^2-120^2} - 70 \end{cases}$$

整理后得：

$$\begin{cases} x_i = 15.71i \\ y_i = 0.7071\sqrt{160^2-120^2\sin^2(15°\cdot i)} - 60\cos(15°\cdot i) - 144.83315 \end{cases}$$

（取 $i=0$、1、2、…、6）

依次将 i 值代入上式计算：

当 $i=0$ 时，得：

$$\begin{cases} x_0 = 15.71 \times 0 = 0 \\ y_0 = 0.7071\sqrt{160^2 - 120^2 \sin^2(15° \times 0)} - 60\cos(15° \times 0) - 144.83315 = -91.7 \end{cases}$$

当 $i=1$ 时，得：

$$\begin{cases} x_1 = 15.71 \times 1 = 15.7 \\ y_1 = 0.7071\sqrt{160^2 - 120^2 \sin^2(15° \times 1)} - 60\cos(15° \times 1) - 144.83315 = -91.8 \end{cases}$$

……

将计算结果列于表 2.27 中。

表 2.27　例 2.13 异径正交单补料三通圆管的补料展开图的上、下边缘曲线上的点 G_i/N_i（x_i，y_i）直角坐标值

直角坐标 / 点名称 / 点序号 i	x_i	y_i		直角坐标 / 点名称 / 点序号 i	x_i	y_i	
	共同	G_i	N_i		共同	G_i	N_i
0	0	45.1	-91.7	4	62.8	57.6	-88.9
1	15.7	46.0	-91.8	5	78.6	63.6	-82.4
2	31.4	48.5	-91.9	6	94.3	70.0	-70.0
3	47.1	52.4	-91.3				

3）将已知数代入计算式（2.40）中，得本例的补料的平板直角等腰三角形的顶点 A 在补料展开图中的位置点 $A(x_A,\ y_A)$ 直角坐标：

$$\begin{cases} x_A = \dfrac{120\pi}{4} + 70 = 164.3 \\ y_A = 0 \end{cases}$$

在平面直角坐标系 oxy 中，将表 2.27 中的点 G_i、$N_i(x_i$、$y_i)$ 及点 $A(x_A$、$y_A)$ 依序描出，得两组系列点 G_0、G_1、…、G_6 及 N_0、N_1、…、N_6 和点 A，用光滑曲线分别连接各组系列点，得两支规律曲线，用线段连接点 A、G_6 及点 A、N_6，所得图形是补料展开图的一半。在 oy 轴的另一侧，作上述图形的对称图形，则整个图形是本例的补料展开图，如图 2.13d 所示。

水平圆管的开孔展开计算：

1）将已知数代入计算式（2.41）中，得本例的水平圆管的开孔展示图的右侧曲线上的点 $W(x_i,\ y_i)$ 直角坐标计算式：

$$\begin{cases} x_i = \dfrac{1}{2}\sqrt{160^2 - 120^2} + 70\sqrt{2} + \dfrac{1}{2}\left[\sqrt{2} \cdot 120\cos\left(\dfrac{360°}{24} \cdot i\right) - \sqrt{160^2 - 120^2\sin^2\left(\dfrac{360°}{24} \cdot i\right)}\right] \\ y_i = \dfrac{160\pi}{360°}\left\{\arcsin\left[\dfrac{120}{160}\sin\left(\dfrac{360°}{24} \cdot i\right)\right]\right\} \end{cases}$$

整理后得：

$$\begin{cases} x_i = 151.90998 + 0.5\left[169.70563\cos(15° \cdot i) - \sqrt{160^2 - 120^2\sin^2(15° \cdot i)}\right] \\ y_i = 1.3962634\{\arcsin[0.75\sin(15° \cdot i)]\} \end{cases}$$

（取 $i=0$、1、2、…、6）

依次将 i 值代入上式计算：

当 $i=0$ 时，得：

$$\begin{cases} x_0 = 151.90998 + 0.5\left[169.70563\cos(15° \times 0) - \sqrt{160^2 - 120^2\sin^2(15° \times 0)}\right] = 156.75 \\ y_0 = 1.3962634\{\arcsin[0.75\sin(15° \times 0)]\} = 0 \end{cases}$$

当 $i=1$ 时，得：

$$\begin{cases} x_1 = 151.90998 + 0.5\left[169.70563\cos(15° \times 1) - \sqrt{160^2 - 120^2\sin^2(15° \times 1)}\right] = 155.39 \\ y_1 = 1.3962634\{\arcsin[0.75\sin(15° \times 1)]\} = 15.63 \end{cases}$$

……

将计算结果列于表 2.28 中。

2）将已知数代入计算式（2.42）中，得本例的水平圆管的开孔展开图的左侧曲线上的点 $W'_i(x_i,\ y_i)$ 直角坐标计算式：

$$\begin{cases} x_i = \dfrac{-120}{2}\cos\left(\dfrac{360°}{24} \cdot i\right) = -60\cos(15° \cdot i) \\ y_i = \dfrac{160\pi}{360°}\left\{\arcsin\left[\dfrac{120}{160}\sin\left(\dfrac{360°}{24} \cdot i\right)\right]\right\} = 1.3962634\{\arcsin[0.75\sin(15° \cdot i)]\} \end{cases}$$

（取 $i=0$、1、2、…、6）

依次将 i 值代入上式计算：

当 $i=0$ 时，得：

$$\begin{cases} x_0 = -60\cos(15° \times 0) = -60 \\ y_0 = 1.3962634\{\arcsin[0.75\sin(15° \times 0)]\} = 0 \end{cases}$$

当 $i=1$ 时，得：

$$\begin{cases} x_1 = -60\cos(15° \times 1) = -57.96 \\ y_1 = 1.3962634\{\arcsin[0.75\sin(15° \times 1)]\} = 15.63 \end{cases}$$

……

将计算结果列于表 2.28 中。

表 2.28　例 2.13 异径正交单补料三通圆管的水平圆管的开孔展开图曲线上的点 W_i/W'_i（x_i，y_i）直角坐标值

直角坐标 \ 点序号 i		0	1	2	3	4	5	6
x_i	点 W_i	156.76	155.39	151.23	144.09	133.51	118.72	98.99
	点 W'_i	−60	−57.96	−51.96	−42.43	−30.00	−15.53	0
y_i（共同）		0	15.63	30.75	44.72	56.56	64.82	67.84

在平面直角坐标系 oxy 中，将表 2.28 中的点 W_i、$W'_i(x_i,\ y_i)$ 依序描出，得两组系列点 W_0、W_1、…、W_6 及 W'_0、W'_1、…、W'_6，用光滑曲线连接各组中的相关点，得两段规律曲线，用线段连接 W_6、W'_6 两点。在 ox 轴的下方，作上述曲线的对称图形，则整个图形即为本例的水平圆管的开孔展开图，如图 2.13e 所示。

2.14　竖直圆管与球面侧旁相交的展开计算

图 2.14a 所示为竖置圆管与球面侧旁相交的立体图。如图 2.14b 所示，直径为

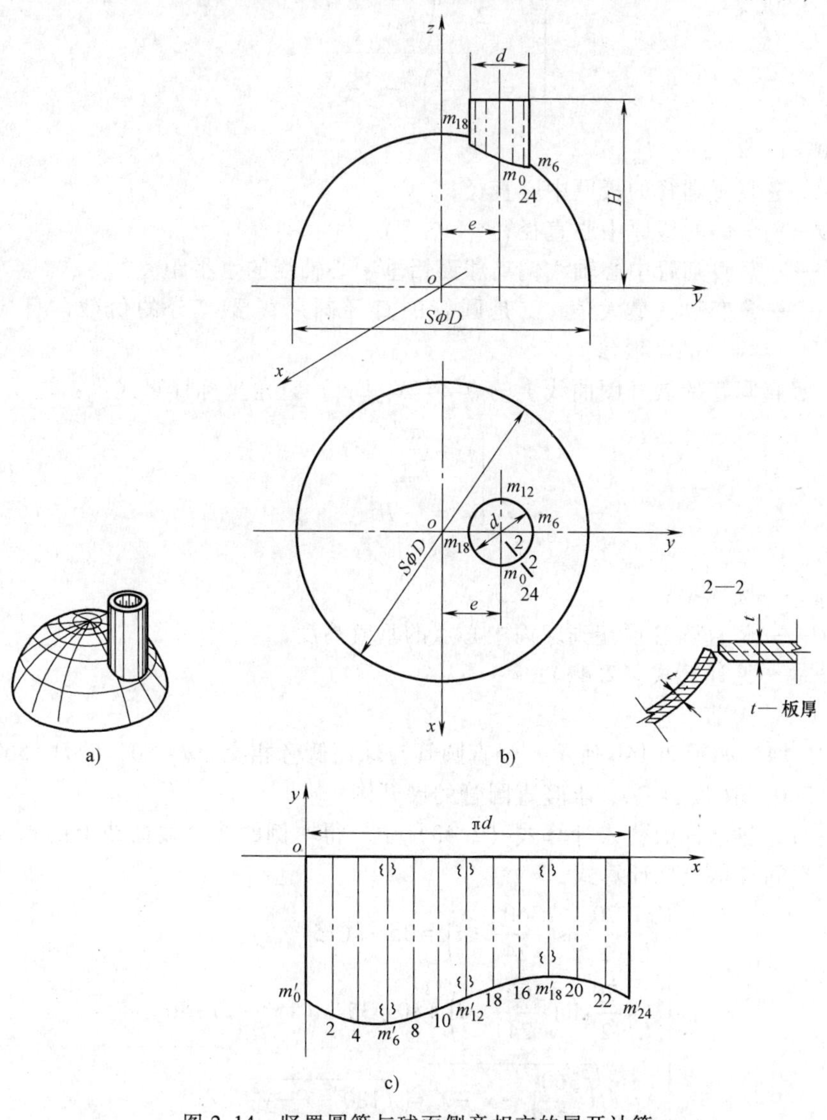

图 2.14　竖置圆管与球面侧旁相交的展开计算

a）立体图　b）竖直圆管与球面侧旁相交示意图　c）竖直圆管展开图

d 的竖直圆管中心轴线与球直径为 D 的球面的铅垂中心轴线之间的水平距离为 e $\left(e>\dfrac{d}{2}\right)$，竖直圆管顶端到球面中心点的垂直高为 H。求构件的竖直圆管的展开图。

1）竖直圆管与球面侧旁相交的接合线曲线上的点 $m_i(x_i, y_i, z_i)$ 空间直角坐标计算式为：

$$\begin{cases} x_i=\dfrac{d}{2}\cos\left(\dfrac{360°}{i_{\max}}\cdot i\right) \\ y_i=\dfrac{d}{2}\sin\left(\dfrac{360°}{i_{\max}}\cdot i\right)+e \\ z_i=\sqrt{\left(\dfrac{D}{2}\right)^2-x_i^2-y_i^2} \end{cases} \tag{2.43}$$

（取 $i=0$、1、2、…、$i_{\max}$）

式中　d——竖直圆管的板厚中心直径；

D——球面的板厚中心直径；

e——竖直圆管中心轴线偏离球面铅垂中心轴线的水平距离；

i——参变数，最大值 $i_{\max}$ 是圆管的直径圆周需要等分的份数，且应是数“4”的整数倍。

2）竖直圆管的展开图曲线上的点 $m'_i(x'_i, y'_i)$ 直角坐标计算式为：

$$\begin{cases} x'_i=\dfrac{\pi d}{i_{\max}}\cdot i \\ y'_i=z_i-H \end{cases} \tag{2.44}$$

（取 $i=0$、1、2、…、$i_{\max}$）

式中　π——圆周率；

H——竖直圆管顶端到球面中心点的垂直高度；

z_i——见计算式（2.43）；

d、i——同前。

例 2.14　如图 2.14b 所示，竖直圆管与球面侧旁相交，$d=70$，$S\phi D=360$，$e=80$，$H=260$。取 $i_{\max}=24$，求竖直圆管的展开图。

解：1）将已知数代入计算式（2.43）中，得本例的接合线曲线上的点 $m_i(x_i, y_i, z_i)$ 空间直角坐标计算式：

$$\begin{cases} x_i=\dfrac{70}{2}\cos\left(\dfrac{360°}{24}\cdot i\right)=35\cos(15°\cdot i) \\ y_i=\dfrac{70}{2}\sin\left(\dfrac{360°}{24}\cdot i\right)+80=35\sin(15°\cdot i)+80 \\ z_i=\sqrt{\left(\dfrac{360}{2}\right)^2-x_i^2-y_i^2}=\sqrt{180^2-x_i^2-y_i^2} \end{cases}$$

（取 $i=0$、1、2、…、24）

依次将 i 值代入上式计算：

当 $i=0$ 时，得：

$$\begin{cases} x_0 = 35\cos(15° \times 0) = 35 \\ y_0 = 35\sin(15° \times 0) + 80 = 80 \\ z_0 = \sqrt{180^2 - 35^2 - 80^2} = 157.401 \end{cases}$$

当 $i=1$ 时，得：

$$\begin{cases} x_1 = 35\cos(15° \times 1) = 33.807 \\ y_1 = 35\sin(15° \times 1) + 80 = 89.059 \\ z_1 = \sqrt{180^2 - 33.807^2 - 80.059^2} = 157.727 \end{cases}$$

……

将计算结果列于表 2.29 中。

表 2.29　例 2.14 竖直圆管与球面侧旁相交的接合线曲线上的点 m_i（x_i，y_i，z_i）空间直角坐标值

<table>
<tr><th>直角坐标
点序号 i</th><th>x_i</th><th>y_i</th><th>z_i</th><th>直角坐标
点序号 i</th><th>x_i</th><th>y_i</th><th>z_i</th></tr>
<tr><td>0</td><td rowspan="2">35</td><td rowspan="3">80</td><td rowspan="3">157.401</td><td>6</td><td>0</td><td>115</td><td>138.474</td></tr>
<tr><td>24</td><td>13</td><td>-33.807</td><td rowspan="2">70.941</td><td rowspan="2">161.939</td></tr>
<tr><td>12</td><td>-35</td><td>23</td><td>33.807</td></tr>
<tr><td>1</td><td>33.807</td><td rowspan="2">89.059</td><td rowspan="2">152.727</td><td>14</td><td>-30.311</td><td rowspan="2">62.5</td><td rowspan="2">166.057</td></tr>
<tr><td>11</td><td>-33.807</td><td>22</td><td>30.311</td></tr>
<tr><td>2</td><td>30.311</td><td rowspan="2">97.5</td><td rowspan="2">148.240</td><td>15</td><td>-24.749</td><td rowspan="2">55.251</td><td rowspan="2">169.513</td></tr>
<tr><td>10</td><td>-30.311</td><td>21</td><td>24.749</td></tr>
<tr><td>3</td><td>24.749</td><td rowspan="2">104.749</td><td rowspan="2">144.275</td><td>16</td><td>-17.5</td><td rowspan="2">49.689</td><td rowspan="2">172.118</td></tr>
<tr><td>9</td><td>-24.749</td><td>20</td><td>17.5</td></tr>
<tr><td>4</td><td>17.5</td><td rowspan="2">110.311</td><td rowspan="2">141.157</td><td>17</td><td>-9.059</td><td rowspan="2">46.193</td><td rowspan="2">173.736</td></tr>
<tr><td>8</td><td>-17.5</td><td>19</td><td>9.089</td></tr>
<tr><td>5</td><td>9.059</td><td rowspan="2">113.807</td><td rowspan="2">139.161</td><td>18</td><td>0</td><td>45</td><td>174.284</td></tr>
<tr><td>7</td><td>-9.059</td><td></td><td></td><td></td><td></td></tr>
</table>

2）将已知数代入计算式（2.44）中，得本例的竖直圆管的展开图曲线上的点 $m'_i(x'_i,\ y'_i)$ 直角坐标计算式：

$$\begin{cases} x'_i = \dfrac{70\pi}{24} \cdot i = 9.163i \\ y'_i = z_i - 260 \end{cases}$$

（取 $i=0$、1、2、…、24）

当 $i=0$ 时，得：
$$\begin{cases} x'_0 = 9.163\times 0 = 0 \\ y'_0 = z_0 - 260 \end{cases}$$

查表 2.29 得　$z_0 = 157.401$，代入上式，得：

$$y'_0 = 157.401 - 260 = -102.6$$

当 $i=1$ 时，得：
$$\begin{cases} x'_1 = 9.163\times 1 = 9.2 \\ y'_1 = z_1 - 260 \end{cases}$$

查表 2.29 得　$z_1 = 152.727$，代入上式得：

$$y'_1 = 152.727 - 260 = -107.273$$

……

以上计算结果列于表 2.30 中。

表 2.30　例 2.14 竖直圆管与球面侧旁相交的竖直圆管展开图曲线上的点 $m'_i(x'_i、y'_i)$ 直角坐标值

直角坐标 / 点序号 i	x'_i	y'_i	直角坐标 / 点序号 i	x'_i	y'_i	直角坐标 / 点序号 i	x'_i	y'_i
0	0	-102.6	4	36.7	-118.8	15	137.4	-90.5
12	110.0		8	73.3		21	192.4	
24	219.9		5	45.8	-120.8	16	146.6	-87.9
1	9.2	-107.3	7	64.1		20	183.3	
11	100.8		6	55.0	-121.5	17	155.8	-86.3
2	18.3	-111.8	13	119.1	-98.1	19	174.1	
10	91.6		23	210.7		18	164.9	-85.7
3	27.5	-115.7	14	128.3	-93.9			
9	82.5		22	201.6				

在平面直角坐标系 oxy 中，将表 2.30 中的点 $m'_i(x'_i, y'_i)$ 依序描出，用光滑曲线连接这组系列点 m'_0、m'_1、…、m'_{24}，得一规律曲线与相关线段组成本例的竖直圆管的展开图，如图 2.14c 所示。

用测量定位的方法，依照图 2.14b 所示的竖直圆管中心轴线偏离球面垂直中心线的 e 值，测量出竖直圆管中心轴线与球面的相交点；在该点的周围，将表 2.29 中的点 $m_i(x_i, y_i)$ 平面直角坐标测量描划到球面上，并描点、连线得一规律闭合曲线，即为本例的球面上的接合线的开孔实形。

2.15　水平圆管与球面侧旁相交的展开计算

图 2.15a 所示为水平圆管与球面侧旁相交的立体图。如图 2.15b 所示，直径为

d 的水平圆管中心轴线与球直径为 D 的球面的中心点 O 偏离的水平距离为 e，偏离的垂直高差为 H，侧旁相交，在主视图中水平圆管的中心轴线的截取长度为 L，求构件水平圆管的展开图。

1）水平圆管与球面侧旁相交的接合线曲线上的点 $m_i(x_i,\ y_i,\ z_i)$ 空间直角坐标计算式为：

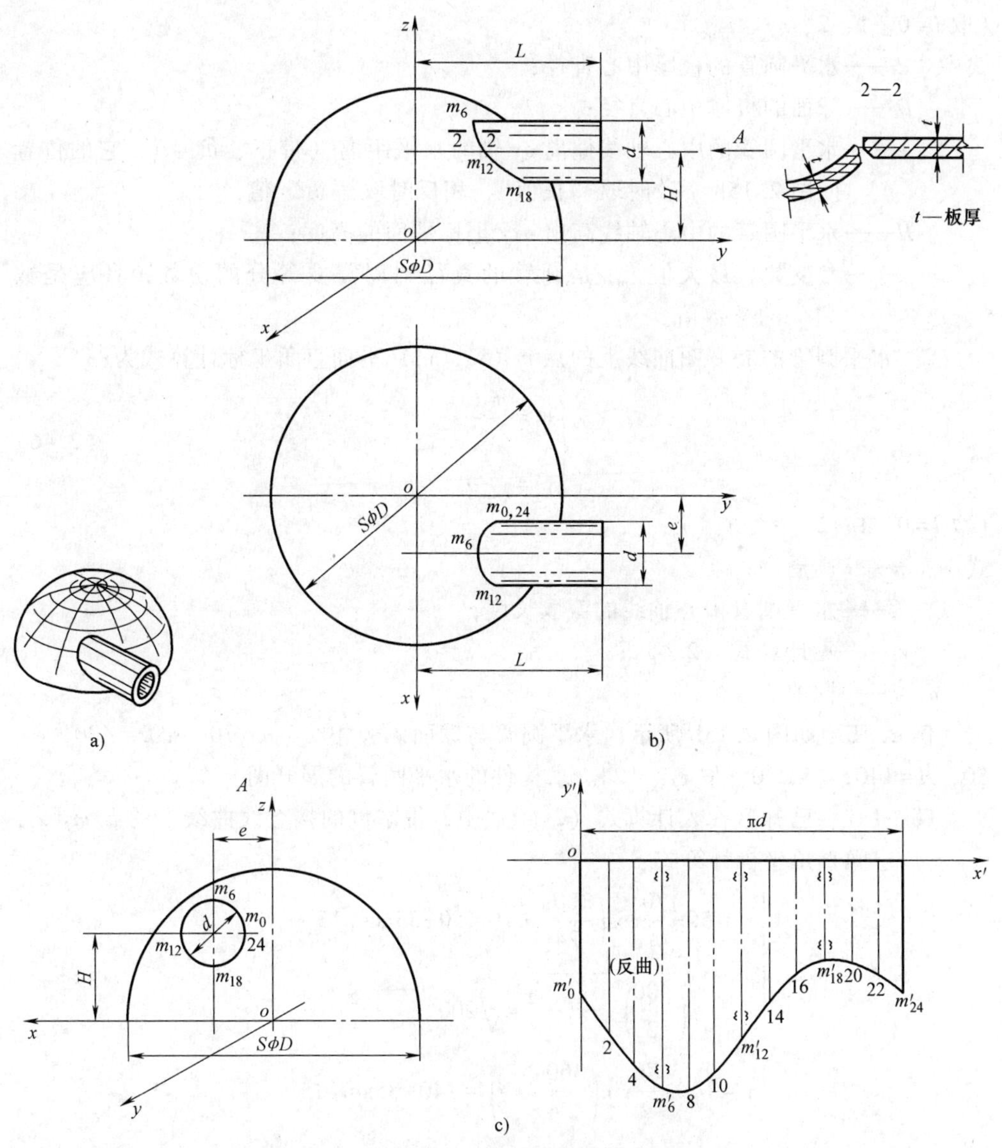

图 2-15　水平圆管与球面侧旁相交的展开计算

a）立体图　b）水平圆管与球面侧旁相交示意图

c）水平圆管展开图

$$\begin{cases}x_i=e-\dfrac{d}{2}\cos\left(\dfrac{360°}{i_{max}}\cdot i\right)\\ y_i=\sqrt{\left(\dfrac{D}{2}\right)^2-x_i^2-z_i^2}\\ z_i=H+\dfrac{d}{2}\sin\left(\dfrac{360°}{i_{max}}\cdot i\right)\end{cases}\qquad(2.45)$$

（取 $i=0$、1、2、…、i_{max}）

式中　d——水平圆管的板厚中心直径；

D——球面的板厚中心直径；

e——水平圆管的中心轴线偏离 oy 轴的水平距离（带正、负号），它的位置同图 2.15b 一致时取“正值”，相反时取“负”值；

H——水平圆管的中心轴线高出 oxy 坐标平面的高度；

i——参变数，最大值 i_{max} 是圆管的直径圆周需要等分的份数，且应是数“4”的整数倍。

2）水平圆管的展开图曲线上的点 $m'_i(x'_i，y'_i)$ 平面直角坐标计算式为：

$$\begin{cases}x'_i=\dfrac{\pi d}{i_{max}}\cdot i\\ y'_i=y_i-L\end{cases}\qquad(2.46)$$

（取 $i=0$、1、2、…、i_{max}）

式中　π——圆周率；

L——水平圆管中心轴线的截取长度；

y_i——见计算式（2.45）；

d、i——同前。

例 2.15　如图 2.15b 所示，水平圆管与球面侧旁相交，$d=70$，$s\phi D=400$，$e=50$，$H=140$，$L=230$，取 $i_{max}=24$。求构件的水平圆管的展开图。

解：1）将已知数代入计算式（2.45）中，得本例的接合线曲线上的点 $m_i(x_i，y_i，z_i)$ 空间直角坐标计算式：

$$\begin{cases}x_i=50-\dfrac{70}{2}\cos\left(\dfrac{360°}{24}\cdot i\right)=50-35\cos(15°\cdot i)\\ y_i=\sqrt{\left(\dfrac{400}{2}\right)^2-x_i^2-z_i^2}=\sqrt{200^2-x_i^2-z_i^2}\\ z_i=140+\dfrac{70}{2}\sin\left(\dfrac{360°}{24}\cdot i\right)=140+35\sin(15°\cdot i)\end{cases}$$

（取 $i=0$、1、2、…、24）

依次将 i 值代入上式计算：

当 $i=0$ 时，得：

$$\begin{cases} x_0 = 50-35\cos(15°\times 0) = 15 \\ y_0 = \sqrt{200^2-15^2-140^2} = 142.039 \\ z_0 = 140+35\sin(15°\times 0) = 140 \end{cases}$$

当 $i=1$ 时，得：

$$\begin{cases} x_1 = 50-35\cos(15°\times 1) = 16.193 \\ y_1 = \sqrt{200^2-16.193^2-149.059^2} = 132.361 \\ z_1 = 140+35\sin(15°\times 1) = 149.059 \end{cases}$$

……

将计算结果列于表 2.31 中。

表 2.31　例 2.15 水平圆管与球面侧旁相交的接合线曲线上的点 $m_i(x_i, y_i, z_i)$ 空间直角坐标值

点序号 i \ 直角坐标	x_i	y_i	z_i	点序号 i \ 直角坐标	x_i	y_i	z_i
0	15	142.039	140	6	50	82.916	175
24				13	83.807	125.820	130.941
12	85	114.782		23	16.193	150.307	
1	16.193	132.361	149.059	14	80.311	136.176	122.5
11	83.807	103.720		22	19.689	156.683	
2	19.689	121.680	157.5	15	74.749	145.361	115.251
10	80.311	93.509		21	25.251	161.492	
3	25.251	110.545	164.749	16	67.5	153.010	109.689
9	74.749	85.267		20	32.5	164.049	
4	32.50	99.689	170.311	17	59.059	158.856	106.193
8	67.50	80.234		19	40.941	164.460	
5	40.941	90.082	173.807	18	50	162.711	105
7	59.059	79.392					

2）将已知数代入计算式（2.46）中。得本例的水平圆管的展开图曲线上的点 $m'_i(x'_i, y'_i)$ 平面直角坐标计算式：

$$\begin{cases} x'_i = \dfrac{70\pi}{24} \cdot i = 9.163i \\ y'_i = y_i - 230 \end{cases}$$

（取 $i=0$、1、2、…、24）

依次将 i 值代入上式计算：

当 $i=0$ 时，得：

$$\begin{cases} x'_0 = 9.163 \times 0 = 0 \\ y'_0 = y_0 - 230 \end{cases}$$

查表 2.31 得 $y_0 = 142.039$，代入上式，得：

$$y'_0 = 142.039 - 230 = -88.0$$

当 $i = 1$ 时，得：

$$\begin{cases} x'_1 = 9.163 \times 1 = 9.2 \\ y'_1 = y_1 - 230 \end{cases}$$

查表 2.31 得 $y_1 = 132.361$，代入上式，得：

$$y'_1 = 132.361 - 230 = -97.6$$

……

将计算结果列于表 2.32 中。

表 2.32　例 2.15 水平圆管与球面侧旁相交的水平圆管展开图曲线上的点 $m'_i(x'_i,\ y'_i)$ 直角坐标值

直角坐标 / 点序号 i	x'_i	y'_i	直角坐标 / 点序号 i	x'_i	y'_i	直角坐标 / 点序号 i	x'_i	y'_i
0	0	-88.0	8	73.3	-149.8	17	155.8	-71.1
24	219.9		9	82.5	-144.7	18	164.9	-67.3
1	9.2	-97.6	10	91.6	-136.5	19	174.1	-65.5
2	18.3	-108.3	11	100.8	-126.3	20	183.3	-66.0
3	27.5	-119.5	12	110.0	-115.2	21	192.4	-68.5
4	36.7	-130.3	13	119.1	-104.2	22	201.6	-73.1
5	45.8	-139.9	14	128.3	-93.8	23	210.7	-79.7
6	55.0	-147.1	15	137.5	-84.6			
7	64.1	-150.6	16	146.6	-77.0			

在平面直角坐标系 $ox'y'$ 中，将表 2.32 中的点 $m'_i(x'_i,\ y'_i)$ 依序描出，用光滑曲线连接这组系列点 m'_0、m'_1、…、m'_{24}，得一规律曲线与有关线段组成本例的水平圆管展开图，如图 2.15c 所示。

用测量定位的方法，依照图 2.15b 所示的水平圆管中心轴线偏离 oy 轴的水平距离 e 值，又高出 oxy 坐标平面 H 值，测量出水平圆管中心轴线和球面的相交点；在该点的周围，将表 2.31 中的点 $m_i(x_i,\ z_i)$ 平面直角坐标测量描划到球面上，并描点、连线得一闭合曲线，即为本例的球面上的接合线曲线的开孔实形。

2.16　竖直圆管与圆锥侧旁相交的展开计算

图 2-16a 所示为竖直圆管与圆锥侧旁相交的立体图。如图 2.16b 所示，直径为 d

的竖直圆管与圆锥侧旁相交，两纵向中心轴线平行间距为 e，竖直圆管顶端到圆锥顶点之间的铅垂高度为 H，圆锥的高为 c，下底圆直径为 D，求构件竖直圆管的展开图。

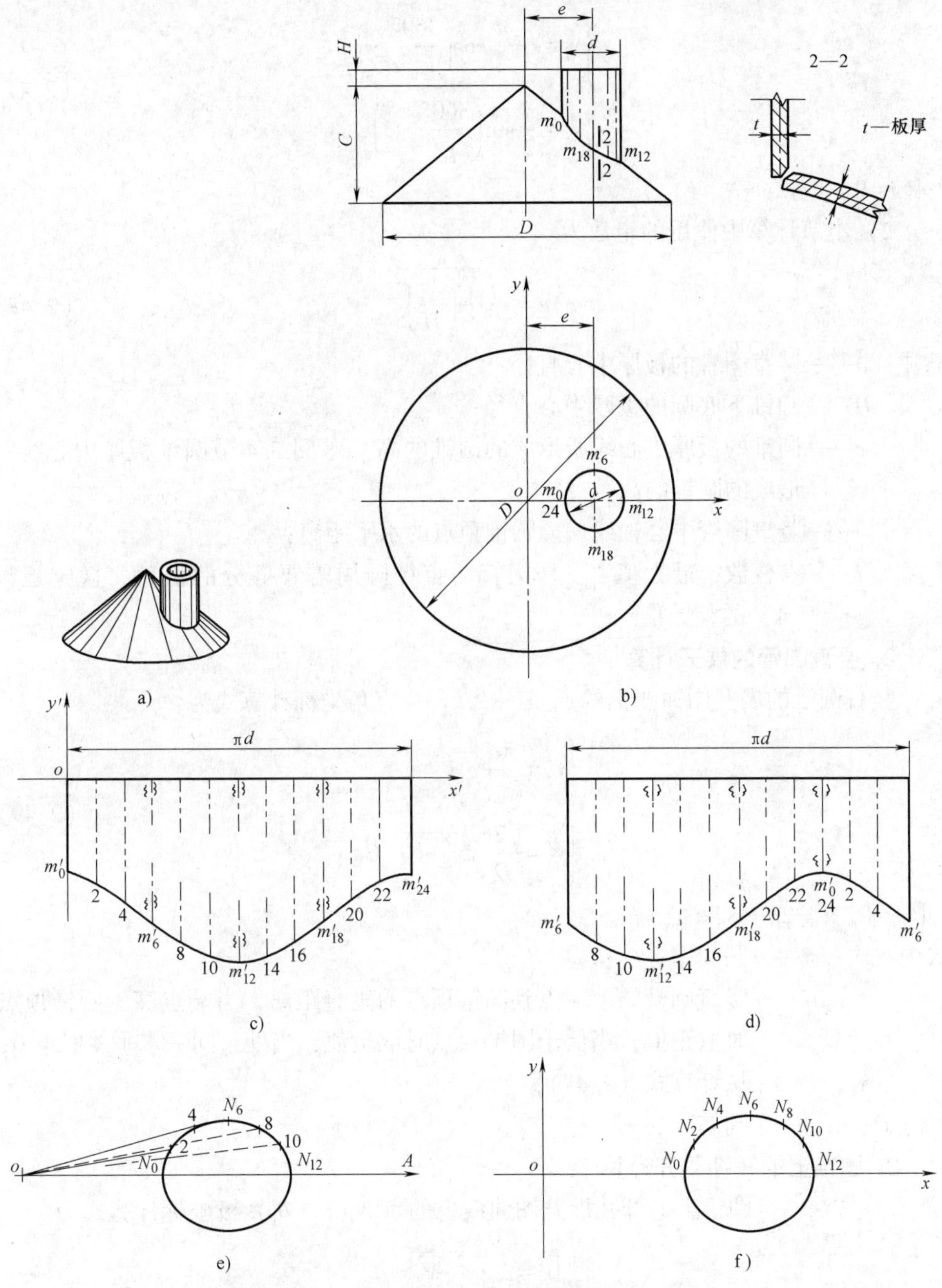

图 2.16　竖直圆管与圆锥侧旁相交的展开计算

a）立体图　b）竖直等径圆管与圆锥侧旁相交示意图　c）竖直等径圆管展开图（一）
d）竖直等径圆管展开图（二）　e）圆锥的开孔展开图　f）圆锥的开孔展开图

1. 预备数据

1）竖直圆管与圆锥侧旁相交的接合线曲线上的点 $m_i(x_i, y_i)$ 直角坐标计算式为：

$$\begin{cases} x_i = e - \dfrac{d}{2}\cos\left(\dfrac{360°}{i_{\max}} \cdot i\right) \\ y_i = \dfrac{d}{2}\sin\left(\dfrac{360°}{i_{\max}} \cdot i\right) \end{cases} \tag{2.47}$$

（取 $i=0$、1、2、…、$i_{\max}$）

2）本节计算中使用的定数为：

$$u = \sqrt{1+\left(\frac{2c}{D}\right)^2} \tag{2.48}$$

式中 d——竖直圆管的板厚中心直径；

D——圆锥下底圆的板厚中心直径；

c——圆锥的板厚中心线所形成的圆锥的高（参阅 5.4 节圆锥板厚中心线所形成的圆锥的高）；

e——竖直圆管中心轴线偏离圆锥顶点的水平距离；

i——参变数，最大值 $i_{\max}$ 是圆管的直径圆周需要等分的份数，且应是数“4”的整数倍。

2. 竖直圆管的展开计算

竖直圆管的展开图曲线上的点 $m'_i(x'_i, y'_i)$ 直角坐标计算式为：

$$\begin{cases} x'_i = \dfrac{\pi d}{i_{\max}} \cdot i \\ y'_i = \dfrac{-2c}{D}\sqrt{x_i^2+y_i^2} - H \end{cases} \tag{2.49}$$

（取 $i=0$、1、2、…、$i_{\max}$）

式中 π——圆周率；

H——竖直圆管的上端点到圆锥顶点的垂直距离，当端点高于圆锥顶点时取正值，当低于圆锥顶点时取负值，当处于同一水平线时取 0；

x_i、y_i——见计算式（2.47）；

d、D、c、i——同前。

3. 圆锥上的开孔展开计算

1）方法一。圆锥上的开孔展开图曲线上的点 $N_i(r_i, \theta_i)$ 极坐标计算式为：

$$\begin{cases} r_i = u\sqrt{x_i^2+y_i^2} \\ \theta_i = \dfrac{1}{u}\arctan\dfrac{y_i}{x_i} \end{cases} \tag{2.50}$$

（取 $i=0$、1、2、…、$\frac{i_{max}}{2}$）

式中　x_i、y_i、u——见计算式（2.47）和计算式（2.48）；

　　　i——同前。

2）方法二。圆锥上的开孔展开图曲线上的点 $N_i(x_i,\ y_i)$ 直角坐标计算式为：

$$\begin{cases} x_i = r_i \cos\theta_i \\ y_i = r_i \sin\theta_i \end{cases} \tag{2.51}$$

（取 $i=0$、1、2、…、$\frac{i_{max}}{2}$）

式中　r_i、θ_i——见计算式（2.50）；

　　　i——同前。

例 2.16　如图 2.16 所示，竖直圆管与圆锥侧旁相交，$d=100$，$D=480$，$c=180$，$e=160$，$H=30$。取 $i_{max}=24$。求构件的竖直圆管的展开图。

解：

（1）预备数据

将已知数代入计算式（2.47）与计算式（2.48）中，得本例的预备数据如下：

1）竖直圆管与圆锥侧旁相交的接合线曲线上的点 $m_i(x_i,\ y_i)$ 直角坐标计算式为：

$$\begin{cases} x_i = 160 - \dfrac{100}{2}\cos\left(\dfrac{360°}{24}\cdot i\right) = 160 - 50\cos(15°\cdot i) \\ y_i = \dfrac{100}{2}\sin\left(\dfrac{360°}{24}\cdot i\right) = 50\sin(15°\cdot i) \end{cases}$$

（取 $i=0$、1、2、…、24）

依次将 i 值代入上式计算：

当 $i=0$ 时，得：

$$\begin{cases} x_0 = 160 - 50\cos(15°\times 0) = 110 \\ y_0 = 50\sin(15°\times 0) = 0 \end{cases}$$

当 $i=1$ 时，得：

$$\begin{cases} x_1 = 160 - 50\cos(15°\times 1) = 111.70 \\ y_1 = 50\sin(15°\times 1) = 12.94 \end{cases}$$

……

将计算结果列于表 2.33 中。

2）本节计算中使用的定数为：

$$u = \sqrt{1 + \left(\frac{2\times 180}{480}\right)^2} = 1.25$$

（2）竖直圆管的展开计算

将已知数代入计算式（2.49）中，得本例的竖直圆管展开图曲线上的点 m'_i（x'_i，y'_i）直角坐标计算式：

$$\begin{cases} x'_i = \dfrac{100\pi}{24} \cdot i = 13.09i \\ y'_i = \dfrac{-2\times180}{480}\sqrt{x_i^2+y_i^2}-30 = -0.75\sqrt{x_i^2+y_i^2}-30 \end{cases}$$

表 2.33　例 2.16 竖直圆管与圆锥侧旁相交的接合线曲线上的点 m_i（x_i，y_i）直角坐标值

点序号 i \ 直角坐标	x_i	y_i	点序号 i \ 直角坐标	x_i	y_i	点序号 i \ 直角坐标	x_i	y_i	点序号 i \ 直角坐标	x_i	y_i
0	110	0	2	116.70	25	15	195.35	-35.36	5	147.06	48.30
24	110	0	10	203.30	25	21	124.64	-35.36	7	172.94	48.30
12	210	0	14	203.30	-25	4	135	43.30	17	172.94	-48.30
1	111.70	12.94	22	116.70	-25	8	185	43.30	19	147.06	-48.30
11	208.30	12.94	3	124.64	35.36	16	185	-43.30	6	160	50
13	208.30	-12.94	9	195.36	35.36	20	135	-43.30	18	160	-50
23	111.70	-12.94									

（取 $i=0$、1、2、…、24）

依次将 i 值代入上式计算：

当 $i=0$ 时，得：

$$\begin{cases} x'_0 = 13.09\times0 = 0 \\ y'_0 = -0.75\sqrt{x_0^2+y_0^2}-30 \end{cases}$$

查表 2.33 得：$x_0=110$、$y_0=0$，代入上式，得：

$$y'_0 = -0.75\sqrt{110^2+0^2}-30 = -112.5$$

当 $i=1$ 时，得：

$$\begin{cases} x'_1 = 13.09\times1 = 13.1 \\ y'_1 = -0.75\sqrt{x_1^2+y_1^2}-30 \end{cases}$$

查表 2.33 得：$x_1=111.70$、$y_1=12.94$，代入上式，得：

$$y'_1 = -0.75\sqrt{111.70^2+12.94^2}-30 = -114.3$$

……

以上计算结果列于表 2.34 中。

（3）圆锥上的开孔展开计算

1）将已知数代入计算式（2.50）中，得本例的圆锥上的开孔展开图曲线上的点 $N_i(r_i,\ \theta_i)$ 极坐标计算式：

表 2.34　例 2.16 竖直圆管与圆锥侧旁相交的竖直圆管展开图曲线上的点 $m'_i(x'_i,\ y'_i)$ 直角坐标值

直角坐标 / 点序号 i	x'_i	y'_i	直角坐标 / 点序号 i	x'_i	y'_i	直角坐标 / 点序号 i	x'_i	y'_i	直角坐标 / 点序号 i	x'_i	y'_i
0	0	-112.5	3	39.3	-127.2	6	78.5	-155.7	9	117.8	-178.9
24	314.2		21	274.9		18	235.6		15	196.4	
1	13.1	-114.3	4	52.4	-136.3	7	91.6	-164.7	10	130.9	-183.6
23	301.1		20	216.8		17	222.5		14	183.3	
2	26.2		5	65.5	-146.1	8	104.7	-172.5	11	144.0	-186.5
22	288.0	-119.5	19	248.7		16	209.4		13	170.2	
									12	157.1	-187.5

$$\begin{cases} r_i = 1.25\sqrt{x_i^2 + y_i^2} \\ \theta_i = \dfrac{1}{1.25}\arctan\dfrac{y_i}{x_i} = 0.8\arctan\dfrac{y_i}{x_i} \end{cases}$$

（取 $i = 0$、1、2、…、12）

依次将 i 值代入上式计算：

当 $i = 0$ 时，得：

$$\begin{cases} r_0 = 1.25\sqrt{x_0^2 + y_0^2} \\ \theta_0 = 0.8\arctan\dfrac{y_0}{x_0} \end{cases}$$

查表 2.33 得：$x_0 = 110$、$y_0 = 0$，代入上式，得：

$$\begin{cases} r_0 = 1.25\sqrt{110^2 + 0^2} = 137.50 \\ \theta_0 = 0.8\arctan\dfrac{0}{110} = 0° \end{cases}$$

当 $i = 1$ 时，得：

$$\begin{cases} r_1 = 1.25\sqrt{x_1^2 + y_1^2} \\ \theta_1 = 0.8\arctan\dfrac{y_1}{x_1} \end{cases}$$

查表 2.33 得：$x_1 = 111.70$、$y_1 = 12.94$，代入上式，得：

$$\begin{cases} r_1 = 1.25\sqrt{111.70^2 + 12.94^2} = 140.56 \\ \theta_1 = 0.8\arctan\dfrac{12.94}{111.70} = 5.2866 \end{cases}$$

……

将计算结果列于表 2. 35 中。

表 2. 35　例 2. 16 圆锥上的开孔展开图曲线上的点 $N_i(r_i,\ \theta_i)$ 极坐标值

点 N_i 序号 / 极坐标	0	12	1	2	3	4	5
r_i	137. 50	262. 50	140. 56	149. 18	161. 95	177. 22	193. 48
$\theta_i(°)$	0		5. 2866	9. 6732	12. 6687	14. 2269	14. 5447

点 N_i 序号 / 极坐标	6	7	8	9	10	11
r_i	209. 54	224. 45	237. 50	248. 16	256. 04	260. 87
$\theta_i(°)$	13. 8832	12. 4825	10. 5388	8. 2667	5. 6084	2. 8441

2）将已知数代入计算式（2. 51）中，得本例的圆锥上的开孔展开图曲线上的点 $N_i(x_i,\ y_i)$ 直角坐标计算式：

$$\begin{cases}x_i = r_i\cos\theta_i \\ y_i = r_i\sin\theta_i\end{cases}$$

（取 $i=0$、1、2、…、12）

依次将 i 值代入上式计算：

当 $i=0$ 时，得：

$$\begin{cases}x_0 = r_0\cos\theta_0 \\ y_0 = r_0\sin\theta_0\end{cases}$$

查表 2. 35 得：$r_0 = 137.50$、$\theta_0 = 0°$，代入上式，得：

$$\begin{cases}x_0 = 137.50\cos0° = 137.50 \\ y_0 = 137.50\sin0° = 0\end{cases}$$

当 $i=1$ 时，得：

$$\begin{cases}x_1 = r_1\cos\theta_1 \\ y_1 = r_1\sin\theta_1\end{cases}$$

查表 2. 35 得：$r_1 = 140.56$、$\theta_1 = 5.2866°$，代入上式，得：

$$\begin{cases}x_1 = 140.56\cos5.2866° = 139.97 \\ y_1 = 140.56\sin5.2866° = 12.95\end{cases}$$

……

将计算结果列于表 2. 36 中。

在平面直角坐标系 $ox'y'$ 中，将表 2. 34 中的点 $m'_i(x'_i,\ y'_i)$ 依序描出，得系列点 m'_0、m'_1、…、m'_{24}，用光滑曲线连接这组系列点，得一规律曲线与相关线段组成本例的竖直圆管的展开图，如图 2. 16c、d 所示。

表 2.36　例 2.16 圆锥上的开孔展开图曲线上的点 $N_i(x_i,\ y_i)$ 直角坐标值

点序号 i / 直角坐标	0	12	1	2	3	4	5
x_i	137.50	262.50	139.97	147.06	158.01	171.78	187.28
y_i	0		12.95	25.07	35.52	43.55	48.59
点序号 i / 直角坐标	6	7	8	9	10	11	
x_i	203.42	219.14	233.49	245.62	254.82	260.55	
y_i	50.28	48.51	43.44	35.42	25.02	12.94	

在以点 o 为极点、以射线 oA 为极轴的极坐标中，将表 2.35 中的点 $N_i(r_i,\ \theta_i)$ 依序描出，得系列点 N_0、N_1、N_2、…、N_{12}，用光滑曲线连接这组系列点为一规律曲线。由于图形具有轴对称性质，所以在 oA 轴的下方作出上面曲线的对称图形，则整个曲线即为本例的圆锥的开孔展开图，如图 2.16e 所示。

在平面直角坐标系 oxy 中，将表 2.35 中的点 $N_i(x_i,\ y_i)$ 依序描出。参照上文中的作图方法，将这组系列点描点、连线来划制本例的圆锥的开孔展开图，如图 2.16f 所示。

2.17　水平圆管与圆锥正相交的展开计算

图 2.17a 所示为水平圆管与圆锥正相交的立体图。如图 2.17b 所示，直径为 d 的水平圆管与圆锥正相交，其中心轴线到圆锥顶点的铅垂高度为 H，圆锥的高为 c，下底圆直径为 D，水平圆管中心轴线的截取长度为 a，求构件的水平圆管的展开图。

1. 预备数据

1）水平圆管与圆锥正相交的接合线曲线上的点 $m_i(x_i,\ y_i)$ 直角坐标计算式为：

$$\begin{cases} x_i=\sqrt{\left(\dfrac{D}{2c}\right)^2\left[\dfrac{d}{2}\cos\left(\dfrac{360°}{i_{\max}}\cdot i\right)+H\right]^2-\left[\dfrac{d}{2}\sin\left(\dfrac{360°}{i_{\max}}\cdot i\right)\right]^2} \\ y_i=\dfrac{d}{2}\sin\left(\dfrac{360°}{i_{\max}}\cdot i\right) \end{cases} \tag{2.52}$$

（取 $i=0$、1、2、…、$i_{\max}$）

2）本节计算中使用的定数为：

$$\mu=\sqrt{1+\left(\frac{2c}{D}\right)^2} \tag{2.53}$$

式中　d——水平圆管的板厚中心直径；

D——圆锥的下底圆的板厚中心直径；

c——圆锥的板厚中心线所形成的圆锥的高（参阅 5.4 节中圆锥板厚中心线所形成的圆锥的高）；

H——圆锥顶点到水平圆管中心轴线的铅垂高度；

i——参变数，最大值 i_{max} 是圆管的直径圆周需要等分的份数，且应是数“4”的整数倍。

2. 水平圆管的展开计算

水平圆管的展开图曲线上的点 $m'_i(x'_i, y'_i)$ 直角坐标计算式为：

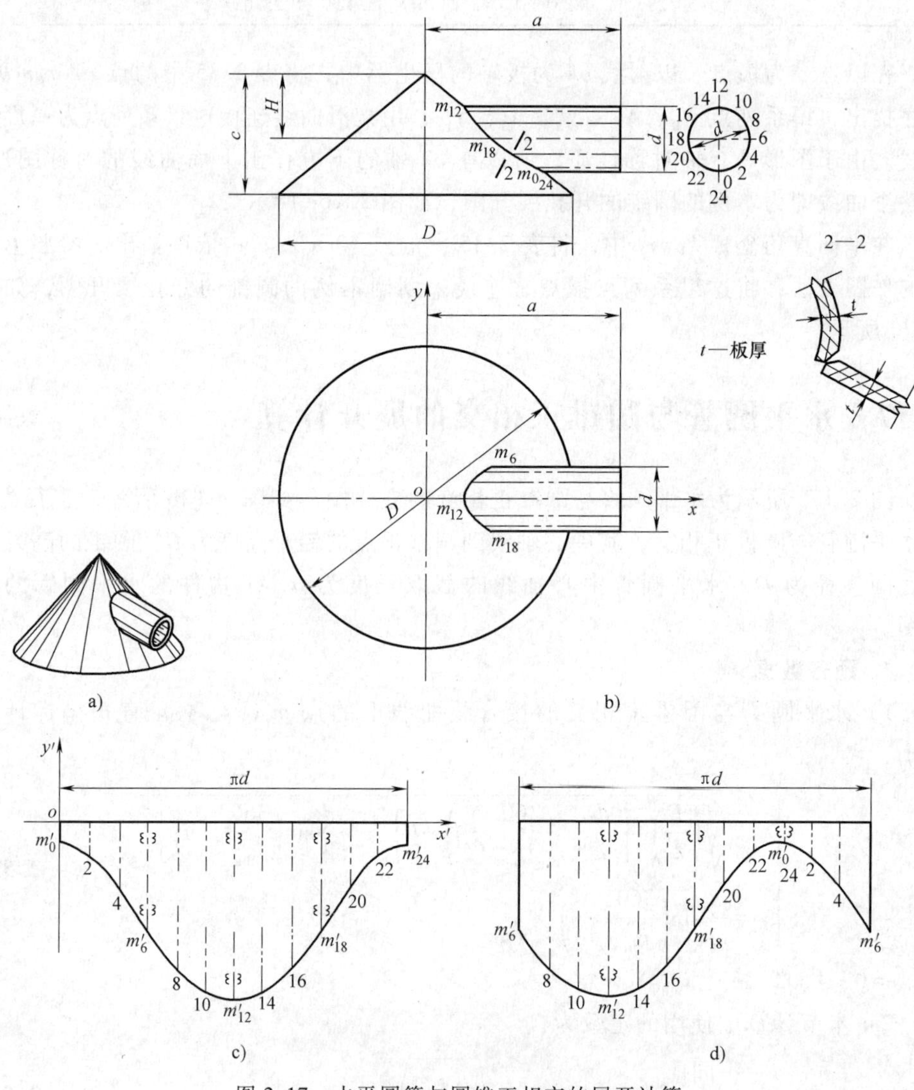

图 2.17 水平圆管与圆锥正相交的展开计算

a）立体图 b）水平等径圆管与圆锥正相交示意图

c）水平等径圆管展开图 d）水平等径圆管展开图

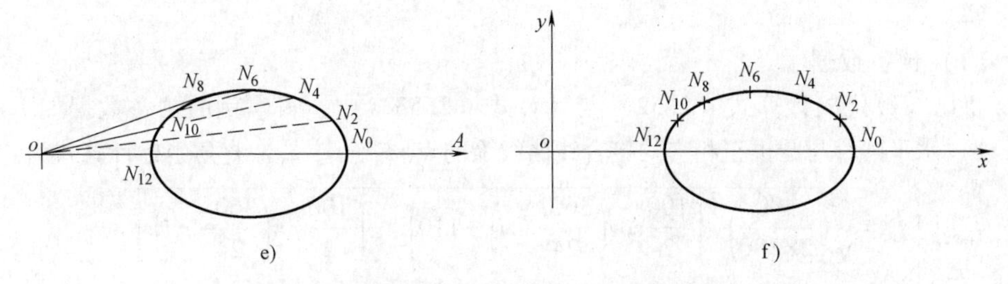

图 2.17　水平圆管与圆锥正相交的展开计算（续）

e）圆锥的开孔展开图　f）圆锥的开孔展开图

$$\begin{cases} x'_i=\dfrac{\pi d}{i_{\max}}\cdot i \\ y'_i=x_i-a \end{cases} \tag{2.54}$$

（取 $i=0$、1、2、…、$i_{\max}$）

式中　π——圆周率；

a——水平圆管的中心轴线的截取长度；

x_i——见计算式（2.52）；

d、i——同前。

3. 圆锥上的开孔展开计算

1）方法一。圆锥上的开孔展开图曲线上的点 $N_i(r_i,\ \theta_i)$ 极坐标计算式为：

$$\begin{cases} r_i=\mu\sqrt{x_i^2+y_i^2} \\ \theta_i=\dfrac{1}{\mu}\arctan\dfrac{y_i}{x_i} \end{cases} \tag{2.55}$$

（取 $i=0$、1、2、…、$\dfrac{i_{\max}}{2}$）

式中　μ、x_i、y_i——见计算式（2.53）与计算式（2.52）；

i——同前。

2）方法二。圆锥上的开孔展开图曲线上的点 $N_i(x_i,\ y_i)$ 直角坐标计算式为：

$$\begin{cases} x_i=r_i\cos\theta_i \\ y_i=r_i\sin\theta_i \end{cases} \tag{2.56}$$

（取 $i=0$、1、2、…、$\dfrac{i_{\max}}{2}$）

式中　r_i、θ_i——见计算式（2.55）；

i——同前。

例 2.17　如图 2.17b 所示，水平圆管与圆锥正相交，$d=100$，$D=480$，$a=230$，$c=180$，$H=110$，取 $i_{\max}=24$。求构件水平圆管的展开图。

解：

（1）预备数据

将已知数代入计算式（2.52）与计算式（2.53）中，得本例的预备数据如下：

1）水平圆管与圆锥正相交的接合线曲线上的点 m_i（x_i，y_i）直角坐标计算式为：

$$\begin{cases} x_i = \sqrt{\left(\dfrac{480}{2\times180}\right)^2\left[\dfrac{100}{2}\cos\left(\dfrac{360°}{24}\cdot i\right)+110\right]^2-\left[\dfrac{100}{2}\sin\left(\dfrac{360°}{24}\cdot i\right)\right]^2} \\ \quad = \sqrt{1.\dot{7}\left[50\cos(15°\cdot i)+110\right]^2-\left[50\sin(15°\cdot i)\right]^2} \\ y_i = \dfrac{100}{2}\sin\left(\dfrac{360°}{24}\cdot i\right) = 50\sin(15°\cdot i) \end{cases}$$

（取 $i=0$、1、2、…、24）

依次将 i 值代入上式计算：

当 $i=0$ 时，得：

$$\begin{cases} x_0 = \sqrt{1.\dot{7}\left[50\cos(15°\times0)+110\right]^2-\left[50\sin(15°\times0)\right]^2} = 213.33 \\ y_0 = 50\sin(15°\times0) = 0 \end{cases}$$

当 $i=1$ 时，得：

$$\begin{cases} x_1 = \sqrt{1.\dot{7}\left[50\cos(15°\times1)+110\right]^2-\left[50\sin(15°\times1)\right]^2} = 210.66 \\ y_1 = 50\sin(15°\times1) = 12.94 \end{cases}$$

将计算结果列于表 2.37 中。

表 2.37　例 2.17 水平圆管与圆锥正相交的接合线曲线上的点 m_i（x_i，y_i）直角坐标值

<table>
<tr><th>直角坐标
点 m_i 序号</th><th>x_i</th><th>y_i</th><th>直角坐标
点 m_i 序号</th><th>x_i</th><th>y_i</th><th>直角坐标
点 m_i 序号</th><th>x_i</th><th>y_i</th><th>直角坐标
点 m_i 序号</th><th>x_i</th><th>y_i</th></tr>
<tr><td>0</td><td rowspan="2">213.33</td><td rowspan="3">0</td><td>2</td><td>202.87</td><td rowspan="2">25</td><td>15</td><td>93.03</td><td rowspan="2">-35.36</td><td>5</td><td>156.64</td><td rowspan="2">48.30</td></tr>
<tr><td>24</td><td>10</td><td rowspan="2">85.35</td><td>21</td><td>190.55</td><td>7</td><td rowspan="2">120.06</td></tr>
<tr><td>12</td><td>80</td><td>14</td><td rowspan="2">-25</td><td>4</td><td>174.71</td><td rowspan="2">43.30</td><td>17</td><td rowspan="2">-48.30</td></tr>
<tr><td>1</td><td>210.66</td><td rowspan="2">12.94</td><td>22</td><td>202.87</td><td>8</td><td rowspan="2">104.74</td><td>19</td><td>156.64</td></tr>
<tr><td>11</td><td rowspan="2">81.25</td><td>3</td><td>190.55</td><td rowspan="2">35.36</td><td>16</td><td rowspan="2">-43.30</td><td>6</td><td rowspan="2">137.88</td><td>50</td></tr>
<tr><td>13</td><td rowspan="2">-12.94</td><td>9</td><td>93.03</td><td>20</td><td>174.71</td><td>18</td><td>-50</td></tr>
<tr><td>23</td><td>210.66</td><td></td><td></td><td></td><td></td><td></td><td></td><td></td><td></td><td></td></tr>
</table>

2）本节计算中使用的定数为：

$$\mu = \sqrt{1+\left(\frac{2\times180}{480}\right)^2} = 1.25$$

（2）水平圆管的展开计算

将已知数代入计算式（2.54）中，得本例的水平圆管展开图曲线上的点 m_i'

(x_i'，y_i') 直角坐标计算式：

$$\begin{cases} x_i' = \dfrac{100\pi}{24} \cdot i = 13.09 \cdot i \\ y_i' = x_i - 230 \end{cases}$$

(取 $i=0$、1、2、…、24)

依次将 i 值代入上式计算：

当 $i=0$ 时，得：

$$\begin{cases} x_0' = 13.09 \times 0 = 0 \\ y_0' = x_i - 230 \end{cases}$$

查表 2.37 得：$x_0 = 213.33$，代入上式，得：

$$y_0' = 213.33 - 230 = -16.67$$

当 $i=1$ 时，得：

$$\begin{cases} x_1' = 13.09 \times 1 = 13.1 \\ y_1' = x_1 - 230 \end{cases}$$

查表 2.37 得：$x_1 = 210.66$，代入上式，得：

$$y_1' = 210.66 - 230 = -19.34$$

……

将计算结果列于表 2.38 中。

表 2.38　例 2.17 水平圆管与圆锥正相交的水平圆管展开图曲线上的点 $m_i'(x_i', y_i')$ 直角坐标值

点序号 i \ 直角坐标	x_i'	y_i'	点序号 i \ 直角坐标	x_i'	y_i'	点序号 i \ 直角坐标	x_i'	y_i'	点序号 i \ 直角坐标	x_i'	y_i'
0	0	-16.7	3	39.3	-39.4	6	78.5	-92.1	9	117.8	-137.0
24	314.2		21	274.9		18	235.6		15	196.4	
1	13.1	-19.3	4	52.4	-55.3	7	91.6	-109.9	10	130.9	-144.7
23	301.1		20	261.8		17	222.5		14	183.3	
2	26.2	-27.1	5	65.5	-73.4	8	104.7	-125.3	11	144.0	-148.8
22	288.0		19	248.7		16	209.4		13	170.2	
									12	157.1	-150.0

(3) 圆锥上的开孔展开计算

1) 将已知数代入计算式 (2.55) 中，得本例的圆锥上的开孔展开图曲线上的点 N_i (r_i，θ_i) 极坐标计算式：

$$\begin{cases} r_i = 1.25\sqrt{x_i^2 + y_i^2} \\ \theta_i = \dfrac{1}{1.25}\arctan \dfrac{y_i}{x_i} = 0.8\arctan \dfrac{y_i}{x_i} \end{cases}$$

($i=0$、1、2、…、12)

依次将 i 值代入上式计算：

当 $i=0$ 时，得：

$$\begin{cases} r_0 = 1.25\sqrt{x_0^2+y_0^2} \\ \theta_0 = 0.8\arctan\dfrac{y_0}{x_0} \end{cases}$$

查表 2.37 得：$x_0=213.33$、$y_0=0$，代入上式，得：

$$\begin{cases} r_0 = 1.25\sqrt{213.33^2+0^2} = 266.67 \\ \theta_0 = 0.8\arctan\dfrac{0}{213.33} = 0° \end{cases}$$

当 $i=1$ 时，得：

$$\begin{cases} r_1 = 1.25\sqrt{x_1^2+y_1^2} \\ \theta_1 = 0.8\arctan\dfrac{y_1}{x_1} \end{cases}$$

查表 2.37 得：$x_1=210.66$、$y_1=12.94$，代入上式，得：

$$\begin{cases} r_1 = 1.25\sqrt{210.66^2+12.94^2} = 263.83 \\ \theta_1 = 0.8\arctan\dfrac{12.94}{210.66} = 2.8122° \end{cases}$$

……

将计算结果列于表 2.39 中。

表 2.39　例 2.17 圆锥上的开孔展开图曲线上的点 N_i（r_i，θ_i）极坐标值

点序号 i / 极坐标	0	12	1	2	3	4	5	6	7	8	9	10	11
r_i	266.67	100	263.83	255.50	242.26	225	204.90	183.33	161.77	141.67	124.41	111.16	102.84
θ_i/(°)	0		2.8122	5.6203	8.4089	11.1358	13.7083	15.9458	17.5304	17.9696	16.6463	13.0614	7.2400

2）将已知数代入计算式（2.56）中，得本例的圆锥上的开孔展开图曲线上的点 N_i（x_i，y_i）直角坐标计算式：

$$\begin{cases} x_i = r_i\cos\theta_i \\ y_i = r_i\sin\theta_i \end{cases}$$

（取 $i=0$、1、2、…、12）

依次将 i 值代入上式计算：

当 $i=0$ 时，得：

$$\begin{cases} x_0 = r_0\cos\theta_0 \\ y_0 = r_0\sin\theta_0 \end{cases}$$

查表 2.39 得：$r_0=266.67$、$\theta_0=0°$，代入上式，得：

$$\begin{cases}x_0=266.67\cos0°=266.67\\y_0=266.67\sin0°=0\end{cases}$$

当 $i=1$ 时，得：

$$\begin{cases}x_1=r_1\cos\theta_1\\y_1=r_1\sin\theta_1\end{cases}$$

查表 2.39 得：$r_1=263.83$、$\theta_1=2.8122°$，代入上式，得：

$$\begin{cases}x_1=263.83\cos2.8122°=263.51\\y_1=263.83\sin2.8122°=12.94\end{cases}$$

……

将计算结果列于表 2.40 中。

表 2.40　例 2.17 圆锥上的开孔展开图曲线上的点 N_i（x_i，y_i）直角坐标值

点序号 i / 直角坐标	0	12	1	2	3	4	5	6	7	8	9	10	11
x_i	266.67	100	263.51	254.27	239.65	220.76	199.06	176.28	154.25	134.76	119.19	108.29	102.02
y_i	0		12.94	25.02	35.43	43.46	48.56	50.37	48.73	43.71	35.64	25.12	12.96

参照 2.16 节中竖直圆管展开图和圆锥上的开孔展开图的作图方法，将本例的表 2.38 中的点 $m_i'(x_i'、y_i')$、表 2.39 中的点 N_i（r_i，θ_i）及表 2.40 中的节点 N_i（x_i、y_i）分别描划在各自的平面坐标系中，再描点、连线，可得本例的水平圆管展开图及圆锥上的开孔展开图，如图 2.17c~f 所示。

2.18　水平圆管与圆锥侧旁相交的展开计算

图 2.18a 所示为水平圆管与圆锥侧旁相交的立体图。如图 2.18b 所示，直径为 d 的水平圆管中心轴线平行 ox 轴，且水平距离为 e；在圆锥顶点的偏下方，铅垂方向的高度差为 H；与圆锥侧旁相交，圆锥的高为 C，下底圆直径为 D，水平圆管中心轴线的截取长度为 a，求构件的水平圆管的展开图。

1. 预备数据

1）水平圆管与圆锥侧旁相交的接合线曲线上的点 m_i（x_i，y_i）直角坐标计算式为：

$$\begin{cases}x_i=\sqrt{\left(\dfrac{D}{2C}\right)^2\left[\dfrac{d}{2}\cos\left(\dfrac{360°}{i_{\max}}\cdot i\right)+H\right]^2-\left[\dfrac{d}{2}\sin\left(\dfrac{360°}{i_{\max}}\cdot i\right)+e\right]^2}\\y_i=\dfrac{d}{2}\sin\left(\dfrac{360°}{i_{\max}}\cdot i\right)+e\end{cases}\tag{2.57}$$

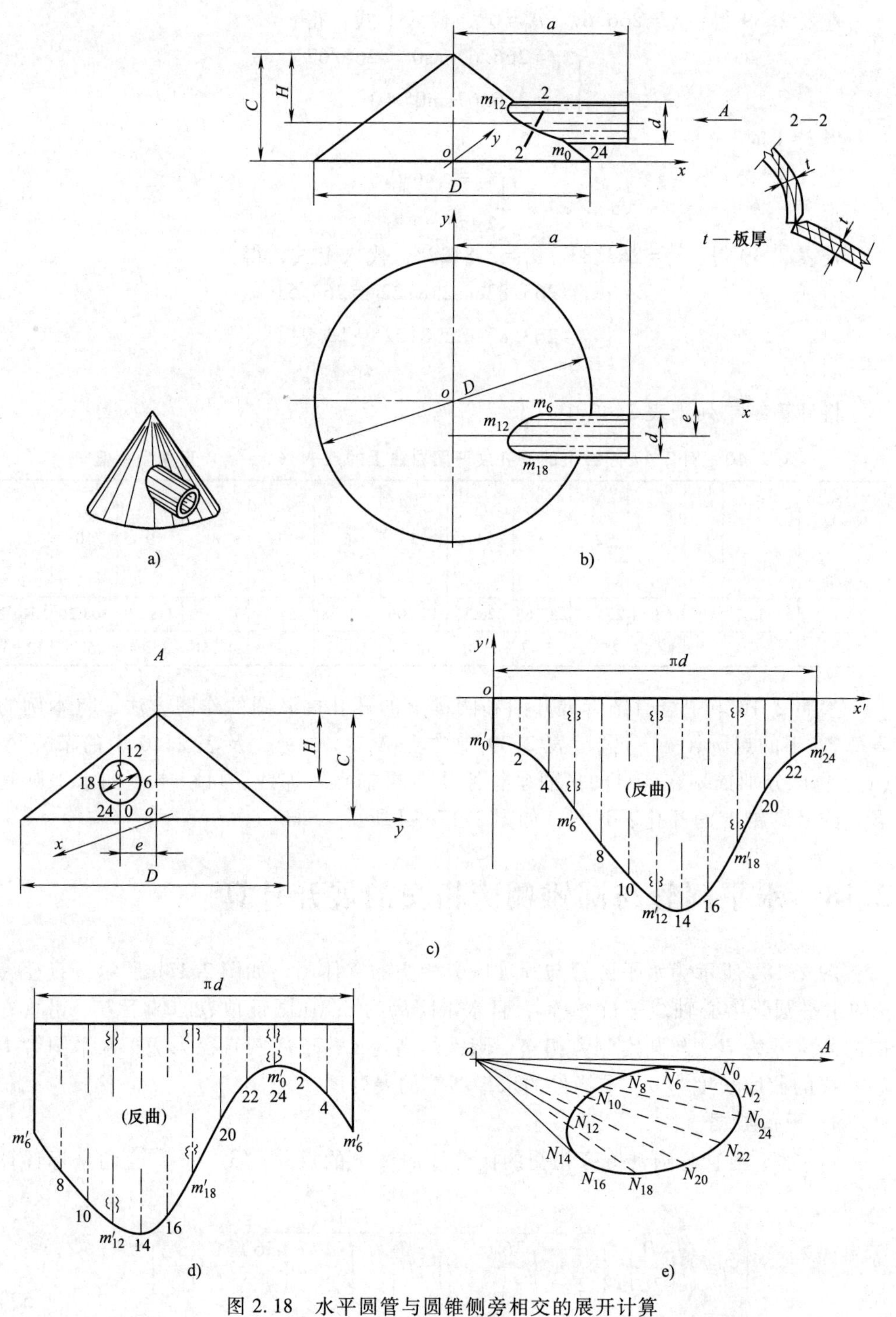

图 2.18　水平圆管与圆锥侧旁相交的展开计算

a）立体图　b）水平等径圆管与圆锥侧旁相交示意图　c）水平等径圆管的展开图

d）水平等径圆管展开图　e）圆锥的开孔展开图

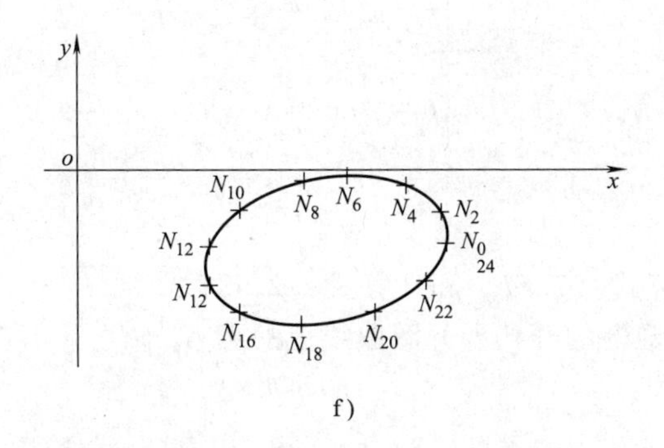

f)

图 2.18　水平圆管与圆锥侧旁相交的展开计算（续）

f）圆锥的开孔展开图

（取 $i=0$、1、2、…、i_{max}）

2）本节计算中使用的定数：

$$\mu=\sqrt{1+\left(\frac{2C}{D}\right)^2} \tag{2.58}$$

式中　d——水平圆管的板厚中心直径；

D——圆锥下底圆的板厚中心直径；

C——圆锥的板厚中心线所形成的圆锥的高（参阅 5.4 节圆锥板厚中心线所形成的圆锥的高）；

H——圆锥顶点到水平圆管中心轴线的铅垂高度；

e——水平圆管中心轴线偏离 ox 轴的水平距离（带正、负号）；

i——参变数，最大值 i_{max} 是圆管的直径圆周需要等分的份数，且应是数“4”的整数倍。

2. 水平圆管的展开计算

水平圆管的展开图曲线上的点 $m_i'(x_i',\ y_i')$ 直角坐标计算式为：

$$\begin{cases}x_i'=\dfrac{\pi d}{i_{max}}\cdot i\\ y_i'=x_i-a\end{cases} \tag{2.59}$$

（取 $i=0$、1、2、…、i_{max}）

式中　π——圆周率；

a——水平圆管中心轴线的截取长度；

x_i——见计算式（2.57）；

i——同前。

3. 圆锥上的开孔展开计算

1）方法一。圆锥上的开孔展开图曲线上的点 N_i（r_i，θ_i）极坐标计算式为：

$$\begin{cases} r_i = \mu\sqrt{x_i^2 + y_i^2} \\ \theta_i = \dfrac{1}{\mu}\arctan\dfrac{y_i}{x_i} \end{cases} \tag{2.60}$$

（取 $i=0$、1、2、…、i_{max}）

式中　i——同前；

x_i、y_i、μ——见计算式（2.57）和计算式（2.58）。

2）方法二。圆锥上的开孔展开图曲线上的点 N_i（x_i、y_i）直角坐标计算式为：

$$\begin{cases} x_i = r_i\cos\theta_i \\ y_i = r_i\sin\theta_i \end{cases} \tag{2.61}$$

（取 $i=0$、1、2、…、i_{max}）

式中　i——同前；

y_i、θ_i——见计算式（2.60）。

例 2.18　如图 2.18b 所示，水平圆管与圆锥侧旁相交，$d=100$，$D=480$，$C=180$，$H=120$，$e=-55$，$a=260$，取 $i_{max}=24$。求构件的水平圆管的展开图。

解：

（1）预备数据

将已知数代入计算式（2.57）与计算式（2.58）中，得本例的预备数据如下：

1）水平圆管与圆锥侧旁相交的接合线曲线上的点 m_i（x_i，y_i）直角坐标计算式为：

$$\begin{cases} x_i = \sqrt{\left(\dfrac{480}{2\times180}\right)^2\left[\dfrac{100}{2}\cos\left(\dfrac{360°}{24}\cdot i\right)+120\right]^2-\left[\dfrac{100}{2}\sin\left(\dfrac{360°}{24}\cdot i\right)+(-55)\right]^2} \\ y_i = \dfrac{100}{2}\sin\left(\dfrac{360°}{24}\cdot i\right)+(-55) \end{cases}$$

整理后得：

$$\begin{cases} x_i = \sqrt{1.\dot{7}[50\cos(15°\cdot i)+120]^2-[50\sin(15°\cdot i)-55]^2} \\ y_i = 50\sin(15°\cdot i)-55 \end{cases}$$

（取 $i=0$、1、2、…、24）

依次将 i 值代入上式计算：

当 $i=0$ 时，得：

$$\begin{cases} x_0 = \sqrt{1.\dot{7}[50\cos(15°\times0)+120]^2-[50\sin(15°\times0)-55]^2} = 219.89 \\ y_0 = 50\sin(15°\times0)-55 = -55 \end{cases}$$

当 $i=1$ 时，得：

$$\begin{cases} x_1 = \sqrt{1.\dot{7}[50\cos(15°\times1)+120]^2-[50\sin(15°\times1)-55]^2} = 220.42 \\ y_1 = 50\sin(15°\times1)-55 = -42.06 \end{cases}$$

……

将计算结果列于表 2.41 中。

2）本节计算中使用的定数为：

$$\mu=\sqrt{1+\left(\frac{2\times180}{480}\right)^{2}}=1.25$$

（2）水平圆管的展开计算

将已知数代入计算式（2.59）中，得本例的水平圆管展开图曲线上的点 m_i'（x_i'，y_i'）直角坐标计算式：

表 2.41　例 2.18 水平圆管与圆锥侧旁相交的接合线曲线上的点 m_i（x_i，y_i）直角坐标值

直角坐标 / 点序号 i	x_i	y_i	直角坐标 / 点序号 i	x_i	y_i	直角坐标 / 点序号 i	x_i	y_i
0 / 24	219.89	−55	4	192.98	−11.7	15	67.63	−90.36
			8	126.13		21	186.39	
12	75.41		5	177.13	−6.7	16	79.88	−98.30
1	220.42	−42.06	7	142.59		20	166.48	
11	85.86		6	159.92	−5	17	98.52	−103.30
2	215.66	−30	13	67.26	−67.94	19	144.05	
10	97.97		23	213.86		18	120.73	−105
3	206.21	−19.64	14	63.70	−80			
9	111.14		22	202.51				

$$\begin{cases}x_i'=\dfrac{100\pi}{24}\cdot i=13.09i\\y_i'=x_i-260\end{cases}$$

（取 i=0、1、2、…、24）

依次将 i 值代入上式计算：

当 $i=0$ 时，得：

$$\begin{cases}x_0'=13.09\times0=0\\y_0'=x_0-260\end{cases}$$

查表 2.41 得：$x_0=219.89$，代入上式，得：

$$y_0'=219.89-260=-40.11$$

当 $i=1$ 时，得：

$$\begin{cases}x_1'=13.09\times1=13.1\\y_1'=x_1-260\end{cases}$$

查表 2.41 得：$x_1=220.42$，代入上式，得：

$$y_1'=220.42-260=-39.58$$

……

将计算结果列于表 2.42 中。

（3）圆锥上的开孔展开计算

1）将已知数代入计算式（2.60）中，得本例的圆锥上的开孔展开图曲线上的点 N_i（r_i，θ_i）极坐标计算式：

表 2.42　例 2.18 水平圆管与圆锥侧旁相交的水平圆管展开图曲线上的点 $m_i'(x_i', y_i')$ 直角坐标值

直角坐标 / 点序号 i	x_i'	y_i'	直角坐标 / 点序号 i	x_i'	y_i'	直角坐标 / 点序号 i	x_i'	y_i'	直角坐标 / 点序号 i	x_i'	y_i'
0	0	-40.1	6	78.5	-100.8	12	157.1	-184.6	18	235.6	-139.3
24	314.2		7	91.6	-117.4	13	170.2	-192.7	19	248.7	-116.0
1	13.1	-39.6	8	104.7	-133.9	14	183.3	-196.3	20	261.8	-93.5
2	26.2	-44.3	9	117.8	-148.9	15	196.4	-192.4	21	274.9	-73.6
3	39.3	-53.8	10	130.9	-162.2	16	209.4	-180.1	22	288.0	-57.5
4	52.4	-67.0	11	144.0	-174.1	17	222.5	-161.5	23	301.1	-46.1
5	65.5	-82.9									

$$\begin{cases} r_i = 1.25\sqrt{x_i^2+y_i^2} \\ \theta_i = \dfrac{1}{1.25}\arctan\dfrac{y_i}{x_i} = 0.8\arctan\dfrac{y_i}{x_i} \end{cases}$$

（取 $i=0$、1、2、…、24）

依次将 i 值代入上式计算：

当 $i=0$ 时，得：

$$\begin{cases} r_0 = 1.25\sqrt{x_0^2+y_0^2} \\ \theta_0 = 0.8\arctan\dfrac{y_0}{x_0} \end{cases}$$

查表 2.41 得：$x_0=219.89$、$y_0=-55$，代入上式，得：

$$\begin{cases} r_0 = 1.25\sqrt{219.89^2+(-55)^2} = 283.33 \\ \theta_0 = 0.8\arctan\dfrac{-55}{219.89} = -11.2343° \end{cases}$$

当 $i=1$ 时，得：

$$\begin{cases} r_1 = 1.25\sqrt{x_1^2+y_1^2} \\ \theta_1 = 0.8\arctan\dfrac{y_1}{x_1} \end{cases}$$

查表 2.41 得：$x_1=220.42$、$y_1=-42.06$，代入上式，得：

$$\begin{cases} r_1 = 1.25\sqrt{220.42^2+(-42.06)^2} = 280.49 \\ \theta_1 = 0.8\arctan\dfrac{-42.06}{220.42} = -8.6424° \end{cases}$$

……

将计算结果列于表 2.43 中。

表 2.43　例 2.18 圆锥上的开孔展开图曲线上的点 N_i（r_i、θ_i）极坐标值

极坐标 / 点序号 i	r_i	$\theta_i/(°)$	极坐标 / 点序号 i	r_i	$\theta_i/(°)$	极坐标 / 点序号 i	r_i	$\theta_i/(°)$
0	283.33	-11.2343	4	241.67	-2.7753	8	158.33	-4.2394
24			20		-24.4488	16		-40.7212
1	280.49	-8.6424	5	221.57	-1.7339	9	141.07	-8.0193
23		-14.0994	19		-28.5157	15		-42.5499
2	272.17	-6.3356	6	200	-1.4326	10	127.83	-13.6472
22		-17.2452	18		-32.8116	14		-41.1760
3	258.93	-4.3536	7	178.43	-2.1534	11	119.51	-20.8793
21		-20.6895	17		-37.0847	13		-32.2298
						12	116.67	-28.8851

2）将已知数代入计算式（2.61）中，得本例的圆锥上的开孔展开图曲线上的点 N_i（x_i，y_i）直角坐标计算式：

$$\begin{cases}x_i = y_i\cos\theta_i\\ y_i = r_i\sin\theta_i\end{cases}$$

（取 i=0、1、2、…、24）

依次得 i 值代入上式计算：

当 i=0 时，得：

$$\begin{cases}x_0 = y_0\cos\theta_0\\ y_0 = r_0\sin\theta_0\end{cases}$$

查表 2.43 得：r_0=283.33、θ_0=-11.2343°，代入上式，得：

$$\begin{cases}x_0 = 283.33\cos(-11.2343°) = 277.90\\ y_0 = 283.33\sin(-11.2343°) = -55.20\end{cases}$$

当 i=1 时，得：

$$\begin{cases}x_1 = y_1\cos\theta_1\\ y_1 = r_1\sin\theta_1\end{cases}$$

查表 2.43 得：r_1=280.49、θ_1=-8.6423°，代入上式，得：

$$\begin{cases}x_1 = 280.49\cos(-8.6423°) = 277.31\\ y_1 = 280.49\sin(-8.6423°) = -42.15\end{cases}$$

……

将计算结果列于表 2.44 中。

参照 2.16 节中竖直圆管展开图和圆锥上的开孔展开图的作图方法，将本例的表 2.42 中的点 $m_i'(x_i'$、$y_i')$、表 2.43 中的点 N_i（r_i，θ_i）及表 2.44 中的点 N_i（x_i、

y_i）分别描划在各自的平面坐标系中，再描点、连线，可得本例的水平圆管展开图和图锥上的开孔展开图，如图 2.18c~f 所示。

表 2.44　例 2.18 圆锥上的开孔展开图曲线上的点 N_i（x_i、y_i）直角坐标值

点序号 i \ 直角坐标	x_i	y_i	点序号 i \ 直角坐标	x_i	y_i	点序号 i \ 直角坐标	x_i	y_i
0	277.90	-55.20	7	178.31	-6.70	15	103.93	-95.40
24	277.90	-55.20	8	157.90	-11.70	16	120	-103.29
1	277.31	-42.15	9	139.69	-19.68	17	142.34	-107.59
2	270.51	-30.03	10	124.22	-30.16	18	168.09	-108.38
3	258.18	-19.66	11	111.66	-42.59	19	194.69	-105.78
4	241.38	-11.70	12	102.15	-56.36	20	220	-100.02
5	221.47	-6.70	13	96.40	-70.63	21	242.23	-91.48
6	199.94	-5	14	96.22	-84.16	22	259.93	-80.69
						23	272.04	-68.33

2.19　倾斜圆管与圆锥正相交的展开计算

图 2.19a 所示为倾斜圆管与圆锥正交的立体图。如图 2.19b 所示，直径为 d 的倾斜圆管的中心轴线以倾角 β 与圆锥相交，在圆锥的斜边上得交点 E，点 E 到圆锥顶点 O 的垂直距离为 H，在 oy 轴向的水平距离为 G，圆锥的高为 P，下底圆直径为 D，倾斜圆管中心轴线的截取长度为 L，求构件倾斜圆管的展开图。

1. 预备数据

1）依题意得倾斜圆管在点 E 处的横截面圆周上的等分点 N_i（a_i，b_i，c_i）空间直角坐标计算式：

$$\left\{\begin{aligned} a_i &= \frac{d}{2}\sin\left(\frac{360°}{i_{\max}}\cdot i\right) \\ b_i &= G-\frac{d}{2}\sin\beta\cos\left(\frac{360°}{i_{\max}}\cdot i\right) \\ c_i &= \frac{d}{2}\cos\beta\cos\left(\frac{360°}{i_{\max}}\cdot i\right)-H \end{aligned}\right\} \tag{2.62}$$

（取 $i=0、1、2、\cdots、\frac{i_{\max}}{2}$）

式中　d——倾斜圆管的板厚中心直径；

β——倾斜圆管与圆锥下底面的夹角（°）；

G——点 E 到圆锥的垂直中心轴线的水平距离；

H——点 E 到圆锥顶点 o 之间的垂直距离（为计算方便，这里取正值）；

i——参变数，最大值 $i_{\max}$ 是圆管的直径圆周需要等分的份数，且应是数“4”的整数倍。

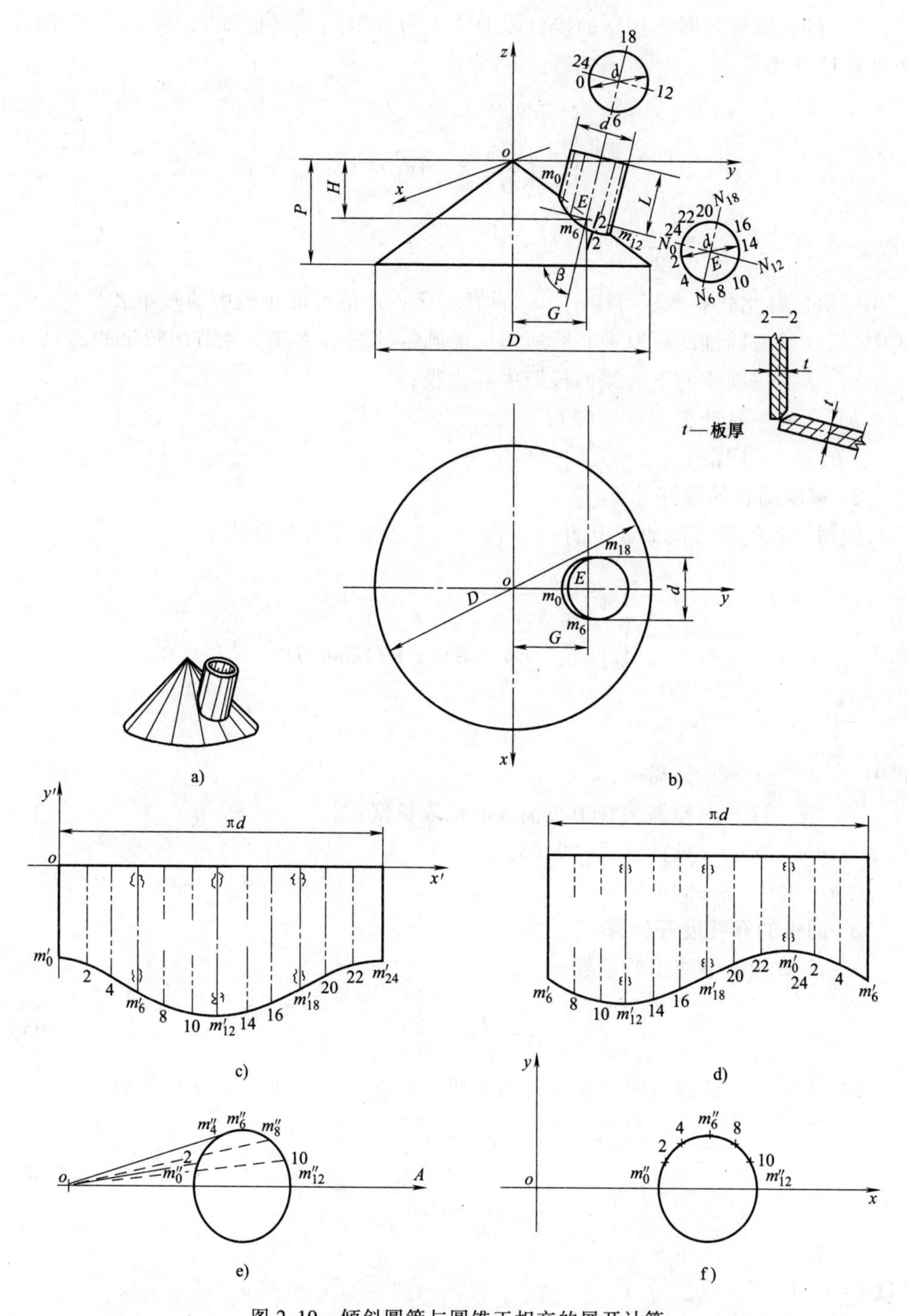

图 2.19　倾斜圆管与圆锥正相交的展开计算

a）立体图　b）倾斜等径圆管与圆锥正交示意图　c）倾斜等径圆管展开图
d）倾斜等径圆管展开图　e）圆锥的开孔展开图　f）圆锥的开孔展开图

2）倾斜圆管与圆锥相交的接合线曲线上的点 m_i ［a_i（已知），y_i，z_i］空间直角坐标计算式：

$$\begin{cases} z_i = \tan\beta(y_i - b_i) + c_i \\ z_i^2 - \left(\dfrac{2P}{D}\right)^2 (y_i^2 + a_i^2) = 0 \end{cases} \tag{2.63}$$

（取 $i=0$、1、2、…、$\dfrac{i_{max}}{2}$）

提示：解此联立方程可得 y_i、z_i 的值（注：y_i 值可取正值中的较小者）。

式中　P——圆锥的板厚中心线所形成的圆锥的高（参阅 5.4 节中圆锥的高）；

D——圆锥的下底圆的板厚中心直径；

a_i、b_i、c_i——见计算式（2.62）；

β、i——同前。

2. 倾斜圆管的展开计算

倾斜圆管的展开图曲线上的点 $m_i'(x_i'$、$y_i')$ 直角坐标计算式：

$$\begin{cases} x_i' = \dfrac{\pi d}{i_{max}} \cdot i \\ y_i' = (y_i - G)\cos\beta + (z_i + H)\sin\beta - L \end{cases} \tag{2.64}$$

（取 $i=0$、1、2、…、$\dfrac{i_{max}}{2}$）

式中　π——圆周率；

L——倾斜圆管中心轴线的截取长度；

y_i、z_i——见计算式（2.63）。

d、β、G、H、i——同前。

3. 圆锥的开孔展开计算

1）本节计算中使用的定数：

$$\mu = \sqrt{1 + \left(\frac{2P}{D}\right)^2} \tag{2.65}$$

2）方法一。圆锥上的开孔展开图曲线上的点 $m_i''(r_i$，$\theta_i)$ 极坐标计算式为：

$$\begin{cases} r_i = \mu\sqrt{a_i^2 + y_i^2} \\ \theta_i = \dfrac{1}{\mu}\arctan\dfrac{a_i}{y_i} \end{cases} \tag{2.66}$$

（取 $i=0$、1、2、…、$\dfrac{i_{max}}{2}$）

式中　a_i——见计算式（2.62）；

y_i——见计算式（2.63）；

i——同前。

3）方法二。圆锥上的开孔展开图曲线上的点 $m''_i(x''_i,\ y''_i)$ 直角坐标计算式为：

$$\begin{cases} x''_i = r_i\cos\theta_i \\ y''_i = r_i\sin\theta_i \end{cases} \tag{2.67}$$

（取 $i=0$、1、2、…、$\frac{i_{max}}{2}$）

式中　i——同前；

r_i、Q_i——见计算式（2.66）。

例 2.19　如图 2.19b 所示，倾斜圆管与圆锥相交，$d=100$，$\beta=80°$，$P=180$，$D=480$，$G=140$，$H=105$，$L=110$，取 $i_{max}=24$。求构件的倾斜圆管的展开图。

解：

（1）预备数据

1）将已知数代入计算式（2.62）中，得本例中倾斜圆管在点 E 处的横截面圆周上的等分点 N_i（a_i，b_i，c_i）空间直角坐标计算式：

$$\begin{cases} a_i = \frac{100}{2}\sin\left(\frac{360°}{24}\cdot i\right) = 50\sin(15°\cdot i) \\ b_i = 140-\frac{100}{2}\sin80°\cos\left(\frac{360°}{24}\cdot i\right) = 140-49.24039\cos(15°\cdot i) \\ c_i = \frac{100}{2}\cos80°\cos\left(\frac{360°}{24}\cdot i\right) - 105 = 8.68241\cos(15°\cdot i) - 105 \end{cases}$$

（取 $i=0$、1、2、…、12）

依次将 i 值代入上式计算：

当 $i=0$ 时，得：

$$\begin{cases} a_0 = 50\sin(15°\times0) = 0 \\ b_0 = 140-49.24039\cos(15°\times0) = 90.7596 \\ c_0 = 8.68241\cos(15°\times0) - 105 = -96.3176 \end{cases}$$

当 $i=1$ 时，得：

$$\begin{cases} a_1 = 50\sin(15°\times1) = 12.9410 \\ b_1 = 140-49.24039\cos(15°\times1) = 92.4374 \\ c_1 = 8.68241\cos(15°\times1) - 105 = -96.6134 \end{cases}$$

……

将计算结果列于表 2.45 中。

2）将已知数代入计算式（2.63）中，得本例中倾斜圆管与圆锥相交的接合线曲线上的点 m_i [a_i（已知），y_i，z_i] 空间直角坐标计算式：

$$\begin{cases} z_i = \tan 80°(y_i - b_i) + c_i \\ z_i^2 - \left(\dfrac{2\times180}{480}\right)^2 (y_i^2 + a_i^2) = 0 \end{cases}$$

表 2.45　例 2.19 倾斜圆管在点 E 处的横截面圆周上的等分点 N_i（a_i，b_i，c_i）空间直角坐标值

直角坐标 / 点序号 i	a_i	b_i	c_i	直角坐标 / 点序号 i	a_i	b_i	c_i
0	0	90.7596	−96.3176	7	48.2963	152.7444	−107.2472
1	12.9410	92.4374	−96.6134	8	43.3013	164.6202	−109.3412
2	25	97.3566	−97.4808	9	35.3553	174.8182	−111.1394
3	35.3553	105.1818	−98.8606	10	25	182.6434	−112.5192
4	43.3013	115.3798	−100.6588	11	12.9410	187.5626	−113.3866
5	48.2963	127.2556	−102.7528	12	0	189.2404	−113.6824
6	50	140	105				

整理后得：

$$\begin{cases} z_i = 5.67128(y_i - b_i) + c_i \\ z_i^2 - 0.75^2(y_i^2 + a_i^2) = 0 \end{cases}$$

（取 $i=0$、1、2、…、12）

依次将 i 值代入上式计算：

当 $i=0$ 时，得：

$$\begin{cases} z_0 = 5.67128(y_0 - b_0) + c_0 \\ z_0^2 - 0.75^2(y_0^2 + a_0^2) = 0 \end{cases}$$

查表 2.45 得：$a_0=0$、$b_0=90.7596$、$c_0=-96.3176$，代入上式，得：

$$\begin{cases} z_0 = 5.67128y_0 - 5.67128\times90.7596 + (-96.3176) \\ z_0^2 - 0.75^2y_0^2 - 0.75^2\times0^2 = 0 \end{cases}$$

整理后得：

$$\begin{cases} z_0 = 5.67128y_0 - 611.0409 & (2.68) \\ z_0^2 - 0.75^2y_0^2 = 0 & (2.69) \end{cases}$$

将式（2.69）化简得：$z_0^2 = 0.75^2y_0^2$，等式两边开平方，取 z_0 的负值。因为 z_0 是点 N_0 的立标，位于圆锥顶点 o 的下方，所以

$$z_0 = -0.75y_0 \tag{2.70}$$

将式（2.70）代入式（2.68），得：$-0.75y_0 = 5.67128y_0 - 611.0409$。等式两边移项，合并同类项，得：

$$(5.67128+0.75)y_0 = 611.0409$$

所以 $y_0 = 95.1587$，代入式（2.70），得：

$$z_0 = -0.75\times95.1587 = -71.3690$$

当 $i=1$ 时，得：

$$\begin{cases} y_0 = 95.1587 \\ z_0 = -71.3690 \end{cases}$$

$$\begin{cases} z_1 = 5.67128(y_1 - b_1) + c_1 \\ z_1^2 - 0.75^2(y_1^2 + a_1^2) = 0 \end{cases}$$

查表 2.45 得：$a_1 = 12.9410$、$b_1 = 92.4374$、$c_1 = -96.6134$，代入上式，得：

$$\begin{cases} z_1 = 5.67128(y_1 - 92.4374) + (-96.6134) \\ z_1^2 - 0.75^2(y_1^2 + 12.9410^2) = 0 \end{cases}$$

整理后得：

$$\begin{cases} z_1 = 5.67128y_1 - 620.8518 & (2.71) \\ z_1^2 - 0.5625y_1^2 - 94.2016 = 0 & (2.72) \end{cases}$$

将式（2.71）代入式（2.72），得：

$$(5.67128y_1 - 620.8518)^2 - 0.5625y_1^2 - 94.2016 = 0$$

应用两数差的平方公式，将上式展开，得：

$$5.67128^2y_1^2 - 2\times620.8518\times5.67128y_1 + 620.8518^2 - 0.5625y_1^2 - 94.2016 = 0$$

合并同类项、化简，得：

$$y_1^2 - 222.8432y_1 + 12194.6701 = 0$$

应用一元二次方程的求根公式：

$$y_1 = \frac{-b \pm \sqrt{b^2 - 4ac}}{2a}\text{(取正值中的较小值,舍去负值)}$$

式中　a——未知数二次项的系数（已化简为正数 1）；

b——未知数一次项的系数（带正、负号）；

c——方程中的常数项（带正、负号）。

本例的一元二次方程式 $y_1^2 - 222.8432y_1 + 12194.6701 = 0$ 中的系数为：$a = 1$、$b = -222.8432$、$c = 12194.6701$，代入求根公式中得：

$$y_1 = \frac{-(-222.8432 \pm \sqrt{(-222.8432)^2 - 4\times1\times12194.6701}}{2\times1} = \frac{222.8432 \pm 29.6717}{2}$$

$$= \begin{cases} 126.2575\text{(舍去)} \\ 96.5858 \end{cases}$$

将 $y_1 = 96.5858$ 代入式（2.71）得：

$$z_1 = 5.67128\times96.5858 - 620.8518 = -73.0867$$

得：$\begin{cases} y_1 = 96.5858 \\ z_1 = -73.0867 \end{cases}$

……

将计算结果列于表 2.46 中。

（2）倾斜圆管的展开计算

将已知数代入计算式（2.64）中，得本例的倾斜圆管展开图曲线上的点 m_i'（x_i'、y_i'）直角坐标计算式：

$$\begin{cases} x_i'=\dfrac{100\pi}{24}\cdot i=13.09i \\ y_i'=(y_i-140)\cos80°+(z_i+105)\sin80°-110=0.173648(y_i-140)+0.984808(z_i+105)-110 \end{cases}$$

表 2.46　例 2.19 倾斜圆管与圆锥相交的接合线曲线上的点 m_i［a_i（已知），y_i，z_i］空间直角坐标值

直角坐标 / 点序号 i	y_i	z_i	直角坐标 / 点序号 i	y_i	z_i
0	95.1587	-71.3690	7	150.7243	-118.7038
1	96.5858	-73.0867	8	161.7948	-125.3648
2	100.8097	-77.8973	9	171.2859	-131.1721
3	107.6314	-84.9682	10	178.6305	-135.2775
4	116.6710	-93.3361	11	183.2600	-137.7878
5	127.3606	-102.1573	12	184.8413	-138.6310
6	138.9816	-110.7756			

（取 $i=0$、1、2、…、12）

依次将 i 值代入上式计算：

当 $i=0$ 时，得：

$$\begin{cases} x_0'=13.09\times0=0 \\ y_0'=0.173648(y_0-140)+0.984808(z_0+105)-110 \end{cases}$$

查表 2.46 得：$y_0=95.1587$、$z_0=-71.3690$，代入上式，得：

$$\begin{cases} x_0'=0, \\ y_0'=0.173648(95.1587-140)+0.984808(-71.3690+105)-110=-84.7 \end{cases}$$

当 $i=1$ 时，得：

$$\begin{cases} x_1'=13.09\times1=13.1 \\ y_1'=0.173648(y_1-140)+0.984808(z_1+105)-110 \end{cases}$$

查表 2.46 得：$y_1=96.5858$、$z_1=-73.0867$，代入上式，得：

$$\begin{cases} x_1'=13.1 \\ y_1'=0.173648\times(96.5858-140)+0.984808\times(-71.0867+105)-110=-86.1 \end{cases}$$

……

将计算结果列于表 2.47 中。

表 2.47　例 2.19 倾斜圆管与圆锥相交的倾斜圆管展开图曲线上的点 m_i'(x_i'，y_i') 直角坐标值

直角坐标 / 点序号 i	x_i'	y_i'	直角坐标 / 点序号 i	x_i'	y_i'	直角坐标 / 点序号 i	x_i'	y_i'
0	0	-84.7	4	52.4	-102.7	8	104.7	-126.3
1	13.1	-86.1	5	65.5	-109.4	9	117.8	-130.3
2	26.2	-90.1	6	78.5	-115.9	10	130.9	-133.1
3	39.3	-95.9	7	91.6	-121.6	11	144.0	-134.8
						12	157.1	-135.3

(3) 圆锥的开孔展开计算

1) 将已知数代入计算式 (2.65)，得本例的计算中使用的定数：

$$\mu=\sqrt{1+\left(\frac{2\times180}{480}\right)^2}=1.25$$

将 $\mu=1.25$ 代入计算式 (2.66)，得圆锥上的开孔展开图曲线上的点 $m''_i(r_i,\theta_i)$ 极坐标计算式：

$$\begin{cases}r_i=1.25\sqrt{a_i^2+y_i^2}\\ \theta_i=\dfrac{1}{1.25}\arctan\dfrac{a_i}{y_i}=0.8\arctan\dfrac{a_i}{y_i}\end{cases}$$

(取 $i=0$、1、2、…、12)

依次将 i 值代入上式计算：

当 $i=0$ 时，得：

$$\begin{cases}r_0=1.25\sqrt{a_0^2+y_0^2}\\ \theta_0=0.8\arctan\dfrac{a_0}{y_0}\end{cases}$$

查表 2.45 与表 2.46，得：$a_0=0$、$y_0=95.1587$，代入上式，得：

$$\begin{cases}r_0=1.25\sqrt{0^2+95.1587^2}=118.95\\ \theta_0=0.8\arctan\dfrac{0}{95.1587}=0°\end{cases}$$

当 $i=1$ 时，得：

$$\begin{cases}r_1=1.25\sqrt{a_1^2+y_1^2}\\ \theta_1=0.8\arctan\dfrac{a_1}{y_1}\end{cases}$$

查表 2.44 与表 2.45，得：$a_1=12.9410$、$y_1=96.5858$，代入上式，得：

$$\begin{cases}r_1=1.25\sqrt{12.9410^2+96.5858^2}=121.81\\ \theta_1=0.8\arctan\dfrac{12.9410}{96.5858}=6.1050°\end{cases}$$

……

将计算结果列于表 2.48 中。

表 2.48　例 2.19 圆锥的开孔展开图曲线上的点 $m''_i(r_i、\theta_i)$ 极坐标值

极坐标 / 点序号 i	r_i	θ_i(°)	极坐标 / 点序号 i	r_i	θ_i(°)	极坐标 / 点序号 i	r_i	θ_i(°)	极坐标 / 点序号 i	r_i	θ_i(°)
0	118.95	0	2	129.83	11.1423	5	170.26	16.6137	8	209.36	11.9864
12	231.05		3	141.61	14.5477	6	184.63	15.8294	9	218.62	9.3302
1	121.81	6.1050	4	155.56	16.2895	7	197.84	14.2135	10	225.46	6.3736
									11	229.65	3.2312

3）将已知数代入计算式（2.67），得本例的圆锥上的开孔展开图曲线上的点 m''_i（x''_i，y''_i）直角坐标计算式：

$$\begin{cases} x''_i = y_i\cos\theta_i \\ y''_i = r_i\sin\theta_i \end{cases}$$

（取 $i=0$、1、2、…、12）

依次将 i 值代入上式计算：

当 $i=0$ 时，得：

$$\begin{cases} x''_0 = y_0\cos\theta_0 \\ y''_0 = r_0\sin\theta_0 \end{cases}$$

查表 2.48，得：$r_0 = 118.95$、$\theta_0 = 0°$，代入上式，得：

$$\begin{cases} x''_0 = 118.95\cos0° = 118.95 \\ y''_0 = 118.95\sin0° = 0 \end{cases}$$

当 $i=1$ 时，得：

$$\begin{cases} x''_1 = y_1\cos\theta_1 \\ y''_1 = r_1\sin\theta_1 \end{cases}$$

查表 2.48，得：$r_1 = 121.81$、$\theta_1 = 6.1050°$，代入上式，得：

$$\begin{cases} x''_1 = 121.81\cos6.1050° = 121.12 \\ y''_1 = 121.81\sin6.1050° = 12.95 \end{cases}$$

……

将计算结果列于表 2.49 中。

表 2.49　例 2.19 圆锥的开孔展开图曲线上的点 m''_i(x''_i、y''_i) 直角坐标值

点序号 i \ 直角坐标	x''_i	y''_i	点序号 i \ 直角坐标	x''_i	y''_i	点序号 i \ 直角坐标	x''_i	y''_i
0	118.95	0	3	137.07	35.57	7	191.78	48.58
12	231.05		4	149.31	43.63	8	204.80	43.48
1	121.12	12.95	5	163.16	48.68	9	215.73	35.44
2	127.38	25.09	6	177.63	50.36	10	224.07	25.03
						11	229.28	12.94

参照 2.16 节中竖直圆管展开图和圆锥上的开孔展开图的作图方法，将本例的表 2.46 中的点 m'_i(x'_i、y'_i)、表 2.47 中的点 m''_i(r_i，θ_i) 及表 2.48 中的点 m''_i(x''_i、y''_i) 分别描划在各自的平面坐标系中，再描点、连线，可得本例的倾斜圆管展开图和圆锥上的开孔展开图，如图 2.19c～f 所示。

2.20　热风围管及其等径三通圆管的展开计算

图 2.20a 所示为热风围管及其等径三通圆管的立体图。如图 2.20b 所示，热风围

管及其等径三通圆管如图示相交。围管的圆周等分 N 节，各节圆管的中心轴线的共内切圆的直径为 D，圆管的板厚中心直径为 d，求围管及其等径三通圆管的展开图。

1）热风围管的等径三通圆管的展开图曲线上的点 m_i（x_i，y_i）直角坐标计算式为：

$$\begin{cases} x_i = \dfrac{\pi d}{i_{max}} \cdot i \\ y_i = \dfrac{d}{2}\tan\left(45° - \dfrac{90°}{N}\right)\left|\cos\left(\dfrac{360°}{i_{max}} \cdot i\right)\right| - L \end{cases} \tag{2.73}$$

（取 $i=0$、1、2、…、i_{max}）

式中　π——圆周率；

d——热风围管及其等径三通圆管的板厚中心直径；

N——热风围管的全圆周等分的节数；

L——等径三通圆管的截取长度；

i——参变数，最大值 i_{max} 是圆管的直径圆周需要等分的份数，且应是数“4”的整数倍。

2）热风围管的单节展开图的上侧曲线上的点 w_i（x_i，y_i）直角坐标计算式为：

$$\begin{cases} x_i = \dfrac{\pi d}{i_{max}} \cdot i \\ y_i = \dfrac{1}{2}\tan\dfrac{180°}{N}\left[D + d\sin\left(\dfrac{360°}{i_{max}} \cdot i\right)\right] \end{cases} \tag{2.74}$$

（取 $i=0$、1、2、…、i_{max}）

式中　D——热风围管的各节圆管的中心轴线的共内切圆的直径；

π、d、N、i——同前。

3）热风围管的等径三通圆管的开孔展开图（半侧）曲线上的点 N_i（x_i，y_i）直角坐标计算式为：

$$\begin{cases} x_i = \dfrac{\pi d}{i_{max}} \cdot i \\ y_i = \dfrac{d}{2}\tan\left(45° - \dfrac{90°}{N}\right)\sin\left(\dfrac{360°}{i_{max}} \cdot i\right) \end{cases} \tag{2.75}$$

（取 $i=0$、1、2、…、$\dfrac{i_{max}}{2}$）

式中　π、d、N、i——同前。

例 2.20　图 2.20b 所示为某炼铁高炉的热风围管及其等径三通圆管示意图，$d=2100$，$D=18000$，$N=24$（节），$L=3000$，取 $i_{max}=64$。求围管的单节及其等径三通圆管的展开图。

解：1）将已知数代入计算式（2.73）中，得本例热风围管的等径三通圆管的展开图曲线上的点 m_i（x_i，y_i）直角坐标计算式：

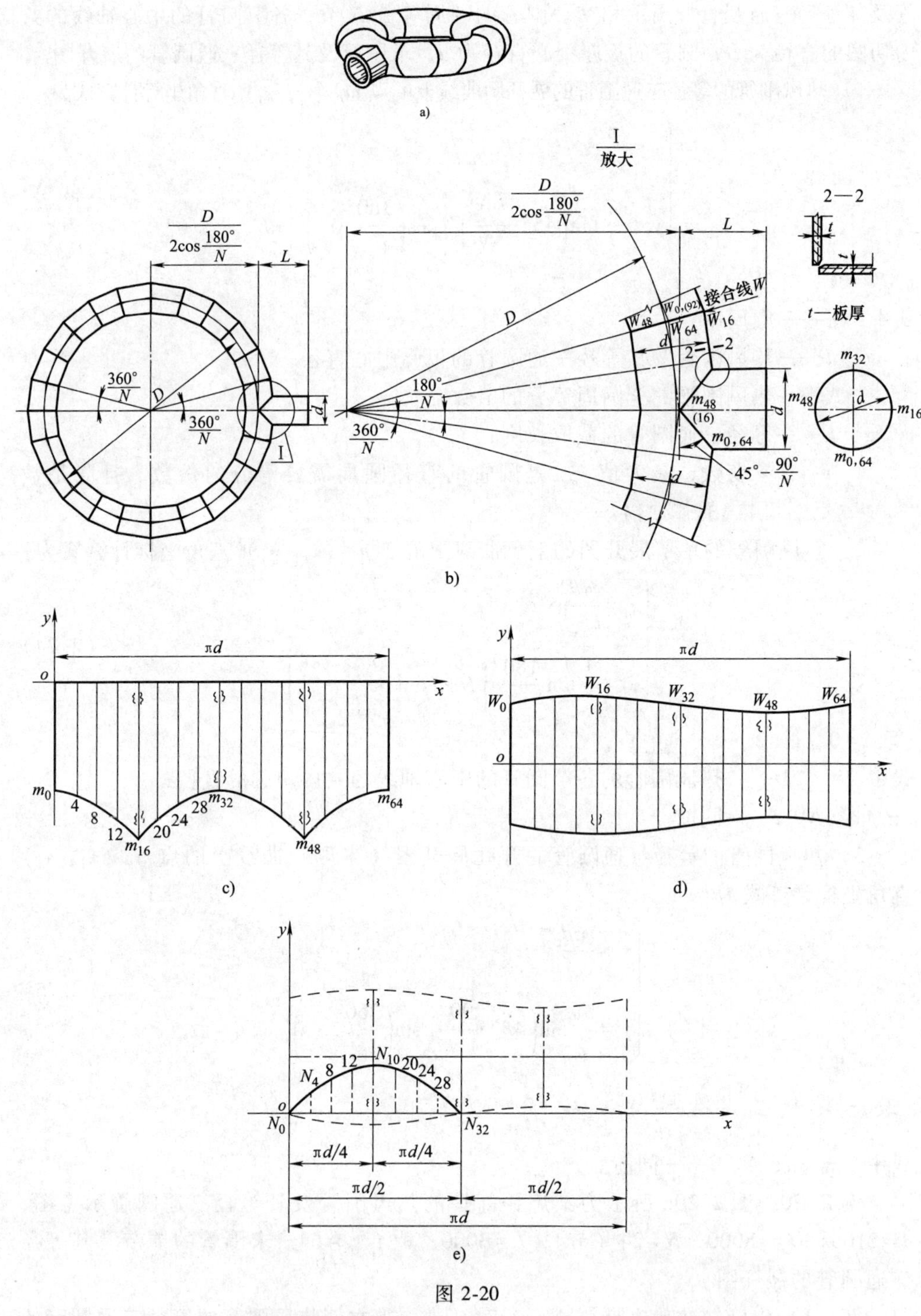

图 2-20

a）立体图　b）某炼铁高炉热风围管及其等径三通圆管示意图　c）围管的等径三通圆管展开图

d）围管的单节展开图　e）围管的单节上的开孔展开图（一半）

$$\begin{cases} x_i = \dfrac{2100\pi}{64} \cdot i = 103.0835i \\ y_i = \dfrac{2100}{2}\tan\left(45° - \dfrac{90°}{24}\right)\left|\cos\left(\dfrac{360°}{64} \cdot i\right)\right| - 3000 = 920.8252861\left|\cos(5.625° \cdot i)\right| - 3000 \end{cases}$$

（取 $i=0$、1、2、…、64）

依次将 i 值代入上式计算：

当 $i=0$ 时，得：

$$\begin{cases} x_0 = 103.0835 \times 0 = 0 \\ y_0 = 920.8252861\left|\cos(5.625° \times 0)\right| - 3000 = -2079.2 \end{cases}$$

当 $i=1$ 时，得：

$$\begin{cases} x_1 = 103.0835 \times 1 = 103.1 \\ y_1 = 920.8252861\left|\cos(5.625° \times 1)\right| - 3000 = -2083.6 \end{cases}$$

……

将计算结果列于表 2.50 中。

表 2.50　例 2.20 热风围管的等径三通圆管展开图曲线上的点 m_i（x_i，y_i）直角坐标值

直角坐标 / 点序号 i	x_i	y_i	直角坐标 / 点序号 i	x_i	y_i	直角坐标 / 点序号 i	x_i	y_i
0	0	-2079.2	6	618.5	-2234.4	11	1133.9	-2565.9
32	3298.7		26	2680.2		21	2164.8	
64	6597.3		38	3917.2		43	4432.6	
1	103.1	-2083.6	58	5978.8		53	5463.4	
31	3195.6		7	721.6	-2288.2	12	1237.0	-2647.6
33	3401.8		25	2577.1		20	2061.7	
63	6494.3		39	4020.3		44	4535.7	
2	206.2	-2096.9	57	5875.8		52	5360.3	
30	3092.5		8	824.7	-2348.9	13	1340.1	-2732.7
34	3504.8		24	2474.0		19	1958.6	
62	6391.2		40	4123.3		45	4638.8	
3	309.3	-2118.8	56	5772.7		51	5257.3	
29	2989.4		9	927.8	-2415.8	14	1443.2	-2820.4
35	3607.9		23	2370.9		18	1855.5	
61	6288.1		41	4226.4		46	4741.8	
4	412.3	-2149.3	55	5669.6		50	5154.2	
28	2886.3		10	1030.8	-2488.4	15	1546.3	-2909.7
36	3711.0		22	2267.8		17	1752.4	
60	6185.0		42	4329.5		47	4844.9	
5	515.4	-2187.9	54	5566.5		49	5051.1	
27	2783.3					16	1649.3	-3000
37	3814.1					48	4948.0	
59	6081.9							

2）将已知数代入计算式（2.74）中，得本例热风围管的单节展开图上侧曲线

上的点 W_i（x_i，y_i）直角坐标计算式：

$$\begin{cases} x_i = \dfrac{2100\pi}{64} \cdot i = 103.0835i \\ y_i = \dfrac{1}{2}\tan\dfrac{180°}{24}\left[18000 + 2100\sin\left(\dfrac{360°}{64} \cdot i\right)\right] = 0.065826248[18000 + 2100\sin(5.625° \cdot i)] \end{cases}$$

（取 $i=0$、1、2、…、64）

依次将 i 值代入上式计算：

当 $i=0$ 时，得：

$$\begin{cases} x_0 = 103.0835 \times 0 = 0 \\ y_0 = 0.065826248[18000 + 2100\sin(5.625° \times 0)] = 1184.9 \end{cases}$$

当 $i=1$ 时，得：

$$\begin{cases} x_1 = 103.0835 \times 1 = 103.1 \\ y_1 = 0.065826248[18000 + 2100\sin(5.625° \times 1)] = 1198.4 \end{cases}$$

……

将计算结果列于表 2.51 中。

表 2.51　例 2.20 热风围管的单节展开图上侧曲线上的点 W_i（x_i，y_i）直角坐标值

点序号 i \ 直角坐标	x_i	y_i	点序号 i \ 直角坐标	x_i	y_i	点序号 i \ 直角坐标	x_i	y_i
0	0	1184.9	10	1030.8	1299.8	37	3814.1	1119.7
32	3298.7		22	2267.8		59	6081.9	
64	6597.3		11	1133.9	1306.8	38	3917.2	1108.1
1	103.1	1198.4	21	2164.8		58	5978.8	
31	3195.6		12	1237.0	1312.6	39	4020.3	1097.2
2	206.2	1211.7	20	2061.7		57	5875.5	
30	3092.5		13	1340.1	1317.2	40	4123.3	1087.1
3	309.3	1225.0	19	1958.6		56	5772.7	
29	2989.4		14	1443.2	1320.5	41	4226.4	1078.0
4	412.3	1237.8	18	1855.5		55	5669.6	
28	2886.3		15	1546.3	1322.4	42	4329.5	1069.9
5	515.4	1250.0	17	1752.4		54	5566.5	
27	2783.3		16	1649.3	1323.1	43	4432.6	1063.0
6	618.5	1261.7	33	3401.8	1171.3	53	5463.4	
26	2680.2		63	6494.3		44	4535.7	1057.2
7	721.6	1272.6	34	3504.8	1157.9	52	5360.3	
25	2577.1		62	6391.2		45	4638.8	1052.6
8	824.7	1282.6	35	3607.9	1144.7	51	5257.3	
24	2474.0		61	6288.1		46	4741.8	1049.3
9	927.8	1291.7	36	3711.0	1132.0	50	5154.2	
23	2370.9		60	6185.0		47	4844.9	1047.3
						49	5051.1	
						48	4948.0	1046.6

3）将已知数代入计算式（2.75）中，得本例热风围管的等径三通圆管所相交的围管的单节上的开孔展开图半侧曲线上的点 N_i（x_i，y_i）直角坐标计算式：

$$\begin{cases} x_i = \dfrac{2100\pi}{64} \cdot i = 103.0835i \\ y_i = \dfrac{2100}{2}\tan\left(45° - \dfrac{90°}{24}\right)\sin\left(\dfrac{360°}{64} \cdot i\right) = 920.8252861\sin(5.625° \cdot i) \end{cases}$$

（取 $i=0$、1、2、…、32）

依次将 i 值代入上式计算：

当 $i=0$ 时，得：

$$\begin{cases} x_0 = 103.0835 \times 0 = 0 \\ y_0 = 920.8252861\sin(5.625° \times 0) = 0 \end{cases}$$

当 $i=1$ 时，得：

$$\begin{cases} x_1 = 103.0835 \times 1 = 103.08 \\ y_1 = 920.8252861\sin(5.625° \times 1) = 90.26 \end{cases}$$

……

将计算结果列于表 2.52 中。

表 2.52　例 2.20 热风围管的等径三通圆管相交的围管单节上的开孔展开图半侧曲线上的点 N_i（x_i，y_i）直角坐标值

直角坐标 / 点序号 i	x_i	y_i	直角坐标 / 点序号 i	x_i	y_i	直角坐标 / 点序号 i	x_i	y_i
0	0	0	6	618.50	511.58	12	1237.00	850.73
32	3298.67		26	2680.17		20	2061.67	
1	103.08	90.26	7	721.58	584.17	13	1340.09	881.17
31	3195.59		25	2577.09		19	1958.59	
2	206.17	179.64	8	824.67	651.12	14	1443.17	903.13
30	3092.51		24	2474.00		18	1855.50	
3	309.25	267.30	9	927.75	711.81	15	1546.25	916.39
29	2989.42		23	2370.92		17	1752.42	
4	412.33	352.38	10	1030.84	765.64	16	1649.34	920.83
28	2886.34		22	2267.84				
5	515.42	434.07	11	1133.92	812.10			
27	2783.52		21	2164.75				

在平面直角坐标系 oxy 中，将表 2.50 中的点 m_i（x_i，y_i）依序描出，得系列点 m_0、m_1、m_2、…、m_{64}，可分为三个段组；用曲线连接各组段中的相应点，得一规律曲线，与有关线段组成本例的等径三通圆管的展开图，如图 2.20c 所示。

在平面直角坐标系 oxy 中，将表 2.51 中的点 W_i（x_i，y_i）依序描出，得系列点 W_0、W_1、W_2、…、W_{64}，用曲线连接这组系列点，得一规律曲线；由于图形具有轴对称的性质，在 ox 轴的下方，作出上面的曲线的对称曲线图形，这两支互为对称的曲线与有关线段组成本例的热风围管的单节展开图，如图 2. 20d 所示。

在平面直角坐标系 oxy 中，将表 2. 52 中的点 N_i（x_i，y_i）依序描出，得系列点 N_0、N_1、N_2、…、N_{32}；用曲线连接这组系列点，得一规律曲线，即本例中在围管的单节上的开孔展开图，如图 2. 20e 所示。

注：围管单节上的开孔展开图曲线上的 N_0、N_{32} 两点，要与围管单节展开图曲线上的 W_0、W_{32} 两点分别重合，并且曲线凸向内侧，才可得到开孔展开图的位置分布，如图 2. 20e 所示。

2. 21 等径圆管扭转双弯头的展开计算

图 2. 21a 所示为等径圆管扭转双弯头的立体图。如图 2. 21b 所示，两等直径 d 的圆管道互相垂直，但不相交，上部圆管道垂直于 oyz 坐标平面，轴线交 oz 轴于点 W（端点），线段 $\overline{oW}=H$；下部圆管道垂直于 oxy 坐标平面。其顶端点 T 在 oxy 坐标平面上，点 T 到 oy 轴的距离为 E，到 ox 轴的距离 F。现设计：在上部圆管道的过端点 W 的延长线上取线段 $\overline{WG}=L_1$，在下部圆管道的端点 T 向上的延长线上截取线段 $\overline{TQ}=L_2$，连接两点 G、Q，得空间折线 $WGQT$，并以此折线为扭转双弯头的中心轴线. 求该扭转双弯头的共同连接节的展开图。

这种空间扭转双弯头的单个弯头各自在一个平面上，当两弯头于端节对接后，两弯头的平面不是共平面的，那么就形成了扭转双弯头。这两个平面的夹角就是扭转角，扭转角是在一个共同连接节实现的。

1. 预备数据

1）依题意得空间折线 $WGQT$ 的端点、转折点的直角坐标及线段 GQ 长的计算式：

$$W(0,0,H)、G(L_1,0,H)$$

$$Q(E,F,L_2)、T(E,F,0)$$

$$\overline{GQ}=\sqrt{(L_1-E)^2+F^2+(H-L_2)^2}$$

2）扭转双弯头的上部 1 号弯头所在平面 WGQ 中，1 号弯头的转角 β_1 及其弯曲半径 R_1 的计算式：

在△WGQ 中：$\overline{WQ}=\sqrt{E^2+F^2+(H-L_2)^2}$

由余弦定理得：

$$\cos\angle WGQ=\frac{L_1^2+\overline{GQ}^2-\overline{WQ}^2}{2L_1|GQ|}$$

所以

$$\angle WGQ=\arccos(\cos\angle WGQ)$$

1 号弯头的转角为：

$$\beta_1=180°-\angle WGQ,$$

对于∠WGQ 的两邻边线段比较，L_1 及 $0.5\,\overline{GQ}$后，取较小值者，代入下式得 1 号弯头的弯曲半径

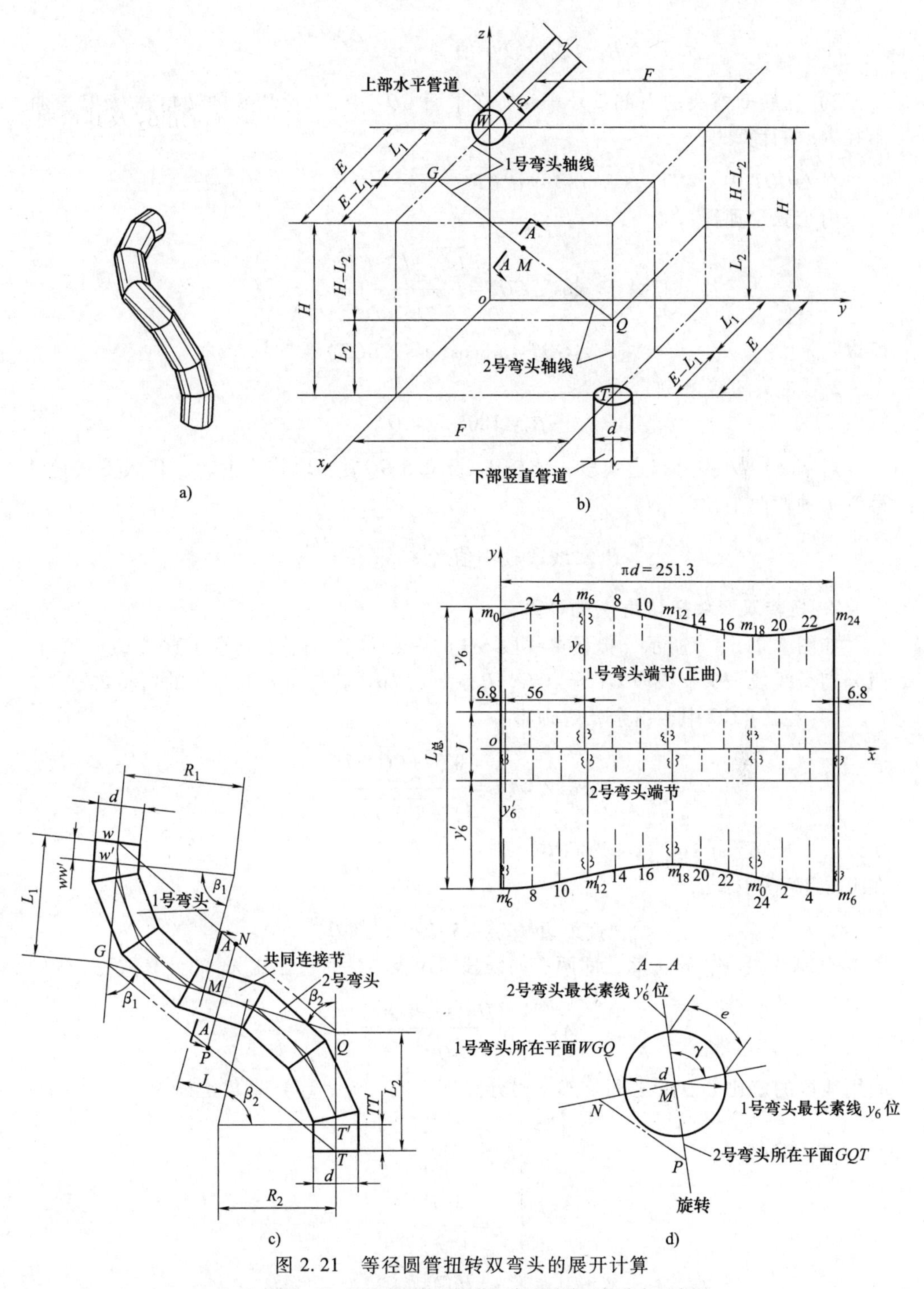

图 2.21　等径圆管扭转双弯头的展开计算

a）立体图　b）扭转多节等径圆管双弯头轴线空间分布示意图

c）例 2.21 扭转双弯头 1、2 号弯头分解示意　d）扭转双弯头的共同连接节展开图

$$R_1 \leqslant \text{线段较小值者} \cdot \tan \frac{\angle WGQ}{2}$$

3）扭转双弯头的下部 2 号弯头所在平面 GQT 中，2 号弯头的转角 β_2 及其弯曲半径 R_2 的计算式：

在 $\triangle GQT$ 中：$\overline{GT}=\sqrt{(E-L_1)^2+H^2+F^2}$

由余弦定理得：

$$\cos\angle GQT=\frac{\overline{GQ}^2+L_2^2-\overline{GT}^2}{2L_2\,\overline{GQ}}$$

所以 $$\angle GQT=\arccos(\cos\angle GQT)$$

2 号弯头的转角为

$$\beta_2=180°-\angle GQT$$

对于 $\angle GQT$ 的两邻边线段，比较 L_2 及 $0.5\,\overline{GQ}$后，取较小值者，代入下式得 2 号弯头的弯曲半径

$$R_2 \leqslant \text{线段较小值者} \cdot \tan \frac{\angle GQT}{2}$$

2. 扭转双弯头扭转角 γ 的计算

如图 2.21b、c 所示，拟设过线段 GQ 的中点 M 作一平面垂直于直线 GQ，该平面分别交线段 WQ 及线段 GT 于点 N、P，则 $\angle NMP$ 就是扭转双弯头的扭转角 γ。

1）在 $\triangle WGQ$ 中，由余弦定理得：

$$\cos\angle WQG=\frac{\overline{WQ}^2+\overline{GQ}^2-L_1^2}{2\,\overline{WQ}\,\overline{GQ}}$$

所以 $\angle WQG=\arccos\ (\cos\angle WQG)$

在 Rt$\triangle MNQ$ 中：

$$\text{直角边}\overline{MN}=0.5\,\overline{GQ}\tan\angle WQG$$

点 N 分割线段 WQ 的比值，即两有向线段 WN 及 NQ 的长之比 λ_1 的计算式为：

$$\lambda_1=\frac{2\,\overline{WQ}\cos\angle WQG}{\overline{GQ}}-1$$

应用线段的定比分点的坐标公式，得分点 N（x_N，y_N，z_N）直角坐标为：

$$\begin{cases} x_N=\dfrac{\lambda_1 E}{1+\lambda_1} \\ y_N=\dfrac{\lambda_1 F}{1+\lambda_1} \\ z_N=\dfrac{H+\lambda_1 L_2}{1+\lambda_1} \end{cases}$$

2）在△GQT 中，由余弦定理得：

$$\cos\angle QGT=\frac{\overline{GQ}^2+\overline{GT}^2-L_2^2}{2\ \overline{GQ}\ \overline{GT}}$$

所以
$$\angle QGT=\arccos(\cos\angle QGT)$$

在 Rt△MPG 中：

$$\text{直角边长}\overline{MP}=0.5\ \overline{GQ}\tan\angle QGT$$

点 P 分割线段 GT 的比值，即两有向线段 GP 及 PT 的长之比 λ_2 的计算式为：

$$\lambda_2=\frac{\overline{GQ}}{2\ \overline{GT}\cos\angle QGT-\overline{GQ}}$$

应用线段的定比分点的坐标公式，得分点 P（x_P，y_P，z_P）直角坐标为：

$$\begin{cases}x_P=\dfrac{L_1+\lambda_2 E}{1+\lambda_2}\\ y_P=\dfrac{\lambda_2 F}{1+\lambda_2}\\ z_P=\dfrac{H}{1+\lambda_2}\end{cases}$$

3）如图 2.21b、c 所示，在△MNP 中，扭转双弯头的扭转角 γ，即∠NMP 的计算式为：

$$\overline{NP}=\sqrt{(x_N-x_P)^2+(y_N-y_P)^2+(z_N-z_P)^2}$$

由余弦定理得：

$$\cos\angle NMP=\frac{\overline{MN}^2+\overline{MP}^2-\overline{NP}^2}{2\ \overline{MN}\ \overline{MP}}$$

所以
$$\gamma=\angle NMP=\arccos(\cos\angle NMP)$$

扭转角 γ 在圆管的直径圆周上截取的圆弧长为：

$$e=\frac{\pi d\gamma}{360°}$$

式中　π——圆周率。

3. 双弯头的上、下端节之外的直管段及共同连接节展开图的有关数据

1）1 号弯头的上端点 W' 至上部圆管道的端点 W 的线段 WW' 长的计算式为：

$$\overline{WW'}=L_1-R_1\tan\frac{\beta_1}{2}$$

2 号弯头的下端点 T' 至下部圆管道的端点 T 的线段 TT' 长的计算式为：

$$\overline{TT'}=L_2-R_2\tan\frac{\beta_2}{2}$$

2）双弯头的共同连接节中所存在的两弯头的两端节之间的直圆管段长 J 的计算式为：

$$J=\overline{GQ}-R_1\tan\frac{\beta_1}{2}-R_2\tan\frac{\beta_2}{2}$$

3）两弯头的共同连接节的总长 $L_{总}$ 的计算式为：

$$L_{总}=y_{i(最长者)}+J+y'_{i(最长者)}$$

式中　$y_{i(最长者)}$——1 号弯头端节展开图中纵向素线 y_i 的最长者（参照 2.2 节中弯头展开图的展开计算）；

$y'_{i(最长者)}$——2 号弯头端节展开图中纵向素线 y'_i 的最长者（参照 2.2 节中弯头展开图的展开计算）。

例 2.21　如图 2.21b 所示，两等直径的圆管道互相垂直，但不相交，圆管的板厚中心直径 $d=80$，$E=450$，$F=600$，$H=500$，$L_1=210$，$L_2=190$。空间折线 $WGQT$ 为扭转双弯头的中心轴线，上部 1 号弯头及下部 2 号弯头各由 4 节组成，取 $i_{max}=24$。求该等径圆管扭转双弯头的共同连接节的展开图。

解：

（1）预备数据

1）本例的空间折线 $WGQT$ 的端点、拐点及线段 GQ 长：

W（0，0，500）、G（210，0，500）、Q（450，600，190）、T（450，600，0）

$\overline{GQ}=\sqrt{(450-210)^2+600^2+(500-190)^2}=716.7286795$

2）本例的扭转双弯头的上部 1 号弯头的转角 β_1 及其弯曲半径 R_1。

在△WGQ 中：

$$\overline{WQ}=\sqrt{450^2+600^2+(500-190)^2}=811.5417426$$

由余弦定理得：

$$\cos\angle WGQ=\frac{210^2+716.7286795^2-811.5417426^2}{2\times210\times716.7286795}=-0.334854746$$

所以　　$\angle WGQ=\arccos(-0.334854746)=109.5637054°$

1 号弯头的转角为

$$\beta_1=180°-109.5637054°=70.4362946°$$

对于角∠WGQ 的两邻边线段：$L_1=210$，$0.5\,\overline{GQ}=0.5\times716.7=358.4$，比较后，取较小值线段 $L_1=210$，代入计算式得 1 号弯头的弯曲半径为：

$$R_1\leqslant210\tan\frac{109.5637054°}{2}=297.49$$

这里取 1 号弯头的弯曲半径 $R_1=260$。

3）本例的扭转双弯头的转角 β_2 及其弯曲半径 R_2。

在△GQT 中：

$$\overline{GT}=\sqrt{(450-210)^2+600^2+500^2}=817.0679286$$

由余弦定理得：

$$\cos\angle GQT=\frac{716.7286795^2+190^2-817.0679286^2}{2\times716.7286795\times190}=-0.432520713$$

所以

$$\angle GQT=\arccos(-0.432520713)=115.6276377°$$

2 号弯头的转角为

$$\beta_2=180°-115.6276377°=64.37236235°$$

对于角$\angle GQT$的两邻边线段：$L_2=190$，$0.5\ \overline{GQ}=358.4$，比较后，取较小值线段$L_2=190$，代入下式，得 2 号弯头的弯曲半径：

$$R_2\leqslant190\tan\frac{115.6276377°}{2}=301.876$$

这里取 2 号弯头的弯曲半径 $R_2=260$。

（2）关于本例的扭转双弯头的扭转角 γ 的计算

1）本例的$\triangle WGQ$中，由余弦定理得：

$$\cos\angle WQG=\frac{811.5417426^2+716.7286795^2-210^2}{2\times811.5417426\times716.7286795}=0.969818476$$

所以

$$\angle WQG=\arccos0.969818476=14.11258635°$$

在 Rt$\triangle MNQ$ 中

$$\overline{MN}=0.5\times716.7286795\tan14.11258635°=90.09859492$$

点 N 分割线段 WQ 的比值，即两有向线段$\overline{WN}$及$\overline{NQ}$之比 λ_1 为：

$$\lambda_1=\frac{2\times811.5417426\cos14.11258635°}{716.7286795}-1=1.196223477$$

应用线段的定比分点的坐标公式，得分点 N（x_N，y_N，z_N）直角坐标为：

$$\begin{cases}x_N=\dfrac{450\times1.196223477}{1+1.196223477}=245.1028187\\ y_N=\dfrac{1.96223477\times600}{1+1.196223477}=326.8037582\\ z_N=\dfrac{500+1.196223477\times190}{1+1.196223477}=331.1513916\end{cases}$$

2）本例的$\triangle GQT$中，由余弦定理得：

$$\cos\angle QGT=\frac{716.7286795^2+817.0679286^2-190^2}{2\times716.7286795\times817.0679286}=0.977773802$$

所以

$$\angle QGT = \arccos 0.977773802 = 12.10257855°$$

在 Rt$\triangle MPG$ 中：

$$\overline{MP} = 0.5 \times 716.7286795 \tan 12.10257855° = 76.84352687$$

点 P 分割线段 GT 的比值，即两有向线段 GP 及 PT 的长之比 λ_2 为：

$$\lambda_2 = \frac{716.7286795}{2 \times 817.0679286 \times 0.97777802 - 716.7286795} = 0.813460015$$

应用线段的定比分点的坐标公式，得分点 P（x_P，y_P，z_P）直角坐标为：

$$\begin{cases} x_P = \dfrac{210 + 0.813460015 \times 450}{1 + 0.813460015} = 317.6563046 \\ y_P = \dfrac{0.813460015 \times 600}{1 + 0.813460015} = 269.1407614 \\ z_P = \dfrac{500}{1 + 0.813460015} = 275.7160321 \end{cases}$$

3）本例的扭转双弯头的扭转角 γ 的计算如下：

在$\triangle MNP$ 中：

$$\begin{aligned} \overline{NP} &= \sqrt{(245.1028187 - 317.6563046)^2 + (326.8037582 - 269.1407614)^2 + (331.1513916 - 275.7160321)^2} \\ &= 107.9912432 \end{aligned}$$

由余弦定理得：

$$\cos \angle NMP = \frac{90.09859492^2 + 76.84352687^2 - 107.9912432^2}{2 \times 90.09859492 \times 76.84352687} = 0.170475766$$

所以

$$\angle NMP = \arccos 0.170475766 = 80.1845177°$$

即扭转双弯头的扭转角为 $\gamma = \angle NMP = 80.1845177°$

扭转角 γ 在圆管的直径圆周上所截取的圆弧长 e 为

$$e = \frac{80 \times 80.1845° \pi}{360°} = 56$$

双弯头的上、下端节之外的直管段及共同连接节展开图的有关数据：

1）

$$\overline{WW'} = 210 - 260 \tan \frac{70.43629°}{2} = 26.47$$

$$\overline{TT'} = 190 - 260 \tan \frac{64.37236°}{2} = 26.36$$

2）共同连接节长度中包含的直圆管段的长 J 为：

$$J = 716.73 - 260 \tan \frac{70.43629°}{2} - 260 \tan \frac{64.37236°}{2} = 369.55$$

3）共同连接节的轴向总长度 $L_{总}$ 为：

$$L_{总}=y_{i最长者}+369.55+y'_{i最长者}=62.3+369.55+56.8=488.7$$

其中，$y_{i最长者}$和 $y'_{i最长者}$见表 2.53 中的数据。

4）经上述计算结果得知 1 号弯头的扭转角为 70.43629°，2 号弯头的扭转角为 64.37236°，且等直径 $d=80$，同为弯曲半径 $R=260$，由 4 节组成弯头，这里取$i_{max}=24$。

应用 2.2 节中弯头展开图的计算式（2.2），可得双弯头展开图曲线上的点 $m_i(x_i,\ y_i/y'_i)$直角坐标计算式：

1 号弯头：

$$\begin{cases} x_i=\dfrac{80\pi}{24}\cdot i=10.472i \\ y_i=\tan\left[\dfrac{70.43629°}{2(4-1)}\right]\left[\dfrac{80}{2}\sin\left(\dfrac{360°}{24}\cdot i\right)+260\right]=\tan 11.73938°[40\sin(15°\cdot i)+260] \end{cases}$$

（取 $i=0$、1、2、…、24）

2 号弯头：

$$\begin{cases} x_i=\dfrac{80\pi}{24}\cdot i=10.472i \\ y_i=\tan\left[\dfrac{64.37236°}{2(4-1)}\right]\left[\dfrac{80}{2}\sin\left(\dfrac{360°}{24}\cdot i\right)+260\right]=\tan 10.7287°[40\sin(15°\cdot i)+260] \end{cases}$$

（取 $i=0$、1、2、…、24）

将计算结果列于表 2.53 中。

表 2.53　例 2.21 等径圆管扭转双弯头的 1 号、2 号弯头的展开图曲线上的点 m_i（x_i，y_i/y'_i）直角坐标值

点序号 i \ 直角坐标	x_i	1号 y_i	2号 y'_i	点序号 i \ 直角坐标	x_i	1号 y_i	2号 y'_i	点序号 i \ 直角坐标	x_i	1号 y_i	2号 y'_i	点序号 i \ 直角坐标	x_i	1号 y_i	2号 y'_i
0	0	54	49.3	3	31.4	59.9	54.6	13	136.1	51.9	47.3	16	167.6	46.8	42.7
12	125.7			9	94.2			23	240.9			20	209.4		
24	251.3			4	41.9	61.2	55.8	14	146.6	49.9	45.5	17	178	46	41.9
1	10.5	56.2	51.2	8	83.8			22	230.4			19	198.9		
11	115.2			5	52.4	62.1	56.6	15	157.1	48.2	43.9	18	188.5	45.7	41.7
2	20.9	58.2	53.1	7	73.3			21	219.9						
10	104.7			6	62.8	62.3	56.8								

5）扭转双弯头的共同连接节的展开图。可先划制 1 号弯头的端节的展开图，在它的直线边衔接直圆管段 J 的展开图，再衔接 2 号弯头的端节的展开图，要求 2 号弯头的端节的纵向素线 $y'_{i最长者}$（本例的 y'_6 长 56.8），布置在 1 号弯头的端节的纵向素线 $y_{i最长者}$（本例的 y_6 长 62.3）的左侧，错开 e（本例是 56）的距离，这就实现了扭转角 γ（本例是 80.1845°）的偏转角度，另一重要点是在展开图板料的上表面标写“正曲”字样（在卷板机上加工滚圆时，字样“正曲”表示此面向上）。

图 2. 21d 所示为扭转双弯头的共同连接节展开图。

2.22 某炼铁高炉下降管弯头的转角计算及组装

图 2. 22a 所示为某炼铁高炉下降管弯头的立体图。如图 2. 22b 所示，该下降管的轴线由两支对称的折线 ACG 和 $A'C'G$ 组成，这两支轴线的下段倾斜向下相交于点 G，形成三通管的轴线. 把下降管轴线空间看作一个高 H、横向宽 E、纵向长 $2F$ 的长立方体. 线段 $\overline{AC}=\overline{A'C'}=L$，求该下降管弯头的转角 β 及弯头所在平面 ACG（平面 $A'C'G$）与倾斜平面 $CC'G$ 的夹角 θ（整体组装用）。

1）预备数据。如图 2. 22b ~ d 所示，下降管的两轴线折线具有对称性质，所以只讨论其一侧的轴线折线 ACG 及其线段 CC'的中点 W 所在空间的有关数据：

$$\overline{AG}=\sqrt{H^2+E^2+F^2}$$

$$\overline{CG}=\sqrt{H^2+F^2+(E-L)^2}$$

$$\overline{WG}=\sqrt{H^2+(E-L)^2}$$

2）如图 2. 22d 所示，在平面 ACG 和 $\triangle ACG$ 中，下降管弯头的转角 β 的计算式为：

$$\beta=\arctan\frac{\sqrt{H^2+F^2}}{E-L}$$

$\angle AGC$ 的计算式为：

$$\angle AGC=\arctan\frac{E}{\sqrt{H^2+F^2}}-\arctan\frac{E-L}{\sqrt{H^2+F^2}}$$

3）如图 2. 22e 所示，在倾斜平面 $CC'G$ 中，下降管的两轴线 CG 和 $C'G$ 相交于点 G，夹角 $\angle CGC'$的计算式为：

$$\angle CGC'=2\arctan\frac{F}{\overline{WG}}$$

4）如图 2. 22c ~ e 所示，下降管弯头所在平面 ACG（平面 $A'C'G$）与倾斜平面 $CC'G$ 的夹角 θ 计算如下：

① 过线段 CG 的中点 M 作一垂直平面，分别交线段 AG 及 WG 于点 N、P，那么在 $\mathrm{Rt}\triangle MNG$ 中：

$$\overline{MN}=0.5\ \overline{CG}\tan\angle AGC$$

点 N 分割线段 AG 的比值，即两有向线段$\overline{AN}$、$\overline{NG}$的长之比 λ_1 为：

$$\lambda_1=\frac{2\ \overline{AG}\cos\angle AGC}{\overline{CG}}-1$$

应用线段的定比分点的坐标公式，得点 N（x_N，y_N，z_N）直角坐标为：

$$\begin{cases} x_N = \dfrac{\lambda_1 E}{1+\lambda_1} \\ y_N = \dfrac{\lambda_1 F}{1+\lambda_1} \\ z_N = \dfrac{H}{1+\lambda_1} \end{cases}$$

② 在倾斜平面 $CC'G$ 中的 Rt△MPG 中：

$$\overline{MP} = 0.5\ \overline{CG}\tan\frac{\angle CGC'}{2}$$

点 P 分割线段 WG 的比值，即两有向线段WP、PG的长之比 λ_2 为：

$$\lambda_2 = \frac{2\ \overline{WG}\cos\dfrac{\angle CGC'}{2}}{2\ \overline{CG}} - 1$$

应用线段的定比分点的坐标公式，得点 P（x_P，y_P，z_P）直角坐标：

$$\begin{cases} x_P = \dfrac{L+\lambda_2 E}{1+\lambda_2} \\ y_P = F \\ z_P = \dfrac{H}{1+\lambda_2} \end{cases}$$

③ 如图 2.22c 中 1-1 视图所示，在△MNP 中：

$$\overline{NP} = \sqrt{(x_N-x_P)^2+(y_N-y_P)^2+(z_N-z_P)^2}$$

由余弦定理得：

$$\cos\angle NMP = \frac{\overline{MN}^2+\overline{MP}^2-\overline{NP}^2}{2\ \overline{MN}\ \overline{MP}}$$

所以下降管弯头所在平面 ACG 与倾斜平面 $CC'G$ 的夹角 θ 为：

$$\theta = \angle NMP = \arccos(\cos\angle NMP)$$

夹角 θ 在圆的直径圆周上截取的圆弧长为

$$e = \frac{\pi d\theta}{360°}$$

例 2.22　如图 2.22b 所示，某炼铁高炉下降管的两支中心轴线折线 ACG 及 $A'C'G$ 对称分布，其下段中心轴线 CG 和 $C'G$ 相交于点 G。图中：$E=1900$，$F=11000$，$H=14000$，$L=4000$，求该下降管弯头的转角 β 及其弯头所在平面 ACG（平面 $A'C'G$）与倾斜平面 $CC'G$ 的夹角 θ。

解： 1）预备数据。本例的有关线段的长：

$$\overline{AG}=\sqrt{14000^2+19000^2+11000^2}=26038.43313$$

$$\overline{CG}=\sqrt{14000^2+11000^2+(19000-4000)^2}=23280.89345$$

$$\overline{WG}=\sqrt{14000^2+(19000-4000)^2}=20518.28453$$

2）本例的下降管弯头的转角 β 及有关数据：

$$\beta=\arctan\frac{\sqrt{14000^2+11000^2}}{19000-4000}=49.88640057°$$

$$\angle AGC=\arctan\frac{19000}{\sqrt{14000^2+11000^2}}-\arctan\frac{19000-4000}{\sqrt{14000^2+11000^2}}=6.746863138°,$$

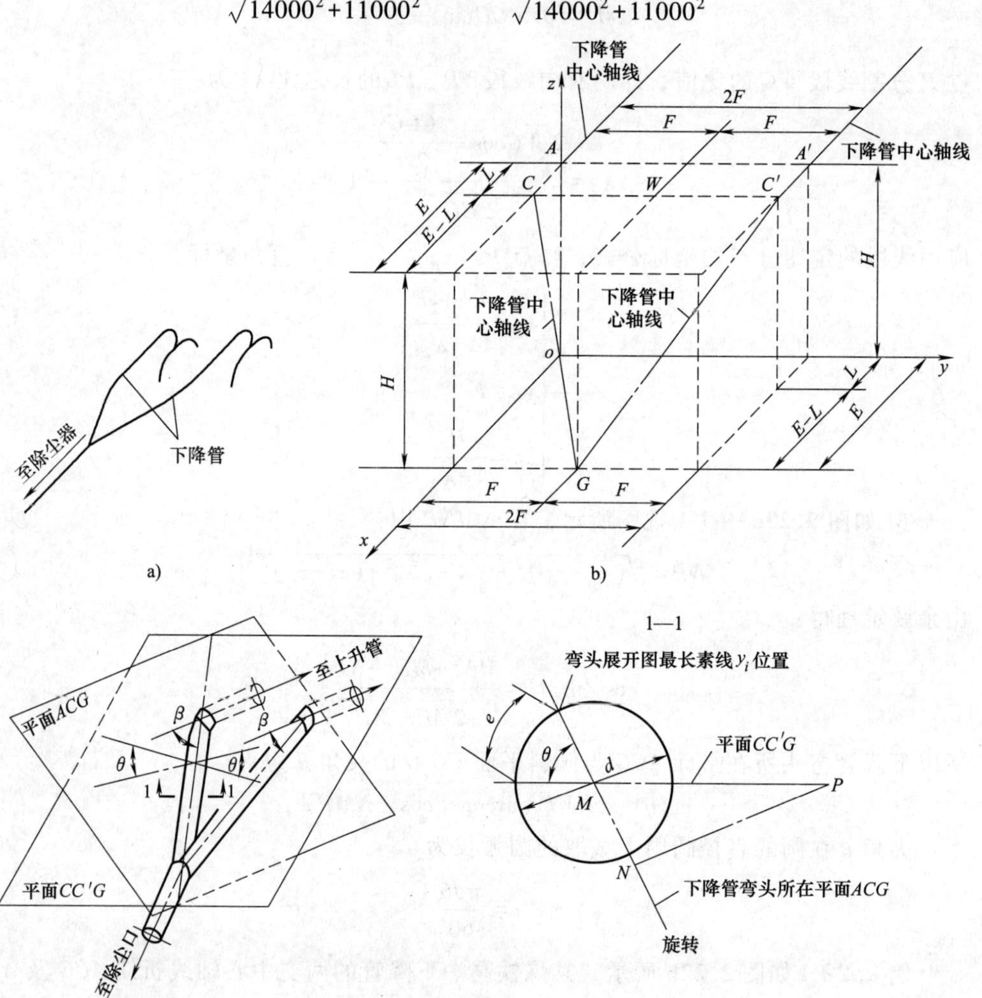

图 2.22　某炼铁高炉下降管弯头的转角计算及组装

a）立体图　b）某炼铁高炉下降管中心轴线空间分布示意图　c）某炼铁高炉下降管立体图

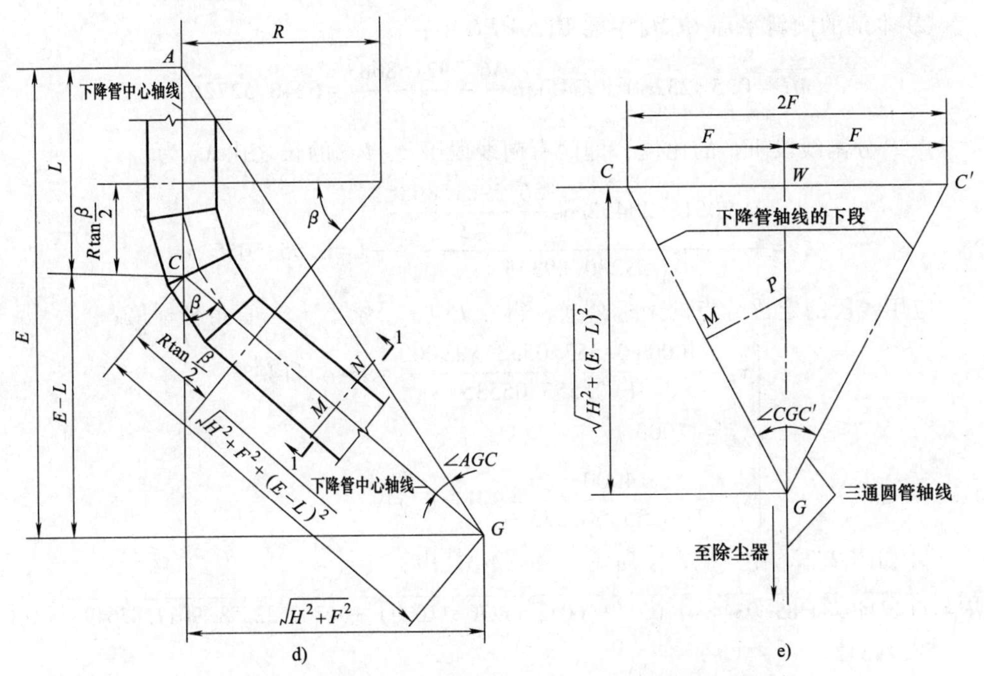

图 2.22　某炼铁高炉下降管弯头的转角计算及组装（续）

d）下降管弯头所在平面 ACG 分解示意图　e）下降管的下端三通圆管所在平面 $CC'G$ 示意图

3）本例的下降管的两轴线 CG 和 $C'G$ 相交于点 G 构成夹角 $\angle CGC'$：

$$\angle CGC'=2\arctan\frac{11000}{20518.28453}=2\times 28.19607934^\circ=56.39215868^\circ$$

4）本例的下降管弯头所在平面 ACG（平面 $A'C'G$）与倾斜平面 $CC'G$ 的夹角 θ 的有关计算如下：

① 过线段 CG 的中点 M 作一垂直平面交线段 AG 及 WG 于点 N、P，在 Rt$\triangle MNG$ 中，得：

$$\overline{MN}=0.5\times 23280.89345\tan 6.746863138^\circ=1377.09144$$

点 N 分割线段 AG 的比值，即两有向线段 $\overline{AN}$、$\overline{NG}$ 的长之比 λ_1 为：

$$\lambda_1=\frac{2\times 26038.43313\cos 6.746863138^\circ}{23280.89345}-1=1.221402214$$

应用线段的定比分点的坐标公式，得点 N（x_N，y_N，z_N）直角坐标：

$$\begin{cases} x_N=\dfrac{1.221402214\times 19000}{1+1.221402214}=10446.84385 \\ y_N=\dfrac{1.221402214\times 11000}{1+1.221402214}=6048.17276 \\ z_N=\dfrac{14000}{1+1.221402214}=6302.32558 \end{cases}$$

② 本例的倾斜平面 $CC'G$ 中的 Rt△MPG 中：

$$\overline{MP}=0.5\times23280.89345\tan\frac{56.39215868^\circ}{2}=6240.52726$$

点 P 分割线段 WG 的比值，即两有向线段 WP、PG 的长之比 λ_2 为：

$$\lambda_2=\frac{2\times20518.28452\cos\dfrac{56.39215868^\circ}{2}}{23280.89345}-1=0.553505535$$

应用线段的定比分点的坐标公式，得点 P（x_P，y_P，z_P）直角坐标值：

$$\begin{cases}x_P=\dfrac{4000+0.553505535\times19000}{1+0.553505535}=9344.41805\\y_P=11000\\z_P=\dfrac{14000}{1+0.553505535}=9011.87649\end{cases}$$

③ 如图 2.22c 中 1-1 视图所示，在△MNP 中：

$$\overline{NP}=\sqrt{(10446.84385-9344.41805)^2+(6048.17276-11000)^2+(6302.32558-9011.87649)^2}$$
$$=5751.313$$

由余弦定理得：

$$\cos\angle NMP=\frac{1377.09144^2+6240.52726^2-5751.313^2}{2\times1377.09144\times6240.52726}=0.45166173$$

所以下降管弯头所在平面 ACG（平面 $A'C'G$）与倾斜平面 $CC'G$ 的夹角 θ 为：

$$\theta=\angle NMP=\arccos0.45166173=63.149651^\circ$$

夹角 θ 在圆的直径圆周上截取的圆弧长（设下降管圆管的外皮直径 $d=1800$）为 $e=\dfrac{1800\times63.149651^\circ\pi}{360^\circ}=991.95$。

第3章 圆口变形方（长方）口的构件与三角形展开计算方法的应用

3.1 正天圆地方的展开计算

图3.1a所示为正天圆地方的立体图。如图3.1b所示，上、下底平行间距离为H，且同中心轴线，上底圆的板厚中心直径为d，下底正方形的板厚内侧边长为a，求该正天圆地方的展开图。

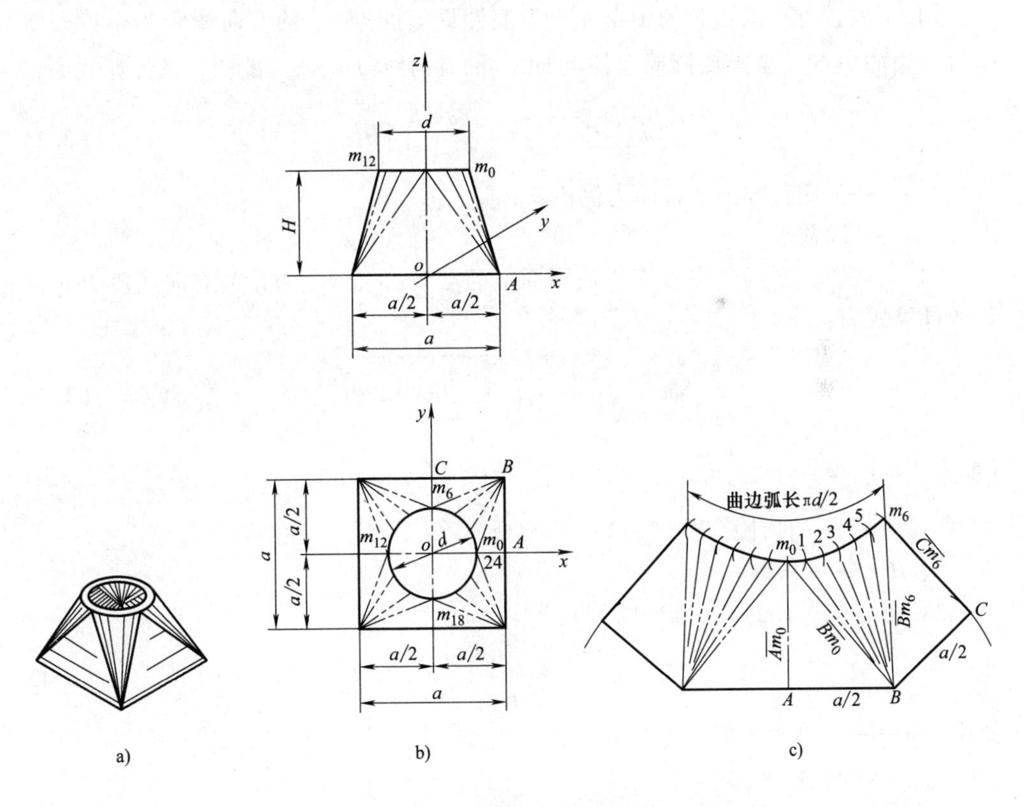

图3.1 正天圆地方的展开计算

a）立体图 b）正天圆地方示意图 c）正天圆地方展开图（半）

1. 预备数据

上底圆周上的等分点$m_i(x_i, y_i, z_i)$空间直角坐标计算式为：

$$\begin{cases} x_i = \dfrac{d}{2}\cos\left(\dfrac{360°}{i_{\max}} \cdot i\right) \\ y_i = \dfrac{d}{2}\sin\left(\dfrac{360°}{i_{\max}} \cdot i\right) \\ z_i = H \end{cases} \tag{3.1}$$

（取 $i=0$、1、2、…、$\frac{1}{4}i_{\max}$）

式中　d——上底圆的板厚中心直径；

H——正天圆地方的高；

i——参变数，最大值 $i_{\max}$ 是圆的直径圆周需要等分的份数，且应是数“4”的整数倍。

2. 展开计算

1）下底正方形的边长的中点 A 至上底圆周上的点 m_0 的有向线段 Am_0 的长等于另一边的中点 C 至上底圆周上的点 $m_{\frac{1}{4}i_{\max}}$ 的有向线段 $Cm_{\frac{1}{4}i_{\max}}$ 的长，其计算式为：

$$\overline{Am_0} = \overline{Cm_{\frac{1}{4}i_{\max}}} = \sqrt{\left(\frac{a-d}{2}\right)+H^2} \tag{3.2}$$

式中　a——下底正方形的板厚内侧边长；

d、H、i——同前。

2）下底正方形的角点 B 至上底圆周上的点 $m_i(x_i,\ y_i,\ H)$ 的有向线段 Bm_i 的长的计算式为：

$$\overline{Bm_i} = \sqrt{\left(\frac{a}{2}-x_i\right)^2+\left(\frac{a}{2}-y_i\right)^2+H^2} \tag{3.3}$$

（取 $i=0$、1、2、…、$\frac{1}{4}i_{\max}$）

式中　x_i、y_i——见计算式（3.1）；

a、H、i——同前。

3）上底圆周长的 $i_{\max}$ 等分的长 r：

$$r=\frac{\pi d}{i_{\max}} \tag{3.4}$$

式中　π——圆周率；

d、$i_{\max}$——同前。

例 3.1　如图 3.1b 所示的正天圆地方：$d=150$，$a=230$，$H=130$，取 $i_{\max}=24$，求该构件的展开图。

解：

（1）预备数据

将已知数代入计算式（3.1）中，得本例的上底圆周上的等分点 $m_i(x_i,\ y_i,$

z_i）空间直角坐标计算式：

$$\begin{cases} x_i=\dfrac{150}{2}\cos\left(\dfrac{360°}{24}\cdot i\right)=75\ \cos(15°\cdot i) \\ y_i=\dfrac{150}{2}\sin\left(\dfrac{360°}{24}\cdot i\right)=75\ \sin(15°\cdot i) \\ z_i=130 \end{cases}$$

（取 $i=0$、1、2、…、6）

依次将 i 值代入上式计算：

当 $i=0$ 时，得：

$$\begin{cases} x_0=75\ \cos(15°\times0)=75 \\ y_0=75\ \sin(15°\times0)=0 \\ z_0=130 \end{cases}$$

当 $i=1$ 时，得：

$$\begin{cases} x_1=75\ \cos(15°\times1)=72.44 \\ y_1=75\ \sin(15°\times1)=19.41 \\ z_1=130 \end{cases}$$

……

将计算结果列于表 3.1 中。

表 3.1　例 3.1 正天圆地方的上底圆周上的点 $m_i(x_i,\ y_i,\ z_i)$ 空间直角坐标值

点序号 i / 直角坐标	0	1	2	3	4	5	6
x_i	75	72.44	65	53	37.5	19.41	0
y_i	0	19.41	37.5	53	65	72.44	75
z_i	130						

（2）展开计算

1）将已知数代入计算式（3.2）中，得本例的有向线段 Am_0 及 Cm_6 的长：

$$\overline{Am_0}=\overline{Cm_6}=\sqrt{\left(\frac{230-150}{2}\right)^2+130^2}=136$$

2）将已知数代入计算式（3.3）中，得本例的有向线段 Bm_i 的长：

$$\overline{Bm_i}=\sqrt{\left(\frac{230}{2}-x_i\right)^2+\left(\frac{230}{2}-y_i\right)^2+130^2}=\sqrt{(115-x_i)^2+(115-y_i)^2+130^2}$$

（取 $i=0$、1、2、…、6）

依次将 i 值代入上式计算：

当 $i=0$ 时，得：

$$\overline{Bm_0}=\sqrt{(115-x_0)^2+(115-y_0)^2+130^2}$$

查表 3.1 得：$x_0=75$、$y_0=0$，代入上式，得：

$$\overline{Bm_0}=\sqrt{(115-75)^2+(115-0)^2+130^2}=178.1$$

当 $i=1$ 时，得：

$$\overline{Bm_1}=\sqrt{(115-x_1)^2+(115-y_1)^2+130^2}$$

查表 3.1 得：$x_1=72.44$、$y_1=19.41$，代入上式，得：

$$\overline{Bm_1}=\sqrt{(115-72.44)^2+(115-19.41)^2+130^2}=166.9$$

……

将计算结果列于表 3.2 中。

表 3.2 例 3.1 正天圆地方的有向线段 Bm_i、Am_0 及 Cm_6 的长

有向线段名称	Am_0	Cm_6	Bm_0	Bm_1	Bm_2	Bm_3	Bm_4	Bm_5	Bm_6
长	136	136	178.1	166.9	159.4	156.8	159.4	166.9	178.1

3）将已知数代入计算式（3.4）中，得本例的上底圆周长的 24 等分的长 r：

$$r=\frac{150\pi}{24}=19.63$$

作 Rt△m_0AB，一直角边为$\overline{Am_0}$（即 136），另一直角边为 AB，长$\frac{a}{2}$（即 115），它的斜边为 Bm_0（必等于 178.1）。然后以点 B 为圆心，以线段 Bm_1 的长（即 166.9）为半径划圆弧。与以点 m_0 为圆心，以 r（即 19.63）为半径划圆弧相交得点 m_1；如此划法，仍以点 B 为圆心，以线段 Bm_2 的长（159.4）为半径划圆弧，与上次已得的点 m_1 为圆心，以 r 为半径划圆弧相交得新点 m_2；如此循序渐进划圆弧得点，直到得出点 $m_{\frac{1}{4}i_{max}}$（本例的点 m_6）为止；这时，以点 B 为圆心，以$\frac{a}{2}$（即 115）为半径划圆弧，与以点 $m_{\frac{1}{4}i_{max}}$（本例点 m_6）为圆心，以线段 $C\,m_{\frac{1}{4}i_{max}}$ 的长（本例$\overline{Cm_6}$，即 136）为半径划圆弧相交于点 C，这时△$Bm_{\frac{1}{4}i_{max}}C$ 必须是直角三角形（本例 Rt△Bm_6C），再以光滑曲线连接已得出的点 m_0、m_1、…、$m_{\frac{1}{4}i_{max}}$（本例的点 m_6）为规律曲线，这时得到的展开图是构件全展开图的 1/4，可用轴对称的方法，以始线段 Am_0 为对称轴，作出其对称图形，则得此正天圆地方的展开图，如图 3.1c 所示。

3.2 平口错心天圆地方的展开计算

图 3.2a 所示为平口错心天圆地方的立体图。图 3.2b 所示，上、下底平行间距离为 H，两底的中心点偏离的水平距离为 e，上底圆直径为 d，下底正方形的板厚内侧边长为 a，求该平口错心天圆地方的展开图。

1. 预备数据

上底圆周上的等分点 $m_i(x_i,\ y_i,\ z_i)$ 空间直角坐标计算式为：

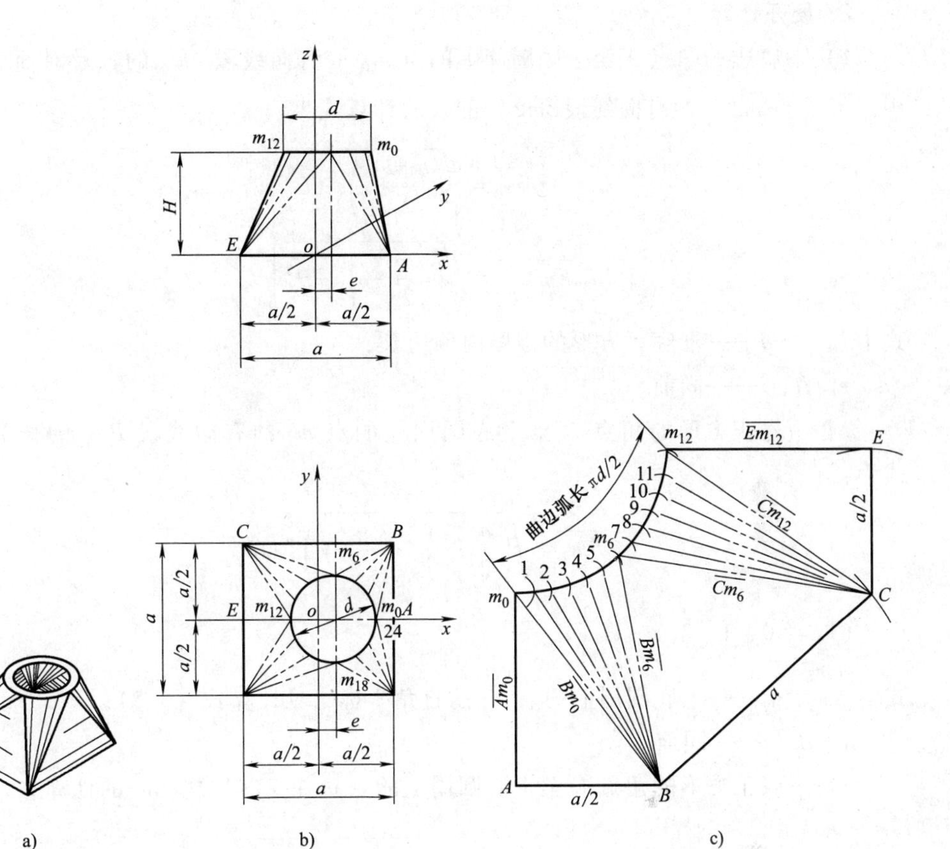

图 3.2　平口错心天圆地方的展开计算

a）立体图　b）平口错心天圆地方示意图　c）平口错心天圆地方展开图（半）示意

$$
\begin{cases}
x_i = \dfrac{d}{2}\cos\left(\dfrac{360°}{i_{\max}} \cdot i\right) + e \\
y_i = \dfrac{d}{2}\sin\left(\dfrac{360°}{i_{\max}} \cdot i\right) \\
z_i = H
\end{cases}
\tag{3.5}
$$

（取 $i = 0$、1、2、…、$\frac{1}{2}i_{\max}$）

式中　d——上底圆的板厚中心直径；

H——平口天圆地方的高；

e——上、下底中心点偏离的水平距离；

i——参变数，最大值 $i_{\max}$ 是圆的直径圆周需要等分的份数，且应是数“4”的整数倍。

2. 展开计算

1）下底边的中点 A 至上底圆周上的点 m_0 的有向线段 Am_0 的长及对面底边的中点 E 至点 $m_{\frac{1}{2}i_{\max}}$ 的有向线段$Em_{\frac{1}{2}i_{\max}}$的长的计算式为：

$$\left.\begin{aligned}\overline{Am_0}&=\sqrt{\left(\frac{a-d}{2}-e\right)^2+H^2}\\\overline{Em_{\frac{1}{2}i_{\max}}}&=\sqrt{\left(\frac{a-d}{2}+e\right)^2+H^2}\end{aligned}\right\}\tag{3.6}$$

式中　a——下底正方形的板厚内侧边长；

d、e、H、i——同前。

2）下底正方形的角点 B 至上底圆周上的点 m_i 的有向线段 Bm_i 的长的计算式为：

$$\overline{Bm_i}=\sqrt{\left(\frac{a}{2}-x_i\right)^2+\left(\frac{a}{2}-y_i\right)^2+H^2}\tag{3.7}$$

（取 $i=0$、1、2、…、$\frac{1}{4}i_{\max}$）

式中　x_i、y_i——上底圆周上的点 m_i 的直角坐标，见计算式（3.5）；

a、H、i——同前。

3）下底正方形的角点 C 至上底圆周上的点 m_i 的有向线段$\overline{Cm_i}$的计算式为：

$$\overline{Cm_i}=\sqrt{\left(\frac{-a}{2}-x_i\right)^2+\left(\frac{a}{2}-y_i\right)^2+H^2}\tag{3.8}$$

（取 $i=\frac{1}{4}i_{\max}$、$\frac{1}{4}i_{\max}+1$、…、$\frac{1}{2}i_{\max}$）

式中　a、x_i、y_i、H、i——同前。

4）上底圆周长的 $i_{\max}$ 等分的长 r：

$$r=\frac{\pi d}{i_{\max}}\tag{3.9}$$

式中　π——圆周率；

d、i——同前。

例 3.2　如图 3.2b 所示的平口错心天圆地方：$d=120$，$a=230$，$e=20$，$H=150$，取 $i_{\max}=24$，求该构件的展开图。

解：

（1）预备数据

将已知数代入计算式（3.5）中，得本例的上底圆周上的点 $m_i(x_i,\ y_i,\ z_i)$ 空间直角坐标计算式：

$$\begin{cases} x_i = \dfrac{120}{2}\cos\left(\dfrac{360°}{24} \cdot i\right) + 20 = 60\ \cos(15° \cdot i) + 20 \\ y_i = \dfrac{120}{2}\sin\left(\dfrac{360°}{24} \cdot i\right) = 60\ \sin(15° \cdot i) \\ z_i = 150 \end{cases}$$

（取 $i=0$、1、2、…、12）

依次将 i 值代入上式计算：

当 $i=0$ 时，得：

$$\begin{cases} x_0 = 60\ \cos(15° \times 0) + 20 = 80 \\ y_0 = 60\ \sin(15° \times 0) = 0 \\ z_0 = 150 \end{cases}$$

当 $i=1$ 时，得：

$$\begin{cases} x_1 = 60\ \cos(15° \times 1) + 20 = 77.96 \\ y_1 = 60\ \sin(15° \times 1) = 15.53 \\ z_1 = 150 \end{cases}$$

……

将计算结果列于表 3.3 中。

表 3.3　例 3.2 平口错心天圆地方的上底圆周上的点 $m_i(x_i,\ y_i,\ z_i)$ 空间直角坐标值

直角坐标 \ 点序号 i	0	12	1	11	2	10	3	9	4	8	5	7	6
x_i	80	-40	77.96	-37.96	71.96	-31.96	62.43	-22.43	50	-10	35.53	4.47	20
y_i	0		15.53		30		42.43		51.96		57.96		60
z_i	150												

（2）展开计算

1）将已知数代入计算式（3.6）中，得本例的有向线段 Am_0 及 Em_{12} 的长：

$$\overline{Am_0} = \sqrt{\left(\frac{230-120}{2} - 20\right)^2 + 150^2} = 154$$

$$\overline{Em_{12}} = \sqrt{\left(\frac{230-120}{2} + 20\right)^2 + 150^2} = 167.7$$

2）将已知数代入计算式（3.7）中，得本例的有向线段 Bm_i 的长：

$$\overline{Bm_i} = \sqrt{\left(\frac{230}{2} - x_i\right)^2 + \left(\frac{230}{2} - y_i\right)^2 + 150^2} = \sqrt{(115-x_i)^2 + (115-y_i)^2 + 150^2}$$

（取 $i=0$、1、2、…、6）

依次将 i 值代入上计算：

当 $i=0$ 时，得：

$$\overline{Bm_0}=\sqrt{(115-x_0)^2+(115-y_0)^2+150^2}$$

查表 3.3 得：$x_0=80$、$y_0=0$，代入上式，得：

$$\overline{Bm_0}=\sqrt{(115-80)^2+(115-0)^2+150^2}=192.2$$

当 $i=1$ 时，得：

$$\overline{Bm_1}=\sqrt{(115-x_1)^2+(115-y_1)+150^2}$$

查表 3.3　得：$x_1=77.96$、$y_1=15.53$，代入上式，得：

$$\overline{Bm_1}=\sqrt{(115-77.96)^2+(115-15.53)^2+150^2}=183.3$$

……

将计算结果列于表 3.4 中。

3）将已知数代入计算式（3.8）中，得本例的有向线段 Cm_i 的长：

$$\overline{Cm_i}=\sqrt{\left(\frac{-230}{2}-x_i\right)^2+\left(\frac{230}{2}-y_i\right)^2+150^2}=\sqrt{(-115-x_i)^2+(115-y_i)^2+150^2}$$

（取 $i=6$、7、…、12）

依次将 i 值代入上式计算：

当 $i=6$ 时，得：

$$\overline{Cm_6}=\sqrt{(-115-x_6)^2+(115-y_6)^2+150^2}$$

查表 3.3　得：$x_6=20$、$y_6=60$，代入上式，得：

$$\overline{Cm_6}=\sqrt{(-115-20)^2+(115-60)^2+150^2}=209.2$$

当 $i=7$ 时，得：

$$\overline{Cm_7}=\sqrt{(-115-x_7)^2+(115-y_7)^2+150^2}$$

查表 3.3 得：$x_7=4.47$、$y_7=57.96$，代入上式，得：

$$\overline{Cm_7}=\sqrt{(-115-4.47)^2+(115-57.96)^2+150^2}=200.1$$

……

将计算结果列于表 3.4 中。

表 3.4　例 3.2 平口错心天圆地方的展开图上的有向线段的长

线段名称	Am_0	Em_{12}	Bm_0	Bm_1	Bm_2	Bm_3	Bm_4	Bm_5	Bm_6	Cm_6	Cm_7	Cm_8	Cm_9	Cm_{10}	Cm_{11}	Cm_{12}
长	154	167.7	192.2	183.8	177.7	174.7	175.2	179.1	185.9	209.2	200.1	193.6	190.6	191.4	195.8	203.3

4）将已知数代入计算式（3.9）中，得本例的上底圆周长的 24 等分的长 r：

$$r=\frac{120\pi}{24}=15.71$$

作 Rt$\triangle ABm_0$，一直角边为 Am_0（本例长 154），另一直角边 AB（长$\frac{a}{2}$，本例

长 115），斜边为 Bm_0（本例长 192.2）；然后，以点 B 为圆心，以线段 Bm_1 的长（本例 183.8）为半径划圆弧，与以点 m_0 为圆心，以 r（本例 15.71）为半径划圆弧相交得点 m_1；如此划法，仍以点 B 为圆心，以线段 Bm_2 的长（本例 177.7）为半径划圆弧，与已得点 m_1 为圆心，以 r 为半径划圆弧相交得点 m_2，如此循序渐进的方法，直至得出点 $m_{\frac{1}{4}i_{max}}$（本例为点 m_6）。这时以点 $m_{\frac{1}{4}i_{max}}$（本例 m_6）为圆心，以线段 $Cm_{\frac{1}{4}i_{max}}$（本例 Cm_6，长 209.2）为半径划圆弧，与以点 B 为圆心，以 a（本例 230）为半径划圆弧相交得点 C，得三角形 $\triangle BCm_{\frac{1}{4}i_{max}}$（本例 $\triangle BCm_6$）；此后，以点 C 为圆心，以序号"i+1"逐次递增的线段 Cm_{i+1}为半径划圆弧，和以点 $m_{\frac{1}{4}i_{max}}$（本例 m_6）为圆心，以 r 为半径划圆弧相交得点，并作为新的圆心点划圆弧，直至得出点 $m_{\frac{1}{2}i_{max}}$（本例 m_{12}）为止。下一步，以点 C 为圆心，以$\frac{a}{2}$（本例 115）为半径划圆弧，与以点 $m_{\frac{1}{2}i_{max}}$（本例 m_{12}）为圆心，以线段 $Em_{\frac{1}{2}i_{max}}$（本例 Em_{12}，长 167.7）为半径划圆弧相交得点 E，所得三角形 $\triangle CEm_{\frac{1}{2}i_{max}}$（本例 $\triangle CEm_{12}$）为直角三角形，角 $\angle CEm_{\frac{1}{2}i_{max}} = 90°$；用光滑曲线连接系列点 m_0、m_1、…$m_{\frac{1}{2}i_{max}}$（本例 m_{12}），得规律曲线，此图形即平口错心天圆地方展开图（半），如图 3.2c 所示。

3.3　平口天圆地长方的展开计算

图 3.3a 所示为平口天圆地长方的立体图。如图 3.3b 所示，上、下底平行间距离为 H，且上、下底的中心点在同一垂直轴线上，上底圆直径为 d，下底长方形的板厚内侧的宽边长 a，长边长 b，求该平口天圆地长方的展开图。

1. 预备数据

上底圆周上的等分点 $m_i(x_i, y_i, z_i)$ 空间直角坐标计算式为：

$$\begin{cases} x_i = \dfrac{d}{2}\cos\left(\dfrac{360°}{i_{max}} \cdot i\right) \\ y_i = \dfrac{d}{2}\sin\left(\dfrac{360°}{i_{max}} \cdot i\right) \\ z_i = H \end{cases} \tag{3.10}$$

（取 $i=0$、1、2、…、$\frac{1}{4}i_{max}$）

式中　d——上底圆的板厚中心直径；

H——天圆地长方的高；

i——参变数，最大值 i_{max}是圆的直径圆周需要等分的份数，且应是数"4"的整数倍。

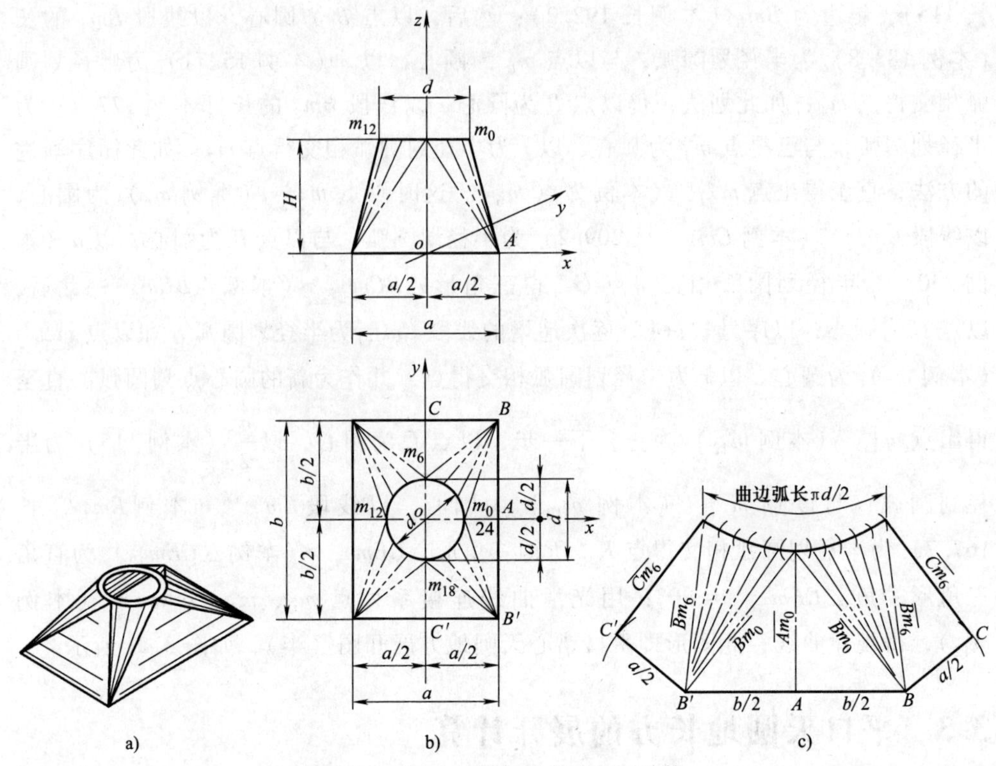

图 3.3　平口天圆地长方的展开计算

a）立体图　b）平口同心天圆地长方示意图　c）平口同心天圆地长方展开图（半）

2. 展开计算

1）下底长方形的长边中点 A 至上底圆周上的点 m_0 的有向线段 Am_0 的长及宽边的中点 C 至点 $m_{\frac{1}{4}i_{\max}}$ 的有向线段 $Cm_{\frac{1}{4}i_{\max}}$ 的长的计算式为：

$$\overline{Am_0}=\sqrt{\left(\frac{a-d}{2}\right)^2+H^2}$$

$$\overline{Cm_{\frac{1}{4}i_{\max}}}=\sqrt{\left(\frac{b-d}{2}\right)^2+H^2} \tag{3.11}$$

式中　a——下底长方形的板厚内侧宽边；

b——下底长方形的板厚内侧长边；

d、H、i——同前。

2）下底长方形的角点 B 至上底圆周上的点 m_i 的有向段线 Bm_i 的长的计算式为：

$$\overline{Bm_i}=\sqrt{\left(\frac{a}{2}-x_i\right)^2+\left(\frac{b}{2}-y_i\right)^2+H^2} \tag{3.12}$$

（取 $i=0$、1、2、…、$\frac{1}{4}i_{max}$）

式中　x_i、y_i——见计算式（3.10）；

a、b、H、i——同前。

3）上底圆周长的 i_{max} 等分长 r 为：

$$r=\frac{\pi d}{i_{max}} \tag{3.13}$$

式中　π——圆周率；

d、i——同前。

例 3.3　如图 3.3b 所示平口同心天圆地长方，$d=160$，$H=180$，$a=240$，$b=300$，取 $i_{max}=24$，求该构件的展开图。

解：

（1）预备数据

将已知数代入计算式（3.10）中，得本例的上底圆周上的等分点 $m_i(x_i, y_i, z_i)$ 空间直角坐标计算式：

$$\begin{cases} x_i=\frac{160}{2}\cos\left(\frac{360°}{24}\cdot i\right)=80\cos(15°\cdot i) \\ y_i=\frac{160}{2}\sin\left(\frac{360°}{24}\cdot i\right)=80\sin(15°\cdot i) \\ z_i=180 \end{cases}$$

（取 $i=0$、1、2、…、6）

依次将 i 值代入上式计算：

当 $i=0$ 时，得：

$$\begin{cases} x_0=80\cos(15°\times0)=80 \\ y_0=80\sin(15°\times0)=0 \\ z_0=180 \end{cases}$$

当 $i=1$ 时，得：

$$\begin{cases} x_1=80\cos(15°\times1)=77.3 \\ y_1=80\sin(15°\times1)=20.7 \\ z_1=180 \end{cases}$$

……

将计算结果列于表 3.5 中。

表 3.5　例 3.3 平口天圆地长方的上底圆周上的点 $m_i(x_i, y_i, z_i)$ 空间直角坐标值

点序号 i		0	1	2	3	4	5	6
直角坐标	x_i	80	77.3	69.3	56.6	40	20.7	0
	y_i	0	20.7	40	56.6	69.3	77.3	80
	z_i	180						

（2）展开计算

1）将已知数代入计算式（3.11）中，得本例的有向线段Am_0及Cm_6的长：

$$\overline{Am_0}=\sqrt{\left(\frac{240-160}{2}\right)^2+180^2}=184.4$$

$$\overline{Cm_6}=\sqrt{\left(\frac{300-160}{2}\right)^2+180^2}=193.1$$

2）将已知数代入计算式（3.12）中，得本例的有向线段Bm_i的长：

$$\overline{Bm_i}=\sqrt{\left(\frac{240}{2}-x_i\right)^2+\left(\frac{300}{2}-y_i\right)^2+180^2}=\sqrt{(120-x_i)^2+(150-y_i)^2+180^2}$$

（取 $i=0$、1、2、…、6）

依次将 i 值代入上式计算：

当 $i=0$ 时，得：

$$\overline{Bm_0}=\sqrt{(120-x_0)^2+(150-y_0)^2+180^2}$$

查表 3.5 得：

$x_0=80$、$y_0=80$、代入上式，得：

$$\overline{Bm_i}=\sqrt{(120-80)^2+(150-0)^2+180^2}=237.7$$

当 $i=1$ 时，得：

$$\overline{Bm_1}=\sqrt{(120-x_1)^2+(150-y_1)^2+180^2}$$

查表 3.5 得：$x_1=77.3$、$y_1=20.7$，代入上式，得：

$$\overline{Bm_1}=\sqrt{(120-77.3)^2+(150-20.7)^2+180^2}=225.7$$

……

将计算结果列于表 3.6 中。

表 3.6 例 3.3 平口天圆地长方的展开图中的有向线段的长

有向线段名称	Am_0	Cm_6	Bm_0	Bm_1	Bm_2	Bm_3	Bm_4	Bm_5	Bm_6
长	184.4	193.1	237.7	225.7	217	212.5	212.9	218	227.4

3）将已知数代入计算式（3.13）中，得本例的上底圆周长的 24 等分的长 r：

$$r=\frac{160\pi}{24}=20.94$$

参照 3.1 节正天圆地方展开图的划制方法，划制本例的平口天圆地长方的展开图，如图 3.3c 所示。

3.4 平口错心天圆地长方的展开计算

图 3.4a 所示为平口错心天圆地长方的立体图。如图 3.4b 所示，上、下底平行

间距离为 H，上、下底的中心点偏离水平距离为 e，上底圆直径为 d，下底长方形的板厚内侧的宽边长 a，长边长 b，求该构件的展开图。

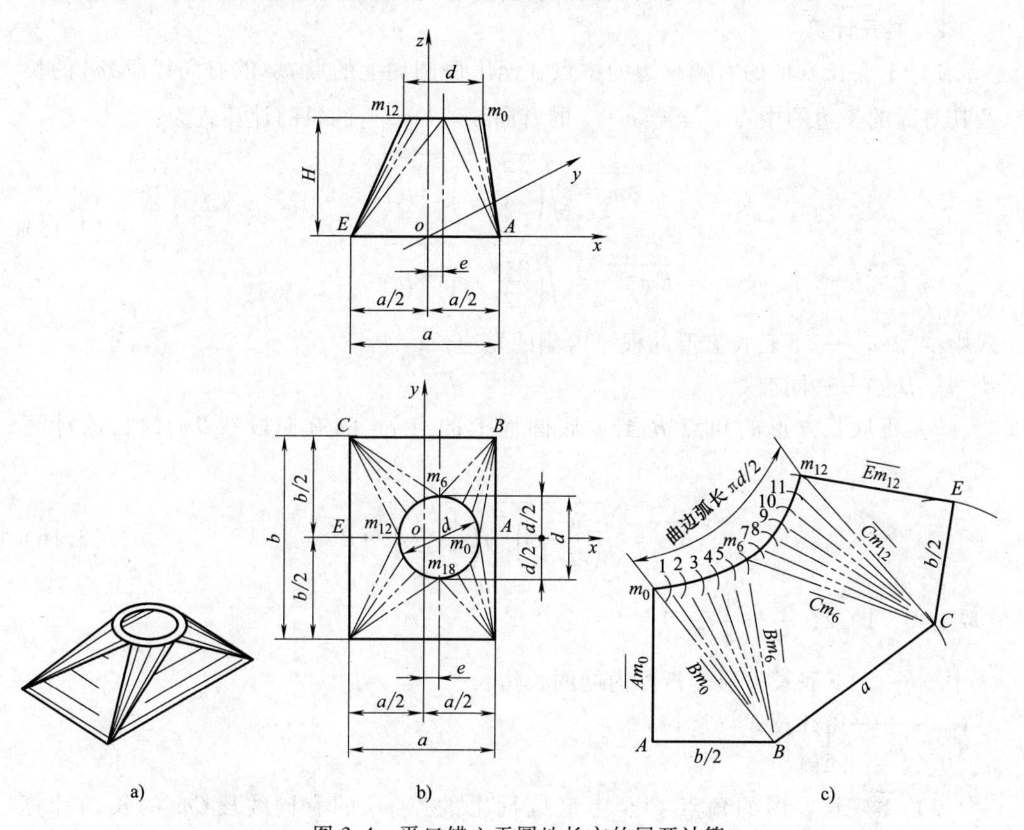

图 3.4　平口错心天圆地长方的展开计算

a）立体图　b）平口错心天圆地长方示意图　c）平口错心天圆地长方展开图（一半）

1. 预备数据

上底圆周上的等分点 $m_i(x_i，y_i，z_i)$ 空间直角坐标计算式为：

$$\begin{cases} x_i = \dfrac{d}{2}\cos\left(\dfrac{360°}{i_{\max}} \cdot i\right) + e \\ y_i = \dfrac{d}{2}\sin\left(\dfrac{360°}{i_{\max}} \cdot i\right) \\ z_i = H \end{cases} \tag{3.14}$$

（取 $i = 0、1、2、\cdots、\dfrac{1}{2}i_{\max}$）

式中　d——上底圆的板厚中心直径；

H——平口错心天圆地长方的高；

e——上、下底中心点偏离的水平距离；

i——参变数，最大值 i_{max} 是圆的直径圆周需要等分的份数，且应是数“4”的整数倍。

2. 展开计算

1）下底长方形的右侧长边的中点 A 至上底圆周上的点 m_0 的有向线段 $\overline{Am_0}$ 的长及其对面的长边的中点 E 至点 $m_{\frac{1}{2}i_{max}}$ 的有向线段 $\overline{Em_{\frac{1}{2}i_{max}}}$ 的长的计算式为：

$$\overline{Am_0}=\sqrt{\left(\frac{a-d}{2}-e\right)^2+H^2}$$
$$\overline{Em_{\frac{1}{2}i_{max}}}=\sqrt{\left(\frac{a-d}{2}+e\right)^2+H^2} \tag{3.15}$$

式中 a——下底长方形的板厚内侧的宽边长；
d、e、H、i——同前。

2）下底长方形的角点 B 至上底圆周上的点 m_i 的有向段线 $\overline{Bm_i}$ 的长的计算式为：

$$\overline{Bm_i}=\sqrt{\left(\frac{a}{2}-x_i\right)^2+\left(\frac{b}{2}-y_i\right)^2+H^2} \tag{3.16}$$

（取 $i=0$、1、2、…、$\frac{1}{4}i_{max}$）

式中 b——下底长方形的板厚内侧的长边长；
x_i、y_i——见计算式（3.14）；
a、H、i——同前。

3）下底长方形的角点 C 至上底圆周上的点 m_i 的有向线段 $\overline{Cm_i}$ 的长的计算式为：

$$\overline{Cm_i}=\sqrt{\left(\frac{-a}{2}-x_i\right)^2+\left(\frac{b}{2}-y_i\right)^2+H^2} \tag{3.17}$$

（取 $i=\frac{1}{4}i_{max}$、$\frac{1}{4}i_{max}+1$、…、$\frac{1}{2}i_{max}$）

式中 a、b、H、x_i、y_i、i——同前。

4）上底圆周展开长的 i_{max} 等分的长 r 为：

$$r=\frac{\pi d}{i_{max}} \tag{3.18}$$

式中 π——圆周率；
d、i——同前。

例 3.4 如图 3.4b 所示平口错心天圆地长方，$d=100$，$H=120$，$e=15$，$a=160$，$b=200$，取 $i_{max}=24$，求该构件的展开图。

解：

（1）预备数据

将已知数代入计算式（3.14）中，得本例的上底圆周上的等分点 $m_i(x_i, y_i, z_i)$ 空间直角坐标计算式：

$$\begin{cases} x_i=\dfrac{100}{2}\cos\left(\dfrac{360°}{24}\cdot i\right)+15=50\cos(15°\cdot i)+15 \\ y_i=\dfrac{100}{2}\sin\left(\dfrac{360°}{24}\cdot i\right)=50\sin(15°\cdot i) \\ z_i=120 \end{cases}$$

（取 $i=0$、1、2、…、12）

依次将 i 值代入上式计算：

当 $i=0$ 时，得：

$$\begin{cases} x_0=50\cos(15°\times0)+15=65 \\ y_0=50\sin(15°\times0)=0 \\ z_0=120 \end{cases}$$

当 $i=1$ 时，得：

$$\begin{cases} x_1=50\cos(15°\times1)+15=63.3 \\ y_1=50\sin(15°\times1)=12.9 \\ z_1=120 \end{cases}$$

……

将计算结果列于表 3.7 中。

表 3.7　例 3.4 平口错心天圆地长方的上底圆周上的点 $m_i(x_i, y_i, z_i)$ 空间直角坐标值

点序号 i		0	1	2	3	4	5	6	7	8	9	10	11	12
直角坐标	x_i	65	63.3	58.3	50.4	40	27.9	15	2.1	-10	-20.4	-28.3	-33.3	-35
	y_i	0	12.9	25	35.4	43.3	48.3	50	48.3	43.3	35.4	25	12.9	0
	z_i	120												

（2）展开计算

1）将已知数代入计算式（3.15）中，得本例的有向线段 Am_0 及 Cm_{12} 的长：

$$\overline{Am_0}=\sqrt{\left(\frac{160-100}{2}-15\right)^2+120^2}=120.9$$

$$\overline{Cm_{12}}=\sqrt{\left(\frac{160-100}{2}+15\right)^2+120^2}=128.2$$

2）将已知数代入计算式（3.16）中，得本例的有向线段 Bm_i 的长：

$$\overline{Bm_i}=\sqrt{\left(\frac{160}{2}-x_i\right)^2+\left(\frac{200}{2}-y_i\right)^2+120^2}=\sqrt{(80-x_i)^2+(100-y_i)^2+120^2}$$

（取 i=0、1、2、…、6）

依次将 i 值代入上式计算：

当 i=0 时，得：

$$\overline{Bm_0}=\sqrt{(80-x_0)^2+(100-y_0)^2+120^2}$$

查表 3.7 得：$x_0=65$、$y_0=0$，代入上式，得：

$$\overline{Bm_0}=\sqrt{(80-65)^2+(100-0)^2+120^2}=156.9$$

当 i=1 时，得：

$$\overline{Bm_1}=\sqrt{(80-x_1)^2+(100-y_1)^2+120^2}$$

查表 3.7　得：$x_1=63.3$、$y_1=12.9$，代入上式，得：

$$\overline{Bm_1}=\sqrt{(80-63.3)^2+(100-12.9)^2+120^2}=149.2$$

……

将计算结果列于表 3.8 中。

3）将已知数代入计算式（3.17）中，得本例的有向线段 $\overline{Cm_i}$ 的计算式：

$$\overline{Cm_i}=\sqrt{\left(\frac{-160}{2}-x_i\right)^2+\left(\frac{200}{2}-y_i\right)^2+120^2}=\sqrt{(-80-x_i)^2+(100-y_i)^2+120^2}$$

（取 i=6、7、…、12）

依次将 i 值代入上式计算：

当 i=6 时，得：

$$\overline{Cm_6}=\sqrt{(-80-x_6)^2+(100-y_6)^2+120^2}$$

查表 3.7 得：$x_6=15$、$y_6=50$，代入上式，得：

$$\overline{Cm_6}=\sqrt{(-80-15)^2+(100-50)^2+120^2}=161$$

当 i=7 时，得：

$$\overline{Cm_7}=\sqrt{(-80-x_7)^2+(100-y_7)^2+120^2}$$

查表 3.7 得：$x_7=2.1$、$y_7=48.3$，代入上式，得：

$$\overline{Cm_7}=\sqrt{(-80-2.1)^2+(100-48.3)^2+120^2}=154.3$$

……

将计算结果列于表 3.8 中。

表 3.8　例 3.4 平口错心天圆地长方的展开图上的有向线段的长

有向线段名称	Am_0	Em_{12}	Bm_0	Bm_1	Bm_2	Bm_3	Bm_4	Bm_5	Bm_6	Cm_6	Cm_7	Cm_8	Cm_9	Cm_{10}	Cm_{11}	Cm_{12}
长	120.9	128.2	156.9	149.2	143.2	139.5	138.6	140.7	145.3	161	154.3	150	148.7	150.7	155.5	162.6

4）将已知数代入计算式（3.18）中，得本例的上底圆周展开长的 24 等分的长 r：

$$r=\frac{100\pi}{24}=13.1$$

作 Rt$\triangle ABm_0$，一直角边为 AB（长为$\frac{b}{2}$，本例长 100），另一直角边为 Am_0（本例长 120.9），斜边为 Bm_0（本例长 156.9）；然后，以点 B 为圆心，依次用线段Bm_1、Bm_2、…、$Bm_{\frac{1}{4}i_{max}}$（本例Bm_6）的长为半径在点 m_0 旁侧逐次划圆弧，与以点 m_0 为圆心，以 r（本例 13.1）为半径划圆弧相交得点 m_1，继而以新得点 m_1 为圆心，仍以 r 为半径依次划圆弧，与以点 B 为圆心所划出的圆弧相交得新点 m_{i+1}，直至得出点 $m_{\frac{1}{4}i_{max}}$（本例点 m_6）为止；这时，以点 $m_{\frac{1}{4}i_{max}}$（本例点 m_6）为圆心，以线段$Cm_{\frac{1}{4}i_{max}}$（本例Cm_6，长 161）的长为半径划圆弧，与以点 B 为圆心，以 a（本例 160）为半径划圆弧相交得点 C，形成$\triangle BCm_{\frac{1}{4}i_{max}}$（本例$\triangle BCm_6$），是平板料。下一步，以点 C 为圆心，依次用线段$Cm_{\frac{1}{4}i_{max}+1}$、$Cm_{\frac{1}{4}i_{max}+2}$、…、$Cm_{\frac{1}{2}i_{max}}$（本例 Cm_{12}，长 162.6）的长为半径划圆弧，与以点 $m_{\frac{1}{4}i_{max}}$（本例点 m_6）为圆心，以 r 为半径划圆弧相交得出新点 m_{i+1}后，又挪动在新点 m_{i+1}为圆心，仍以 r 为半径划圆弧与以点 C 为圆心依次划出圆弧相交得点，直至得出点 $m_{\frac{1}{2}i_{max}}$（本例点 m_{12}）为止；此时，以点 $m_{\frac{1}{2}i_{max}}$（本例点 m_{12}）为圆心，以线段$Em_{\frac{1}{2}i_{max}}$（本例Em_{12}，长 128.2）为半径划圆弧，与以点 C 为圆心，以$\frac{b}{2}$（本例 100）为半径划圆弧相交得点 E，所形成的$\triangle CEm_{\frac{1}{2}i_{max}}$（本例$\triangle CEm_{12}$）是直角三角形。用光滑曲线连接系列点 m_0、m_1、…、m_{12}得一规律曲线，整个图形是本例平口错心天圆地长方的展开图（一半），如图 3.4c 所示。

3.5　斜口错心天圆地长方的展开计算

图 3.5a 所示为斜口错心天圆地长方的立体图。如图 3.5b 所示，上底圆倾斜与下底的夹角为 β（<90°），上底圆直径为 d，其中心点的高为 H，下底长方形的板厚内侧的宽边长 a，长边长 b，上、下底的中心点偏离水平距离为 e，求该斜口错心天圆地长方的展开图。

1. 预备数据

上底圆周上的等分点 $m_i(x_i, y_i, z_i)$ 空间直角坐标计算式为：

$$\begin{cases}x_i=e+\dfrac{d}{2}\cos\beta\cos\left(\dfrac{360^\circ}{i_{max}}\cdot i\right)\\ y_i=\dfrac{d}{2}\sin\left(\dfrac{360^\circ}{i_{max}}\cdot i\right)\\ z_i=H-\dfrac{d}{2}\sin\beta\cos\left(\dfrac{360^\circ}{i_{max}}\cdot i\right)\end{cases}\tag{3.19}$$

（取 $i=0$、1、2、…、$\frac{1}{2}i_{\max}$）

式中　d——上底圆的板厚中心直径；

e——上、下底的中心点偏离的水平距离（带符号），位于 oz 轴的右侧时取正值，位于 oz 轴的左侧时取负值；

H——上底圆的中心点的高；

β——上底圆面与下底面的夹角（°）；

i——参变数，最大值 $i_{\max}$ 是圆的直径圆周需要等分的份数，且应是数“4”的整数倍。

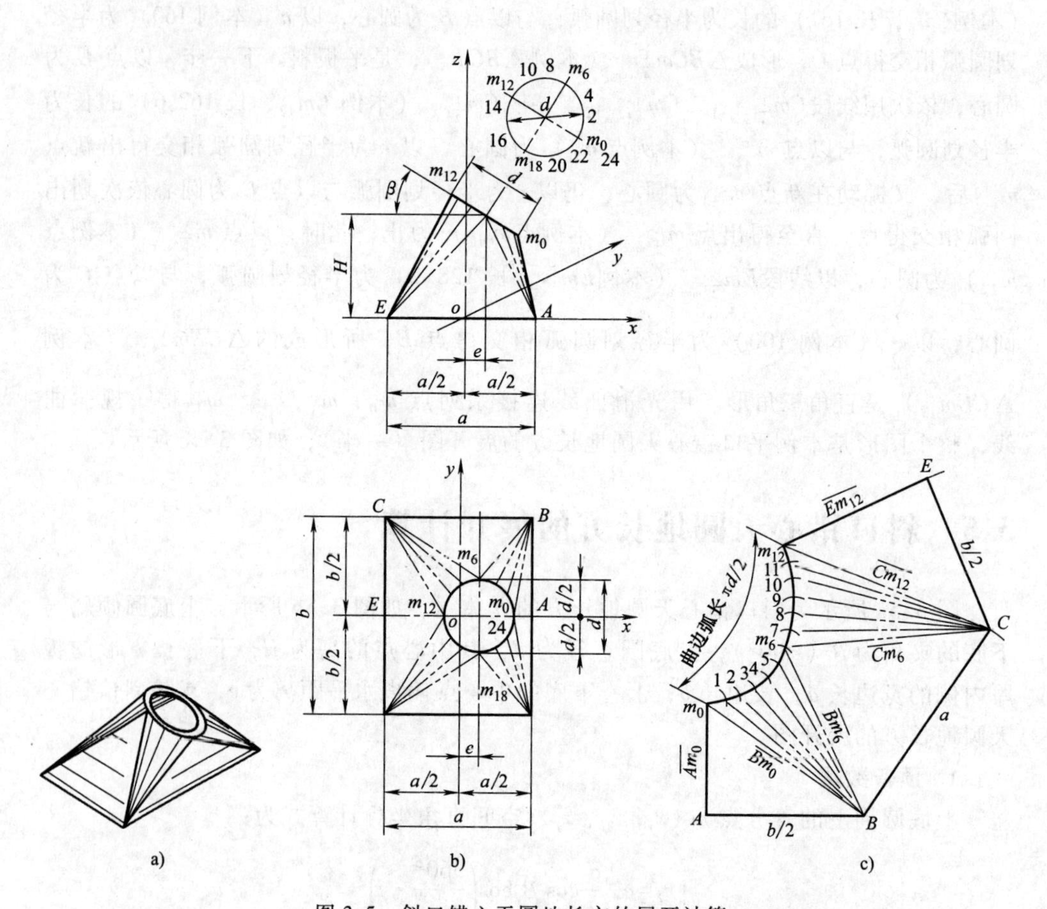

图 3.5　斜口错心天圆地长方的展开计算

a）立体图　b）斜口错心天圆地长方示意图　c）斜口错心天圆地长方展开图（一半）

2. 展开计算

1）下底长方形右侧长边的中点 A 至上底圆周上的点 m_0 的有向线段Am_0的长及其左侧长边的中点 E 至点 $m_{\frac{1}{2}i_{\max}}$ 的有向线段$Em_{\frac{1}{2}i_{\max}}$ 的长的计算式为：

$$\overline{Am_0}=\sqrt{\left(\frac{a-d\cos\beta}{2}-e\right)^2+z_0^2}$$
$$\overline{Em_{\frac{1}{2}i_{\max}}}=\sqrt{\left(\frac{a-d\cos\beta}{2}+e\right)^2+z_{\frac{1}{2}i_{\max}}^2} \tag{3.20}$$

式中　a——下底长方形的板厚内侧的宽边长；

z_0、$z_{\frac{1}{2}i_{\max}}$——见计算式（3.19）；

d、e、β——同前。

2）下底长方形的角点 B 至上底圆周上的点 m_i 的有向线段 Bm_i 的长的计算式为：

$$\overline{Bm_i}=\sqrt{\left(\frac{a}{2}-x_i\right)^2+\left(\frac{b}{2}-y_i\right)^2+z_i^2} \tag{3.21}$$

（取 $i=0$、1、2、…、$\frac{1}{4}i_{\max}$）

式中　b——下底长方形的板厚内侧的长边长；

x_i，y_i，z_i——见计算式（3.19）；

a、i——同前。

3）下底长方形的角点 C 至上底圆周上的点 m_i 的有向线段 Cm_i 的长的计算式为：

$$\overline{Cm_i}=\sqrt{\left(\frac{-a}{2}-x_i\right)^2+\left(\frac{b}{2}-y_i\right)^2+z_i^2} \tag{3.22}$$

（取 $i=\frac{1}{4}i_{\max}$、$\frac{1}{4}i_{\max}+1$、…、$\frac{1}{2}i_{\max}$）

式中　a、b、x_i、y_i、z_i、i——同前。

4）上底圆周的展开长的 $i_{\max}$ 等分的长 r 为：

$$r=\frac{\pi d}{i_{\max}} \tag{3.23}$$

式中　π——圆周率；

d、i——同前。

例 3.5　如图 3.5b 所示的斜口错心天圆地长方：$d=100$，$\beta=20°$，$e=15$，$a=180$，$b=260$，$H=100$，取 $i_{\max}=24$，求该构件的展开图。

解：

（1）预备数据

将已知数代入计算式（3.19）中，得本例的上底圆周上的点 $m_i(x_i, y_i, z_i)$ 空间直角坐标计算式：

$$\begin{cases} x_i = 15+\frac{100}{2}\cos 20°\cos\left(\frac{360°}{24}\cdot i\right) = 15+46.9846\cos(15°\cdot i) \\ y_i = \frac{100}{2}\sin\left(\frac{360°}{24}\cdot i\right) = 50\ \sin(15°\cdot i) \\ z_i = 100-\frac{100}{2}\sin 20°\cos\left(\frac{360°}{24}\cdot i\right) = 100-17.101\cos(15°\cdot i) \end{cases}$$

（取 $i=0$、1、2、…、12.）

依次将 i 值代入上式计算：

当 $i=0$ 时，得：

$$\begin{cases} x_0 = 15+46.9846\cos(15°\times 0) = 61.98 \\ y_0 = 50\ \sin(15°\times 0) = 0 \\ z_0 = 100-17.101\cos(15°\times 0) = 82.9 \end{cases}$$

当 $i=1$ 时，得：

$$\begin{cases} x_1 = 15+46.9846\cos(15°\times 1) = 60.38 \\ y_1 = 50\ \sin(15°\times 1) = 12.94 \\ z_1 = 100-17.101\cos(15°\times 1) = 83.48 \end{cases}$$

……

将计算结果列于表 3.9 中。

表 3.9　例 3.5 倾斜上底圆周上的点 $m_i(x_i, y_i, z_i)$ 空间直角坐标值

点序号 i / 直角坐标	0	1	2	3	4	5	6	7	8	9	10	11	12
x_i	61.98	60.38	55.69	48.22	38.49	27.16	15	2.48	-8.49	-18.22	-25.69	-30.38	-31.98
y_i	0	12.94	25	35.36	43.3	48.3	50	48.3	43.3	35.36	25	12.94	0
z_i	82.9	83.48	85.19	87.91	91.45	95.59	100	104.43	108.55	112.09	114.81	116.52	117.1

（2）展开计算

1）将已知数代入计算式（3.20）中，得本例的有向线段 Am_0 及 Em_{12} 的长：

$$\overline{Am_0} = \sqrt{\left(\frac{180-100\ \cos 20°}{2}-15\right)^2 + 82.92^2} = 87.5$$

$$\overline{Em_{12}} = \sqrt{\left(\frac{180-100\ \cos 20°}{2}+15\right)^2 + 117.1^2} = 130.7$$

2）将已知数代入计算式（3.21）中，得本例的有向线段 Bm_i 的长：

$$\overline{Bm_i} = \sqrt{\left(\frac{180}{2}-x_i\right)^2 + \left(\frac{260}{2}-y_i\right)^2 + z_i^2} = \sqrt{(90-x_i)^2+(130-y_i)^2+z_i^2}$$

（取 $i=0$、1、2、…、6）

依次将 i 值代入上式计算：

当 $i=0$ 时，得：

$$\overline{Bm_0}=\sqrt{(90-x_0)^2+(130-y_0)^2+z_0^2}$$

查表 3.9 得：$x_0=61.98$、$y_0=0$、$z_0=82.9$，代入上式，得：

$$\overline{Bm_0}=\sqrt{(90-61.98)^2+(130-0)^2+82.9^2}=156.7$$

当 $i=1$ 时，得：

$$\overline{Bm_1}=\sqrt{(90-x_1)^2+(130-y_1)^2+z_1^2}$$

查表 3.9 得：$x_1=60.38$、$y_1=12.94$、$z_1=83.48$，代入上式，得：

$$\overline{Bm_1}=\sqrt{(90-60.38)^2+(130-12.94)^2+83.48^2}=146.8$$

……

将计算结果列于表 3.10 中。

3）将已知数代入计算式（3.22）中，得本例的有向线段 Cm_i 的长的计算式：

$$\overline{Cm_i}=\sqrt{\left(\frac{-180}{2}-x_i\right)^2+\left(\frac{260}{2}-y_i\right)^2+z_i^2}=\sqrt{(-90-x_i)^2+(130-y_i)^2+z_i^2}$$

（取 $i=6$、7、…、12）

依次将 i 值代入上式计算：

当 $i=6$ 时，得：

$$\overline{Cm_6}=\sqrt{(-90-x_6)^2+(130-y_6)^2+z_6^2}$$

查表 3.9 得：$x_6=15$、$y_6=50$、$z_6=100$，代入上式，得：

$$\overline{Cm_6}=\sqrt{(-90-15)^2+(130-50)^2+100^2}=165.6$$

当 $i=7$ 时，得：

$$\overline{Cm_7}=\sqrt{(-90-x_7)^2+(130-y_7)^2+z_7^2}$$

查表 3.9 得：$x_7=2.84$、$y_7=48.3$、$z_7=104.43$，代入上式，得：

$$\overline{Cm_7}=\sqrt{(-90-2.84)^2+(130-48.3)^2+104.43^2}=161.9$$

……

将计算结果列于表 3.10 中。

表 3.10　例 3.5 斜口错心天圆地长方的展开图上的有向线段长

有向线段名称	Am_0	Em_{12}	Bm_0	Bm_1	Bm_2	Bm_3	Bm_4	Bm_5	Bm_6	Cm_6	Cm_7	Cm_8	Cm_9	Cm_{10}	Cm_{11}	Cm_{12}
长	87.5	130.7	156.7	146.8	139.5	135.8	136.1	140.6	148.4	165.6	161.9	161.1	163.3	168.4	175.6	184.3

4）将已知数代入计算式（3.23）中，得本例的上底圆周的展开长的 24 等分的长 r：

$$r=\frac{100\pi}{24}=13.1$$

参照 3.4 节平口错心天圆地长方展开图的划制方法，划制本例的斜口错心天圆地长方的展开图，如图 3.5c 所示。

3.6 斜口同心天圆地长方的展开计算

图 3.6a 所示为斜口同心天圆地方的立体图。如图 3.6b 所示，上底圆倾斜与下底的夹角为 β（<90°），上底圆的直径为 d，其中心点的高为 H，下底长方形的板厚内侧的宽边长 a，长边长 b，求该斜口同心天圆地长方的展开图。

本节采用 3.5 节的计算式和作展开图的方法步骤来解。由于本节构件的上、下底的中心点在同一条竖直线上，可视为上、下底的两中心点的水平距离的偏差为 $e=0$，以此代入计算式进行计算。

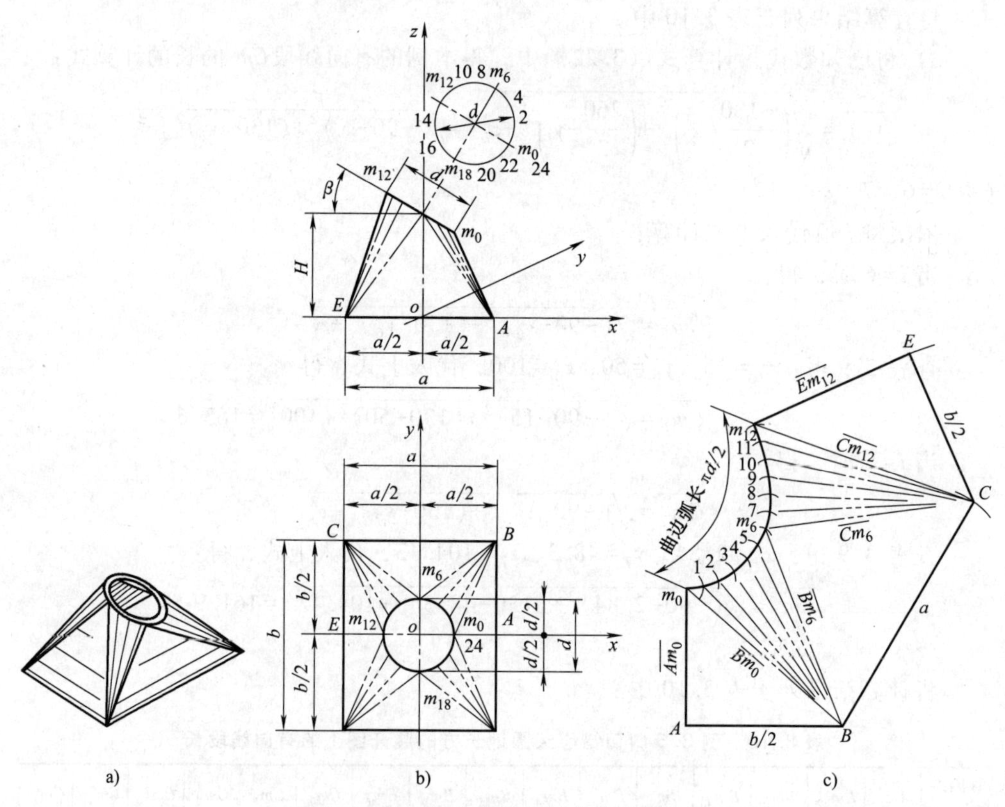

图 3.6 斜口同心天圆地长方的展开计算

a）立体图 b）斜口同心天圆地长方示意图 c）斜口同心天圆地长方展开图（一半）

例 3.6 如图 3.6b 所示的斜口同心天圆地长方：$d=100$，$\beta=20°$，$H=110$，$a=210$，$b=260$，取 $i_{max}=24$，求该构件的展开图。

解：该构件的上、下底同心，可视为上、下底中心点偏离的水平距离 $e=0$，这时，可完全应用 3.5 节斜口错心天圆地长方的所有计算式。

（1）预备数据

将已知数代入计算式（3.19）中，得本例的上底圆周上的等分点 $m_i(x_i, y_i, z_i)$ 空间直角坐标计算式：

$$\begin{cases} x_i=0+\dfrac{100}{2}\cos20°\cos\left(\dfrac{360°}{24}\cdot i\right)=46.9846\cos(15°\cdot i) \\ y_i=\dfrac{100}{2}\sin\left(\dfrac{360°}{24}\cdot i\right)=50\sin(15\cdot i) \\ z_i=110-\dfrac{100}{2}\sin20°\cos\left(\dfrac{360°}{24}\cdot i\right)=110-17.101\cos(15°\cdot i) \end{cases}$$

（取 $i=0$、1、2、…、12）

依次将 i 值代入上式计算：

当 $i=0$ 时，得：

$$\begin{cases} x_0=46.9846\cos(15°\times0)=46.98 \\ y_0=50\sin(15°\times0)=0 \\ z_0=110-17.101\cos(15°\times0)=92.9 \end{cases}$$

当 $i=1$ 时，得：

$$\begin{cases} x_1=46.9846\cos(15°\times1)=45.38 \\ y_1=50\sin(15°\times1)=12.94 \\ z_1=110-17.101\cos(15°\times1)=93.48 \end{cases}$$

……

将计算结果列于表 3.11 中。

表 3.11　例 3.6 倾斜上底圆周上的点 $m_i(x_i, y_i, z_i)$ 空间直角坐标值

点序号 i / 直角坐标	0	1	2	3	4	5	6	7	8	9	10	11	12
x_i	46.98	45.38	40.69	33.22	23.49	12.16	0	−12.16	−23.49	−33.22	−40.69	−45.38	−46.98
y_i	0	12.94	25	35.36	43.3	48.3	50	48.3	43.3	35.36	25	12.94	0
z_i	92.9	93.48	95.19	97.91	101.45	105.57	110	114.43	118.55	122.09	124.81	126.52	127.1

（2）展开计算

1）将已知数代入计算式（3.20）中，这里 $e=0$，得本例的有向线段 Am_0 及 Em_{12} 的长：

$$\overline{Am_0}=\sqrt{\left(\dfrac{210-100\cos20°}{2}-0\right)^2+92.9^2}=109.5$$

$$\overline{Em_{12}}=\sqrt{\left(\dfrac{210-100\cos20°}{2}+0\right)^2+127.1^2}=139.7$$

2）将已知数代入计算式（3.21）中，得本例的有向线段 Bm_i 的长的计算式：

$$\overline{Bm_i}=\sqrt{\left(\frac{210}{2}-x_i\right)^2+\left(\frac{260}{2}-y_i\right)^2+z_i^2}=\sqrt{(105-x_i)^2+(130-y_i)^2+z_i^2}$$

（取 $i=0$、1、2、…、6）

依次将 i 值代入上式计算：

当 $i=0$ 时，得：

$$\overline{Bm_0}=\sqrt{(105-x_0)^2+(130-y_0)^2+z_0^2}$$

查表 3.11 得：$x_0=46.98$、$y_0=0$、$z_0=92.9$，代入上式，得：

$$\overline{Bm_0}=\sqrt{(105-46.98)^2+(130-0)^2+92.9^2}=170$$

当 $i=1$ 时，得：

$$\overline{Bm_1}=\sqrt{(105-x_1)^2+(130-y_1)^2+z_1^2}$$

查表 3.11 得：$x_1=45.38$、$y_1=12.94$、$z_1=93.48$，代入上式，得：

$$\overline{Bm_1}=\sqrt{(105-45.38)^2+(130-12.94)^2+93.48^2}=161.2$$

……

将计算结果列于表 3.12 中。

3）将已知数代入计算式（3.22）中，得本例的有向线段 Cm_i 的长的计算式：

$$\overline{Cm_i}=\sqrt{\left(\frac{-210}{2}-x_i\right)^2+\left(\frac{260}{2}-y_i\right)^2+z_i^2}=\sqrt{(-105-x_i)^2+(130-y_i)^2+z_i^2}$$

（取 $i=6$、7、…、12）

依次将 i 值代入上式计算：

当 $i=6$ 时，得：

$$\overline{Cm_6}=\sqrt{(-105-x_6)^2+(130-y_6)^2+z_6^2}$$

查表 3.11 得：$x_6=0$、$y_6=50$、$z_6=110$，代入上式，得：

$$\overline{Cm_6}=\sqrt{(-105-0)^2+(130-50)^2+110^2}=171.8$$

当 $i=7$ 时，得：

$$\overline{Cm_7}=\sqrt{(-105-x_7)^2+(130-y_7)^2+z_7^2}$$

查表 3.11 得：$x_7=-12.16$、$y_7=48.3$、$z_7=114.43$，代入上式，得：

$$\overline{Cm_7}=\sqrt{(-105+12.16)^2+(130-48.3)^2+114.43^2}=168.5$$

以上计算结果列于表 3.12 中。

表 3.12　例 3.6 斜口同心天圆地长方的展开图上的有向线段长

有向线段名称	Am_0	Em_{12}	Bm_0	Bm_1	Bm_2	Bm_3	Bm_4	Bm_5	Bm_6	Cm_6	Cm_7	Cm_8	Cm_9	Cm_{10}	Cm_{11}	Cm_{12}
长	109.5	139.7	170	161.2	155.6	153.9	156.4	162.6	171.8	171.8	168.5	168	170.3	175.3	182.4	190.8

4）将已知数代入计算式（3.23）中，得本例的上底圆周的展开长的 24 等分的长 r：

$$r=\frac{100\pi}{24}=13.1$$

参照 3.4 节平口错心天圆地长方的展开图的划制方法，划制本例的斜口同心天圆地长方的展开图，如图 3.6c 所示。

3.7 斜口错心天圆地方的展开计算

图 3.7a 所示为斜口错心天圆地方的立体图。如图 3.7b 所示，上底圆倾斜与下底的夹角为 β（<90°），上底圆的直径为 d，其中心点的高为 H，下底正方形的板厚内侧的边长为 a，上、下底的中心点偏离的水平距离为 e，求该斜口错心天圆地方的展开图。

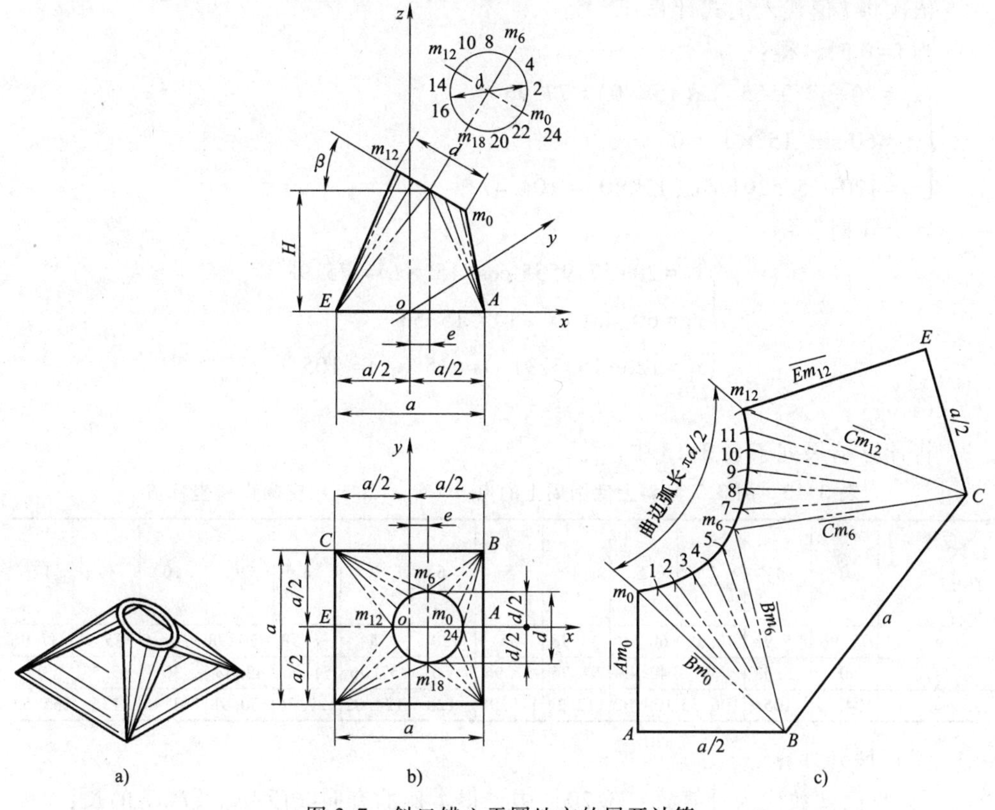

图 3.7 斜口错心天圆地方的展开计算

a）立体图 b）斜口错心天圆地方示意图 c）斜口错心天圆地方展开图（一半）

令 3.5 节中斜口错心天圆地长方的下底长方形的长边长 $b=a$，就得到本节的构件了，所以 3.5 节的计算式适用于本节。

例 3.7 如图 3.7b 所示的斜口错心天圆地方：$\beta=15°$，$d=120$，$H=120$，$e=20$，$a=240$，取 $i_{max}=24$，求该构件的展开图。

解：

（1）预备数据

将已知数代入计算式（3.19）中，得本例的上底圆周上的点 $m_i(x_i,\ y_i,\ z_i)$

空间直角坐标计算式：

$$\begin{cases} x_i = 20+\dfrac{120}{2}\cos 15° \cos\left(\dfrac{360°}{24}\cdot i\right) = 20+57.9555\cos(15\cdot i) \\ y_i = \dfrac{120}{2}\sin\left(\dfrac{360°}{24}\cdot i\right) = 60\sin(15°\cdot i) \\ z_i = 120-\dfrac{120}{2}\sin 15° \cos\left(\dfrac{360°}{24}\cdot i\right) = 120-15.5291\cos(15°\cdot i) \end{cases}$$

（取 $i=0$、1、2、…、12）

依次将 i 值代入上式计算：

当 $i=0$ 时，得：

$$\begin{cases} x_0 = 20+57.9555\cos(15°\times 0) = 77.96 \\ y_0 = 60\sin(15°\times 0) = 0 \\ z_0 = 120-15.5291\cos(15°\times 0) = 104.47 \end{cases}$$

当 $i=1$ 时，得：

$$\begin{cases} x_1 = 20+57.9555\cos(15°\times 1) = 75.98 \\ y_1 = 60\sin(15°\times 1) = 15.53 \\ z_1 = 120-15.5291\cos(15°\times 1) = 105 \end{cases}$$

……

将计算结果列于表 3.13 中。

表 3.13　例 3.7 倾斜上底圆周上的点 $m_i(x_i, y_i, z_i)$ 空间直角坐标值

直角坐标 \ 点序号 i	0	1	2	3	4	5	6	7	8	9	10	11	12
x_i	77.96	75.98	70.19	60.98	48.98	35	20	5	-8.98	-20.98	-30.19	-35.98	-37.96
y_i	0	15.53	30	42.43	51.96	57.96	60	57.96	51.96	42.43	30	15.53	0
z_i	104.47	105	106.55	109.02	112.24	115.98	120	124.02	127.76	130.98	133.45	135	135.53

（2）展开计算

1）将已知数代入计算式（3.20）中，得本例的有向线段 Am_0 及 Em_{12} 的长：

$$\overline{Am_0} = \sqrt{\left(\frac{240-120\cos 15°}{2}-20\right)^2 + 104.47^2} = 112.6$$

$$\overline{Em_{12}} = \sqrt{\left(\frac{240-120\cos 15°}{2}+20\right)^2 + 135.53^2} = 158.4$$

2）将已知数代入计算式（3.21）中，这里 $b=a=240$，得本例的有向线段 Bm_i 的长的计算式：

$$\overline{Bm_i} = \sqrt{\left(\frac{240}{2}-x_i\right)^2 + \left(\frac{240}{2}-y_i\right)^2 + z_i^2} = \sqrt{(120-x_i)^2+(120-y_i)^2+z_i^2}$$

（取 $i=0$、1、2、…、6）

依次将 i 值代入上式计算：

当 $i=0$ 时，得：

$$\overline{Bm_0}=\sqrt{(120-x_0)^2+(120-y_0)^2+z_0^2}$$

查表 3.13 得：$x_0=77.96$、$y_0=0$、$z_0=104.47$，代入上式，得：

$$\overline{Bm_0}=\sqrt{(120-77.96)^2+(120-0)^2+104.47^2}=164.6$$

当 $i=1$ 时，得：

$$\overline{Bm_1}=\sqrt{(120-x_1)^2+(120-y_1)^2+z_1^2}$$

查表 3.13 得：$x_1=75.98$、$y_1=15.53$、$z_1=105$，代入上式，得：

$$\overline{Bm_1}=\sqrt{(120-75.98)^2+(120-15.53)^2+105^2}=154.5$$

……

将计算结果列于表 3.14 中。

3）将已知数代入计算式（3.22）中，这里 $b=a=240$，得本例的有向线段$\overline{Cm_i}$的计算式：

$$\overline{Cm_i}=\sqrt{\left(\frac{-240}{2}-x_i\right)^2+\left(\frac{240}{2}-y_i\right)^2+z_i^2}=\sqrt{(-120-x_i)^2+(120-y_i)^2+z_i^2}$$

（取 $i=6$、7、…、12）

依次将 i 值代入上式计算：

当 $i=6$ 时，得：

$$\overline{Cm_6}=\sqrt{(-120-x_6)^2+(120-y_6)^2+z_6^2}$$

查表 3.13 得：$x_6=20$、$y_6=60$、$z_6=120$，代入上式，得：

$$\overline{Cm_6}=\sqrt{(-120-20)^2+(120-60)^2+120^2}=193.9$$

当 $i=7$ 时，得

$$\overline{Cm_7}=\sqrt{(-120-x_7)^2+(120-y_7)^2+z_7^2}$$

查表 3.13，得：$x_7=5$、$y_7=57.96$、$z_7=124.02$，代入上式，得：

$$\overline{Cm_7}=\sqrt{(-120-5)^2+(120-57.96)^2+124.02^2}=186.7$$

……

将计算结果列于表 3.14 中。

表 3.14　例 3.7 斜口错心天圆地方的展开图上的有向线段长

有向线段名称	Am_0	Em_{12}	Bm_0	Bm_1	Bm_2	Bm_3	Bm_4	Bm_5	Bm_6	Cm_6	Cm_7	Cm_8	Cm_9	Cm_{10}	Cm_{11}	Cm_{12}
长	112.6	158.4	164.6	154.5	148.1	146.2	149.2	156.6	167.3	193.9	186.7	182.4	181.6	184.3	190.3	198.7

4）将已知数代入计算式（3.23）中，得本例的上底圆的展开长的 24 等分的长 r：

$$r=\frac{120\pi}{24}=15.71$$

参照 3.2 节平口错心天圆地方的展开图的划制方法，划制本例的斜口错心天圆地方的展开图（一半），如图 3.7c 所示。

3.8 斜口同心天圆地方的展开计算

图 3.8a 所示为斜口同心天圆地方的立体图。如图 3.8b 所示，上底圆倾斜与下底的夹角为 β（<90°），上底圆的直径为 d，其中心点的高为 H，下底正方形的板厚内侧的边长 a，求该斜口同心天圆地方的展开图。

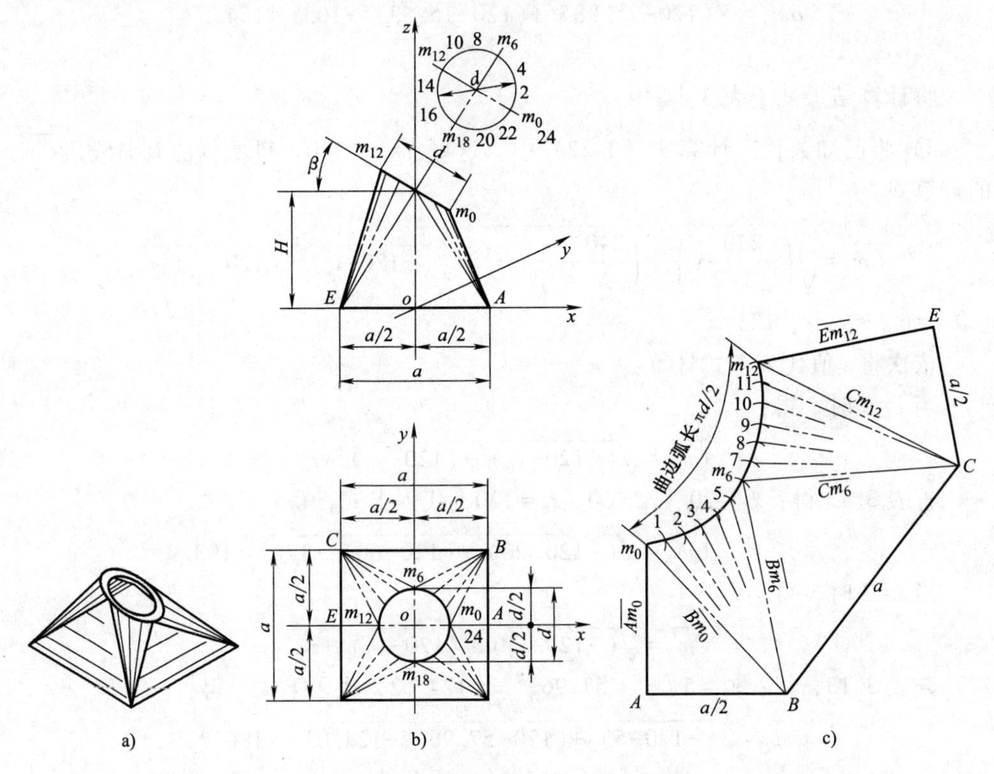

图 3.8 斜口同心天圆地方的展开计算

a）立体图 b）斜口同心天圆地方示意图 c）斜口同心天圆地方展开图（一半）

令 3.5 节斜口错心天圆地长方的下底长方形的长边长 $b=a$，$e=0$，可视为上、下底的中心点在同一竖直中心轴线上，就构成本节斜口同心天圆地方，所以 3.5 节的计算式，可用于本节的计算。

例 3.8 如图 3.8b 所示的斜口同心天圆地方：$\beta=15°$，$d=120$，$H=120$，$a=230$，取 $i_{max}=24$，求该构件的展开图。

解：

（1）预备数据

将已知数代入计算式（3.19）中，这里 $e=0$，得本例的上底圆周上的点 m_i（x_i，y_i，z_i）空间直角坐标计算式：

$$\begin{cases} x_i=0+\dfrac{120}{2}\cos 15°\cos\left(\dfrac{360°}{24}\cdot i\right)=57.96\cos(15°\cdot i) \\ y_i=\dfrac{120}{2}\sin\left(\dfrac{360°}{24}\cdot i\right)=60\sin(15°\cdot i) \\ z_i=120-\dfrac{120}{2}\sin15°\cos\left(\dfrac{360°}{24}\cdot i\right)=120-15.529\cos(15°\cdot i) \end{cases}$$

（取 $i=0$、1、2、…、12）

依次将 i 值代入上式计算：

当 $i=0$ 时，得：

$$\begin{cases} x_0=57.96\cos(15°\times0)=57.96 \\ y_0=60\sin(15°\times0)=0 \\ z_0=120-15.529\cos(15°\times0)=104.47 \end{cases}$$

当 $i=1$ 时，得：

$$\begin{cases} x_1=57.96\cos(15°\times1)=55.99 \\ y_1=60\sin(15°\times1)=15.53 \\ z_1=120-15.529\cos(15°\times1)=105 \end{cases}$$

……

将计算结果列于表 3.15 中。

表 3.15　例 3.8 倾斜上底圆周上的点 m_i（x_i，y_i，z_i）空间直角坐标值

点序号 i / 直角坐标	0	1	2	3	4	5	6	7	8	9	10	11	12
x_i	57.96	55.99	50.19	40.98	28.98	15	0	−15	−28.98	−40.98	−50.19	−55.99	−57.96
y_i	0	15.53	30	42.43	51.96	57.96	60	57.96	51.96	42.43	30	15.53	0
z_i	104.47	105	106.55	109.02	112.24	115.98	120	124.02	127.76	130.98	133.45	135	135.53

（2）展开计算

1）将已知数代入计算式（3.20）中，这里 $e=0$，得本例的有向线段 Am_0 及 Em_{12} 的长：

$$\overline{Am_0}=\sqrt{\left(\frac{230-120\cos15°}{2}-0\right)^2+104.47^2}=119$$

$$\overline{Em_{12}}=\sqrt{\left(\frac{230-120\cos15°}{2}+0\right)^2+135.53^2}=147$$

2）将已知数代入计算式（3.21）中，这里 $b=a=230$，得本例的有向线段 Bm_i 的长的计算式：

$$\overline{Bm_i}=\sqrt{\left(\frac{230}{2}-x_i\right)^2+\left(\frac{230}{2}-y_i\right)^2+z_i^2}=\sqrt{(115-x_i)^2+(115-y_i)^2+z_i^2}$$

（取 $i=0、1、2、\cdots、6$）

依次将 i 值代入上式计算：

当 $i=0$ 时，得： $\overline{Bm_0}=\sqrt{(115-x_0)^2+(115-y_0)^2+z_0^2}$

查表 3.15 得：$x_0=57.96$、$y_0=0$、$z_0=104.47$，代入上式，得：

$$\overline{Bm_0}=\sqrt{(115-57.96)^2+(115-0)^2+104.47^2}=165.5$$

当 $i=1$ 时，得： $\overline{Bm_1}=\sqrt{(115-x_1)^2+(115-y_1)^2+z_1^2}$

查表 3.15 得：$x_1=55.99$、$y_1=15.53$、$z_1=105$，代入上式，得：

$$\overline{Bm_1}=\sqrt{(115-55.99)^2+(115-15.53)^2+105^2}=156.2$$

……

将计算结果列于表 3.16 中。

3）将已知数代入计算式（3.22）中，这里 $b=a=230$，得本例的有向线段 Cm_i 的长的计算式：

$$\overline{Cm_i}=\sqrt{\left(\frac{-230}{2}-x_i\right)^2+\left(\frac{230}{2}-y_i\right)^2+z_i^2}=\sqrt{(-115-x_i)^2+(115-y_i)^2+z_i^2}$$

（取 $i=6、7、\cdots、12$）

依次将 i 值代入上式计算：

当 $i=6$ 时，得：

$$\overline{Cm_6}=\sqrt{(-115-x_6)^2+(115-y_6)^2+z_6^2}$$

查表 3.15 得：$x_6=0$、$y_6=60$、$z_6=120$，代入上式，得：

$$\overline{Cm_6}=\sqrt{(-115-0)^2+(115-60)^2+120^2}=175.1$$

当 $i=7$ 时，得：

$$\overline{Cm_7}=\sqrt{(-115-x_7)^2+(115-y_7)^2+z_7^2}$$

查表 3.15 得：$x_7=-15$、$y_7=57.96$、$z_7=124.02$，代入上式，得：

$$\overline{Cm_7}=\sqrt{(-115+15)^2+(115-57.96)^2+124.02^2}=169.2$$

……

将计算结果列于表 3.16 中。

表 3.16 例 3.8 斜口同心天圆地方的展开图上的有向线段长

有向线段名称	Am_0	Em_{12}	Bm_0	Bm_1	Bm_2	Bm_3	Bm_4	Bm_5	Bm_6	Cm_6	Cm_7	Cm_8	Cm_9	Cm_{10}	Cm_{11}	Cm_{12}
长	119	147	165.5	156.2	150.9	150.4	154.8	163.4	175.1	175.1	169.2	166.4	167	171	177.8	186.7

4）将已知数代入计算式（3.23）中，得本例的上底圆周的展开长的 24 等分的长 r：

$$r=\frac{120\pi}{24}=15.71$$

参照 3.2 节平口错心天圆地方的展开图的划制方法，划制本例的斜口同心天圆地方的展开图，如图 3.8c 所示。

3.9　双向错心平口天圆地长方的展开计算

图 3.9a 所示为双向错心平口天圆地长方的立体图。如图 3.9b 所示，上、下底平行间距离为 H，上底圆的直径为 d，圆的中心点在 ox 轴方向偏移距离为 e，在 oy 轴方向偏移距离为 V，下底长方形的板厚内侧的宽边长 a，长边长 b，求该双向错心平口天圆地长方的展开图。

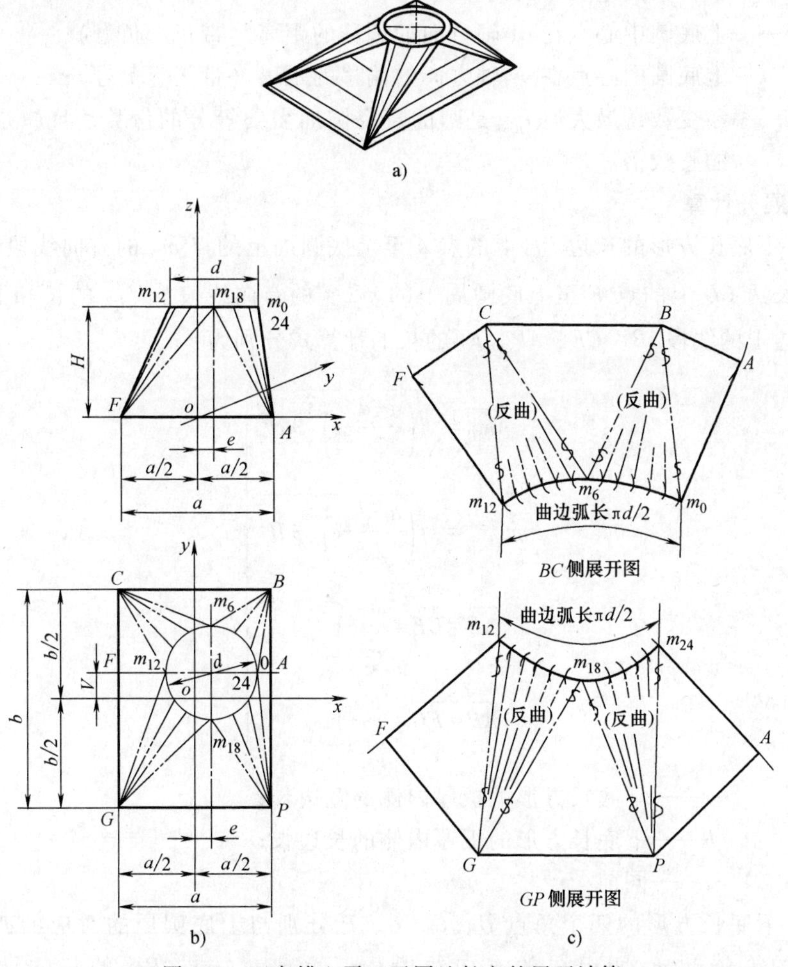

图 3.9　双向错心平口天圆地长方的展开计算

a）立体图　b）双向错心平口天圆地长方示意图　c）（例题）双向错心平口天圆地长方展开图

1. 预备数据

上底圆周上的等分点 $m_i(x_i, y_i, z_i)$ 空间直角坐标计算式为：

$$\begin{cases} x_i = \dfrac{d}{2}\cos\left(\dfrac{360°}{i_{\max}} \cdot i\right) + e \\ y_i = \dfrac{d}{2}\sin\left(\dfrac{360°}{i_{\max}} \cdot i\right) + V \\ z_i = H \end{cases} \tag{3.24}$$

（取 $i=0$、1、2、…、$i_{\max}$）

式中 d——上底圆的板厚中心直径；

H——平口天圆地长方的高；

e——上底圆中心点在 ox 轴方向的偏移的距离（带正、负号）；

V——上底圆中心点在 oy 轴方向的偏移的距离（带正、负号）；

i——参变数，最大值 $i_{\max}$ 是圆的直径圆周需要等分的份数，且应是数“4”的整数倍。

2. 展开计算

1）下底长方形的长边 BP 上的点 A 至上底圆周上的点 m_0 的有向线段 $\overline{Am_0}$ 的长及另一长边 CG 上的点 F 至上底圆周上的 $m_{\frac{1}{2}i_{\max}}$ 的有向线段 $\overline{Fm_{\frac{1}{2}i_{\max}}}$ 的长和下底长方形的长边上的线段 $\overline{AB}$、$\overline{CF}$、$\overline{AP}$、$\overline{FG}$ 的长的计算式分别为：

$$\left.\begin{aligned} \overline{Am_0} &= \sqrt{\left(\frac{a-d}{2}-e\right)^2 + H^2} \\ \overline{Fm_{\frac{1}{2}i_{\max}}} &= \sqrt{\left(\frac{a-d}{2}+e\right)^2 + H^2} \\ \overline{AB} = \overline{CF} &= \frac{b}{2} - V \\ \overline{AP} = \overline{FG} &= \frac{b}{2} + V \end{aligned}\right\} \tag{3.25}$$

式中 a——下底长方形的板厚内侧的宽边长；

b——下底长方形的板厚内侧的长边长；

d、H、e、V、i——同前。

2）下底长方形的四个角点 B、C、G、P 分别与上底圆周的对应的四分之一圆弧上的等分点 m_i 所组成的有向线段 Bm_i、Cm_i、Gm_i、Pm_i 的长的计算式分别为：

$$\left.\begin{array}{l}\overline{Bm_i}=\sqrt{\left(\dfrac{a}{2}-x_i\right)^2+\left(\dfrac{b}{2}-y_i\right)^2+H^2}\\ \left(\text{取 } i=0、1、2、\cdots、\dfrac{1}{4}i_{\max}\right)\\ \overline{Cm_i}=\sqrt{\left(\dfrac{-a}{2}-x_i\right)^2+\left(\dfrac{b}{2}-y_i\right)^2+H^2}\\ \left(\text{取 } i=\dfrac{1}{4}i_{\max}、\dfrac{1}{4}i_{\max}+1、\dfrac{1}{2}i_{\max}\right)\\ \overline{Gm_i}=\sqrt{\left(\dfrac{-a}{2}-x_i\right)^2+\left(\dfrac{-b}{2}-y_i\right)^2+H^2}\\ \left(\text{取 } i=\dfrac{1}{2}i_{\max}、\dfrac{1}{2}i_{\max}+1、\dfrac{3}{4}i_{\max}\right)\\ \overline{Pm_i}=\sqrt{\left(\dfrac{a}{2}-x_i\right)^2+\left(\dfrac{-b}{2}-y_i\right)^2+H^2}\\ \left(\text{取 } i=\dfrac{3}{4}i_{\max}、\dfrac{3}{4}i_{\max}+1、\cdots、i_{\max}\right)\end{array}\right\}\qquad(3.26)$$

式中　x_i、y_i——见计算式（3.24）；

a、b、H、i——同前。

3）上底圆周的展开长的 $i_{\max}$ 等分的长 r：

$$r=\frac{\pi d}{i_{\max}}\qquad(3.27)$$

式中　π——圆周率；

d、i——同前。

例 3.9　如图 3.9b 所示的双向错心平口天圆地长方：$d=80$，$e=10$，$V=20$，$a=120$，$b=160$，$H=160$，取 $i_{\max}=24$，求该构件的展开图。

解：

（1）预备数据

将已知数代入计算式（3.24）中，得本例的上底圆周上的点 $m_i(x_i,\ y_i,\ z_i)$ 空间直角坐标的计算式：

$$\begin{cases}x_i=\dfrac{80}{2}\cos\left(\dfrac{360°}{24}\cdot i\right)+10=40\cos(15°\cdot i)+10\\ y_i=\dfrac{80}{2}\sin\left(\dfrac{360°}{24}\cdot i\right)+20=40\sin(15°\cdot i)+20\\ z_i=100\end{cases}$$

（取 $i=0、1、2、\cdots、24$）

依次将 i 值代入上式计算：

当 $i=0$ 时，得：

$$\begin{cases} x_0 = 40\ \cos(15°\times 0) + 10 = 50 \\ y_0 = 40\ \sin(15°\times 0) + 20 = 20 \\ z_0 = 100 \end{cases}$$

当 $i=1$ 时，得：

$$\begin{cases} x_1 = 40\ \cos(15°\times 1) + 10 = 48.637 \\ y_1 = 40\ \sin(15°\times 1) + 20 = 30.3528 \\ z_1 = 100 \end{cases}$$

……

将计算结果列于表 3. 17 中。

表 3. 17　例 3. 9 上底圆周上的点 $m_i(x_i,\ y_i,\ z_i)$ 空间直角坐标值

点 m_i 序号	直角坐标			点 m_i 序号	直角坐标			点 m_i 序号	直角坐标			点 m_i 序号	直角坐标		
	x_i	y_i	z_i		x_i	y_i	z_i		x_i	y_i	z_i		x_i	y_i	z_i
0、24	50	20		12	−30	20									
1	48. 637	30. 3528		11	−28. 637	30. 3528		13	−28. 637	9. 6472		23	48. 637	9. 6473	
2	44. 641	40		10	−24. 641	40		14	−29. 641	0		22	44. 641	0	
3	38. 2843	48. 2843	100	9	−18. 2843	48. 2843	100	15	−18. 2843	−8. 2843	100	21	38. 2843	−8. 284	100
4	30	54. 641		8	−10	54. 641		16	−10	−14. 641		20	30	−14. 641	
5	20. 3528	58. 637		7	−0. 3528	58. 637		17	−0. 3528	−18. 637		19	20. 3528	−18. 637	
6	10	60						18	10	−20					

（2）展开计算

1）将已知数代入计算式（3. 25）中，得本例的有向线段 Am_0、Fm_{12} 及线段 AB、CF、AP、FG 的长：

$$\overline{Am_0} = \sqrt{\left(\frac{120-80}{2}-10\right)^2 + 100^2} = 100.5$$

$$\overline{Fm_{12}} = \sqrt{\left(\frac{120-80}{2}+10\right)^2 + 100^2} = 104.4$$

$$\overline{AB} = \overline{CF} = \frac{160}{2} - 20 = 60$$

$$\overline{AP} = \overline{FG} = \frac{160}{2} + 20 = 100$$

2）将已知数代入计算式（3. 26）中，得本例的有向线段 Bm_i、Cm_i、Gm_i、Pm_i 的长的计算式：

$$\overline{Bm_i} = \sqrt{\left(\frac{120}{2}-x_i\right)^2 + \left(\frac{160}{2}-y_i\right)^2 + 100^2} = \sqrt{(60-x_i)^2 + (80-y_i)^2 + 100^2}$$

（取 $i=0$、1、2、…、6）

依次将 i 值代入上式计算：

当 $i=0$ 时，得：

$$\overline{Bm_0}=\sqrt{(60-x_0)^2+(80-y_0)^2+100^2}$$

查表 3.17 得：$x_0=50$、$y_0=20$，代入上式，得：

$$\overline{Bm_0}=\sqrt{(60-50)^2+(80-20)^2+100^2}=117.047$$

当 $i=1$ 时，得：

$$\overline{Bm_1}=\sqrt{(60-x_1)^2+(80-y_1)^2+100^2}$$

查表 3.17 得：$x_1=48.631$、$y_1=30.3528$，代入上式，得：

$$\overline{Bm_1}=\sqrt{(60-48.637)^2+(80-30.3528)^2+100^2}=112.223$$

……

将计算结果列于表 3.18 中。

$$\overline{Cm_i}=\sqrt{\left(\frac{-120}{2}-x_i\right)^2+\left(\frac{160}{2}-y_i\right)^2+100^2}=\sqrt{(-60-x_i)^2+(80-y_i)^2+100^2}$$

（取 $i=6$、7、…、12）

依次将 i 值代入上式计算：

当 $i=6$ 时，得：

$$\overline{Cm_6}=\sqrt{(-60-x_6)^2+(80-y_6)^2+100^2}$$

查表 3.17 得：$x_6=10$、$y_6=60$，代入上式，得：

$$\overline{Cm_6}=\sqrt{(-60-10)^2+(80-60)^2+100^2}=123.693$$

当 $i=7$ 时，得：

$$\overline{Cm_7}=\sqrt{(-60-x_7)^2+(80-y_7)^2+100^2}$$

查表 3.17 得：$x_7=-0.3528$、$y_7=58.637$，代入上式，得：

$$\overline{Cm_7}=\sqrt{(-60+0.3528)^2+(80-58.637)^2+100^2}=118.381$$

……

将计算结果列于表 3.18 中。

$$\overline{Gm_i}=\sqrt{\left(\frac{-120}{2}-x_i\right)^2+\left(\frac{-160}{2}-y_i\right)^2+100^2}=\sqrt{(-60-x_i)^2+(-80-y_i)^2+100^2}$$

（取 $i=12$、13、…、18）

依次将 i 值代入上式计算：

当 $i=12$ 时，得：

$$\overline{Gm_{12}}=\sqrt{(-60-x_{12})^2+(-80-y_{12})^2+100^2}$$

查表 3.17 得：$x_{12}=-30$、$y_{12}=20$，代入上式，得：

$$\overline{Gm_{12}}=\sqrt{(-60-30)^2+(-80-20)^2+100^2}=144.568$$

当 $i=13$ 时，得：

$$\overline{Gm_{13}}=\sqrt{(-60+x_{13})^2+(-80-y_{13})^2+100^2}$$

查表 3.17 得：$x_{13}=-28.637$、$y_{13}=9.6472$，代入上式，得：

$$\overline{Gm_{13}}=\sqrt{(-60+28.637)^2+(-80-9.6472)^2+100^2}=137.914$$

……

将计算结果列于表 3.18 中。

$$\overline{Pm_i}=\sqrt{\left(\frac{120}{2}-x_i\right)^2+\left(\frac{-160}{2}-y_i\right)^2+100^2}=\sqrt{(60-x_i)^2+(-80-y_i)^2+100^2}$$

（取 $i=18$、19、…、24）

依次将 i 值代入上式计算：

当 $i=18$ 时，得：

$$\overline{Pm_{18}}=\sqrt{(60-x_{18})^2+(-80-y_{18})^2+100^2}$$

查表 3.17 得：$x_{18}=10$、$y_{18}=-20$，代入上式，得：

$$\overline{Pm_{18}}=\sqrt{(60-10)^2+(-80+20)^2+100^2}=126.886$$

当 $i=19$ 时，得：

$$\overline{Pm_{19}}=\sqrt{(60-x_{19})^2+(-80-y_{19})^2+100^2}$$

查表 3.17 得：$x_{19}=20.3528$、$y_{19}=-18.637$，代入上式，得：

$$\overline{Pm_{19}}=\sqrt{(60-20.3528)^2+(-80+18.637)^2+100^2}=123.844$$

……

将计算结果列于表 3.18 中。

表 3.18　例 3.9 双向错心平口天圆地长方的展开图上的有向线段长

有向线段名称	AB	CF	Am_0	Bm_0	Bm_1	Bm_2	Bm_3	Bm_4	Bm_5	Bm_6	Cm_6	Cm_7	Cm_8	Cm_9	Cm_{10}	Cm_{11}	Cm_{12}
长	60		100.5	117.1	112.2	108.8	107.1	107.4	109.7	113.6	123.7	118.4	114.6	112.9	113.4	116	120.4

有向线段名称	Fm_{12}	FG	AP	Gm_{12}	Gm_{13}	Gm_{14}	Gm_{15}	Gm_{16}	Gm_{17}	Gm_{18}	Pm_{18}	Pm_{19}	Pm_{20}	Pm_{21}	Pm_{22}	Pm_{23}	Pm_{24}
长	104.4	100		144.6	137.9	132.9	129.9	129.5	131.6	136	126.9	123.8	123.2	125	129	134.8	141.8

3）将已知数代入计算式（3.27）中，得本例的上底圆周的展开长的 24 等分的长 r：

$$r=\frac{80\pi}{24}=10.47$$

本例双向错心平口天圆地长方不具有对称性，过上底圆中心，平行于 ozx 坐标平面的竖直平面把构件分为两部分，参照 3.4 节平口错心天圆地长方的展开图的划制方法划制本例的两个半部分的展开图，如图 3.9.c 所示。

3.10　双向错心斜口天圆地长方的展开计算

图 3.10a 所示为双向错心斜口天圆地长方的立体图。如图 3.10b 所示，圆直径 d 的上底与下底的夹角为 β（<90°），圆的中心点高为 H，且在 ox 轴方向偏移距离为 e，在 oy 轴方向偏移距离为 V，下底长方形的板厚内侧的宽边长 a，长边长 b，求该双向错心斜口天圆地长方的展开图。

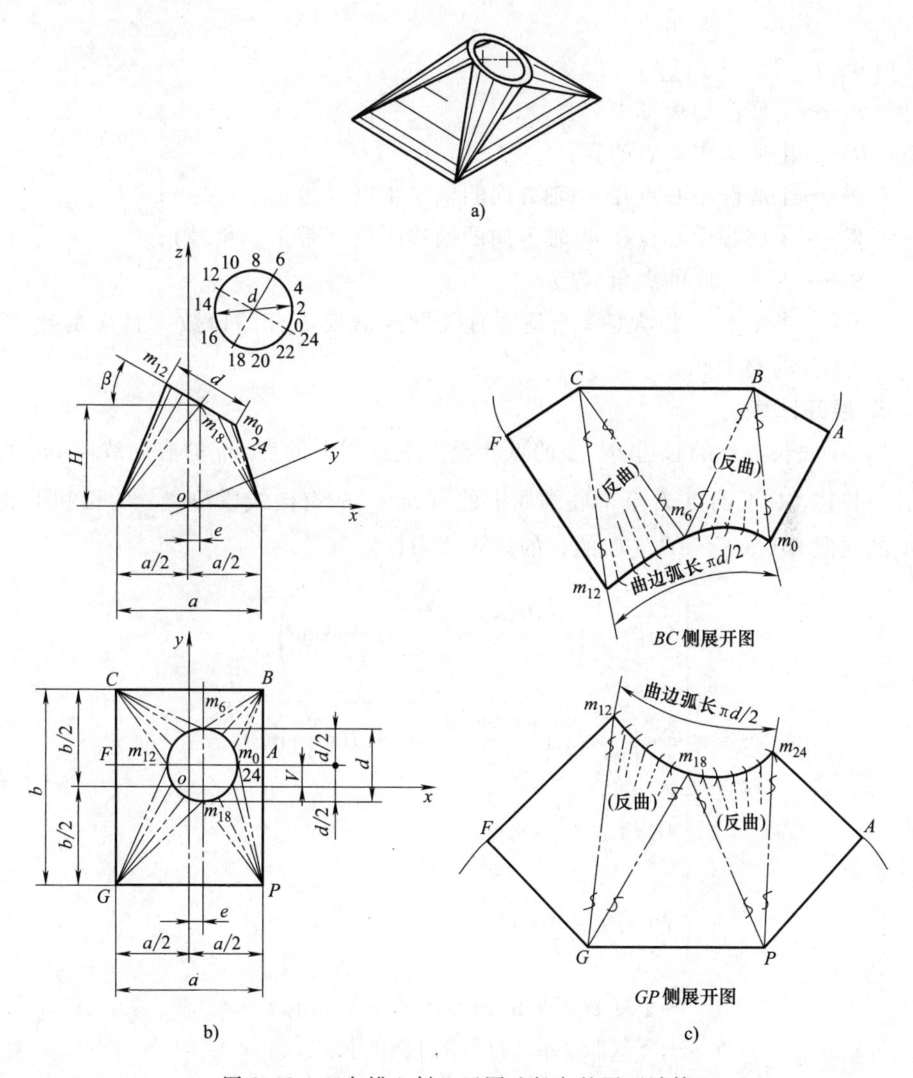

图 3.10　双向错心斜口天圆地长方的展开计算

a）立体图　b）双向错心斜口天圆地长方示意图　c）（例题）双向错心斜口天圆地长方展开图

1. 预备数据

倾斜上底圆周上的等分点 $m_i(x_i, y_i, z_i)$ 空间直角坐标计算式为：

$$\begin{cases} x_i = \dfrac{d}{2}\cos\beta\cos\left(\dfrac{360°}{i_{max}}\cdot i\right)+e \\ y_i = \dfrac{d}{2}\sin\left(\dfrac{360°}{i_{max}}\cdot i\right)+V \\ z_i = H-\dfrac{d}{2}\sin\beta\cos\left(\dfrac{360°}{i_{max}}\cdot i\right) \end{cases} \tag{3.28}$$

（取 $i=0$、1、2、…、i_{max}）

式中　d——上底圆的板厚中心直径；

H——上底圆中心点的高；

e——上底圆中心点在 ox 轴方向的偏移距离（带正、负号）；

V——上底圆中心点在 oy 轴方向的偏移距离（带正、负号）；

β——上、下底的夹角（°）；

i——参变数，最大值 i_{max} 是圆直径圆周需要等分的份数，且应是数“4”的整数倍。

2. 展开计算

1）下底长方形的长边 BP 上的点 A 至上底圆周上的点 m_0 的有向线段 Am_0 的长及另一长边 CG 上的点 F 至上底圆周上的点 $m_{\frac{1}{2}i_{max}}$ 的有向线段 $Fm_{\frac{1}{2}i_{max}}$ 的长和下底长边上的线段 AB、CF、AP、FG 的长的计算式为：

$$\begin{cases} \overline{Am_0} = \sqrt{\left(\dfrac{a-d\cos\beta}{2}-e\right)^2+\left(H-\dfrac{d}{2}\sin\beta\right)^2} \\ \overline{Fm_{\frac{1}{2}i_{max}}} = \sqrt{\left(\dfrac{a-d\cos\beta}{2}+e\right)^2+\left(H+\dfrac{d}{2}\sin\beta\right)^2} \\ \overline{AB} = \overline{CF} = \dfrac{b}{2}-V \\ \overline{AP} = \overline{FG} = \dfrac{b}{2}+V \end{cases} \tag{3.29}$$

式中　a——下底长方形的板厚内侧的宽边长；

b——下底长方形的板厚内侧的长边长；

d、H、e、V、β、i——同前。

2）下底长方形的四个角点 B、C、G、P 分别与上底圆周上的对应的四分之一

圆弧上的等分点 m_i 所组成的有向线段 Bm_i、Cm_i、Gm_i、Pm_i 的长的计算式为：

$$\left.\begin{aligned}
&\overline{Bm_i}=\sqrt{\left(\frac{a}{2}-x_i\right)^2+\left(\frac{b}{2}-y_i\right)^2+z_i^2}\\
&(\text{取 } i=0、1、2、\cdots、\tfrac{1}{4}i_{\max})\\
&\overline{Cm_i}=\sqrt{\left(\frac{-a}{2}-x_i\right)^2+\left(\frac{b}{2}-y_i\right)^2+z_i^2}\\
&(\text{取 } i=\tfrac{1}{4}i_{\max}、\tfrac{1}{4}i_{\max}+1、\cdots、\tfrac{1}{2}i_{\max})\\
&\overline{Gm_i}=\sqrt{\left(\frac{-a}{2}-x_i\right)^2+\left(\frac{-b}{2}-y_i\right)^2+z_i^2}\\
&(\text{取 } i=\tfrac{1}{2}i_{\max}、\tfrac{1}{2}i_{\max}+1、\cdots、\tfrac{3}{4}i_{\max})\\
&\overline{Pm_i}=\sqrt{\left(\frac{a}{2}-x_i\right)^2+\left(\frac{-b}{2}-y_i\right)^2+z_i^2}\\
&(\text{取 } i=\tfrac{3}{4}i_{\max}、\tfrac{3}{4}i_{\max}+1、\cdots、i_{\max})
\end{aligned}\right\}\tag{3.30}$$

式中　x_i、y_i、z_i——见计算式（3.28）；

　　a、b、i——同前。

3）上底圆周的展开长的 $i_{\max}$ 等分的长 r 为：

$$r=\frac{\pi d}{i_{\max}}\tag{3.31}$$

式中　π——圆周率；

　　d、i——同前。

例 3.10　如图 3.10b 所示的双向错心斜口天圆地长方：$d=80$，$\beta=25°$，$H=100$，$e=10$，$V=20$，$a=120$，$b=160$，取 $i_{\max}=24$，求该构件的展开图。

解：

（1）预备数据

将已知数代入计算式（3.28）中，得本例的倾斜上底圆周上的点 $m_i(x_i, y_i, z_i)$ 空间直角坐标计算式：

$$\begin{cases}
x_i=\dfrac{80}{2}\cos25°\cos\left(\dfrac{360°}{24}\cdot i\right)+10=36.2523\cos(15°\cdot i)+10\\
y_i=\dfrac{80}{2}\sin\left(\dfrac{360°}{24}\cdot i\right)+20=40\sin(15°\cdot i)+20\\
z_i=100-\dfrac{80}{2}\sin25°\cos\left(\dfrac{360°}{24}\cdot i\right)=100-16.9047\cos(15°\cdot i)
\end{cases}$$

（取 $i=0$、1、2、…、24）

依次将 i 值代入上式计算：

当 $i=0$ 时，得：

$$\begin{cases} x_0=36.2523\cos(15°\times0)+10=46.252 \\ y_0=40\sin(15°\times0)+20=20 \\ z_0=100-16.9047\cos(15°\times0)=83.095 \end{cases}$$

当 $i=1$ 时，得：

$$\begin{cases} x_1=36.2523\cos(15°\times1)+10=45.017 \\ y_1=40\sin(15°\times1)+20=30.353 \\ z_1=100-16.9047\cos(15°\times1)=83.671 \end{cases}$$

……

将计算结果列于表 3.19 中。

表 3.19　例 3.10 倾斜上底圆周上的等分点 $m_i(x_i, y_i, z_i)$ 空间直角坐标值

点序号 i	直角坐标			点序号 i	直角坐标			点序号 i	直角坐标			点序号 i	直角坐标		
	x_i	y_i	z_i		x_i	y_i	z_i		x_i	y_i	z_i		x_i	y_i	z_i
0、24	46.252	20	83.095	12	−26.252	20	116.905								
1	45.017	30.353	83.671	11	−25.017	30.353	116.329	13	−25.017	9.647	116.329	23	45.017	9.647	83.671
2	41.395	40	85.36	10	−21.395	40	114.64	14	−21.395	0	114.64	22	41.395	0	85.36
3	35.634	48.284	88.047	9	−15.634	48.284	111.953	15	−15.634	−8.284	111.953	21	35.634	−8.284	88.047
4	28.126	54.641	91.548	8	−8.126	54.641	108.452	16	−8.126	−14.641	108.452	20	28.126	−14.641	91.548
5	19.383	58.637	95.625	7	0.617	58.637	104.375	17	0.617	−18.637	104.375	19	19.383	−18.637	95.625
6	10	60	100					18	10	−20	100				

（2）展开计算

1）将已知数代入计算式（3.29）中，得本例的有向线段 Am_0、Fm_{12} 及线段 AB、CF、AP、FG 的长：

$$\overline{Am_0}=\sqrt{\left(\frac{120-80\cos25°}{2}-10\right)^2+\left(100-\frac{80}{2}\sin25°\right)^2}=84.22$$

$$\overline{Fm_{12}}=\sqrt{\left(\frac{120-80\cos25°}{2}+10\right)^2+\left(100-\frac{80}{2}\sin25°\right)^2}=121.68$$

$$\overline{AB}=\overline{CF}=\frac{160}{2}-20=60$$

$$\overline{AP}=\overline{FG}=\frac{160}{2}+20=100$$

2）将已知数代入计算式（3.30）中，得本例的有向线段 Bm_i、Cm_i、Gm_i、Pm_i 的长的计算式：

$$\overline{Bm_i}=\sqrt{\left(\frac{120}{2}-x_i\right)^2+\left(\frac{160}{2}-y_i\right)^2+z_i^2}=\sqrt{(60-x_i)^2+(80-y_i)^2+z_i^2}$$

（取 $i=0$、1、2、…、6）

依次将 i 值代入上式计算：

当 $i=0$ 时，得：

$$\overline{Bm_0}=\sqrt{(60-x_0)^2+(80-y_0)^2+z_0^2}$$

查表 3.19 得：$x_0=46.252$、$y_0=20$、$z_0=83.095$，代入上式，得：

$$\overline{Bm_0}=\sqrt{(60-46.252)^2+(80-20)^2+83.095^2}=103.411$$

当 $i=1$ 时，得：

$$\overline{Bm_1}=\sqrt{(60-x_1)^2+(80-y_1)^2+z_1^2}$$

查表 3.19 得：$x_1=45.017$、$y_1=30.353$、$z_1=83.671$，代入上式，得：

$$\overline{Bm_1}=\sqrt{(60-45.017)^2+(80-30.353)^2+83.671^2}=98.439$$

……

将计算结果列于表 3.20 中。

$$\overline{Cm_i}=\sqrt{\left(\frac{-120}{2}-x_i\right)^2+\left(\frac{160}{2}-y_i\right)^2+z_i^2}=\sqrt{(-60-x_i)^2+(80-y_i)^2+z_i^2}$$

（取 $i=6$、7、…、12）

依次将 i 值代入上式计算：

当 $i=6$ 时，得：

$$\overline{Cm_6}=\sqrt{(-60-x_6)^2+(80-y_6)^2+z_6^2}$$

查表 3.19 得：$x_6=10$、$y_6=60$、$z_6=100$，代入上式，得：

$$\overline{Cm_6}=\sqrt{(-60-10)^2+(80-60)^2+100^2}=123.693$$

当 $i=7$ 时，得

$$\overline{Cm_7}=\sqrt{(-60-x_7)^2+(80-y_7)^2+z_7^2}$$

查表 3.19 得：$x_7=0.617$、$y_7=58.639$、$z_7=104.375$，代入上式，得：

$$\overline{Cm_7}=\sqrt{(-60-0.617)^2+(80-58.637)^2+104.375^2}=122.577$$

……

将计算结果列于表 3.20 中。

$$\overline{Gm_i}=\sqrt{\left(\frac{-120}{2}-x_i\right)^2+\left(\frac{-160}{2}-y_i\right)^2+z_i^2}=\sqrt{(-60-x_i)^2+(-80-y_i)^2+z_i^2}$$

（取 $i=12$、13、…、18）

依次将 i 值代入上式计算：

当 $i=12$ 时，得：

$$\overline{Gm_{12}}=\sqrt{(-60-x_{12})^2+(-80-y_{12})^2+z_{12}^2}$$

查表 3.19 得：$x_{12}=-26.252$、$y_{12}=20$、$z_{12}=116.905$，代入上式，得：

$$\overline{Gm_{12}}=\sqrt{(-60+26.252)^2+(-80-20)^2+116.905^2}=157.498$$

当 $i=13$ 时，得：

$$\overline{Gm_{13}}=\sqrt{(-60-x_{13})^2+(-80-y_{13})^2+z_{13}^2}$$

查表 3.19 得：$x_{13}=-25.017$、$y_{13}=9.647$、$z_{13}=116.329$，代入上式，得：

$$\overline{Gm_{13}}=\sqrt{(-60+25.017)^2+(-80-9.647)^2+116.329^2}=150.973$$

……

将计算结果列于表 3.20 中。

$$\overline{Pm_i}=\sqrt{\left(\frac{120}{2}-x_i\right)^2+\left(\frac{-160}{2}-y_i\right)^2+z_i^2}=\sqrt{(60-x_i)^2+(-80-y_i)^2+z_i^2}$$

（取 $i=18$、19、…、24）

依次将 i 值代入上式计算：

当 $i=18$ 时，得：

$$\overline{Pm_{18}}=\sqrt{(60-x_{18})^2+(-80-y_{18})^2+z_{18}^2}$$

查表 3.19 得：$x_{18}=10$、$y_{18}=-20$、$z_{18}=100$，代入上式，得：

$$\overline{Pm_{18}}=\sqrt{(60-10)^2+(-80+20)^2+100^2}=126.886$$

当 $i=19$ 时，得：

$$\overline{Pm_{19}}=\sqrt{(60-x_{19})^2+(-80-y_{19})^2+z_{19}^2}$$

查表 3.19 得：$x_{19}=19.383$、$y_{19}=-18.637$、$z_{19}=95.625$，代入上式，得：

$$\overline{Pm_{19}}=\sqrt{(60-19.383)^2+(-80+18.637)^2+95.625^2}=120.662$$

……

将计算结果列于表 3.20 中。

表 3.20　例 3.10 双向错心斜口天圆地长方的展开图上的有向线段长

有向线段名称	Am_0	Fm_{12}	AB	CF	AP	FG	Bm_0	Bm_1	Bm_2	Bm_3	Bm_4	Bm_5	Bm_6	Cm_6	Cm_7	Cm_8	Cm_9
长	84.2	121.7	60		100		103.4	98.4	96.1	96.7	100.2	106.1	113.6	123.7	122.6	122.9	124.5

有向线段名称	Cm_{10}	Cm_{11}	Cm_{12}	Gm_{12}	Gm_{13}	Gm_{14}	Gm_{15}	Gm_{16}	Gm_{17}	Gm_{18}	Pm_{18}	Pm_{19}	Pm_{20}	Pm_{21}	Pm_{22}	Pm_{23}	Pm_{24}
长	127.4	131.2	135.7	157.5	151	145	140.2	136.8	134.9	136	126.9	120.7	116.9	116.1	118.5	123.5	130.7

3）将已知数代入计算式（3.31）中，得本例的上底圆周的展开长的 24 等分的长 r：

$$r=\frac{80\pi}{24}=10.472$$

本例双向错心斜口天圆地长方不具有对称性，可以过上底圆中心、平行于 ozx 坐标平面的竖直平面把构件分为两部分，参照 3.4 节平口错心天圆地长方的展开图的划制方法，划制本例的两个半部分的展开图，如图 3.10c 所示。

3.11　旁侧错心斜口天圆地长方的展开计算

图 3.11a 所示为旁侧错心斜口天圆地长方的立体图。如图 3.11b 所示，圆直径 d 的上底与下底的夹角为 β（<90°），圆的中心点高为 H，且在 oy 轴方向的偏移距离为 V，下底长方形的板厚内侧的宽边长 a、长边长 b，求该旁侧错心斜口天圆地长方的展开图。

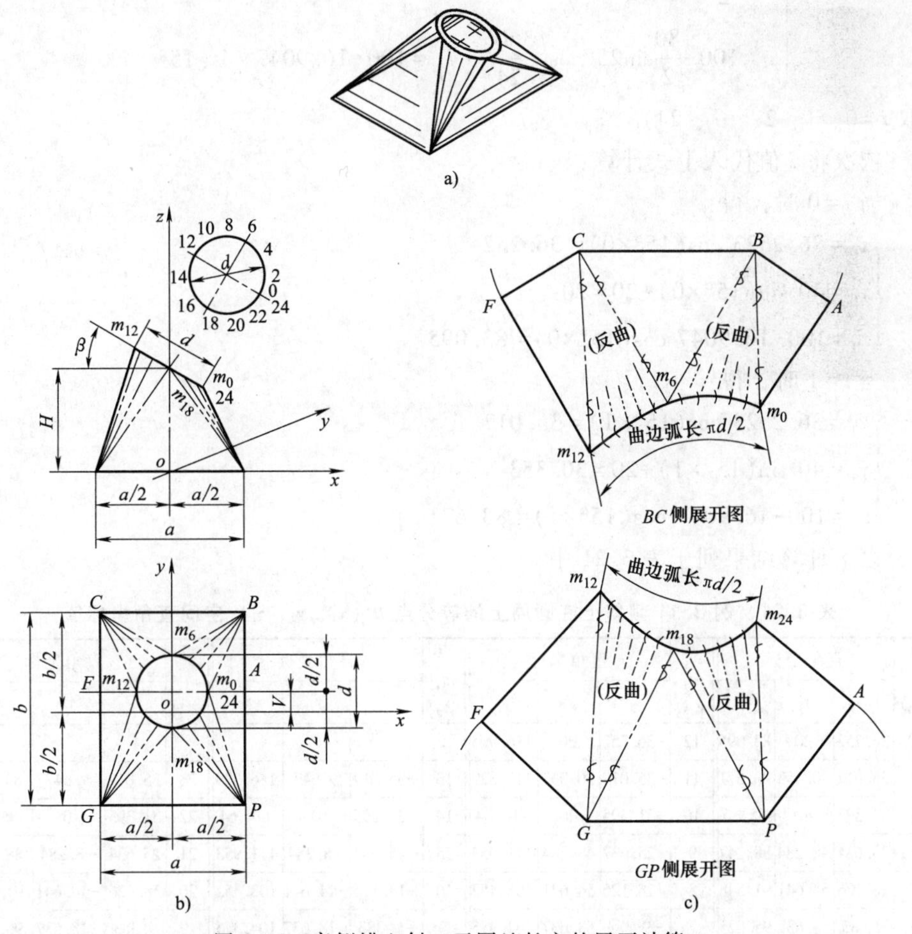

图 3.11　旁侧错心斜口天圆地长方的展开计算

a）立体图　b）旁侧错心斜口天圆地长方示意图　c）（例题）旁侧错心斜口天圆地长方展开图

该构件的上底圆中心点在 ox 轴方向不存在偏移，可视为 $e=0$，这样就具备了3.10节双向错心斜口天圆地长方的所有几何要素，所以可应用3.10节的计算式解得本节的构件展开图的有关几何数据。

例3.11　如图3.11b所示　旁侧错心斜口天圆地长方：$d=80$，$\beta=25°$，$H=100$，$V=20$，$a=120$，$b=160$，取 $i_{max}=24$，求该构件的展开图。

解：

（1）预备数据

将已知数代入计算式（3.28）中，这里 $e=0$，得本例的倾斜上底圆周上的等分点 $m_i(x_i,\ y_i,\ z_i)$ 空间直角坐标的计算式：

$$\begin{cases} x_i=\dfrac{80}{2}\cos25°\cos\left(\dfrac{360°}{24}\cdot i\right)+0=36.2523\cos(15°\cdot i) \\ y_i=\dfrac{80}{2}\sin\left(\dfrac{360°}{24}\cdot i\right)+20=40\sin(15°\cdot i)+20 \\ z_i=100-\dfrac{80}{2}\sin25°\cos\left(\dfrac{360°}{24}\cdot i\right)=100-16.9047\cos(15°\cdot i) \end{cases}$$

（取 $i=0$、1、2、…、24）

依次将 i 值代入上式计算：

当 $i=0$ 时，得：

$$\begin{cases} x_0=36.2523\cos(15°\times0)=36.252 \\ y_0=40\sin(15°\times0)+20=20 \\ z_0=100-16.9047\cos(15°\times0)=83.095 \end{cases}$$

当 $i=1$ 时，得：

$$\begin{cases} x_1=36.2523\cos(15°\times1)=35.017 \\ y_1=40\sin(15°\times1)+20=30.353 \\ z_1=100-16.9047\cos(15°\times1)=83.671 \end{cases}$$

以上计算结果列于表3.21中。

表3.21　例3.11倾斜上底圆周上的等分点 $m_i(x_i、y_i、z_i)$ 空间直角坐标值

点 m_i 序号	直角坐标			点 m_i 序号	直角坐标			点 m_i 序号	直角坐标			点 m_i 序号	直角坐标		
	x_i	y_i	z_i		x_i	y_i	z_i		x_i	y_i	z_i		x_i	y_i	z_i
0,24	36.252	20	83.095	12	−36.252	20	116.905								
1	35.017	30.353	83.671	11	−35.017	30.353	116.329	13	−35.017	9.647	116.329	23	35.017	9.647	83.671
2	31.395	40	85.36	10	−31.395	40	114.64	14	−31.395	0	114.64	22	31.395	0	85.36
3	25.634	48.284	88.047	9	−25.637	48.284	111.953	15	−25.634	−8.284	111.953	21	25.634	−8.284	88.047
4	18.126	54.641	91.548	8	−18.126	54.641	108.452	16	−18.126	−14.641	108.452	20	18.126	−14.641	91.548
5	9.383	58.637	95.625	7	−9.383	58.637	104.375	17	−9.383	−18.637	104.375	19	9.383	−18.637	95.625
6	0	60	100					18	0	−20	100				

（2）展开计算

1）将已知数代入计算式（3.29）中，这里 $e=0$，得本例的有向线Am_0、Fm_{12}及线段AB、CF、AP、FG的长：

$$\overline{Am_0}=\sqrt{\left(\frac{120-80\cos25°}{2}-0\right)^2+\left(100-\frac{80}{2}\sin25°\right)^2}=86.422$$

$$\overline{Fm_{12}}=\sqrt{\left(\frac{120-80\cos25°}{2}+0\right)^2+\left(100+\frac{80}{2}\sin25°\right)^2}=119.292$$

$$\overline{AB}=\overline{CF}=\frac{160}{2}-20=60$$

$$\overline{AP}=\overline{FG}=\frac{160}{2}+20=100$$

2）将已知数代入计算式（3.30）中，得本例的有向线段Bm_i、Cm_i、Gm_i、Pm_i的计算式：

$$\overline{Bm_i}=\sqrt{\left(\frac{120}{2}-x_i\right)^2+\left(\frac{160}{2}-y_i\right)^2+z_i^2}=\sqrt{(60-x_i)^2+(80-y_i)^2+z_i^2}$$

（取 $i=0$、1、2、…、6）

依次将 i 值代入上式计算：

当 $i=0$ 时，得：

$$\overline{Bm_0}=\sqrt{(60-x_0)^2+(80-y_0)^2+z_0^2}$$

查表 3.21 得：$x_0=36.252$、$y_0=20$、$z_0=83.095$，代入上式，得：

$$\overline{Bm_0}=\sqrt{(60-36.252)^2+(80-20)^2+83.095^2}=105.208$$

当 $i=1$ 时，得：

$$\overline{Bm_1}=\sqrt{(60-x_1)^2+(80-y_1)+z_1^2}$$

查表 3.21 得：$x_1=35.017$、$y_1=30.353$、$z_1=83.671$，代入上式，得：

$$\overline{Bm_1}=\sqrt{(60-35.017)^2+(80-30.353)^2+83.671^2}=100.448$$

……

将计算结果列于表 3.22 中。

$$\overline{Cm_i}=\sqrt{\left(\frac{-120}{2}-x_i\right)^2+\left(\frac{160}{2}-y_i\right)^2+z_i^2}=\sqrt{(-60-x_i)^2+(80-y_i)^2+z_i^2}$$

（取 $i=6$、7、…、12）

依次将 i 值代入上式计算：

当 $i=6$ 时，得：

$$\overline{Cm_6}=\sqrt{(-60-x_6)^2+(80-y_6)^2+z_6^2}$$

查表 3.21 得：$x_6=0$、$y_6=60$、$z_6=100$，代入上式，得：

$$\overline{Cm_6}=\sqrt{(-60-0)^2+(80-60)^2+100^2}=118.322$$

当 $i=7$ 时，得：

$$\overline{Cm_7}=\sqrt{(-60-x_7)^2+(80-y_7)^2+z_7^2}$$

查表 3.21 得：$x_7=-9.383$、$y_7=58.637$、$z_7=104.375$，代入上式，得：

$$\overline{Cm_7}=\sqrt{(-60+9.383)^2+(80-58.637)^2+104.375^2}=117.952$$

……

将计算结果列于表 3.22 中。

$$\overline{Gm_i}=\sqrt{\left(\frac{-120}{2}-x_i\right)^2+\left(\frac{-160}{2}-y_i\right)^2+z_i^2}=\sqrt{(-60-x_i)^2+(-80-y_i)^2+z_i^2}$$

（取 $i=12$、13、…、18）

依次将 i 值代入上式计算：

当 $i=12$ 时，得：

$$\overline{Gm_{12}}=\sqrt{(-60-x_{12})^2+(-80-y_{12})^2+z_{12}^2}$$

查表 3.21 得：$x_{12}=-36.252$、$y_{12}=20$、$z_{12}=116.905$，代入上式，得：

$$\overline{Gm_{12}}=\sqrt{(-60+36.252)^2+(-80-20)^2+116.905^2}=155.662$$

当 $i=13$ 时，得：

$$\overline{Gm_{13}}=\sqrt{(-60-x_{13})^2+(-80-y_{13})^2+z_{13}^2}$$

查表 3.21 得：$x_{13}=-35.017$、$y_{13}=9.647$、$z_{13}=116.329$，代入上式，得：

$$\overline{Gm_{13}}=\sqrt{(-60+35.017)^2+(-80-9.647)^2+116.329^2}=148.974$$

……

将计算结果列于表 3.22 中。

$$\overline{Pm_i}=\sqrt{\left(\frac{120}{2}-x_i\right)^2+\left(\frac{-160}{2}-y_i\right)^2+z_i^2}=\sqrt{(60-x_i)^2+(-80-y_i)^2+z_i^2}$$

（取 $i=18$、19、…、24）

依次将 i 值代入上式计算：

当 $i=18$ 时，得：

$$\overline{Pm_{18}}=\sqrt{(60-x_{18})^2+(-80-y_{18})^2+z_{18}^2}$$

查表 3.21 得：$x_{18}=0$、$y_{18}=-20$、$z_{18}=100$，代入上式，得：

$$\overline{Pm_{18}}=\sqrt{(60-0)^2+(-80+20)^2+100^2}=131.149$$

当 $i=19$ 时，得：

$$\overline{Pm_{19}}=\sqrt{(60-x_{19})^2+(-80-y_{19})^2+z_{19}^2}$$

查表 3.21 得：$x_{19}=9.383$、$y_{19}=-18.639$、$z_{19}=95.625$，代入上式，得：

$$\overline{Pm_{19}}=\sqrt{(60-9.383)^2+(-80+18.637)^2+95.625^2}=124.385$$

……

将计算结果列于表 3.22 中。

表 3.22　例 3.11 旁侧错心斜口天圆地长方的展开图上的有向线段长

有向线段名称	Am_0	Fm_{12}	AB	CF	AP	FG	Bm_0	Bm_1	Bm_2	Bm_3	Bm_4	Bm_5	Bm_6	Cm_6	Cm_7	Cm_8	Cm_9
长	86.2	119.3	60		100		105.2	100.4	98.5	99.7	103.8	110.3	118.3	118.3	118	119	121.3
有向线段名称	Cm_{10}	Cm_{11}	Cm_{12}	Gm_{12}	Gm_{13}	Gm_{14}	Gm_{15}	Gm_{16}	Gm_{17}	Gm_{18}	Pm_{18}	Pm_{19}	Pm_{20}	Pm_{21}	Pm_{22}	Pm_{23}	Pm_{24}
长	124.7	128.9	133.5	155.7	149	142.7	137.3	133.4	131.2	131.1	131.1	124.4	120	118.6	120.4	125.1	132.2

3）将已知数代入计算式（3.31）中，得本例的倾斜上底圆周的展开长的 24 等分的长 r：

$$r=\frac{80\pi}{24}=10.472$$

本例旁侧错心斜口天圆地长方不具有对称性，可以过上底圆中心点、平行于 ozx 坐标平面的竖直平面把构件分为两部分，参照 3.4 节平口错心天圆地长方的展开图的划制方法，划制本例的两个半部分的展开图，如图 3.11c 所示。

第 4 章　圆锥管组成的构件与放射线展开计算方法的应用

4.1　正圆锥台面的展开计算

图 4.1a 所示为正圆锥台面的立体图。如图 4.1b 所示，正圆锥台面的高为 H，其大口圆的板厚中心直径为 D，小口圆的板厚中心直径为 d，它的展开图弓形面的有关几何数据的计算式如下：

弓形的大口圆弧半径：

$$R_1=\frac{D}{2}\sqrt{1+\left(\frac{2H}{D-d}\right)^2}$$

弓形的斜边长：

$$L=\sqrt{H^2+\left(\frac{D-d}{2}\right)^2}$$

弓形的小口圆弧半径：

$$R_2=R_1-L$$

弓形的展开角（圆心角）：

$$\theta=\frac{180°D}{R_1}$$

弓形的大口圆弧长：

$$\pi D$$

弓形的大口圆弧所对的弦长：

$$2R_1\sin\frac{\theta}{2}$$

弓形的小口圆弧长：

$$\pi d$$

弓形的小口圆弧所对的弦长：

$$2R_2\sin\frac{\theta}{2} \tag{4.1}$$

例 4.1　如图 4.1b 所示，正圆锥台面的高 $H=108$，大口圆的板厚中心直径 $D=100$，小口圆的板厚中心直径 $d=72$，求该构件的展开图（弓形）。

解：将已知数代入计算式（4.1）中，得该例的正圆锥台面展开图（弓形）的

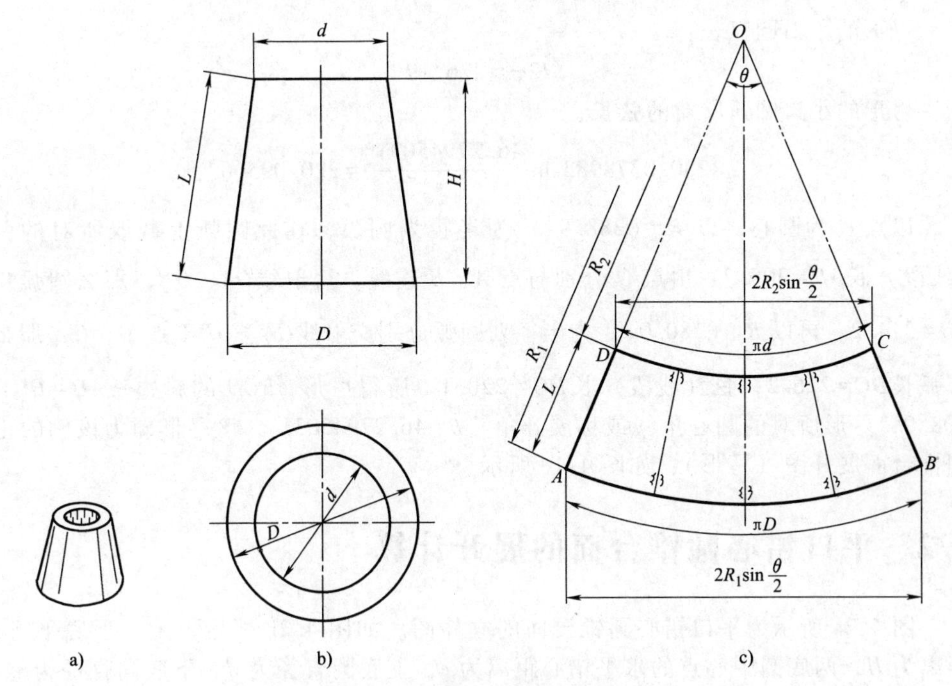

图 4.1　正圆锥台面的展开计算

a）立体图　b）正圆锥台面示意图　c）正圆锥台面展开图（弓形）

有关几何数据如下：

弓形的大口圆弧半径：

$$R_1=\frac{100}{2}\sqrt{1+\left(\frac{2\times108}{100-72}\right)^2}=388.9415254$$

弓形的斜边长：

$$L=\sqrt{108^2+\left(\frac{100-72}{2}\right)^2}=108.9036271$$

弓形的小口圆弧半径：

$$R_2=388.9415254-108.9036271=280.0378983$$

弓形的展开角（圆心角）：

$$\theta=\frac{180°\times100}{388.9415254}=46.27945031°$$

弓形的大口圆弧长：

$$100\pi=314.16$$

弓形的大口圆弧所对的弦长：

$$2\times388.9415254\sin\frac{46.27945031°}{2}=305.6884$$

弓形的小口圆弧长：

$$72\pi = 226.19$$

弓形的小口圆弧所对的弦长：

$$2\times 280.0378983\sin\frac{46.27945031°}{2} = 220.09566$$

以点 O 为圆心，以 R_1（388.94）为半径划圆弧，在此圆弧上截取所对的弦（线段）长$\overline{AB}=305.7$，由点 O 分别与点 A、B 连线，得射线OA、OB，那么圆弧长$\overset{\frown}{AB}=314.2$。再以 R_2（280.04）为半径划圆弧分别交射线OA、OB于点 D、C，那么圆弧长$\overset{\frown}{DC}=226.2$，弦（线段）长$\overline{DC}=220.1$。所得弓形 $ABCD$ 的斜边长$\overline{AD}=\overline{BC}=108.9$，弓形所对的圆心角（或称展开角）$\theta=46.27945031°$，该弓形即为该例的正圆锥台面展开图（弓形），如图 4.1c 所示。

4.2　平口错心圆锥台面的展开计算

图 4.2a 所示为平口错心圆锥台面的立体图。如图 4.2b 所示，上、下底平行，距离为 H，两底圆中心点的水平错心距离为 e，上底圆直径为 d，下底圆直径为 D，求该构件的展开图。

1. 预备数据

连接上、下底圆中心点 B、C 的中心轴线与圆锥台面的表面素线必相交于顶点 A，建立空间直角坐标系 $oxyz$，立轴 oz 过顶点 A，如图 4.2b 所示作展开图时，不必考虑建立空间直角坐标系，直接把已知数代入计算式进行运算就可以了。

1）三个数据：斜圆锥顶点 A 的立坐标 z_A、下底圆中心点 B 的纵坐标 y_B、上底圆中心点 C 的纵坐标 y_C 的计算式：

$$\begin{cases} z_A = \dfrac{H}{1-\dfrac{d}{D}} \\ y_B = \dfrac{e}{1-\dfrac{d}{D}} \\ y_C = y_B - e \end{cases} \tag{4.2}$$

式中　d——上底圆的板厚中心直径；

D——下底圆的板厚中心直径；

H——圆锥台面的高；

e——上、下底圆的中心点偏离的水平距离。

2）下底圆周上的等分点 m_i（x_i，y_i，z_i）空间直角坐标的计算式为：

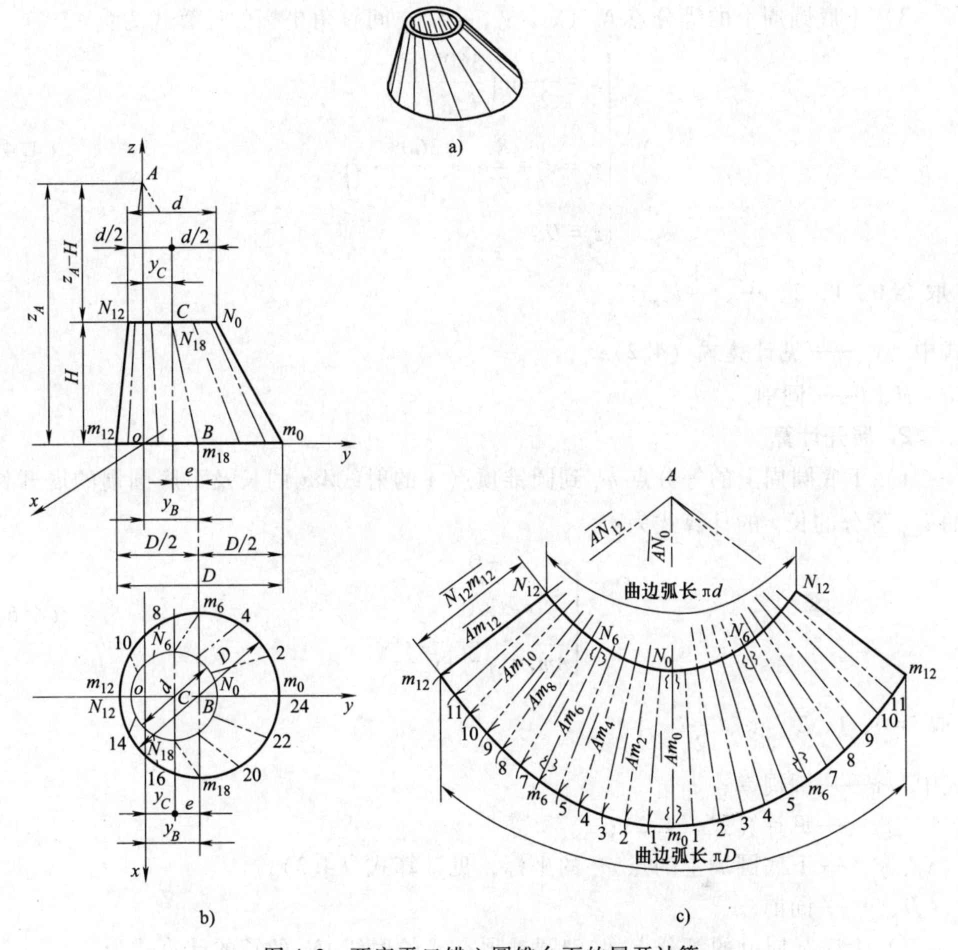

图 4.2　两底平口错心圆锥台面的展开计算

a）立体图　b）平口错心圆锥台面（平马蹄）示意图　c）平口错心圆锥台面展开图

$$\begin{cases} x_i = \dfrac{-D}{2}\sin\left(\dfrac{360°}{i_{\max}} \cdot i\right) \\ y_i = y_{\mathrm{B}} + \dfrac{D}{2}\cos\left(\dfrac{360°}{i_{\max}} \cdot i\right) \\ z_i = 0 \end{cases} \tag{4.3}$$

（取 $i=0$、1、2、…、$\frac{1}{2}i_{\max}$）

式中　y_{B}——见计算式（4.2）；

D——同前；

i——参变数，最大值 $i_{\max}$是圆的直径圆周需要等分的份数，且应是数“4”的整数倍。

3）上底圆周上的等分点 N_i（x_i，y_i，z_i）空间直角坐标的计算式为：

$$\begin{cases} x_i=\dfrac{-d}{2}\sin\left(\dfrac{360°}{i_{max}}\cdot i\right) \\ y_i=y_C+\dfrac{d}{2}\cos\left(\dfrac{360°}{i_{max}}\cdot i\right) \\ z_i=H \end{cases} \tag{4.4}$$

（取 $i=0$、1、2、…、$\frac{1}{2}i_{max}$）

式中　y_C——见计算式（4.2）；

d、H、i——同前。

2. 展开计算

1）下底圆周上的等分点 m_i 到圆锥顶点 A 的射线 $\overline{Am_i}$ 的长及下底圆周的展开长的 i_{max} 等分的长 r 的计算式为：

$$\begin{cases} r=\dfrac{\pi D}{i_{max}} \\ \overline{Am_i}=\sqrt{x_i^2+y_i^2+z_A^2} \end{cases} \tag{4.5}$$

$\left(\text{取 } i=0、1、2、\cdots、\frac{1}{2}i_{max}\right)$

式中　π——圆周率；

z_A——见计算式（4.2）；

x_i、y_i——下底圆周上的点 m_i 的坐标，见计算式（4.3）；

D、i——同前。

2）上底圆周上的等分点 N_i 到圆锥顶点 A 的射线 $\overline{AN_i}$ 的长的计算式为：

$$\overline{AN_i}=\sqrt{x_i^2+y_i^2+(z_A-H)^2} \tag{4.6}$$

$\left(\text{取 } i=0、1、2、\cdots、\frac{1}{2}i_{max}\right)$

式中　x_i、y_i——上底圆周上的点 N_i 的坐标，见计算式（4.4）；

H、z_A、i——同前。

例 4.2　如图 4.2b 所示的平口错心圆锥台面：$d=80$，$D=150$，$e=20$，$H=110$。取 $i_{max}=24$。求该构件的展开图。

解：

（1）预备数据

1）将已知数代入计算式（4.2）中，得本例的三个直角坐标如下：

错心圆锥的顶点 A 的立坐标：$z_A=\dfrac{110}{1-\dfrac{80}{150}}=235.7143$

下底圆中心点 B 的纵坐标：$y_B=\dfrac{20}{1-\dfrac{80}{150}}=42.8571$

上底圆中心点 C 的纵坐标：$y_C=42.8571-20=22.8571$

2）将已知数代入计算式（4.3）中，得本例的下底圆周上的等分点 $m_i(x_i, y_i, z_i)$ 空间直角坐标的计算式：

$$\begin{cases}x_i=\dfrac{-150}{2}\sin\left(\dfrac{360°}{24}\cdot i\right)=-75\sin(15°\cdot i)\\ y_i=42.8571+\dfrac{150}{2}\cos\left(\dfrac{360°}{24}\cdot i\right)=42.8571+75\cos(15°\cdot i)\\ z_i=0\end{cases}$$

（取 $i=0$、1、2、…、12）

依次将 i 值代入上式计算：

当 $i=0$ 时，得：

$$\begin{cases}x_0=-75\sin(15°\times 0)=0\\ y_0=42.8571+75\cos(15°\times 0)=117.8571\\ z_0=0\end{cases}$$

当 $i=1$ 时，得：

$$\begin{cases}x_1=-75\sin(15°\times 1)=-19.4114\\ y_1=42.8571+75\cos(15°\times 1)=115.3015\\ z_1=0\end{cases}$$

……

将计算结果列于表 4.1 中。

表 4.1　例 4.2 平口错心圆锥台面的下底圆周上的等分点 m_i（x_i，y_i，z_i）直角坐标值

直角坐标 \ 点序号 i	0	1	2	3	4	5	6
x_i	0	-19.4114	-37.5	-53.033	-64.9519	-72.4444	-75
y_i	117.8571	115.3015	107.809	95.8901	80.3571	62.2685	42.8571
z_i	0						

直角坐标 \ 点序号 i	7	8	9	10	11	12
x_i	-72.4444	-64.9519	-53.033	-37.5	-19.4114	0
y_i	23.4457	5.3571	-10.1759	-22.0948	-29.5873	-32.1429
z_i	0					

3）将已知数代入计算式（4.4）中，得本例的上底圆周上的等分点 N_i（x_i，y_i，z_i）空间直角坐标的计算式：

$$\begin{cases} x_i=\frac{-80}{2}\sin\left(\frac{360°}{24}\cdot i\right)=-40\sin(15°\cdot i) \\ y_i=22.8571+\frac{80}{2}\cos\left(\frac{360°}{24}\cdot i\right)=22.8571+40\cos(15°\cdot i) \\ z_i=110 \end{cases}$$

（取 $i=0$、1、2、…、12）

依次将 i 值代入上式计算；

当 $i=0$ 时，得：

$$\begin{cases} x_0=-40\sin(15°\times0)=0 \\ y_0=22.8571+40\cos(15°\times0)=62.8571 \\ z_0=110 \end{cases}$$

当 $i=1$ 时，得：

$$\begin{cases} x_1=-40\sin(15°\times1)=-10.3528 \\ y_1=22.8571+40\cos(15°\times1)=61.4941 \\ z_1=110 \end{cases}$$

……

将计算结果列于表 4.2 中。

表 4.2　例 4.2 平口错心圆锥台面的上底圆周上的等分点 N_i（x_i，y_i，z_i）直角坐标值

直角坐标 \ 点序号 i	0	1	2	3	4	5	6
x_i	0	−10.3528	−20	−28.2843	−34.641	−38.637	−40
y_i	62.8571	61.4941	57.4981	51.1414	42.8571	33.2099	22.8571
z_i	110						

直角坐标 \ 点序号 i	7	8	9	10	11	12
x_i	−38.637	−34.641	−28.2843	−20	−10.3528	0
y_i	12.5043	2.8571	−5.4272	−11.7839	−15.7799	−17.1429
z_i	110					

（2）展开计算

1）将已知数代入计算式（4.5）中，得本例的下底圆周上的等分点 m_i 到圆锥顶点 A 的射线Am_i 的长及下底圆周展开长的 24 等分的长 r 的计算式：

$$r=\frac{150\pi}{24}=19.63$$

$$\overline{Am_i}=\sqrt{x_i^2+y_i^2+235.7143^2}$$

（取 $i=0$、1、2、…、12）

依次将 i 值代入上式计算：

当 $i=0$ 时，得：

$$\overline{Am_0}=\sqrt{x_0^2+y_0^2+235.7143^2}$$

查表 4.1 得：$x_0=0$、$y_0=117.8571$，代入上式，得：

$$\overline{Am_0}=\sqrt{0^2+117.8571^2+235.7143^2}=263.5$$

当 $i=1$ 时，得：

$$\overline{Am_1}=\sqrt{x_1^2+y_1^2+235.7143^2}$$

查表 4.1 得：$x_1=-19.4114$、$y_1=115.3015$，代入上式，得：

$$\overline{Am_1}=\sqrt{(-19.4114)^2+115.3015^2+235.7143^2}=263.1$$

……

将计算结果列于表 4.3 中。

表 4.3　例 4.2 平口错心圆锥台面上、下底圆周上的点 N_i、m_i 所在射线 $\overline{AN_i}$、$\overline{Am_i}$ 的长

射线序号 i	0	1	2	3	4	5	6	7	8	9	10	11	12
AN_i 的长	140.6	140.3	139.7	138.6	137.3	135.7	133.9	132.1	130.4	129	127.8	127.1	126.9
Am_i 的长	263.5	263.1	261.9	259.9	257.4	254.3	251	247.7	244.6	241.8	239.7	238.4	237.9

2）将已知数代入计算式（4.6）中，得本例的上底圆周上的等分点 N_i 到圆锥顶点 A 的射线 $\overline{AN_i}$ 的长的计算式：

$$\overline{AN_i}=\sqrt{x_i^2+y_i^2+(235.7143-110)^2}=\sqrt{x_i^2+y_i^2+125.7143^2}$$

（取 $i=0$、1、2、…、12）

依次将 i 值代入上式计算：

当 $i=0$ 时，得：

$$\overline{AN_0}=\sqrt{x_0^2+y_0^2+125.7143^2}$$

查表 4.2 得：$x_0=0$、$y_0=62.8571$，代入上式，得：

$$\overline{AN_0}=\sqrt{0^2+62.8571^2+125.7143^2}=140.6$$

当 $i=1$ 时，得：

$$\overline{AN_1}=\sqrt{x_1^2+y_1^2+125.7143^2}$$

查表 4.2，得：$x_1=-10.3528$、$y_1=61.4941$，代入上式，得：

$$\overline{AN_1}=\sqrt{(-10.3528)^2+61.4941^2+125.7143^2}=140.3$$

……

将计算结果列于表 4.3 中。

根据表 4.3 中的数据，作射线 $\overline{Am_0}$（本例长 263.5），以点 A 为圆心，依次分别以射线 $\overline{Am_1}$（本例长 263.1）、$\overline{Am_2}$（本例长 261.9）、…、$\overline{Am_{\frac{1}{2}i_{max}}}$（本例为 $\overline{Am_{12}}$，长 237.9）的长为半径在点 m_0 的一侧划圆弧；再以点 m_0 为圆心，以半径 r（本例 19.63）划圆弧，与上述的以点 A 为圆心，以射线 $\overline{Am_1}$ 的长为半径所划的圆弧相交得点 m_1；之后，改换以新得出的点 m_1 为圆心，仍以 r 为半径划圆弧与上述的以点

A 为圆心，以射线Am_2的长为半径所划的圆弧相交得点 m_2；再挪动到点 m_2 为圆心，仍以 r 为半径划圆弧，如前述得出新交点的方法，直至得出最末的点 $m_{\frac{1}{2}i_{\max}}$（本例为 m_{12}）。用光滑曲线连接所得系列点 m_0、m_1、m_2、…、m_{12}为一规律曲线；再描划所得射线Am_0、Am_2、…、Am_{12}；这时将射线AN_0、AN_1、AN_2、…、AN_{12}描划到同序号的射线Am_i上，得系列点 N_0、N_1、N_2、…、N_{12}，用光滑曲线连接之得一规律曲线，它与上述曲线之间的图形就是构件的展开图（一半）；由于构件具有轴对称性，可在射线Am_0的另一侧描划出已得图形的对称形状，则整个图形即为平口错心圆锥台面的展开图，如图 4.2c 所示。要核对弓形展开图的两曲边弧线的长分别是 πd 及 πD，并要核对弓形展开图的四个角点之间的两条斜对角线要相等。

4.3　斜口错心圆锥台面的展开计算

图 4.3a 所示为斜口错心圆锥台面的立体图。如图 4.3b 所示，直径为 d 的倾斜

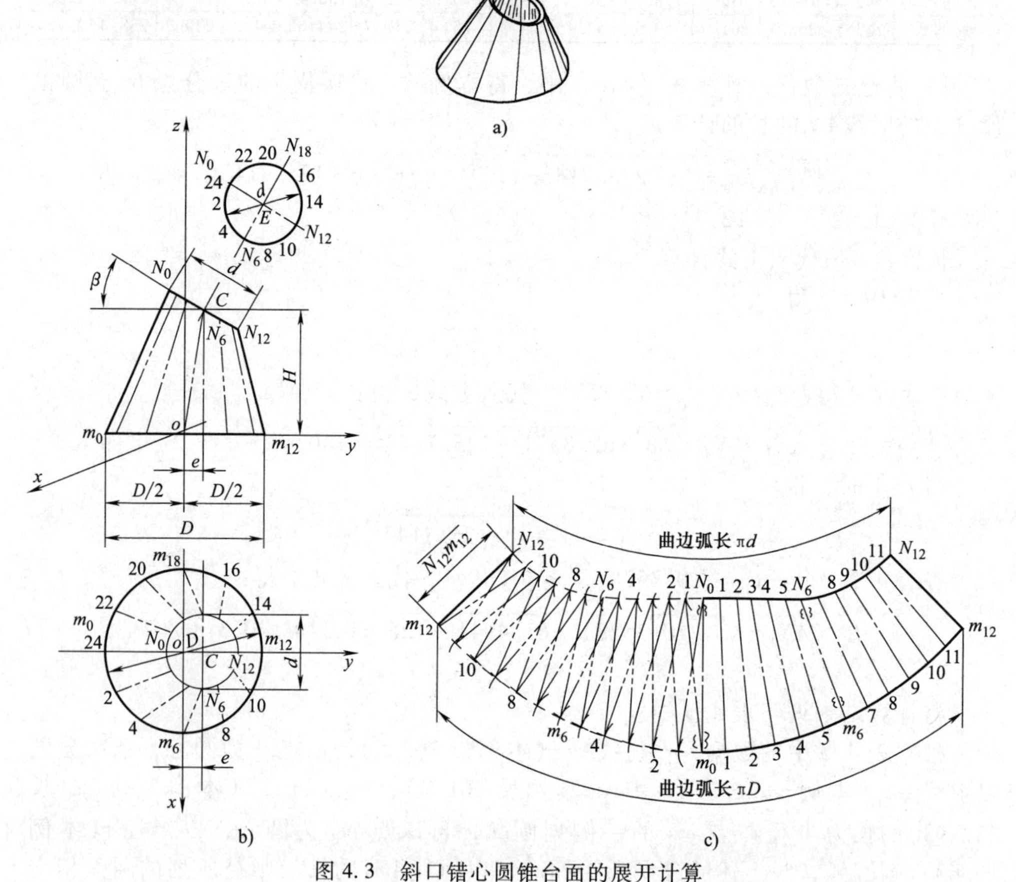

图 4.3　斜口错心圆锥台面的展开计算

a）立体图　b）斜口错心圆锥台面（斜马蹄）示意图　c）斜口错心圆锥台面展开图

上底与直径为 D 的下底的夹角为 $\beta(\leqslant 90°)$，上、下底圆中心点 C、o 偏离的水平距离为 e，上底圆中心点 C 的垂直高为 H，求该斜口错心圆锥台面的展开图。

1. 预备数据

在以下底圆中心点 o 为坐标原点的 $oxyz$ 空间直角坐标系中：

1）倾斜上底圆周上的等分点 $N_i(x_i, y_i, z_i)$ 空间直面坐标计算式为：

$$\begin{cases} x_i = \dfrac{d}{2}\sin\left(\dfrac{360°}{i_{\max}} \cdot i\right) \\ y_i = e - \dfrac{d}{2}\cos\beta\cos\left(\dfrac{360°}{i_{\max}} \cdot i\right) \\ z_i = \dfrac{d}{2}\sin\beta\cos\left(\dfrac{360°}{i_{\max}} \cdot i\right) + H \end{cases} \tag{4.7}$$

（取 $i=0$、1、2、…、$\frac{1}{2}i_{\max}$）

式中　d——上底圆的板厚中心直径；

e——上、下底圆中心点偏离的水平距离，当位于原点 o 的右方向时取正值，当位于原点 o 的左方向时取负值，不存在偏离时取零值；

β——上底的倾角（°）；

H——上底圆中心点的高；

i——参变数，最大值 $i_{\max}$ 是圆的直径圆周需要等分的份数，且应是数“4”的整数倍。

2）下底圆周上的等分点 $m_i(x_i, y_i, z_i)$ 空间直角坐标计算式为：

$$\begin{cases} x_i = \dfrac{D}{2}\sin\left(\dfrac{360°}{i_{\max}} \cdot i\right) \\ y_i = \dfrac{-D}{2}\cos\left(\dfrac{360°}{i_{\max}} \cdot i\right) \\ z_i = 0 \end{cases} \tag{4.8}$$

（取 $i=0$、1、2、…、$\frac{1}{2}i_{\max}$）

式中　D——下底圆的板厚中心直径；

i——同前。

2. 展开计算

1）上底圆周上的点 N_i 到下底圆周上的点 m_{i+1} 的有向线 $N_i m_{i+1}$ 的长的计算式为：

$$\overline{N_i m_{i+1}} = \sqrt{(x_{N_i} - x_{m_{i+1}})^2 + (y_{N_i} - y_{m_{i+1}})^2 + z_{N_i}^2} \tag{4.9}$$

（取 $i=0$、1、2、…、$\frac{1}{2}i_{\max}$）

式中　x_{N_i}、y_{N_i}、z_{N_i}——见计算式（4.7）；

$x_{m_{i+1}}$、$y_{m_{i+1}}$——见计算式（4.8）；

i——同前。

2）下底圆周上的点 m_i 到上底圆周上的点 N_{i+1} 的有向线段 m_iN_{i+1} 的长的计算式为：

$$\overline{m_iN_{i+1}}=\sqrt{(x_{m_i}-x_{N_{i+1}})^2+(y_{m_i}-y_{N_{i+1}})^2+z_{N_{i+1}}^2} \tag{4.10}$$

（取 $i=0$、1、2、…、$\frac{1}{2}i_{\max}$）

式中　$x_{N_{i+1}}$、$y_{N_{i+1}}$、$z_{N_{i+1}}$——见计算式（4.7）；

x_{m_i}、y_{m_i}——见计算式（4.8）；

i——同前。

3）上、下底圆周上的同序号点之间的线段 N_im_i 的长的计算式为：

$$\overline{N_im_i}=\sqrt{(x_{N_i}-x_{m_i})^2+(y_{N_i}-y_{m_i})^2+z_{N_i}^2} \tag{4.11}$$

（取 $i=0$、1、2、…、$\frac{1}{2}i_{\max}$）

式中　x_{N_i}、y_{N_i}、z_{N_i} 及 x_{m_i}、y_{m_i}、i——同前。

4）上、下底圆周的展开长的 $i_{\max}$ 等分的长 r、R 的计算式：

$$r=\frac{\pi d}{i_{\max}}$$
$$R=\frac{\pi D}{i_{\max}} \tag{4.12}$$

式中　π——圆周率；

d、D、i——同前。

例 4.3　如图 4.3b 所示的斜口错心圆锥台面：$\beta=20°$，$e=10$，$H=100$，$d=100$，$D=150$。取 $i_{\max}=24$，求该构件的展开图。

解：

（1）预备数据

1）将已知数代入计算式（4.7）中，得本例的倾斜上底圆周上的等分点 N_i（x_i，y_i，z_i）空间直角坐标计算式：

$$\begin{cases} x_i=\dfrac{100}{2}\sin\left(\dfrac{360°}{24}\cdot i\right)=50\sin(15°\cdot i) \\ y_i=10-\dfrac{100}{2}\cos20°\cos\left(\dfrac{360°}{24}\cdot i\right)=10-46.9846\cos(15°\cdot i) \\ z_i=\dfrac{100}{2}\sin20°\cos\left(\dfrac{360°}{24}\cdot i\right)+100=17.101\cos(15°\cdot i)+100 \end{cases}$$

（取 $i=0$、1、2、…、12）

依次将 i 值代入上式计算：

当 $i=0$ 时，得：

$$\begin{cases}x_0=50\sin(15°\times0)=0\\ y_0=10-46.9846\cos(15°\times0)=-36.9846\\ z_0=17.101\cos(15°\times0)+100=117.101\end{cases}$$

当 $i=1$ 时，得：

$$\begin{cases}x_1=50\sin(15°\times1)=12.941\\ y_1=10-46.9846\cos(15°\times1)=-35.3836\\ z_1=17.101\cos(15°\times1)+100=116.5183\end{cases}$$

……

将计算结果列于表 4.4 中。

表 4.4　例 4.3 斜口错心圆锥台面的倾斜上底圆周上的等分点 N_i（x_i，y_i，z_i）空间直角坐标值

直角坐标 \ 点序号 i	0	1	2	3	4	5	6
x_i	0	12.941	25	35.3553	43.3013	48.2963	50
y_i	-36.9846	-35.3836	-30.6899	-23.2231	-13.4923	-2.1605	10
z_i	117.101	116.5183	114.8099	112.0922	108.5505	104.4261	100

直角坐标 \ 点序号 i	7	8	9	10	11	12
x_i	48.2963	43.3013	35.3553	25	12.941	0
y_i	22.1605	33.4923	43.2231	50.6899	55.3836	56.9846
z_i	95.5739	91.4495	87.9078	85.1901	83.4817	82.899

2）将已知数代入计算式（4.8）中，得本例的下底圆周上的等分点 m_i（x_i，y_i，z_i）空间直角坐标计算式：

$$\begin{cases}x_i=\dfrac{150}{2}\sin\left(\dfrac{360°}{24}\cdot i\right)=75\sin(15°\cdot i)\\ y_i=\dfrac{-150}{2}\cos\left(\dfrac{360°}{24}\cdot i\right)=-75\cos(15°\cdot i)\\ z_i=0\end{cases}$$

（取 $i=0$、1、2、…、12）

依次将 i 值代入上式计算：

当 $i=0$ 时，得：

$$\begin{cases}x_0=75\sin(15°\times0)=0\\ y_0=-75\cos(15°\times0)=-75\\ z_0=0\end{cases}$$

当 $i=1$ 时，得：

$$\begin{cases} x_1=75\sin(15°\times1)=19.4114 \\ y_1=-75\cos(15°\times1)=-72.4444 \\ z_1=0 \end{cases}$$

……

将计算结果列于表 4.5 中。

表 4.5　例 4.3 斜口错心圆锥台面的下底圆周上的等分点 m_i（x_i，y_i，z_i）空间直角坐标值

直角坐标 \ 点序号 i	0	1	2	3	4	5	6
x_i	0	19.4114	37.5	53.033	64.9519	72.4444	75
y_i	-75	-72.4444	-64.9519	-53.033	-37.5	-19.4114	0
z_i	0						

直角坐标 \ 点序号 i	7	8	9	10	11	12
x_i	72.4444	64.9519	53.033	37.5	19.1414	0
y_i	19.4114	37.5	53.033	64.9519	72.4444	75
z_i	0					

（2）展开计算

1）将已知数代入计算式（4.9）中，得本例的有向线段 $N_i m_{i+1}$ 的长的计算式：

$$\overline{N_i m_{i+1}}=\sqrt{(x_{N_i}-x_{m_{i+1}})^2+(y_{N_i}-y_{m_{i+1}})^2+z_{N_i}^2}$$

（取 $i=0$、1、2、…、12）

依次将 i 值代入上式计算：

当 $i=0$ 时，得：

$$\overline{N_0 m_1}=\sqrt{(x_{N_0}-x_{m_1})^2+(y_{N_0}-y_{m_1})^2+z_{N0}^2}$$

查表 4.4 与表 4.5 得：

$$\begin{cases} x_{N_0}=0 \\ y_{N_0}=-36.9846 \\ z_{N_0}=117.101 \end{cases} \qquad \begin{cases} x_{m_1}=19.4114 \\ y_{m_1}=-72.4444 \end{cases}$$

代入上式，得：

$$\overline{N_0 m_1}=\sqrt{(0-19.4114)^2+(-36.9846+72.4444)^2+117.101^2}=123.9$$

当 $i=1$ 时，得：

$$\overline{N_1 m_2}=\sqrt{(x_{N_1}-x_{m_2})^2+(y_{N_1}-y_{m_2})^2+z_{N_1}^2}$$

查表 4.4 与表 4.5 得：

$$\begin{cases} x_{N_1}=12.941 \\ y_{N_1}=-35.3836 \\ z_{N_1}=116.5183 \end{cases} \qquad \begin{cases} x_{m_2}=37.5 \\ y_{m_2}=-64.9519 \end{cases}$$

代入上式得：

$$\overline{N_1m_2}=\sqrt{(12.941-37.5)^2+(-35.3836+64.9519)^2+116.5183^2}=122.7$$

……

将计算结果列于表 4.6 中。

表 4.6　例 4.3 斜口错心圆锥台面的有向线段N_im_{i+1}的长

有向线段名称	N_0m_1	N_1m_2	N_2m_3	N_3m_4	N_4m_5	N_5m_6	N_6m_7	N_7m_8	N_8m_9	N_9m_{10}	$N_{10}m_{11}$	$N_{11}m_{12}$
长	123.9	122.7	120.3	116.8	112.6	107.8	102.9	98.2	94	90.6	88.1	86.7

2）将已知数代入计算式（4.10）中，得本例的有向线段m_iN_{i+1}的长的计算式：

$$\overline{m_iN_{i+1}}=\sqrt{(x_{m_i}-x_{N_{i+1}})^2+(y_{m_i}-y_{N_{i+1}})^2+z_{N_{i+1}}^2}$$

（取 $i=0$、1、2、…、12）

依次将 i 值代入上式计算：

当 $i=0$ 时，得：

$$\overline{m_0N_1}=\sqrt{(x_{m_0}-x_{N_1})^2+(y_{m_0}-y_{N_1})^2+z_{N_1}^2}$$

查表 4.4 与表 4.5 得：

$$\begin{cases}x_{N_1}=12.941\\ y_{N_1}=-35.3836\\ z_{N_1}=116.5183\end{cases}\qquad\begin{cases}x_{m_0}=0\\ y_{m_0}=-75\end{cases}$$

代入上式，得：

$$\overline{m_0N_1}=\sqrt{(0-12.941)^2+(-75+35.3836)^2+116.5183^2}=123.8$$

当 $i=1$ 时，得：

$$\overline{m_1N_2}=\sqrt{(x_{m_1}-x_{N_2})^2+(y_{m_1}-y_{N_2})^2+z_{N_2}^2}$$

查表 4.4 与表 4.5 得：

$$\begin{cases}x_{N_2}=25\\ y_{N_2}=-30.6899\\ z_{N_2}=114.8099\end{cases}\qquad\begin{cases}x_{m_1}=19.4114\\ y_{m_1}=-72.4444\end{cases}$$

代入上式，得：

$$\overline{m_1N_2}=\sqrt{(19.4114-25)^2+(-72.4444+30.6899)^2+114.8099^2}=122.3$$

……

将计算结果列于表 4.7 中。

表 4.7　例 4.3 斜口错心圆锥台面的有向线段m_iN_{i+1}的长

有向线段名称	m_0N_1	m_1N_2	m_2N_3	m_3N_4	m_4N_5	m_5N_6	m_6N_7	m_7N_8	m_8N_9	m_9N_{10}	$m_{10}N_{11}$	$m_{11}N_{12}$
长	123.7	122.3	119.6	115.9	111.5	106.6	101.7	97	92.9	89.7	87.5	86.5

3）将已知数代入计算式（4.11）中，得本例的线段$\overline{N_im_i}$的长的计算式：

$$\overline{N_im_i}=\sqrt{(x_{N_i}-x_{m_i})^2+(y_{N_i}-y_{m_i})^2+z_{N_i}^2}$$

（取 $i=0$、1、2、…、12）

依次将 i 值代入上式计算：

当 $i=0$ 时，得：

$$\overline{N_0m_0}=\sqrt{(x_{N_0}-x_{m_0})^2+(y_{N_0}-y_{m_0})^2+z_{N_0}^2}$$

查表 4.4 与表 4.5 得：

$$\begin{cases}x_{N_0}=0\\y_{N_0}=-36.9846\\z_{N_0}=117.101\end{cases}\qquad\begin{cases}x_{m_0}=0\\y_{m_0}=-75\end{cases}$$

代入上式，得：

$$\overline{N_0m_0}=\sqrt{(0-0)^2+(-36.9846+75)^2+117.101^2}=123.1$$

当 $i=1$ 时，得：

$$\overline{N_1m_1}=\sqrt{(x_{N_1}-x_{m_1})^2+(y_{N_1}-y_{m_1})^2+z_{N_1}^2}$$

查表 4.4 与表 4.5 得：

$$\begin{cases}x_{N_1}=12.941\\y_{N_1}=-35.3836\\z_{N_1}=116.5183\end{cases}\qquad\begin{cases}x_{m_1}=19.4114\\y_{m_1}=-72.4444\end{cases}$$

代入上式，得：

$$\overline{N_1m_1}=\sqrt{(12.941-19.4114)^2+(-35.3836+72.4444)^2+116.5183^2}=122.4$$

……

将计算结果列于表 4.8 中。

表 4.8　例 4.3 斜口错心圆锥台面的线段$\overline{N_im_i}$的长

线段名称	N_0m_0	N_1m_1	N_2m_2	N_3m_3	N_4m_4	N_5m_5	N_6m_6	N_7m_7	N_8m_8	N_9m_9	$N_{10}m_{10}$	$N_{11}m_{11}$	$N_{12}m_{12}$
长	123.1	122.4	120.5	117.3	113.3	108.6	103.6	98.6	94.1	90.2	87.3	85.5	84.8

4）将已知数代入计算式（4.12）中，得本例的上、下底圆周的展开长的 24 等分的长 r、R：

$$r=\frac{100\pi}{24}=13.09$$

$$R=\frac{150\pi}{24}=19.63$$

作线段$\overline{N_0m_0}$（本例长 123.1），以点 m_0 为圆心，以 R（本例为 19.63）为半径划圆弧，与以点 N_0 为圆心，以有向线段$\overline{N_0m_1}$的长（本例为 123.9）为半径划圆弧相交

得点 m_1；之后，以点 N_0 为圆心，以 r(本例为 13.09) 为半径划圆弧，与以点 m_0 为圆心，以有向线段m_0N_1 的长(本例为 123.7) 为半径划圆弧相交得点 N_1；这时新得两点 N_1、m_1 之间的距离应是线段N_1m_1 的长(本例为 122.4) (检验)。在已知线段的两端点、两两划圆弧相交得出新线段的方法循序作下去，直至划出最末线段 $N_{\frac{1}{2}i_{max}}m_{\frac{1}{2}i_{max}}$(本例$N_{12}m_{12}$长 84.8) 为止，得出的两组系列点 N_0、N_1、…、N_{12}；m_0、m_1、…、m_{12}；用光滑曲线分别连接各组系列点得两条规律曲线，所得到的图形是构件展开图的一半。构件具有轴对称性，以直线 N_0m_0 为对称轴划出已得图形（一半）的对称图形，整个图形就是例 4.3 斜口错心圆锥台面的展形图，如图 4.3c 所示。要核对展开图的两曲边弧线的长分别是 πd 及 πD，并要核对展开图的四个角点之间的两条斜对角线要相等。

4.4　渐缩与等径圆管 90°两节弯头（一）的展开计算

图 4.4a 所示为渐缩与等径圆管 90°两节弯头（一）的立体图。如图 4.4b 所示，上节渐缩圆管的上口直径为 d，下节等径圆管的直径为 D，90°弯头的中心轴线为折线 BCE，转折点为 C，线段 CE 长 L_1，BC 长 L_2，求该渐缩与等径圆管 90°两节弯头的展开图。

1）如图 4.4c 所示，上节渐缩圆管所在圆锥（顶点 A）的半顶角$\frac{\angle A}{2}$的计算式为：

$$\frac{\angle A}{2}=\arcsin\frac{D}{2\sqrt{\left(\frac{d}{2}\right)^2+L_1^2}}-\arctan\frac{d}{2L_1} \tag{4.13}$$

式中　d——渐缩圆管的小口的板厚中心直径；

D——等径圆管的板厚中心直径。

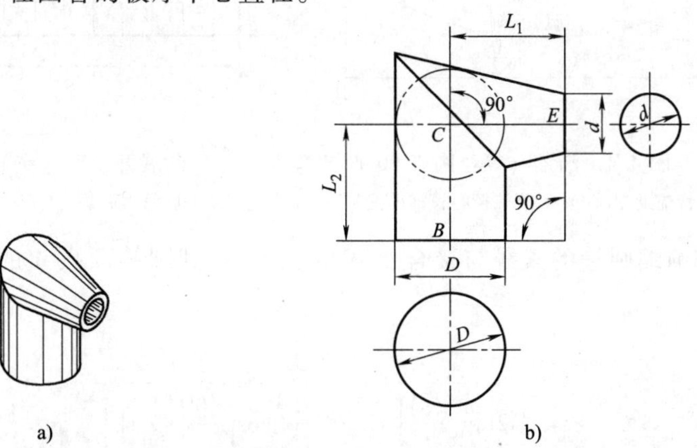

图 4.4　渐缩与等径圆管 90°两节弯头（一）的展开计算

a）立体图　b）渐缩圆管与等径圆管 90°二节弯头示意图

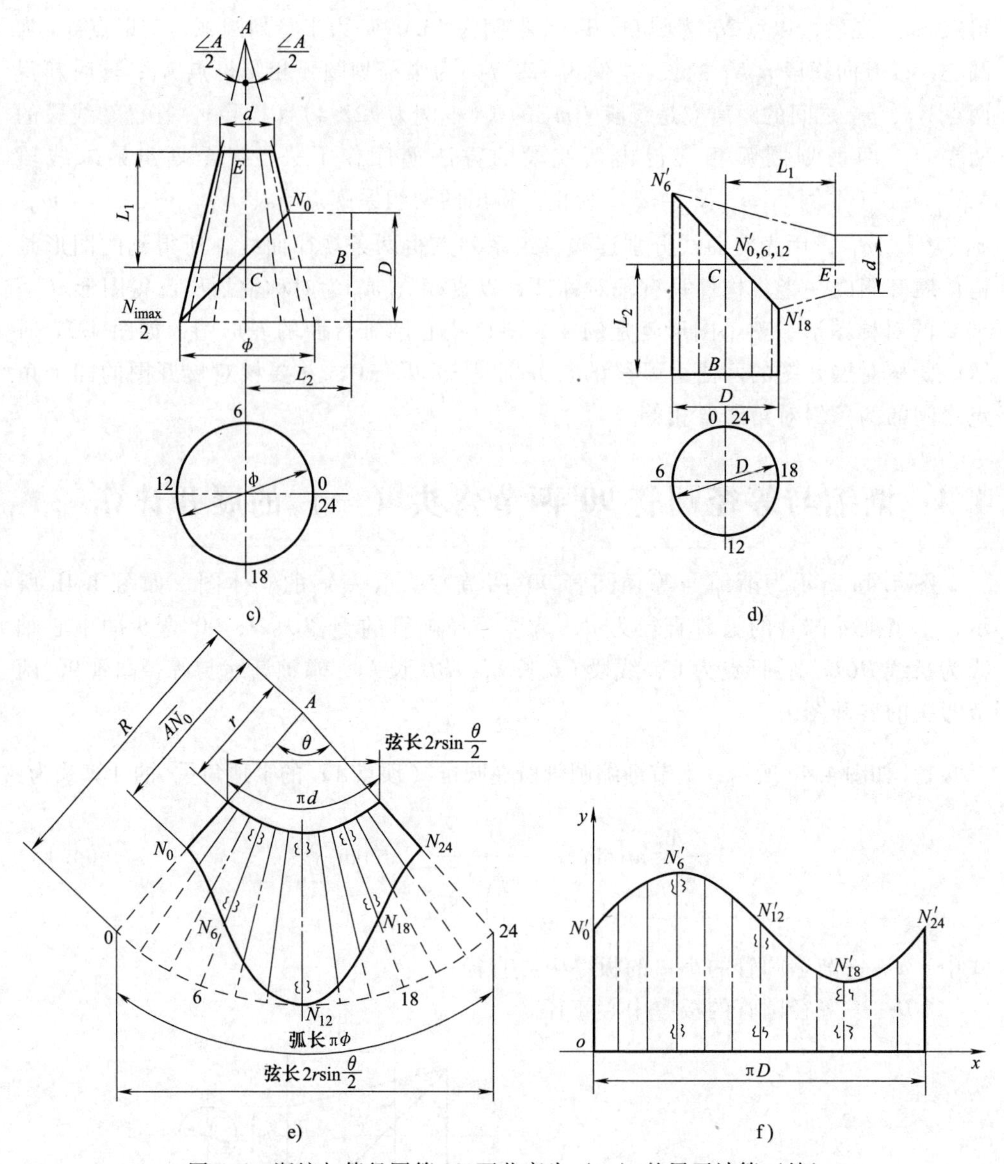

图 4.4　渐缩与等径圆管 90°两节弯头（一）的展开计算（续）

c）上节渐缩圆管辅助图　d）下节等径圆管辅助图示意　e）上节渐缩圆管展开图　f）下节等径圆管展开图

2）上节渐缩圆管的素线与接合线 N 的交点 N_i 到圆锥顶点 A 的射线 AN_i 的长的计算式为：

$$\overline{AN_i}=\frac{D}{2\tan\frac{\angle A}{2}\left[1+\sin\frac{\angle A}{2}\cos\left(\frac{360^\circ}{i_{\max}}\cdot i\right)\right]} \quad (4.14)$$

（取 $i=0$、1、2、…、$i_{\max}$）

式中　$\frac{\angle A}{2}$——见计算式（4. 13）；

D——同前；

i——参变数，最大值 i_{max} 是圆的直径圆周需要等分的份数，且应是数“4”的整数倍。

3）上节渐缩圆管所在圆锥的拟展开扇形的有关几何数据的计算式如下：

$$
\begin{aligned}
&\text{扇形中的圆锥上底圆的展开半径：} && r=\frac{d}{2\sin\frac{\angle A}{2}}\\
&\text{扇形的展开角(圆心角)：} && \theta=360°\sin\frac{\angle A}{2}\\
&\text{扇形中的圆锥上底圆展开弧长：} && \pi d\\
&\text{扇形中的圆锥上底圆展开弧长所对的弦长：} && 2r\sin\frac{\theta}{2}\\
&\text{扇形中的圆锥下底圆的展开半径：} && R=\overline{AN_{\frac{1}{2}i_{max}}}\\
&\text{圆锥的下底圆直径：} && \phi=2R\sin\frac{\angle A}{2}\\
&\text{扇形中的圆锥下底圆展开弧长：} && \pi\phi\\
&\text{扇形中的圆锥下底圆展开弧长所对的弦长：} && 2R\sin\frac{\theta}{2}
\end{aligned}
\tag{4.15}
$$

式中　π——圆周率；

$\frac{\angle A}{2}$——见计算式（4. 13）；

$\overline{AN_{\frac{1}{2}i_{max}}}$——见计算式（4. 14）；

d——同前。

4）如图 4. 4d 所示，下节等径圆管展开图曲线上的点 $N_i'(x_i, y_i)$ 直角坐标计算式为：

$$
\begin{cases}
x_i=\dfrac{\pi D}{i_{max}}\cdot i\\
y_i=L_2+\dfrac{D}{2}\tan\dfrac{\angle A}{2}+\dfrac{D}{2\cos\dfrac{\angle A}{2}}\sin\left(\dfrac{360°}{i_{max}}\cdot i\right)
\end{cases}
\tag{4.16}
$$

（取 $i=0$、1、2、…、i_{max}）

式中　$\frac{\angle A}{2}$、π、D、i——同前。

例 4. 4　如图 4. 4b 所示的渐缩与等径圆管 90°两节弯头：$d=52$，$D=100$，$L_1=$

105，$L_2=100$，取 $i_{max}=24$，求该构件的展开图。

解：1）如图 4.4c 所示，将已知数代入计算式（4.13）中，得本例的上节渐缩圆管所在圆锥（顶点 A）的半顶角$\frac{\angle A}{2}$：

$$\frac{\angle A}{2}=\arcsin\frac{100}{2\sqrt{\left(\frac{52}{2}\right)^2+105^2}}-\arctan\frac{52}{2\times105}=13.62334792°$$

2）将已知数代入计算式（4.14）中，得本例的上节渐缩圆管上射线AN_i的长的计算式：

$$\overline{AN_i}=\frac{100}{2\tan13.62334792°\left[1+\sin13.62334792°\cos\left(\frac{360°}{24}\cdot i\right)\right]}$$

$$=\frac{206.3073509}{1+0.235538165\cos(15°\cdot i)}$$

（取 $i=0$、1、2、…、24）

依次将 i 值代入上式计算：

当 $i=0$ 时，得：

$$\overline{AN_0}=\frac{206.3073509}{1+0.235538165\cos(15°\times0)}=166.977724$$

当 $i=1$ 时，得：

$$\overline{AN_1}=\frac{206.3073509}{1+0.235538165\cos(15°\times1)}=168.0694642$$

……

将计算结果列于表 4.9 中。

表 4.9　例 4.4 渐缩与等径圆管 90°两节弯头的上节渐缩圆管展开图的射线 AN_i 的长

射线序号 i	0 24	1 23	2 22	3 21	4 20	5 19	6 18	7 17	8 16	9 15	10 14	11 13	12
长	166.98	168.07	171.35	176.85	184.57	194.45	206.31	219.7	233.85	247.53	259.17	267.07	269.87

3）如图 4.4e 所示，将已知数代入计算式（4.15）中，得本例的上节渐缩圆管所在圆锥台面的拟展开扇（弓）形的有关几何数据：

扇形中圆锥上底圆的展开半径：　$r=\frac{52}{2\sin13.62334792°}=110.3855077$

扇形的展开角(圆心角)：　$\theta=360°\sin13.62334792°=84.79374°$

扇形中圆锥上底圆的展开弧长：　52π

扇形中圆锥上底圆展开弧长所对的弦长：　$2\times110.3855077\sin\frac{84.79374°}{2}=148.86$

扇形中圆锥下底圆的展开半径：　$R=269.87$

圆锥的下底圆直径：　$\phi=2\times269.87\sin13.62334792°=127.13$

扇形中圆锥下底圆展开弧长：　127.13π

扇形中圆锥下底圆展开弧长所对的弦长：　$2\times269.87\ \sin\dfrac{84.79374°}{2}=363.93$

4）将已知数代入计算式（4.16）中，得本例的下节等径圆管展形图曲线上的点 $N_i'(x_i,\ y_i)$ 直角坐标计算式：

$$\begin{cases}x_i=\dfrac{100\pi}{24}\cdot i=13.09i\\ y_i=100+\dfrac{100}{2}\tan13.62334792°+\dfrac{100}{2\cos13.62334792°}\sin\left(\dfrac{360°}{24}\cdot i\right)\\ \quad=112.1178+51.4475\sin(15°\cdot i)\end{cases}$$

（取 $i=0$、1、2、…、24）

依次将 i 值代入上式计算：

当 $i=0$ 时，得：

$$\begin{cases}x_0=13.09\times0=0\\ y_0=112.1178+51.4475\sin(15°\times0)=112.1178\end{cases}$$

当 $i=1$ 时，得：

$$\begin{cases}x_1=13.09\times1=13.09\\ y_1=112.1178+51.4475\sin(15°\times1)=125.43\end{cases}$$

……

将计算结果列于表 4.10 中。

表 4.10　例 4.4 渐缩与等径圆管 90°两节弯头的下节等径圆管的展开图曲线上的点 $N_i'(x_i,\ y_i)$ 直角坐标值

点序号 i \ 直角坐标	x_i	y_i	点序号 i \ 直角坐标	x_i	y_i	点序号 i \ 直角坐标	x_i	y_i	点序号 i \ 直角坐标	x_i	y_i
0	0	112.12	3	39.27	148.5	13	170.17	98.8	16	209.44	67.56
12	157.08		9	117.81		23	301.07		20	261.8	
24	314.16		4	52.36	156.67	14	183.26	86.39	17	222.53	62.42
1	13.09	125.43	8	104.72		22	287.98		19	248.71	
11	143.99		5	65.45	161.81	15	196.35	75.74	18	235.62	60.67
2	26.18	137.84	7	91.36		21	274.89				
10	130.9		6	78.54	163.57						

5）以点 A 为圆心（顶点），以 R（本例为 269.87）为半径划圆弧，在该圆弧上截得弦长（本例为 363.93），并与顶点 A 连线，得到拟扇形，其扇形展开角为 θ（本例为 84.79374°），它的圆弧长为 $\pi\phi$（本例为 127.13π），把这圆弧等分 24 等份，所得等分点编号为：0、1、2、…、24，并与顶点 A 连线，得拟射线 A_0、A_1、A_2、…、A_{24}；这时，将表 4.9 中的射线 AN_i 以同序号描划到拟射线 A_0、A_1、A_2、…、A_{24} 上，得到系列点 N_0、N_1、N_2、…、N_{24}；用光滑曲线连接这组系列点得一规律曲线；然后，以顶点

A为圆心，以r(110.386) 为半径划圆弧，这条圆弧与上述曲线之间的弓形是本例渐缩与等径圆管90°两节弯头的上节渐缩圆管的展开图，如图4.4e所示。

本例的下节等径圆管展开图，参照本书前面关于平行线法展开图划制方法可得，如图4.4f所示。本例的上节渐缩圆管的弓形展开图的大口曲边弧线长和下节等径圆管展开图的曲边弧线长是相等的，要核对验证。展开图四个角之间的两条斜对角线是相等的。

4.5　渐缩与等径圆管β(<90°) 角度两节弯头（一）的展开计算

图4.5a所示为渐缩与等径圆管β(<90°) 角度两节弯头（一）的立体图。如图4.5b所示，上节渐缩圆管的小口中心直径为d，下节等径圆管的中心直径为D，转角为β的弯头的中心轴线为折线BCE，转折点为C，线断CE长L_1，线段BC长L_2，求该渐缩与等径圆管β角度两节弯头的展开图。

1. 预备数据（图4.5b~d）

1）上节渐缩圆管所在圆锥（顶点A）的半顶角$\frac{\angle A}{2}$的计算式为：

$$\frac{\angle A}{2}=\arcsin\frac{D}{2\sqrt{\left(\frac{d}{2}\right)^{2}+L_1^2}}-\arctan\frac{d}{2L_1} \tag{4.17}$$

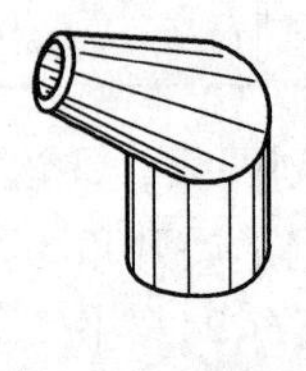

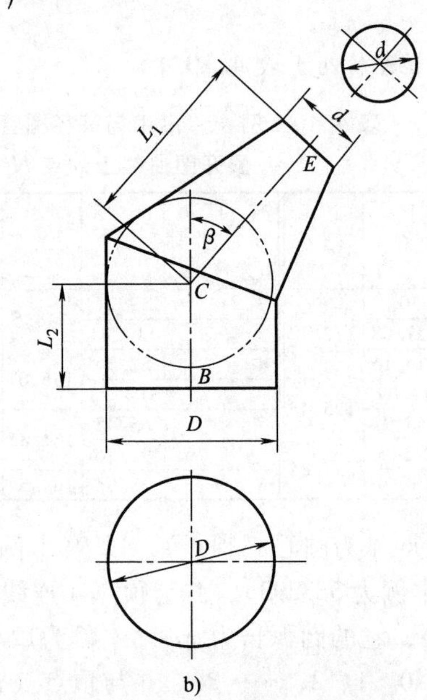

a)　　b)

图4.5　渐缩与等径圆管β(<90°) 角度两节弯头（一）的展开计算

a）立体图　b）渐缩与等径圆管β(<90°) 角度两节弯头示意图

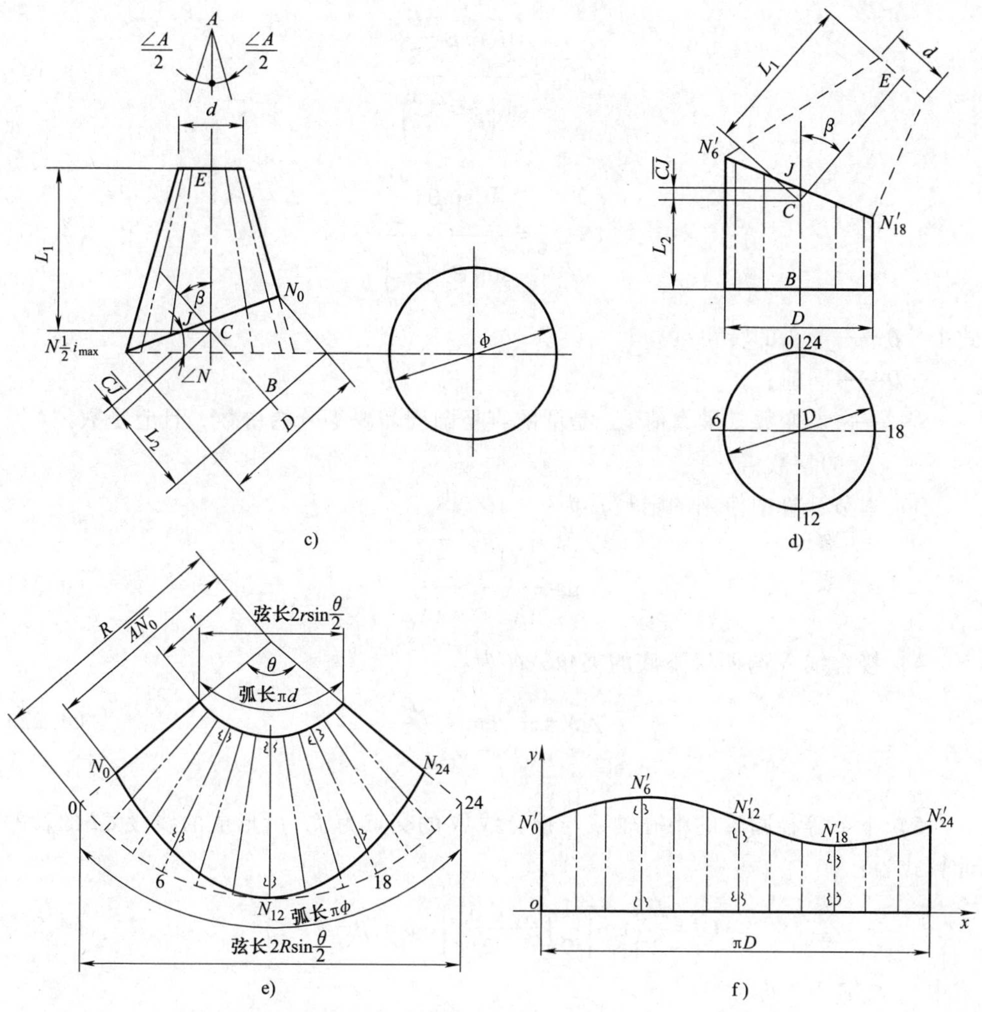

图 4.5　渐缩与等径圆管 β(<90°) 角度两节弯头（一）的展开计算（续）

c）上节渐缩圆管辅助图示意　d）下节等径圆管辅助图示意

e）上节渐缩图管展开图示意　f）下节等径圆管展开图

圆锥中心轴线上的线段 AC 长为：

$$\overline{AC}=\frac{D}{2\sin\dfrac{\angle A}{2}} \tag{4.18}$$

式中　d——渐缩圆管小口的板厚中心直径；

D——等径圆管的板厚中心直径；

L_1——渐缩圆管中心轴线的长。

2）接合线 N 的两端点 N_0、$N_{\frac{1}{2}i_{\max}}$ 到圆锥顶点 A 的射线AN_0、$AN_{\frac{1}{2}i_{\max}}$ 的长的计算式为：

$$\overline{AN_0}=\frac{\overline{AC}\sin\beta-\dfrac{D}{2}}{\sin\left(\beta-\dfrac{\angle A}{2}\right)} \tag{4.19}$$

$$\overline{AN_{\frac{1}{2}i_{\max}}}=\frac{\overline{AC}\sin\beta+\dfrac{D}{2}}{\sin\left(\beta+\dfrac{\angle A}{2}\right)} \tag{4.20}$$

式中　β——弯头的转角（°）；

D——同前；

i——参变数，最大值 $i_{\max}$是圆的直径圆周需要等分的份数，且应是数“4”的整数倍。

3）本节计算中使用的定数 μ 为：

$$\mu=\frac{\overline{AN_{\frac{1}{2}i_{\max}}}-\overline{AN_0}}{\overline{AN_{\frac{1}{2}i_{\max}}}+\overline{AN_0}} \tag{4.21}$$

4）接合线 N 与圆锥下底的夹角$\angle N$ 为：

$$\angle N=\arctan\frac{\mu}{\tan\dfrac{\angle A}{2}} \tag{4.22}$$

5）下节等径圆管的中心轴线与接合线 N 的交点为 J，所形成的线段 CJ 的长的计算式为：

$$\overline{CJ}=\frac{D}{2}\left\{\tan\left[\frac{1}{2}\left(\beta+\frac{\angle A}{2}\right)\right]-\tan(\beta-\angle N)\right\} \tag{4.23}$$

式中　D、β——同前。

2. 展开计算

1）上节渐缩圆管的素线在接合线 N 上的交点 N_i 到圆锥的顶点 A 的射线AN_i 的长的计算式为：

$$\overline{AN_i}=\frac{\overline{AN_{\frac{1}{2}i_{\max}}}(1-\mu)}{1+\mu\cos\left(\dfrac{360°}{i_{\max}}\cdot i\right)} \tag{4.24}$$

（取 $i=0$、1、2、…、$i_{\max}$）

式中　$\overline{AN_{\frac{1}{2}i_{\max}}}$——见计算式（4.20）；

μ——本节的计算定数，见计算式（4.21）；

i——同前。

2）上节渐缩圆管所在圆锥（顶点 A）的拟展开扇形的有关几何数据的计算式

如下：

$$\left.\begin{array}{ll}\text{扇形中圆锥上底圆的展开半径：} & r=\dfrac{d}{2\sin\dfrac{\angle A}{2}} \\ \text{扇形的展开角（圆心角）：} & \theta=360^\circ\sin\dfrac{\angle A}{2} \\ \text{扇形中圆锥上底圆展开弧长：} & \pi d \\ \text{扇形中圆锥上底圆展开弧长所对的弦长：} & 24r\sin\dfrac{\theta}{2} \\ \text{扇形中圆锥下底圆的展开半径：} & R=\overline{AN_{\frac{1}{2}i_{\max}}} \\ \text{圆锥的下底圆直径：} & \phi=2R\sin\dfrac{\angle A}{2} \\ \text{扇形中圆锥下底圆展开弧长：} & \pi\phi \\ \text{扇形中圆锥下底圆展开弧长所对的弦长：} & 2R\sin\dfrac{\theta}{2}\end{array}\right\} \quad (4.25)$$

式中　π——圆周率，

$\dfrac{\angle A}{2}$——见计算式（4.17）；

$\overline{AN_{\frac{1}{2}i_{\max}}}$——见计算式（4.20）；

d——同前。

3）下节等径圆管展开图曲线上的点 N_i'（x_i、y_i）直角坐标计算式为：

$$\begin{cases} x_i=\dfrac{\pi D}{i_{\max}}\cdot i \\ y_i=\dfrac{D}{2}\tan(\beta-\angle N)\sin\left(\dfrac{360^\circ}{i_{\max}}\cdot i\right)+L_2+\overline{CJ} \end{cases} \quad (4.26)$$

（取 $i=0$、1、2、…、$i_{\max}$）

式中　π——圆周率；

L_2——下节等径圆管的中心轴线的线段 BC 的长；

$\angle N$、$\overline{CJ}$——见计算式（4.22）和计算式（4.23）；

D、β、i——同前。

例 4.5　如图 4.5b 所示的渐缩与等径圆管转角 $\beta=41.1859^\circ$ 的两节弯头：$d=41.7$，$D=100$，$L_1=106.3$，线段 $L_2=60$，转折点为 C，取 $i_{\max}=24$。求该构件的展开图。

解：

（1）预备数据

将已知数代入计算式（4.17）~计算式（4.23），得本例的上节渐缩圆管所在圆锥（顶点 A）的有关几何数据：

1）圆锥的半顶角为：

$$\frac{\angle A}{2}=\arcsin\frac{100}{2\sqrt{\left(\frac{41.7}{2}\right)^2+106.3^2}}-\arctan\frac{41.7}{2\times106.3}=16.39129865°$$

红段 AC 长：

$$\overline{AC}=\frac{100}{2\sin16.39129865°}=177.1819643$$

2）接合线 N（投影线段）两端点 N_0、N_{12} 到圆锥顶点 A 的射线 AN_0、AN_{12} 长为：

$$\overline{AN_0}=\frac{177.1819643\sin41.1859°-\frac{100}{2}}{\sin(41.1859°-16.39129865°)}=158.9899862$$

$$\overline{AN_{12}}=\frac{177.1819643\sin41.1859°+\frac{100}{2}}{\sin(41.1859°+16.39129865°)}=197.4555079$$

3）本节计算中使用的定数为：

$$\mu=\frac{197.4555079-158.9899862}{197.4555079+158.9899862}=0.107914175$$

4）接合线 N 与圆锥下底的夹角为：

$$\angle N=\arctan\frac{0.107914175}{\tan16.39129865°}=20.1464°$$

5）线段 CJ 长：

$$\overline{CJ}=\frac{100}{2}\left\{\tan\left[\frac{1}{2}(41.1859°+16.39129865°)\right]-\tan(41.1859°-20.1464°)\right\}=8.242$$

（2）展开计算

1）将已知数代入计算式（4.24）中，得本例的上节渐缩圆管与接合线 N 的交点 N_i 到圆锥顶点 A 的射线 AN_i 的长的计算式：

$$\overline{AN_i}=\frac{197.4555079(1-0.107914175)}{1+0.107914175\cos\left(\frac{360°}{24}\cdot i\right)}=\frac{176.1472595}{1+0.107914175\cos(15°\cdot i)}$$

（取 $i=0$、1、2、…、24）

依次将 i 值代入上式计算：

当 $i=0$ 时，得：

$$\overline{AN_0}=\frac{176.1472595}{1+0.107914175\cos(15°\times0)}=158.9899862$$

当 $i=1$ 时，得：

$$\overline{AN_1}=\frac{176.1472595}{1+0.107914175\cos(15°\times1)}=159.5194195$$

……

将计算结果列于表 4.11 中。

表 4.11　例 4.5 渐缩与等径圆管 41.1859°两节弯头的上节渐缩圆管的射线 AN_i 的长

射线序号 i	0 24	1 23	2 22	3 21	4 20	5 19	6 18	7 17	8 16	9 15	10 14	11 13	12
长	158.99	159.52	161.09	163.66	167.13	171.36	176.15	181.21	186.19	190.7	194.31	196.64	197.46

2）将已知数代入计算式（4.25）中，得本例的上节渐缩圆管所在圆锥的拟展开扇形的有关几何数据：

扇形中圆锥上底圆的展开半径：　$r=\dfrac{41.7}{2\sin16.39129865°}=73.8849$

扇形的展开角（圆心角）：　$\theta=360°\sin16.39129865°=101.5905$

扇形中圆锥上底圆展开弧长：　41.7π

扇形中圆锥上底圆展开弧长所对的弦长：$2\times73.8849\sin\dfrac{101.5905°}{2}=114.51$

扇形中圆锥下底圆的展开半径：　$R=\overline{AN_{12}}=197.46$

圆锥的下底圆直径：　$\phi=2\times197.46\sin16.39129865°=111.44$

扇形中圆锥下底圆展开弧长：　111.44π

扇形中圆锥下底圆展开弧长所对的弦长：$2\times197.46\sin\dfrac{101.5905°}{2}=306.02$

3）将已知数代入计算式（4.26）中，得本例的下节等径圆管展开图曲线上的点 $N_i'(x_i,\ y_i)$ 直角坐标计算式：

$$\begin{cases}x_i=\dfrac{100\pi}{24}\cdot i=13.09\cdot i\\ y_i=\dfrac{100}{2}\tan(41.1859°-20.1464°)\sin\left(\dfrac{360°}{24}\cdot i\right)+60+8.242\\ \quad=19.2327617\sin(15°\cdot i)+68.242\end{cases}$$

（取 $i=0、1、2、\cdots、24$）

依次将 i 值代入上式计算：

当 $i=0$ 时，得：

$$\begin{cases}x_0=13.09\times0=0\\ y_0=19.2327617\sin(15°\times0)+68.242=68.242\end{cases}$$

当 $i=1$ 时，得：

$$\begin{cases}x_1=13.09\times1=13.09\\ y_1=19.2327617\sin(15°\times1)+68.242=73.22\end{cases}$$

……

将计算结果列于表 4.12 中。

表 4.12　例 4.5 渐缩与等径圆管 41.1859°两节弯头的下节等径圆管展开图曲线上的点 $N_i'(x_i,\ y_i)$ 直角坐标值

直角坐标 / 点序号 i	x_i	y_i	直角坐标 / 点序号 i	x_i	y_i	直角坐标 / 点序号 i	x_i	y_i	直角坐标 / 点序号 i	x_i	y_i
0	0	68.24	3	39.27	81.84	13	170.17	63.26	16	209.44	51.59
12	157.08		9	117.81		23	301.07		20	261.8	
24	314.16		4	52.36	84.9	14	183.26	58.63	17	222.53	49.66
1	13.09	73.22	8	104.72		22	287.98		19	248.71	
11	143.99		5	65.45	86.82	15	196.35	54.64	18	235.62	49
2	26.18	77.86	7	91.36		21	274.89				
10	130.9		6	78.54	87.47						

4）参照 4.4 节中的例 4.4 的构件展开图的划制方法，划制本例渐缩与等径圆管 41.1859°两节弯头的展开图，如图 4.5e.f 所示。上节渐缩圆管的弓形展开图的大口曲边弧线长和下节等径圆管展开图的曲边弧线长是相等的，要核对验证。展开图的四个角之间两条斜对角线是相等的。

4.6　渐缩与等径圆管 90°两节弯头（二）的展开计算

图 4.6a 所示为渐缩与等径圆管 90°两节弯头（二）的立体图。如图 4.6b 所示，上节等径圆管的直径为 d，下节渐缩圆管的大口直径为 $D(D>d)$，两节 90°弯头的中心轴线为折线 BCE，转折点为 C，线段 BC 长 h，CE 长 L，求该渐缩与等径圆管 90°两节弯头的展开图。

1）如图 4.6b、c 所示，下节渐缩圆管所在圆锥（顶点 A）的半顶角 $\frac{\angle A}{2}$ 的计算式为：

$$\frac{\angle A}{2}=\arctan\frac{D}{2h}-\arcsin\frac{d}{2\sqrt{\left(\frac{D}{2}\right)^2+h^2}} \tag{4.27}$$

式中　d——等径圆管的板厚中心直径；

D——渐缩圆管的大口的板厚中心直径；

h——线段 BC 的长。

2）下节渐缩圆管的素线与接合线 N 的交点 N_i 到圆锥顶点 A 的射线 AN_i 的长的计算式为：

$$\overline{AN_i}=\frac{d}{2\tan\frac{\angle A}{2}\left[1-\sin\frac{\angle A}{2}\cos\left(\frac{360°}{i_{\max}}\cdot i\right)\right]} \tag{4.28}$$

（取 $i=0$、1、2、…、$i_{\max}$）

式中　$\frac{\angle A}{2}$——见计算式（4.27）；

d——同前；

i——参变数，最大值 $i_{\max}$ 是圆的直径圆周需要等分的份数，且应是数“4”的整数倍。

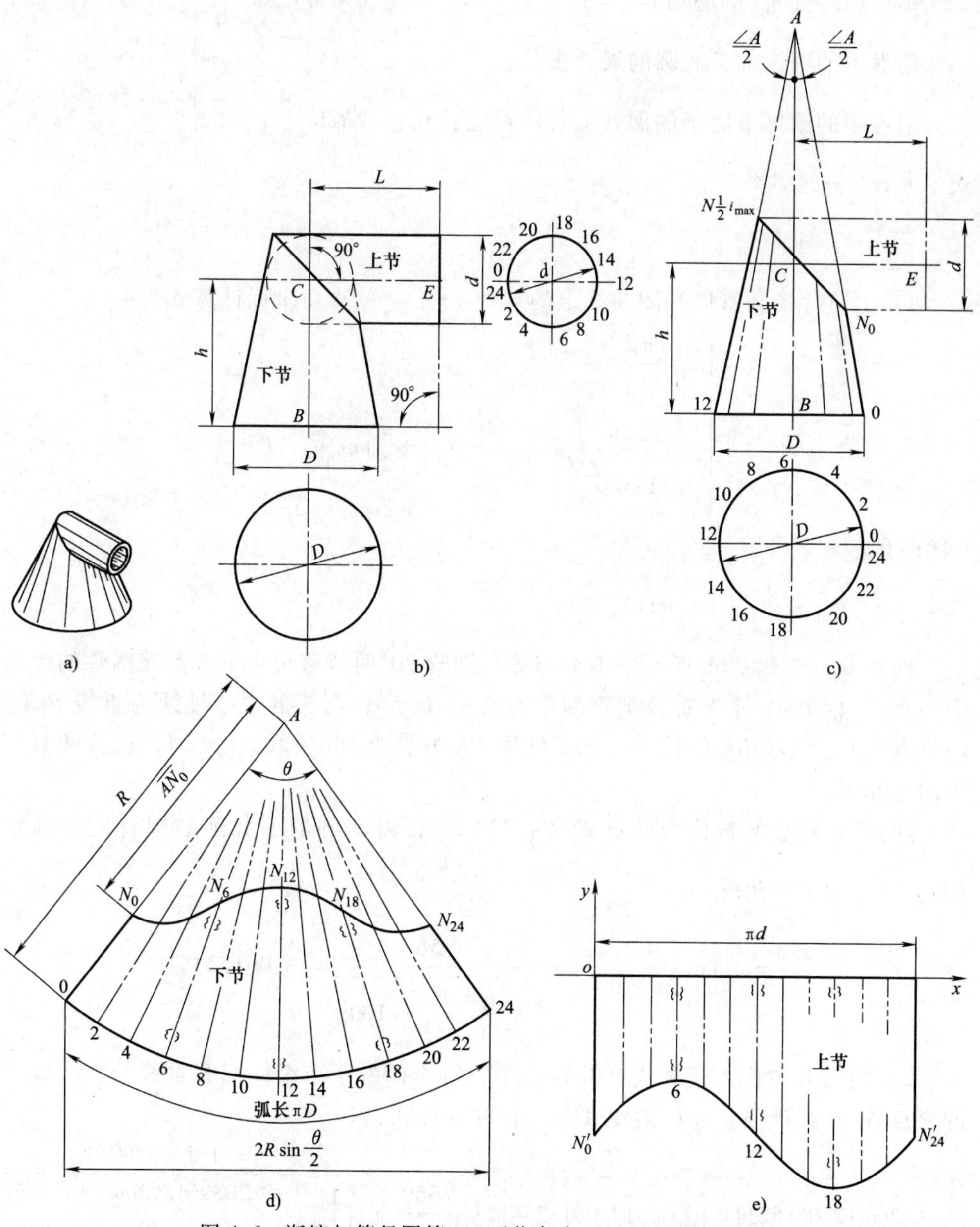

图 4.6　渐缩与等径圆管 90°两节弯头（二）的展开计算

a）立体图　b）渐缩圆管与等径圆管 90°两节弯头（二）示意图

c）渐缩圆管与等径圆管 90°两节弯头（二）辅助示意图　d）渐缩圆管展开图　e）等径圆管展开图

3）下节渐缩圆管所在圆锥的拟展开扇形的有关几何数据的计算式为：

$$\left.\begin{array}{ll}\text{扇形中的圆锥下底圆的展开半径：} & R=\dfrac{D}{2\sin\dfrac{\angle A}{2}}\\ \text{扇形的展开角(圆心角)：} & \theta=360°\sin\dfrac{\angle A}{2}\\ \text{扇形中的圆锥的下底圆的展开弧长：} & \pi D\\ \text{扇形中的圆锥下底圆的展开弧长所对的弦长：} & 2R\sin\dfrac{\theta}{2}\end{array}\right\}\quad(4.29)$$

式中　π——圆周率；

D、$\dfrac{\angle A}{2}$——同前。

4）上节等径圆管展开图曲线上的点 $N_i'(x_i,\ y_i)$ 直角坐标计算式为：

$$\begin{cases}x_i=\dfrac{\pi d}{i_{\max}}\cdot i\\ y_i=\dfrac{d}{2\cos\dfrac{\angle A}{2}}\sin\left(\dfrac{360°}{i_{\max}}\cdot i\right)+\dfrac{d}{2}\tan\dfrac{\angle A}{2}-L\end{cases}\quad(4.30)$$

（取 $i=0$、1、2、…、$i_{\max}$）

式中　π、d、$\dfrac{\angle A}{2}$、i——同前。

例 4.6　如图 4.6b 所示的渐缩与等径圆管 90°两节弯头：下节渐缩圆管的大口中心直径 $D=100$，上节等径圆管的中心直径 $d=56$，弯头的中心轴线为折线 BCE，转折点为 C，线段 BC 的长 $h=100$，线段 CE 的长 $L=90$，取 $i_{\max}=24$，求该两节弯头的展开图。

解： 1）将已知数代入计算式（4.27）中，得本例的下节渐缩圆管所在圆锥（顶点 A）的半顶角$\dfrac{\angle A}{2}$：

$$\frac{\angle A}{2}=\arctan\frac{100}{2\times100}-\arcsin\frac{56}{2\sqrt{\left(\dfrac{100}{2}\right)^2+100^2}}=12.06152341°$$

2）将已知数代入计算式（4.28）中，得本例的下节渐缩圆管素线与接合线 N 的交点 N_i 到圆锥顶点 A 的射线 AN_i 的长的计算式：

$$\overline{AN_i}=\frac{56}{2\tan12.06152341°\left[1-\sin12.06152341°\cos\left(\dfrac{360°}{24}\cdot i\right)\right]}=\frac{131.0376054}{1-0.208961892\cos(15°\cdot i)}$$

（取 $i=0$、1、2、…、24）

依次将 i 值代入上式计算：

当 $i=0$ 时，得：

$$\overline{AN_0}=\frac{131.0376054}{1-0.208961892\cos(15°\times 0)}=165.6527$$

当 $i=1$ 时，得：

$$\overline{AN_1}=\frac{131.0376054}{1-0.208961892\cos(15°\times 1)}=164.17496$$

……

将计算结果列于表 4.13 中。

表 4.13　例 4.6 渐缩与等径圆管 90°两节弯头的下节渐缩圆管素线在接合线 N 上的交点 N_i 到圆锥顶点 A 的射线 $\overline{AN_i}$ 值

射线序号 i	0、24	1、23	2、22	3、21	4、20	5、19	6、18	7、17	8、16	9、15	10、14	11、13	12
长	165.65	164.17	159.99	153.76	146.33	138.53	131.04	124.31	118.64	114.17	110.96	109.03	108.39

3）将已知数代入计算式（4.29）中，得本例的下节渐缩圆管拟展开扇形的有关数据：

扇形中的圆锥下底圆展开半径：$R=\dfrac{100}{2\sin 12.06152341°}=239.278$

扇形的展开角(圆心角)：$\theta=360°\sin 12.06152341°=75.22628°$

扇形中的圆锥下底圆的展开弧长：100π

扇形中的圆锥下底圆的展开弧长所对的弦长：$2\times 239.278\sin\dfrac{75.22628°}{2}=292.08$

4）将已知数代入计算式（4.30）中，得本例的上节等径圆管展开图曲线上的点 N_i'（x_i，y_i）直角坐标计算式：

$$\begin{cases}x_i=\dfrac{56\pi}{24}\cdot i=7.33\cdot i\\ y_i=\dfrac{56}{2\cos 12.06152341°}\sin\left(\dfrac{360°}{24}\cdot i\right)+\dfrac{56}{2}\tan 12.06152341°-90=28.6321\sin(15°\cdot i)-84.017\end{cases}$$

（取 $i=0$、1、2、…、24）

依次将 i 值代入上式计算：

当 $i=0$ 时，得：

$$\begin{cases}x_0=7.33\times 0=0\\ y_0=28.6321\sin(15°\times 0)-84.017=-84.017\end{cases}$$

当 $i=1$ 时，得：

$$\begin{cases}x_1=7.33\times 1=7.33,\\ y_1=28.6321\sin(15°\times 1)-84.017=-76.61\end{cases}$$

……

将计算结果列于表 4. 14 中。

表 4. 14　例 4. 6 渐缩与等径圆管 90°两节弯头的上节等径圆管展开图曲线上的点 N_i'（x_i，y_i）直角坐标值

点序号 i ＼ 直角坐标	x_i	y_i	点序号 i ＼ 直角坐标	x_i	y_i	点序号 i ＼ 直角坐标	x_i	y_i	点序号 i ＼ 直角坐标	x_i	y_i
0	0	-84.02	3	21.99	-63.77	13	95.29	-91.43	16	117.28	-108.81
12	87.96		9	65.97		23	168.59		20	146.6	
24	175.92		4	29.32	-59.22	14	102.62	-98.33	17	124.61	-111.67
1	7.33	-76.61	8	58.64		22	161.26		19	139.27	
11	80.63		5	36.65	-56.36	15	109.95	-104.26	18	131.94	-112.65
2	14.44	-69.7	7	51.36		21	153.93				
10	73.3		6	43.98	-55.38						

5）以点 A 为圆心，以 R（本例 239. 28）为半径划圆弧，并在圆弧上截取弦长 $2R\sin\dfrac{\theta}{2}$（本例 292. 08），所得的圆弧长为 πD（本例 100π），该拟展扇形的展开角（圆心角）θ 也必等于 $360°\sin\dfrac{\angle A}{2}$（本例 75. 22628°）。把该圆弧等分 $i_{\max}$（本例 24）等份，各等分点依次编号为 0、1、2、…、$i_{\max}$（本例 24）。与扇形的顶点 A 连线，命名为拟编射线 A_0、A_1、…、A_{24}，然后将表 4. 13 中的射线 AN_i 以同序号的顺序描划在上述的拟编射线上，得系列点 N_0、N_1、…、N_{24}；并用光滑曲线连接这组系列点得一规律曲线。该曲线与扇形的外边缘圆弧之间的图形，即是本例渐缩与等径圆管 90°两节弯头的下节渐缩圆管的展开图，如图 4. 6d 所示。

本例的弯头的上节等径圆管的展开图，可参照本书第 2 章中的平行线法划制，这里从略，如图 4. 6e 所示。下节渐缩圆管的类似弓形展开图的小口曲边弧线长和上节等径圆管展开图的曲边弧线长是相等的。展开图四个角之间的两条斜对角线是相等的。

4.7　渐缩与等径圆管 β(<90°) 角度两节弯头（二）的展开计算

图 4. 7a 所示为渐缩与等径圆管 β(<90°) 角度两节弯头（二）的立体图。如图 4. 7b 所示，上节等径圆管的中心直径为 d，下节渐缩圆管的大口的中心直径为 D，转角为 β 的两节弯头的中心轴线折线为 BCE，转折点为 C，线段 BC 长 h，线段 CE 长 L，求该构件的展开图。

1. 预备数据（图 4. 7b、c）

1）下节渐缩圆管所在的圆锥（顶点 A）的半顶角 $\dfrac{\angle A}{2}$ 的计算式为：

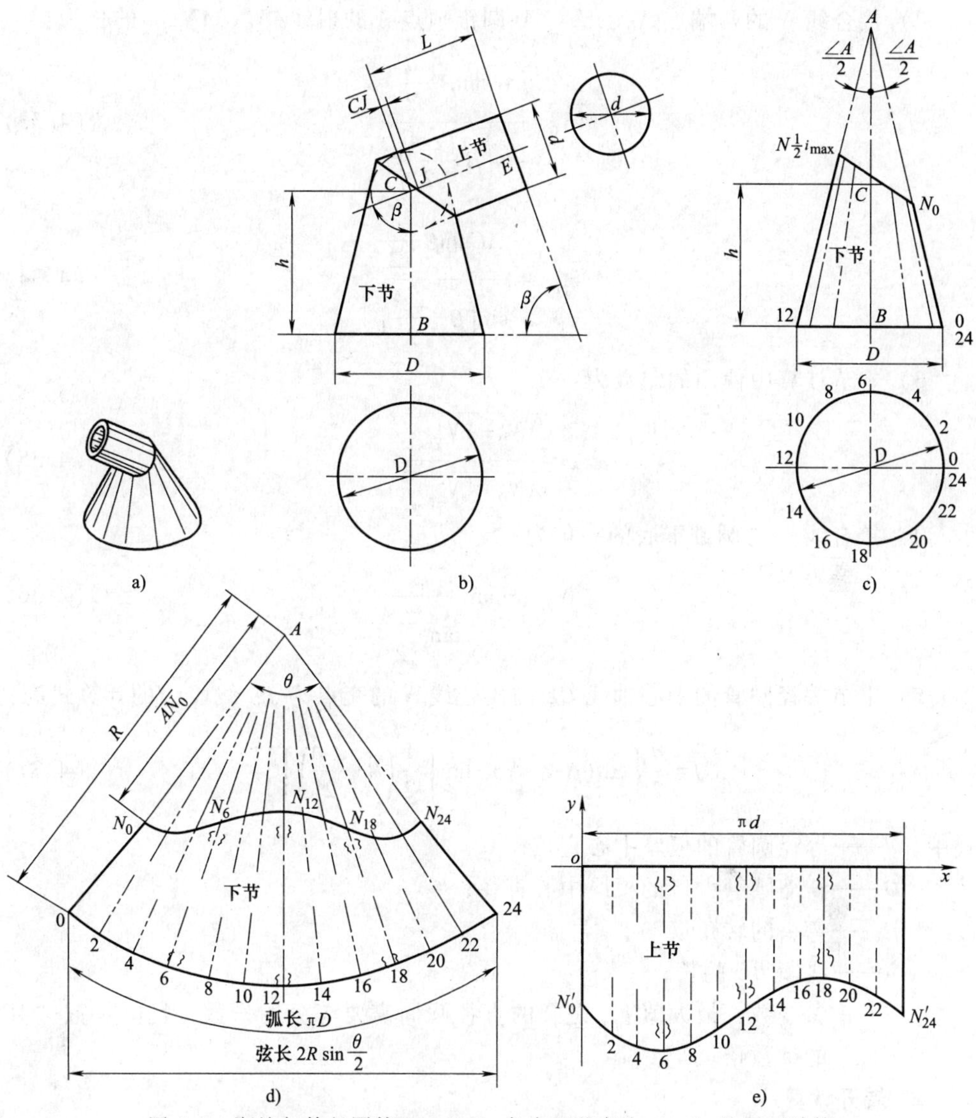

图 4.7　渐缩与等径圆管 β(<90°) 角度两节弯头（二）的展开计算

a）立体图　b）渐缩圆管与等径圆管 β 角度两节弯头(二) 示意图

c）渐缩圆管与等径圆管 β 角度两节弯头(二) 辅助示意图　d）渐缩圆管展开图　e）等径圆管展开图

$$\frac{\angle A}{2}=\arctan\frac{D}{2h}-\arcsin\frac{d}{2\sqrt{\left(\frac{D}{2}\right)^{2}+h^{2}}}\tag{4.31}$$

圆锥中心轴线上的线段 AC 长为：

$$\overline{AC}=\frac{d}{2\sin\frac{\angle A}{2}}\tag{4.32}$$

2）接合线 N 的两端点 N_0、$N_{\frac{1}{2}i_{max}}$ 到圆锥顶点 A 的射线 $\overline{AN_0}$、$\overline{AN_{\frac{1}{2}i_{max}}}$ 的长为：

$$\overline{AN_0}=\frac{\overline{AC}\sin\beta+\dfrac{d}{2}}{\sin\left(\beta+\dfrac{\angle A}{2}\right)} \tag{4.33}$$

$$\overline{AN_{\frac{1}{2}i_{max}}}=\frac{\overline{AC}\sin\beta-\dfrac{d}{2}}{\sin\left(\beta-\dfrac{\angle A}{2}\right)} \tag{4.34}$$

3）本节计算中使用的定数为：

$$\mu=\frac{\overline{AN_0}-\overline{AN_{\frac{1}{2}i_{max}}}}{\overline{AN_0}+\overline{AN_{\frac{1}{2}i_{max}}}} \tag{4.35}$$

4）接合线 N 与圆锥下底的夹角为：

$$\angle N=\arctan\frac{\mu}{\tan\dfrac{\angle A}{2}} \tag{4.36}$$

5）上节等径圆管的中心轴线 CE 与接合线 N 的交点为 J，线段 $\overline{CJ}$ 的计算式为：

$$\overline{CJ}=\frac{d}{2}\left\{\tan(\beta-\angle N)-\tan\left[\frac{1}{2}\left(\beta-\frac{\angle A}{2}\right)\right]\right\} \tag{4.37}$$

式中 d——等径圆管的板厚中心直径；

D——渐缩圆管大口的板厚中心直径；

β——弯头的转角（°）；

h——线段 BC 的长；

i——参变数，最大值 i_{max} 是圆的直径圆周需要等分的份数，且应是数“4”的整数倍。

2. 展开计算

1）下节渐缩圆管素线与接合线 N 的交点 N_i 到圆锥顶点 A 的射线 $\overline{AN_i}$ 的长的计算式为：

$$\overline{AN_i}=\frac{\overline{AN_0}(1-\mu)}{1-\mu\cos\left(\dfrac{360°}{i_{max}}\cdot i\right)} \tag{4.38}$$

（取 $i=0$、1、2、…、i_{max}）

式中 $\overline{AN_0}$、μ——见计算式（4.33）与计算式（4.35）；

i——同前。

2）下节渐缩圆管所在圆锥（顶点 A）的拟展开扇形的有关几何数据的计算式如下：

$$\left.\begin{aligned}&\text{扇形中的圆锥下底圆的展开半径：} && R=\frac{D}{2\sin\frac{\angle A}{2}}\\&\text{扇形的展开角(圆心角)：} && \theta=360°\sin\frac{\angle A}{2}\\&\text{扇形中的圆锥下底圆的展开弧长：} && \pi D\\&\text{扇形中的圆锥下底圆的展开弧长所对的弦长：} && 2R\sin\frac{\theta}{2}\end{aligned}\right\}\tag{4.39}$$

式中　π——圆周率；

D、$\frac{\angle A}{2}$——同前。

3）上节等径圆管展开图曲线上的点 $N_i'(x_i,\ y_i)$ 直角坐标计算式为：

$$\begin{cases}x_i=\dfrac{\pi d}{i_{\max}}\cdot i\\y_i=\overline{CJ}-L-\dfrac{d}{2}\tan(\beta-\angle N)\sin\left(\dfrac{360°}{i_{\max}}\cdot i\right)\end{cases}\tag{4.40}$$

（取 $i=0$、1、2、…、$i_{\max}$）

式中　　π——圆周率；

L——线段 CE 的长；

$\angle N$、$\overline{CJ}$——见计算式（4.36）与计算式（4.37）；

d、β、i——同前。

例 4.7　如图 4.7b 所示的渐缩与等径圆管转角 $\beta=70°$ 的两节弯头：$d=56$，$D=100$，转折点为 C，线段 BC 的长 $h=100$，线段 CE 的长 $L=80$，取 $i_{\max}=24$。求该构件的展开图。

解：

（1）预备数据

将已知数代入计算式（4.31）~计算式（4.37），得本例的有关几何数据如下：

1）下节渐缩圆管所在圆锥（顶点 A）的半顶角 $\frac{\angle A}{2}$：

$$\frac{\angle A}{2}=\arctan\frac{100}{2\times100}-\arcsin\frac{56}{2\sqrt{\left(\frac{100}{2}\right)^2+100^2}}=12.06152341°$$

线段 AC 长：

$$\overline{AC}=\frac{56}{2\sin12.06152341°}=133.995724$$

2）射线$\overline{AN_0}$、$\overline{AN_{12}}$的长：

$$\overline{AN_0}=\frac{133.995724\sin70°+\frac{56}{2}}{\sin(70°+12.06152341°)}=115.4040392$$

$$\overline{AN_{12}}=\frac{133.995724\sin70°-\frac{56}{2}}{\sin(70°-12.06152341°)}=115.5365981$$

3）本节计算中使用的定数：

$$\mu=\frac{155.4040392-115.5365981}{155.4040392+115.5365981}=0.14714456$$

4）接合线 N 与圆锥下底的夹角：

$$\angle N=\arctan\left(\frac{0.14714456}{\tan12.06152341°}\right)=34.55222932°$$

5）线段 CJ 的长：

$$\overline{CJ}=\frac{56}{2}\left\{\tan(70°-34.55222932°)-\tan\left[\frac{1}{2}(70°-12.06152341°)\right]\right\}=4.4327$$

（2）展开计算

1）将已知数代入计算式（4.38）中，得本例的下节渐缩圆管的素线在接合线 N 上的交点 N_i 到圆锥顶点 A 的射线$\overline{AN_i}$ 长的计算式：

$$\overline{AN_i}=\frac{155.4040392(1-0.14714456)}{1-0.14714456\cos\left(\frac{360°}{24}\cdot i\right)}=\frac{132.53718}{1-0.14714456\cos(15°\cdot i)}$$

（取 $i=0$、1、2、…、24）

依次将 i 值代入上式计算：

当 $i=0$ 时，得：

$$\overline{AN_0}=\frac{132.53718}{1-0.14714456\cos(15°\times0)}=155.4040392$$

当 $i=1$ 时，得：

$$\overline{AN_1}=\frac{132.53718}{1-0.14714456\cos(15°\times1)}=154.4957781$$

……

将计算结果列于表 4.15 中。

表 4.15　例 4.7 渐缩与等径圆管 70°两节弯头的下节渐缩圆管的素线在接合线 N 上的交点 N_i 所在的射线$\overline{AN_i}$ 的长

射线序号 i	0 24	1 23	2 22	3 21	4 20	5 19	6 18	7 17	8 16	9 15	10 14	11 13	12
长	155.4	154.5	151.89	147.93	143.06	137.78	132.54	127.67	123.45	120.05	117.56	116.04	115.54

2）将已知数代入计算式（4.39）中，得本例的下节渐缩圆管的拟展开扇形的有关几何数据如下：

扇形中的圆锥下底的展开半径：　$R=\dfrac{100}{2\sin 12.06152341°}=239.2780784$

扇形的展开角：　$\theta=360°\sin 12.06152341°=75.22628115°$

扇形中的圆锥的下底圆的展开弧长：　100π

扇形中的圆锥下底圆的展开弧长所对的弦长：

$$2\times 239.2780784\sin\frac{75.22628115°}{2}=292.0756749$$

3）将已知数代入计算式（4.40）中，得本例的上节等径圆管的展开图曲线上的点 $N_i'(x_i,\ y_i)$ 直角坐标计算式：

$$\begin{cases} x_i=\dfrac{56\pi}{24}\cdot i=7.33i \\ y_i=4.433-80-\dfrac{56}{2}\tan(70°-34.55223°)\sin\left(\dfrac{360°}{24}\cdot i\right)=-75.567-19.93372\sin(15°\cdot i) \end{cases}$$

（取 $i=0$、1、2、…、24）

依次将 i 值代入上式计算：

当 $i=0$ 时，得：

$$\begin{cases} x_0=7.33\times 0=0 \\ y_0=-75.567-19.93372\sin(15°\times 0)=-75.57 \end{cases}$$

当 $i=1$ 时，得：

$$\begin{cases} x_1=7.33\times 1=7.33 \\ y_1=-75.567-19.93372\sin(15°\times 1)=-80.73 \end{cases}$$

……

将计算结果列于表 4.16 中。

表 4.16　例 4.7 渐缩与等径圆管 70°两节弯头的上节等径圆管展开图曲线上的点 N_i'（x_i，y_i）直角坐标值

<table>
<tr><th>点序号 i ＼ 直角坐标</th><th>x_i</th><th>y_i</th><th>点序号 i ＼ 直角坐标</th><th>x_i</th><th>y_i</th><th>点序号 i ＼ 直角坐标</th><th>x_i</th><th>y_i</th><th>点序号 i ＼ 直角坐标</th><th>x_i</th><th>y_i</th></tr>
<tr><td>0</td><td>0</td><td rowspan="3">-75.57</td><td>3</td><td>21.99</td><td rowspan="2">-89.66</td><td>13</td><td>95.29</td><td rowspan="2">-70.41</td><td>16</td><td>117.28</td><td rowspan="2">-58.3</td></tr>
<tr><td>12</td><td>87.96</td><td>9</td><td>65.97</td><td>23</td><td>168.59</td><td>20</td><td>146.6</td></tr>
<tr><td>24</td><td>175.92</td><td>4</td><td>29.32</td><td rowspan="2">-92.83</td><td>14</td><td>102.62</td><td rowspan="2">-65.6</td><td>17</td><td>124.61</td><td rowspan="2">-56.31</td></tr>
<tr><td>1</td><td>7.33</td><td rowspan="2">-80.73</td><td>8</td><td>58.64</td><td>22</td><td>161.26</td><td>19</td><td>139.27</td></tr>
<tr><td>11</td><td>80.63</td><td>5</td><td>36.65</td><td rowspan="2">-94.82</td><td>15</td><td>109.95</td><td rowspan="2">-61.47</td><td>18</td><td>131.94</td><td>-55.63</td></tr>
<tr><td>2</td><td>14.66</td><td rowspan="2">-85.53</td><td>7</td><td>51.31</td><td>21</td><td>153.93</td><td></td><td></td><td></td></tr>
<tr><td>10</td><td>73.3</td><td>6</td><td>43.98</td><td>-95.5</td><td></td><td></td><td></td><td></td><td></td><td></td></tr>
</table>

参照4.6节例4.6的构件展开图的划制方法，划制本例渐缩与等径圆管70°两节弯头的展开图，如图4.7d、e所示。下节渐缩圆管的类似弓形展开图的小口曲边弧线长和上节等径圆管展开图的曲边弧线长是相等的。展开图四个角之间的两条斜对角线相等。

4.8 渐缩圆管90°两节弯头的展开计算

图4.8a所示为渐缩圆管90°两节弯头的立体图。如图4.8b所示，渐缩圆管90°两节弯头的大口直径为D，小口直径为d，弯头的中心轴线是折线BCE，转折点为C，线段BC长L_1，CE长L_2。求该构件的展开图。

1. 预备数据

如图4.8b、c所示，设弯头的上节翻转过来，上、下节的接合线衔接重合叠加为圆锥台面，它所在的圆锥（顶点A）的半顶角$\frac{\angle A}{2}$的计算式为：

$$\frac{\angle A}{2}=\arctan\frac{D-d}{2(L_1+L_2)} \tag{4.41}$$

圆锥台面在点C的横截面圆的直径ϕ_C的计算式为：

$$\phi_C=\frac{\frac{L_1}{L_2}d+D}{\frac{L_1}{L_2}+1}$$

式中　d——弯头小口的板厚中心直径；

D——弯头大口的板厚中心直径。

2. 展开计算

1）圆锥台面的素线与接合线N的交点N_i到顶点A的射线$\overline{AN_i}$长的计算式为：

$$\overline{AN_i}=\frac{\phi_C\cos\angle A}{2\sin\frac{\angle A}{2}\left[1-\tan\frac{\angle A}{2}\sin\left(\frac{360°}{i_{\max}}\cdot i\right)\right]} \tag{4.42}$$

（取$i=0$、1、2、…、$i_{\max}$）

式中　ϕ_C——见计算式（4.41）；

$\angle A$——半顶角$\frac{\angle A}{2}$的2倍，见计算式（4.41）；

i——参变数，最大值$i_{\max}$是圆的直径圆周需要等分的份数，且应是数“4”的整数倍。

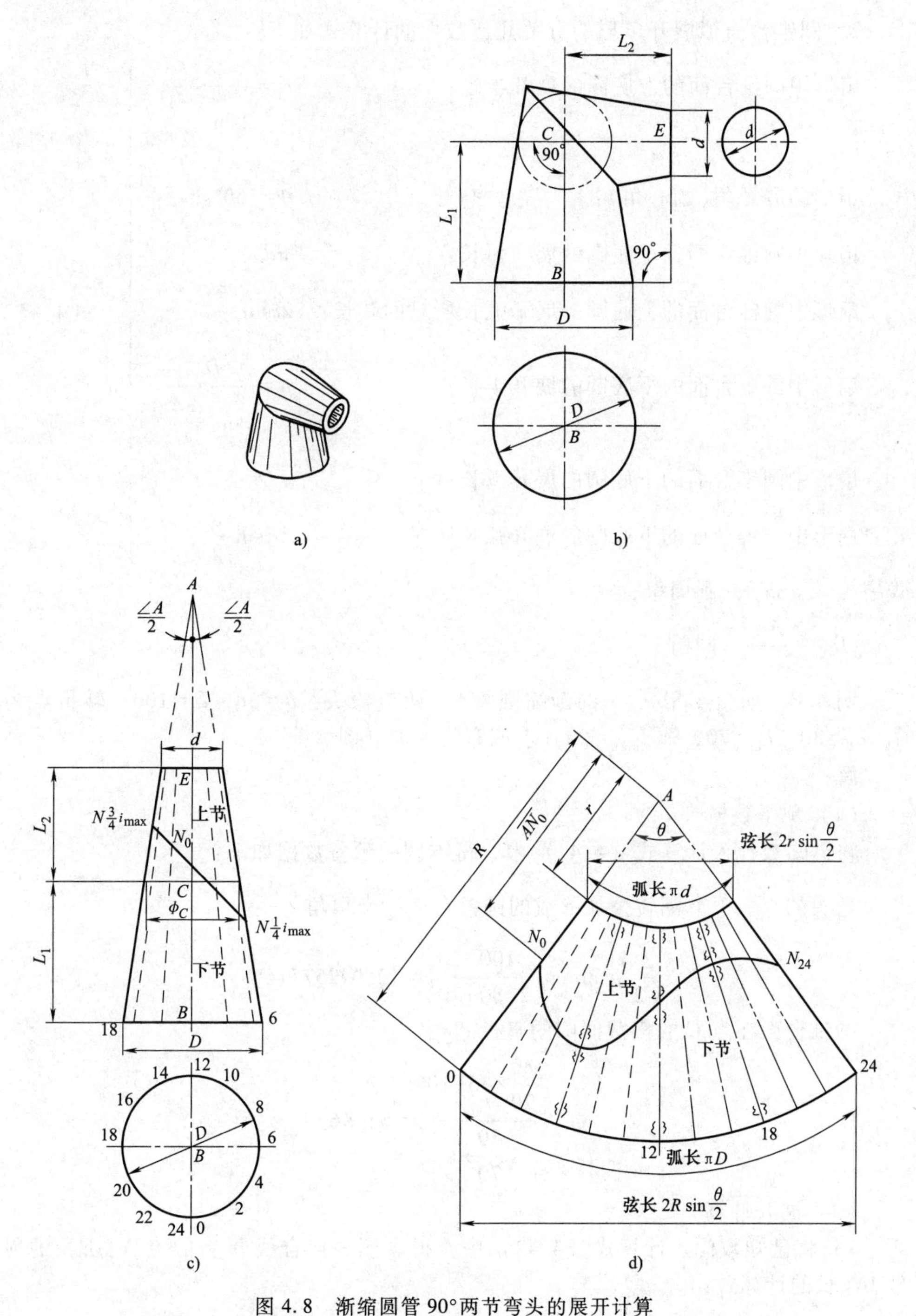

图 4.8　渐缩圆管 90°两节弯头的展开计算

a）立体图　b）渐缩圆管 90°两节弯头示意图　c）渐缩圆管 90°两节弯头辅助示意图

d）渐缩圆管 90°两节弯头展开图

2）圆锥台面拟展开扇形的有关几何数据的计算式如下：

$$\left.\begin{aligned}
&\text{扇形中圆锥台面的上底圆的展开半径：} && r_1=\frac{d}{2\sin\dfrac{\angle A}{2}}\\
&\text{扇形的展开角(圆心角)：} && \theta=360^\circ\sin\frac{\angle A}{2}\\
&\text{扇形中圆锥台面的上底圆的展开弧长：} && \pi d\\
&\text{扇形中圆锥台面的上底圆的展开弧长所对的弦长：} && 2r\sin\frac{\theta}{2}\\
&\text{扇形中圆锥台面的下底圆的展开半径：} && R=\frac{D}{2\sin\dfrac{\angle A}{2}}\\
&\text{扇形中圆锥台面的下底圆的展开弧长：} && \pi D\\
&\text{扇形中圆锥台面的下底圆的展开弧长所对的弦长：} && 2R\sin\frac{\theta}{2}
\end{aligned}\right\}\quad(4.43)$$

式中　　π——圆周率；

d、D、$\frac{\angle A}{2}$——同前。

例 4.8　如图 4.8b 所示的渐缩圆管 90°两节弯头：$d=36$，$D=100$，转折点为 C，$L_1=80$，$L_2=70$，取 $i_{max}=24$。求该弯头的展开图。

解：

（1）预备数据

将已知数代入计算式（4.41）中，得本例的预备数据如下：

弯头的上、下节翻转叠加形成的圆锥台面的半顶角$\frac{\angle A}{2}$：

$$\frac{\angle A}{2}=\arctan\frac{100-36}{2(80+70)}=12.04257514^\circ$$

圆锥台面在点 C 的横截面圆的直径 ϕ_C：

$$\phi_C=\frac{\frac{80}{70}\times36+100}{\frac{80}{70}+1}=65.8\dot{6}$$

（2）展开计算

1）将已知数代入计算式（4.42）中，得本例的接合线 N 上的点 N_i 所在的射线AN_i 长的计算式：

$$\overline{AN_i}=\frac{65.8\dot{6}\cos(2\times12.04257514^\circ)}{2\sin12.04257514^\circ\left[1-\tan12.04257514^\circ\sin\left(\dfrac{360^\circ}{24}\cdot i\right)\right]}=\frac{144.1064845}{1-0.213333\sin(15^\circ\cdot i)}$$

（取 $i=0$、1、2、…、24）

依次将 i 值代入上式计算：

当 $i=0$ 时，得：

$$\overline{AN_0}=\frac{144.1064845}{1-0.213333\sin(15°\times0)}=144.1065$$

当 $i=1$ 时，得：

$$\overline{AN_1}=\frac{144.1064845}{1-0.213333\sin(15°\times1)}=152.5283$$

……

将计算结果列于表 4.17 中。

表 4.17　例 4.8 渐缩圆管 90°两节弯头的展开图曲线上的点 N_i 所在射线 AN_i 的长

射线序号 i	0　12　24	1　11	2　10	3　9	4　8	5　7	6	13　23	14　22	15　21	16　20	17　19	18
长	144.11	152.53	161.31	169.71	176.76	181.51	183.19	136.57	130.22	125.22	121.63	119.48	118.77

2）将已知数代入计算式（4.43）中，得本例的拟展开扇形的有关几何数据如下：

扇形中圆锥台面的上底圆的展开半径：

$$r=\frac{36}{2\sin12.04257514°}=86.2736$$

扇形的展开角：$\theta=360°\sin12.04257514°=75.10984984°$

扇形中圆锥台面的上底圆的展开弧长：36π

扇形中圆锥台面的上底圆的展开弧长所对的弦长：

$$2\times86.2736\sin\frac{75.10984984°}{2}=105.17$$

扇形中圆锥台面的下底圆的展开半径：$R=\dfrac{100}{2\sin12.04257514°}=239.64899$

扇形中圆锥台面的下底圆的展开弧长：100π

扇形中圆锥台面的下底圆的展开弧长所对的弦长：

$$2\times239.64899\sin\frac{75.10984984°}{2}=292.14$$

3）以点 A 为圆心，以 R（本例 239.65）为半径划圆弧，并截取弦长 $2R\sin\dfrac{\theta}{2}$（本例 292.14），它所对的弧长为 πD（本例 100π），该扇形的展开角（圆心角）$\theta=360°\sin\dfrac{\angle A}{2}$（本例 75.10985°），将该扇形的圆弧长等分 i_{max}（本例 24）等份，各等分点依次编号为：0、1、2、…、i_{max}（本例 24）；各等分点与扇形顶点 A 连线，称

拟编射线A_0、A_1、…、$A_{i_{max}}$（本例A_{24}）；这时，将表 4.17 中的射线AN_i以同序号的顺序描划在上述的拟编射线上，得系列点 N_0、N_1、N_2、…、N_{24}，用光滑曲线连接这组系列点得一规律曲线；然后以 r(本例 86.2736) 为半径，以扇形的顶点 A 为圆心划圆弧，它的弧长为πd(本例36π)，它所对的弦长为 $2r\sin\dfrac{\theta}{2}$(本例 105.17)，这两条圆弧之间的弓形由曲线分为上、下两部分，即本例渐缩圆管 90°两节弯头的上、下节的展开图，如图 4.8d 所示。

4.9 渐缩圆管β(<90°) 角度两节弯头的展开计算

图 4.9a 所示为渐缩图管 β（<90°）角度两节弯头的立体图。如图 4.9b 所示，渐缩圆管β(<90°) 角度两节弯头的大口直径为 D，小口直径为 d，弯头的中心轴线为折线 BCE，转折点为 C，线段 BC 长 L_1，CE 长 L_2，求该构件的展开图。

1. 预备数据

如图 4.9b、c 所示，设弯头的上节翻转过来，上、下节的接合线衔接重合，叠加为圆锥台面，它所在的圆锥（顶点 A）的半顶角$\dfrac{\angle A}{2}$的计算式为：

$$\frac{\angle A}{2}=\arctan\frac{D-d}{2(L_1+L_2)} \tag{4.44}$$

圆锥台面在点 C 的横截面圆的直径 ϕ_C 的计算式为：

$$\phi_C=\frac{\dfrac{L_1}{L_2}d+D}{\dfrac{L_1}{L_2}+1} \tag{4.45}$$

式中 d——弯头的小口的板厚中心直径；

D——弯头的大口的板厚中心直径。

2. 展开计算

1）圆锥台面的素线与接合线 N 的交点 N_i 到顶点 A 的射线AN_i 的长的计算式为：

$$\overline{AN_i}=\frac{\phi_C\left[1-\left(\dfrac{\sin\dfrac{\angle A}{2}}{\cos\dfrac{\beta}{2}}\right)^2\right]}{2\sin\dfrac{\angle A}{2}\left[1-\tan\dfrac{\beta}{2}\tan\dfrac{\angle A}{2}\sin\left(\dfrac{360°}{i_{max}}\cdot i\right)\right]} \tag{4.46}$$

（取 $i=0$、1、2、…、i_{max}）

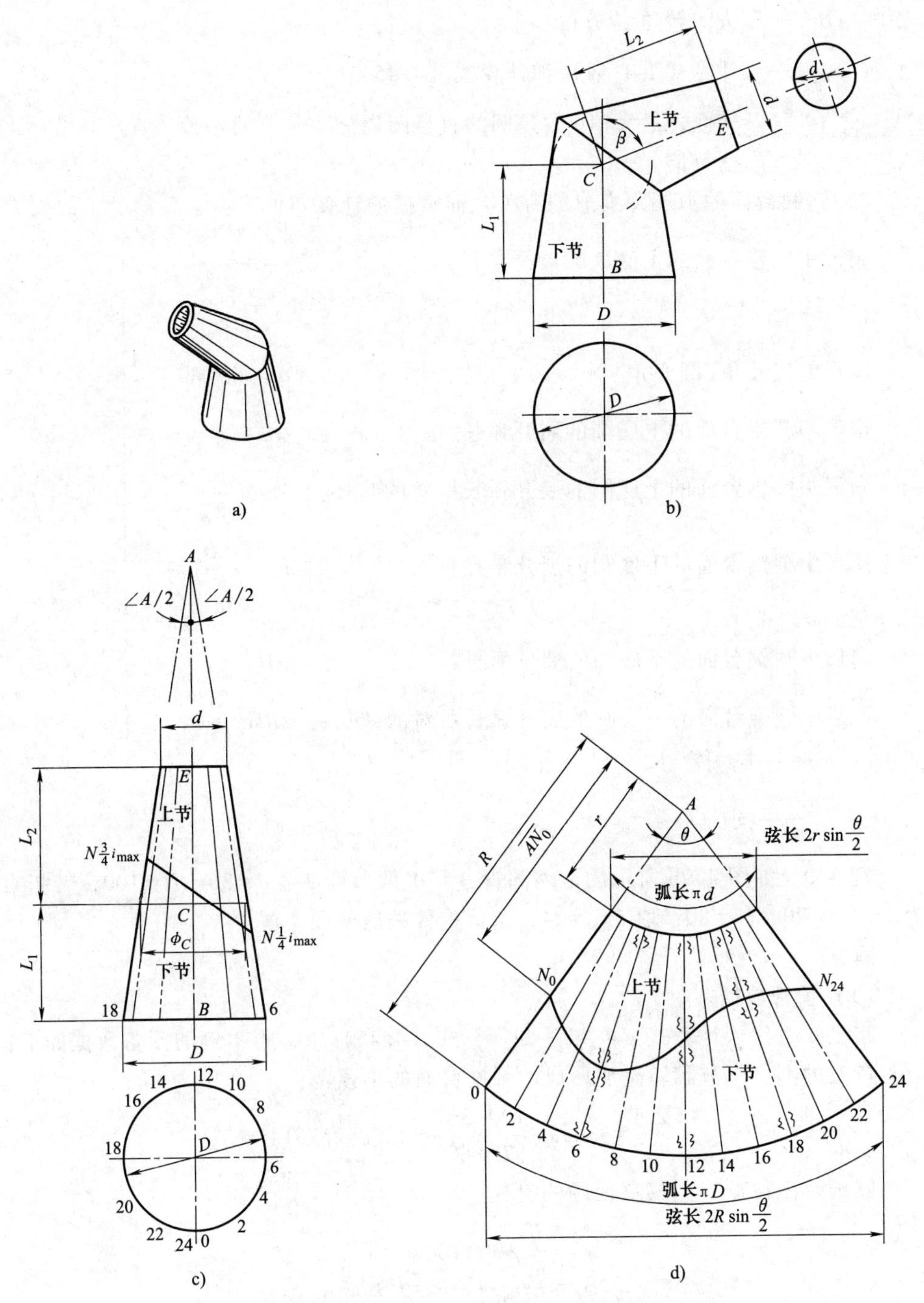

图 4.9　渐缩圆管 β（<90°）角度两节弯头的展开计算

a）立体图　b）渐缩圆管 β（<90°）角度两节弯头示意图

c）渐缩圆管 β（<90°）角度两节弯头计算展开辅助示意图　d）渐缩圆管 β（<90°）角度两节弯头展开图

式中　β——弯头的转角（°）；

$\frac{\angle A}{2}$、ϕ_C——见计算式（4.44）和计算式（4.45）；

i——参变数，最大值 i_{max} 是圆的直径圆周需要等分的份数，且应是数“4”的整数倍。

2）圆锥台面的拟展开扇形的有关几何数据的计算式如下：

$$\left.\begin{array}{ll}
\text{扇形中圆锥台面的上底圆的展开半径：} & r=\dfrac{d}{2\sin\dfrac{\angle A}{2}} \\
\text{扇形的展开角(圆心角)：} & \theta=360°\sin\dfrac{\angle A}{2} \\
\text{扇形中圆锥台面的上底圆的展开弧长：} & \pi d \\
\text{扇形中圆锥台面的上底圆的展开弧长所对的弦长：} & 2r\sin\dfrac{\theta}{2} \\
\text{扇形中圆锥台面的下底圆的展开半径：} & R=\dfrac{D}{2\sin\dfrac{\angle A}{2}} \\
\text{扇形中圆锥台面的下底圆的展开弧长：} & \pi D \\
\text{扇形中圆锥台面的下底圆的展开弧长所对的弦长：} & 2R\sin\dfrac{\theta}{2}
\end{array}\right\}\quad(4.47)$$

式中　π——圆周率；

d、D、$\frac{\angle A}{2}$——同前。

例 4.9　如图 4.9b 所示的渐缩圆管 $\beta=70°$ 两节弯头：$d=36$，$D=100$，转折点为 C，$L_1=70$，$L_2=80$，取 $i_{max}=24$，求该构件的展开图。

解：

（1）预备数据

将已知数代入计算式（4.44）和计算式（4.45）中，得本例的预备数据如下：

弯头的上、下节翻转叠加形成的圆锥台面的半顶角：

$$\frac{\angle A}{2}=\arctan\frac{100-36}{2(70+80)}=12.04257514°$$

圆锥台面在点 C 的横截面圆的直径：

$$\phi_C=\frac{\dfrac{70}{80}\times36+100}{\dfrac{70}{80}+1}=70.13$$

（2）展开计算

1）将已知数代入计算式（4.46）中，得本例的接合线 N 上的点 N_i 所在的射线AN_i 的长的计算式：

$$\overline{AN_i}=\frac{70.13\left[1-\left(\frac{\sin 12.04257514°}{\cos\frac{70°}{2}}\right)^2\right]}{2\sin 12.04257514°\left[1-\tan\frac{70°}{2}\tan 12.04257514°\sin\left(\frac{360°}{24}\cdot i\right)\right]}=\frac{157.1704736}{1-0.149377608\sin(15°\cdot i)}$$

（取 $i=0$、1、2、…、24）

依次将 i 值代入上式计算：

当 $i=0$ 时，得：

$$\overline{AN_0}=\frac{157.1704736}{1-0.149377608\sin(15°\times 0)}=157.17$$

当 $i=1$ 时，得：

$$\overline{AN_1}=\frac{157.1704736}{1-0.149377608\sin(15°\times 1)}=163.49$$

……

将计算结果列于表 4.18 中。

表 4.18　例 4.9 渐缩圆管 70°两节弯头的展开图曲线上的点 N_i 所在射线 AN_i 的长

射线序号 i	0、12、24	1、11	2、10	3、9	4、8	5、7	6	13、23	14、22	15、21	16、20	17、19	18
长	157.17	163.49	169.86	175.73	180.52	183.67	184.77	151.32	146.25	142.16	139.17	137.35	136.74

2）将已知数代入计算式（4.47）中，得本例的圆锥台面的拟展开扇形的有关几何数据如下：

扇形中圆锥台面的上底圆的展开半径：$r=\dfrac{36}{2\sin 12.04257514°}=86.2736$

扇形的展开角(圆心角)：

$$\theta=360°\sin 12.04257514°=75.109849814°$$

扇形中圆锥台面的上底圆的展开弧长：　36π

扇形中圆锥台面的上底圆的展开弧长所对的弦长：

$$2\times 86.2736\sin\frac{75.10984984°}{2}=105.17$$

扇形中圆锥台面的下底圆的展开半径：　$R=\dfrac{100}{2\sin 12.04257514°}=239.649$

扇形中圆锥台面的下底圆的展开弧长：　100π

扇形中圆锥台面的下底圆的展开弧长所对的弦长：

$$2\times 239.649\sin\frac{75.10984984°}{2}=292.14$$

3）参照 4.8 节中构件展开图的划制方法，来划制本例渐缩圆管 70°两节弯头的展开图，如图 4. 9d 所示。

4. 10 渐缩圆管 90°三节弯头的展开计算

图 4. 10a 所示为渐缩圆管 90°三节弯头的立体图。如图 4. 10b 所示的渐缩圆管 90°三节弯头：大口的直径为 D，小口的直径为 d，弯曲半径为 R_0，弯头的中心轴线为折线 $BCEF$，转折点为 C、E，求该构件的展开图。

1. 预备数据

如图 4. 10b、c 所示，设弯头的中节翻转过来，以上、中、下三节的接合线边衔接重合，叠加为圆锥台面，它所在的圆锥（顶点 A）的有关几何数据的计算式如下：

$$\left.\begin{aligned}&\text{圆锥的半顶角：}&&\frac{\angle A}{2}=\arctan\frac{D-d}{8R_0\tan22.5^\circ}\\&\text{圆锥台面在点 }E\text{ 的横截面圆的直径：}&&\phi_E=\frac{D+3d}{4}\\&\text{圆锥台面在点 }C\text{ 的横截面圆的直径：}&&\phi_C=\frac{3D+d}{4}\\&\text{本节计算中使用的定数：}&&\mu=\frac{1-\left(\dfrac{\sin\dfrac{\angle A}{2}}{\cos22.5^\circ}\right)^2}{2\sin\dfrac{\angle A}{2}}\end{aligned}\right\}\tag{4.48}$$

式中 d——弯头小口的板厚中心直径；

D——弯头大口的板厚中心直径；

R_0——弯头的弯曲半径。

2. 展开计算

1）弯头的上、中节的接合线 P 与圆锥素线的交点 P_i 到圆锥顶点 A 的射线AP_i长的计算式为：

$$\overline{AP_i}=\frac{\mu\phi_E}{1+\tan22.5^\circ\tan\dfrac{\angle A}{2}\sin\left(\dfrac{360^\circ}{i_{\max}}\cdot i\right)}\tag{4.49}$$

（取 $i=0$、1、2、…、$i_{\max}$）

式中 $\dfrac{\angle A}{2}$、ϕ_E、μ——见计算式（4. 48）；

i——参变数，最大值 $i_{\max}$是圆的直径圆周需要等分的份数，且应是数“4”的整数倍。

2）弯头的中、下节的接合线 N 与圆锥素线的交点 N_i 到圆锥顶点 A 的射线 $\overline{AN_i}$ 的计算式为：

$$\overline{AN_i}=\frac{\mu\phi_E}{1-\tan 22.5°\tan\frac{\angle A}{2}\sin\left(\frac{360°}{i_{\max}}\cdot i\right)} \quad (4.50)$$

（取 $i=0$、1、2、…、$i_{\max}$）

式中　ϕ_C——见计算式（4.48）；

$\frac{\angle A}{2}$、μ、i——同前。

3）圆锥台面的拟展开扇形的有关几何数据的计算式如下：

$$\left.\begin{array}{ll}
\text{扇形中圆锥台面的上底圆的展开半径：} & r=\dfrac{d}{2\sin\dfrac{\angle A}{2}} \\
\text{扇形的展开角(圆心角)：} & \theta=360°\sin\dfrac{\angle A}{2} \\
\text{扇形中圆锥台面的上底圆的展开弧长：} & \pi d \\
\text{扇形中圆锥台面的上底圆的展形弧长所对的弦长：} & 2r\sin\dfrac{\theta}{2} \\
\text{扇形中圆锥台面的下底圆的展开半径：} & R=\dfrac{D}{2\sin\dfrac{\angle A}{2}} \\
\text{扇形中圆锥台面的下底圆的展开弧长：} & \pi D \\
\text{扇形中圆锥台面的下底圆的展开弧长所对的弦长：} & 2R\sin\dfrac{\theta}{2}
\end{array}\right\} \quad (4.51)$$

式中　π——圆周率；

d、D、$\frac{\angle A}{2}$——同前。

例 4.10　如图 4.10b 所示的渐缩圆管 90°三节弯头：$d=44$，$D=100$，$R_0=80$，转折点为 C、E，取 $i_{\max}=24$。求该构件的展开图。

解：

（1）预备数据

将已知数代入计算式（4.48）中，得本例的预备数据：

弯头的中节翻转后的上、中、下节衔接叠加的圆锥台面所在圆锥（顶点 A）的半顶角 $\frac{\angle A}{2}$：

$$\frac{\angle A}{2}=\arctan\frac{100-44}{8\times 80\tan 22.5°}=11.92801027°$$

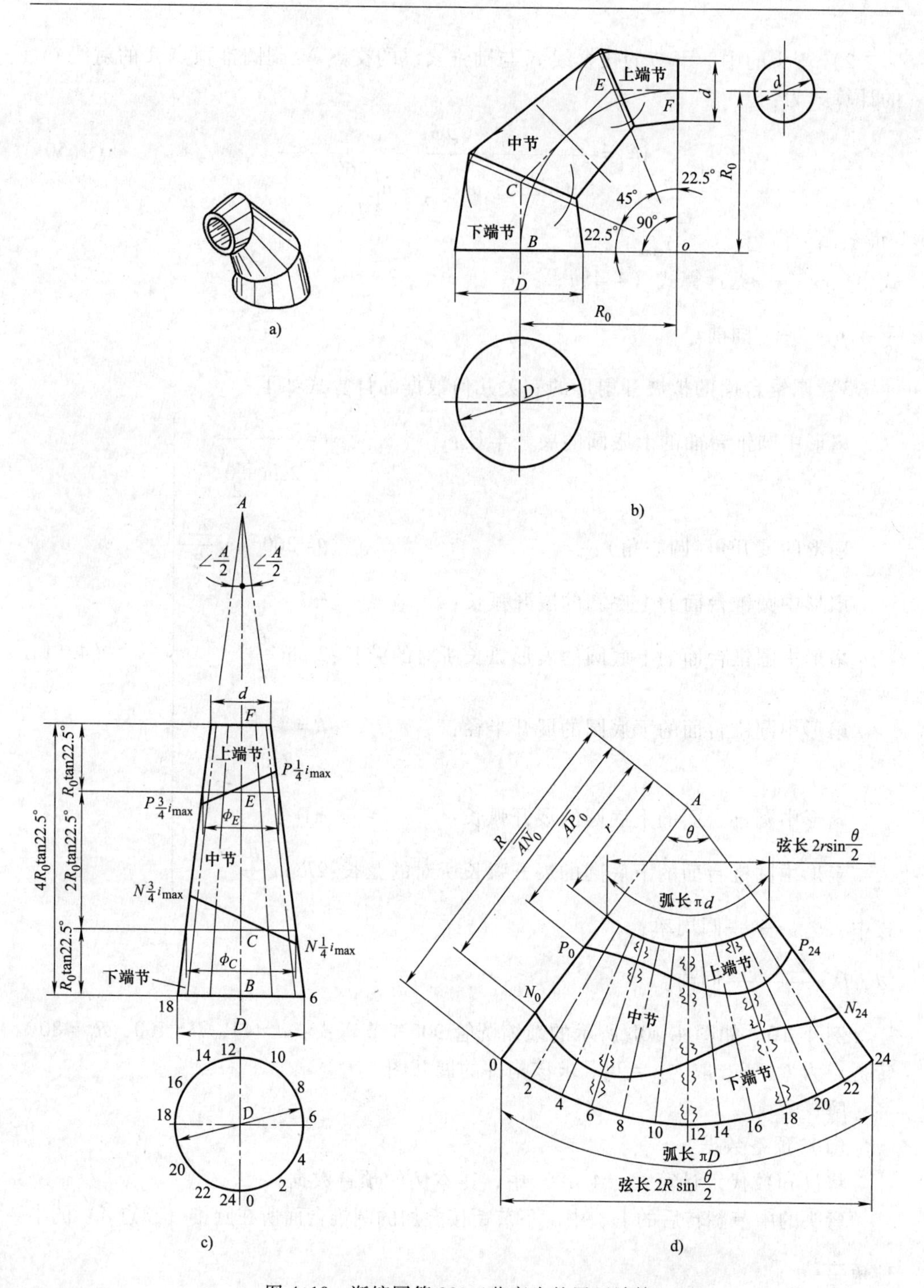

图 4.10　渐缩圆管 90°三节弯头的展开计算

a）立体图　b）渐缩圆管 90°三节弯头示意图　c）渐缩圆管 90°三节弯头展开计算辅助示意图　d）渐缩圆管 90°三节弯头展开图

圆锥台面在点 E 的横截面圆的直径：

$$\phi_E=\frac{100+3\times44}{4}=58$$

圆锥台面在点 C 的横截面圆的直径：

$$\phi_C=\frac{3\times100+44}{4}=86$$

本节计算中使用的定数：

$$\mu=\frac{1-\left(\frac{\sin11.92801027^\circ}{\cos22.5^\circ}\right)^2}{2\sin11.92801027^\circ}=2.298097376$$

（2）展开计算

1）将已知数代入计算式（4.49）中，得本例的接合线 P 上的点 P_i 所在射线 AP_i 长的计算式：

$$\overline{AP_i}=\frac{58\times2.298097376}{1+\tan22.5^\circ\tan11.92801027^\circ\sin\left(\frac{360^\circ}{24}\cdot i\right)}=\frac{133.2896478}{1+0.0875\sin(15^\circ\cdot i)}$$

（取 $i=0$、1、2、…、24）

依次将 i 值代入上式计算：

当 $i=0$ 时，得：

$$\overline{AP_0}=\frac{133.2896478}{1+0.0875\sin(15^\circ\times0)}=133.2896$$

当 $i=1$ 时，得：

$$\overline{AP_1}=\frac{133.2896478}{1+0.0875\sin(15^\circ\times1)}=130.3379$$

……

将计算结果列于表 4.19 中。

2）将已知数代入计算式（4.50）中，得本例的接合线 N 上的点 N_i 所在射线 AN_i 的长的计算式：

$$\overline{AN_i}=\frac{86\times2.298097376}{1-\tan22.5^\circ\tan11.92801027^\circ\sin\left(\frac{360^\circ}{24}\cdot i\right)}=\frac{197.6363743}{1-0.0875\sin(15^\circ\cdot i)}$$

（取 $i=0$、1、2、…、24）

依次将 i 值代入上式计算：

当 $i=0$ 时，得：

$$\overline{AN_0}=\frac{197.6363743}{1-0.0875\sin(15^\circ\times0)}=197.63637$$

当 $i=1$ 时，得：

$$\overline{AN_1}=\frac{197.6363743}{1-0.0875\sin(15°\times1)}=202.21589$$

……

将计算结果列于表 4.19 中.

表 4.19　例 4.10　渐缩圆管 90°三节弯头的展开图曲线 P、N 上的点 P_i、N_i 所在射线 AP_i、AN_i 的长

射线序号 i	0　12　24	1　11	2　10	3　9	4　8	5　7	6	13　23	14　22	15　21	16　20	17　19	18
射线 AP_i 的长	133.8	130.3	127.7	125.5	123.9	122.9	122.6	136.4	139.4	142.1	144.2	145.6	146.1
射线 AN_i 的长	197.6	202.2	206.7	210.7	213.8	215.9	216.6	193.3	189.4	186.1	183.7	182.2	181.7

3）将已知数代入计算式（4.51）中，得本例的圆锥台面的拟展开扇形的有关几何数据：

扇形中的圆锥台面的上底圆的展开半径：$r=\dfrac{44}{2\sin11.92801027°}=106.44$

扇形的展开角（圆心角）：　$\theta=360°\sin11.92801027°=74.405709°$

扇形中圆锥台面的上底圆的展开弧长：　44π

扇形中圆锥台面的上底圆的展开弧长所对的弦长：

$$2\times106.44\sin\frac{74.405709°}{2}=128.72$$

扇形中圆锥台面的下底圆的展开半径：　$R=\dfrac{100}{2\sin11.92801027°}=241.9169$

扇形中圆锥台面的下底圆的展开弧长：　100π

扇形中圆锥台面的下底圆的展开弧长所对的弦长：

$$2\times241.9169\sin\frac{74.405709°}{2}=292.54$$

4）参照 4.8 节中构件的展开图的划制方法，来划制本例渐缩圆管 90°三节弯头的展开图，如图 4.10d 所示。

4.11　渐缩圆管 90°四节弯头的展开计算

图 4.11a 所示为渐缩圆管 90°四节弯头的立体图。如图 4.11b 所示，渐缩圆管 90°四节弯头的小口直径为 d，大口直径为 D，弯曲半径为 R_0，弯头的中心轴线为折线 $BCEFG$，转折点为 C、E、F，求该构件的展开图。

1. 预备数据

如图 4.11b、c 所示，设由弯头的下端节计数的第Ⅱ、Ⅳ节翻转过来。仍按顺序将这四节的接合线边衔接重合，叠加为圆锥台面，它所在的圆锥（顶点 A）的有关几何数据的计算式如下：

圆锥的半顶角：

$$\frac{\angle A}{2}=\arctan\frac{D-d}{12R_0\tan15^\circ} \tag{4.52}$$

圆锥台在点 F、E、C 的横截面圆的直径的计算式：

$$\begin{cases}\phi_F=\dfrac{D+5d}{6}\\[2mm] \phi_E=\dfrac{D+d}{2}\\[2mm] \phi_C=\dfrac{5D+d}{6}\end{cases} \tag{4.53}$$

本节计算中使用的定数：

$$\mu=\frac{1-\left(\dfrac{\sin\dfrac{\angle A}{2}}{\cos15^\circ}\right)^2}{2\sin\dfrac{\angle A}{2}} \tag{4.54}$$

式中　d——弯头的小口的板厚中心直径；

R_0——弯头的弯曲半径；

D——弯头的大口的板厚中心直径。

2. 展开计算

1）各接合线 P、L、N 与圆锥素线的交点与圆锥顶点 A 的连线组成三组射线 AP_i、AL_i、AN_i的长的计算式如下：

$$\overline{AP_i}=\frac{\phi_F\mu}{1-\tan15^\circ\tan\dfrac{\angle A}{2}\sin\left(\dfrac{360^\circ}{i_{max}}\cdot i\right)} \tag{4.55}$$

（取 $i=0$、1、2、…、i_{max}）

式中　ϕ_F、μ、$\dfrac{\angle A}{2}$——见计算式（4.53）、计算式（4.54）及计算式（4.52）；

i——参变数，最大值 i_{max}是圆的直径圆周需要等分的份数，且应是数“4”的整数倍.

$$\overline{AL_i}=\frac{\phi_E\mu}{1+\tan15^\circ\tan\dfrac{\angle A}{2}\sin\left(\dfrac{360^\circ}{i_{max}}\cdot i\right)} \tag{4.56}$$

（取 $i=0$、1、2、…、i_{max}）

式中　ϕ_E——见计算式（4.53）；

μ、$\frac{\angle A}{2}$、i——同前。

$$\overline{AN_i}=\frac{\mu\phi_C}{1-\tan15°\tan\frac{\angle A}{2}\sin\left(\frac{360°}{i_{max}}\cdot i\right)} \tag{4.57}$$

（取 $i=0$、1、2、…、i_{max}）

式中　ϕ_C——见计算式（4.53）；

μ、$\frac{\angle A}{2}$、i——同前。

2）圆锥台面的拟展开扇形的有关几何数据的计算式如下：

$$\left.\begin{array}{ll}
\text{扇形中圆锥台面的上底圆的展开半径：} & r=\dfrac{d}{2\sin\dfrac{\angle A}{2}} \\
\text{扇形的展开角(圆心角)：} & \theta=360°\sin\dfrac{\angle A}{2} \\
\text{扇形中圆锥台面的上底圆的展开弧长：} & \pi d \\
\text{扇形中圆锥台面的上底圆的展开弧长所对的弦长：} & 2r\sin\dfrac{\theta}{2} \\
\text{扇形中圆锥台面的下底圆的展开半径：} & R=\dfrac{D}{2\sin\dfrac{\angle A}{2}} \\
\text{扇形中圆锥台面的下底圆的展开弧长：} & \pi D \\
\text{扇形中圆锥台面的下底圆的展开弧长所对的弦长：} & 2R\sin\dfrac{\theta}{2}
\end{array}\right\} \tag{4.58}$$

式中　π——圆周率；

d、D、$\frac{\angle A}{2}$——同前。

例 4.11　如图 4.11b 所示的渐缩圆管 90°四节弯头：$d=46$，$D=100$，$R_0=80$，转折点为 C、E、F，取 $i_{max}=24$。求该构件的展开图。

（1）预备数据

将已知数代入计算式（4.52）~计算式（4.54）中，得本例的弯头的四节所组成的圆锥台面的圆锥（顶点 A）的有关几何数据：

圆锥的半顶角：

$$\frac{\angle A}{2}=\arctan\frac{100-46}{12\times80\tan15°}=11.85582021°$$

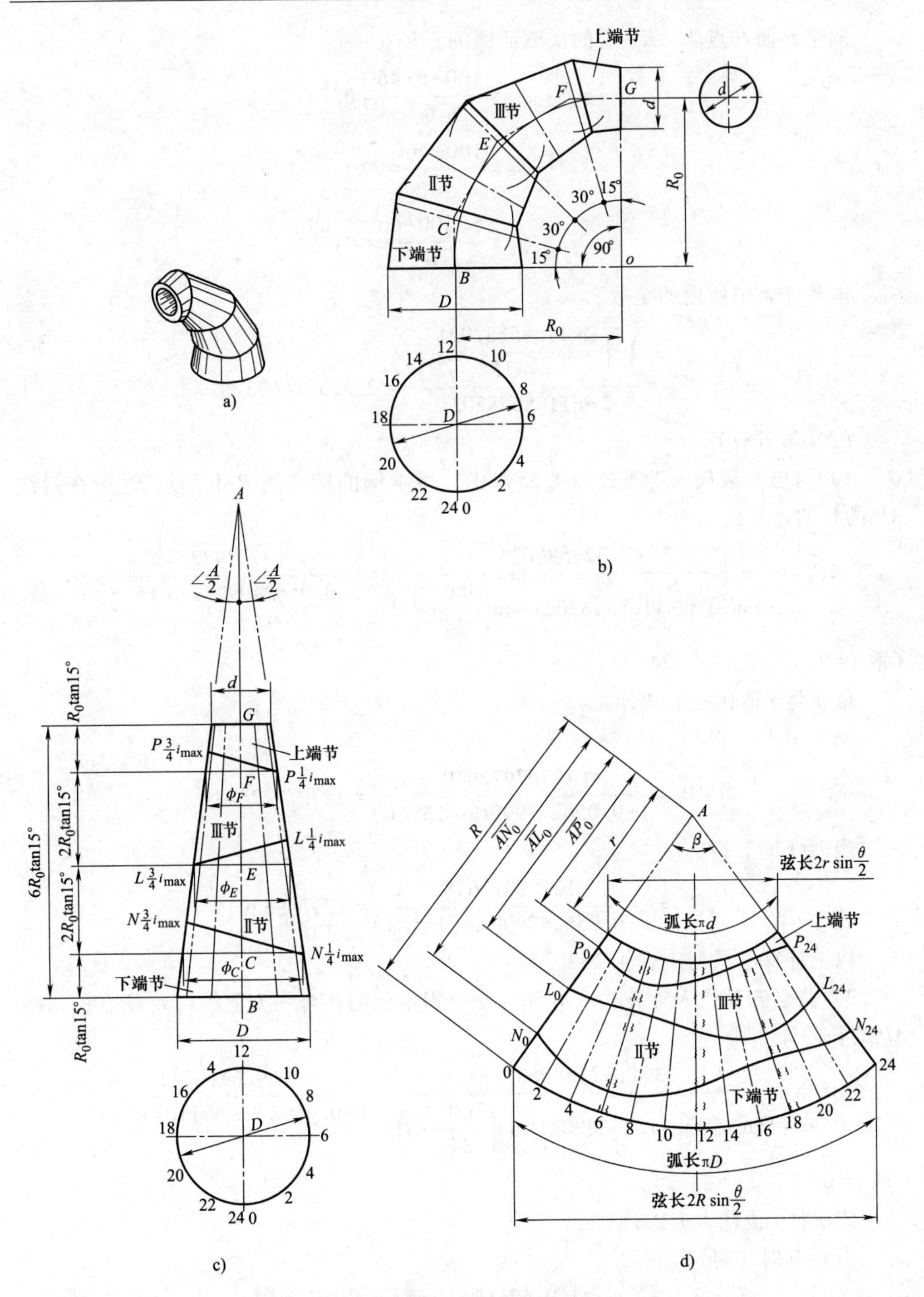

图 4.11　渐缩圆管 90°四节弯头的展开计算

a）立体图　b）渐缩圆管 90°四节弯头示意图　c）渐缩圆管 90°四节弯头展开计算辅助示意图　d）渐缩圆管 90°四节弯头展开图

圆锥台面在点 F、E、C 的横截面圆的直径：

$$\phi_F=\frac{100+5+46}{6}=55$$

$$\phi_E=\frac{100+46}{2}=73$$

$$\phi_C=\frac{5\times100+46}{6}=91$$

本节计算中使用的定数：

$$\mu=\frac{1-\left(\dfrac{\sin11.85582021^\circ}{\cos15^\circ}\right)^2}{2\sin11.85582021^\circ}=2.323586633$$

（2）展开计算

1）将已知数代入计算式（4.55）中，得本例的接合线 P 上的点 P_i 所在射线 AP_i 的长的计算式：

$$\overline{AP_i}=\frac{55\times2.323586633}{1-\tan15^\circ\tan11.85582021^\circ\sin\left(\dfrac{360^\circ}{24}\cdot i\right)}=\frac{127.7972648}{1-0.056249999\sin(15^\circ\cdot i)}$$

（取 $i=0$、1、2、…、24）

依次将 i 值代入上式计算：

当 $i=0$ 时，得：

$$\overline{AP_0}=\frac{127.7972648}{1-0.056249999\sin(15^\circ\times0)}=127.7972648$$

当 $i=1$ 时，得：

$$\overline{AP_1}=\frac{127.7972648}{1-0.056249999\sin(15^\circ\times1)}=129.6852975$$

以上计算结果列于表 4.20 中。

2）将已知数代入计算式（4.56）中，得本例的接合线 L 上的点 L_i 所在的射线 AL_i 的长的计算式：

$$\overline{AL_i}=\frac{73\times2.323586633}{1+\tan15^\circ\tan11.85582021^\circ\sin\left(\dfrac{360^\circ}{24}\cdot i\right)}=\frac{169.6218242}{1+0.056249999\sin(15^\circ\cdot i)}$$

（取 $i=0$、1、2、…、24）

依次将 i 值代入上式计算：

当 $i=0$ 时，得：

$$\overline{AL_0}=\frac{169.6218242}{1+0.056249999\sin(15^\circ\times0)}=169.6218242$$

当 $i=1$ 时．得：

$$\overline{AL_1}=\frac{169.6218242}{1+0.056249999\sin(15°\times1)}=167.1878086,$$

……

将计算结果列于表 4.20 中。

3）将已知数代入计算式（4.57）中，得本例的接合线 N 上的点 N_i 所在的射线AN_i的长的计算式：

$$\overline{AN_i}=\frac{91\times2.323586633}{1-\tan15°\tan11.85582021°\sin\left(\frac{360°}{24}\cdot i\right)}=\frac{211.4463836}{1-0.056249999\sin(15°\cdot i)}.$$

（取 i=0、1、2、…、24）

依次将 i 值代入上式计算：

当 i=0 时，得：

$$\overline{AN_0}=\frac{211.4463836}{1-0.056249999\sin(15°\times0)}=211.4463836$$

当 i=1 时，得：

$$\overline{AN_1}=\frac{211.4463836}{1-0.056249999\sin(15°\times1)}=214.5702$$

……

将计算结果见表 4.20。

表 4.20　例 4.11 渐缩圆管 90°四节弯头的展开图曲线 P、L、N 上的点 P_i、L_i、N_i 所在射线AP_i、AL_i、AN_i的长

射线序号 i	0　12　24	1　11	2　10	3　9	4　8	5　7	6	13　23	14　22	15　21	16　20	17　19	18
射线AP_i的长	127.8	129.69	131.5	133.09	134.34	135.14	135.41	125.96	124.3	122.91	121.86	121.21	120.99
射线AL_i的长	169.62	167.19	164.98	163.13	161.74	160.88	160.59	172.13	174.53	176.65	178.31	179.37	179.73
射线AN_i的长	211.45	214.57	217.57	220.2	222.27	223.6	224.05	208.41	205.66	203.36	201.62	200.55	200.19

4）将已知数代入计算式（4.58）中，得本例的圆锥台面的拟展开扇形的有关几何数据如下：

扇形中圆锥台面的上底圆的展开半径：$r=\dfrac{46}{2\sin11.85582021°}=111.9496$

扇形的展开角（圆心角）：$\theta=360°\sin11.85582021°=73.96186°$

扇形中圆锥台面的上底圆的展开弧长：46π

扇形中圆锥台面的上底圆的展开弧长所对的弦长：$2\times111.9496\sin\dfrac{73.96186°}{2}=134.686$

扇形中圆锥台面的下底圆的展开半径：$R=\dfrac{100}{2\sin 11.8558201°}=243.3687$。

扇形中圆锥台面下底圆的展开弧长为 100π。

扇形中圆锥台面的下底圆的展开弧长所对的弦长：$2\times 243.3687\sin\dfrac{73.96186°}{2}=292.796$。

5）参照 4.8 节中构件展开图的划制方法，来划制本例渐缩圆管 90°四节弯头的展开图，如图 4.11d 所示。

4.12 渐缩圆管 90°五节弯头的展开计算

图 4.12a 所示为渐缩圆管 90°五节弯头的立体图。如图 4.12b 所示，渐缩圆管 90°五节弯头的小口直径为 d，大口直径为 D，弯曲半径为 R_0，弯头的中心心轴线为折线 $BCEFGT$，转折点为 C、E、F、G，求该构件的展开图。

1. 预备数据

如图 4.12b、c 所示，设弯头的下端节起的第Ⅱ、Ⅳ节翻转过来，仍按原顺序将这五节的接合线边衔重合、叠加为圆锥台面，它所在的圆锥（顶点 A）的有关几何数据的计算式如下：

圆锥的半顶角：

$$\frac{\angle A}{2}=\arctan\frac{D-d}{16R_0\tan 11.25°} \tag{4.59}$$

圆锥台面在点 G、F、E、C 的横截面圆的直径的计算式：

$$\begin{cases}\phi_G=\dfrac{D+7d}{8}\\[2ex]\phi_F=\dfrac{3D+5d}{8}\\[2ex]\phi_E=\dfrac{5D+3d}{8}\\[2ex]\phi_C=\dfrac{7D+d}{8}\end{cases} \tag{4.60}$$

本节计算中使用的定数：

$$\mu=\frac{1-\left(\dfrac{\sin\dfrac{\angle A}{2}}{\cos 11.25°}\right)^2}{2\sin\dfrac{\angle A}{2}} \tag{4.61}$$

式中　d——弯头的小口的板厚中心直径；

D——弯头的大口的板厚中心直径；

R_0——弯头的弯曲半径。

2. **展开计算**

1）各接合线 W、P、L、N 与圆锥素线的交点与圆锥顶点 A 的连线，组成各组射线 AW_i、AP_i、AL_i、AN_i 的长的计算式为：

$$\overline{AW_i}=\frac{\phi_G\mu}{1+\tan 11.25°\tan\frac{\angle A}{2}\sin\left(\frac{360°}{i_{\max}}\cdot i\right)} \tag{4.62}$$

（取 $i=0$、1、2、…、$i_{\max}$）

式中　ϕ_G、μ、$\frac{\angle A}{2}$——见计算式（4.60）、计算式（4.61）及计算式（4.59）；

i——参变数，最大值 $i_{\max}$ 是圆的直径圆周需要等分的份数，且应是数“4”的整数倍。

$$\overline{AP_i}=\frac{\phi_F\mu}{1-\tan 11.25°\tan\frac{\angle A}{2}\sin\left(\frac{360°}{i_{\max}}\cdot i\right)} \tag{4.63}$$

（取 $i=0$、1、2、…、$i_{\max}$）

式中　ϕ_F——见计算式（4.60）。

μ、$\frac{\angle A}{2}$、i——同前。

$$\overline{AL_i}=\frac{\phi_E\mu}{1+\tan 11.25°\tan\frac{\angle A}{2}\sin\left(\frac{360°}{i_{\max}}\cdot i\right)} \tag{4.64}$$

（取 $i=0$、1、2、…、$i_{\max}$）

式中　ϕ_E——见计算式（4.60）；

μ、$\frac{\angle A}{2}$、i——同前。

$$\overline{AN_i}=\frac{\phi_C\mu}{1-\tan 11.25\tan\frac{\angle A}{2}\sin\left(\frac{360°}{i_{\max}}\cdot i\right)} \tag{4.65}$$

（取 $i=0$、1、2、…、$i_{\max}$）

式中　ϕ_C——见计算式（4.60）；

μ、$\frac{\angle A}{2}$、i——同前。

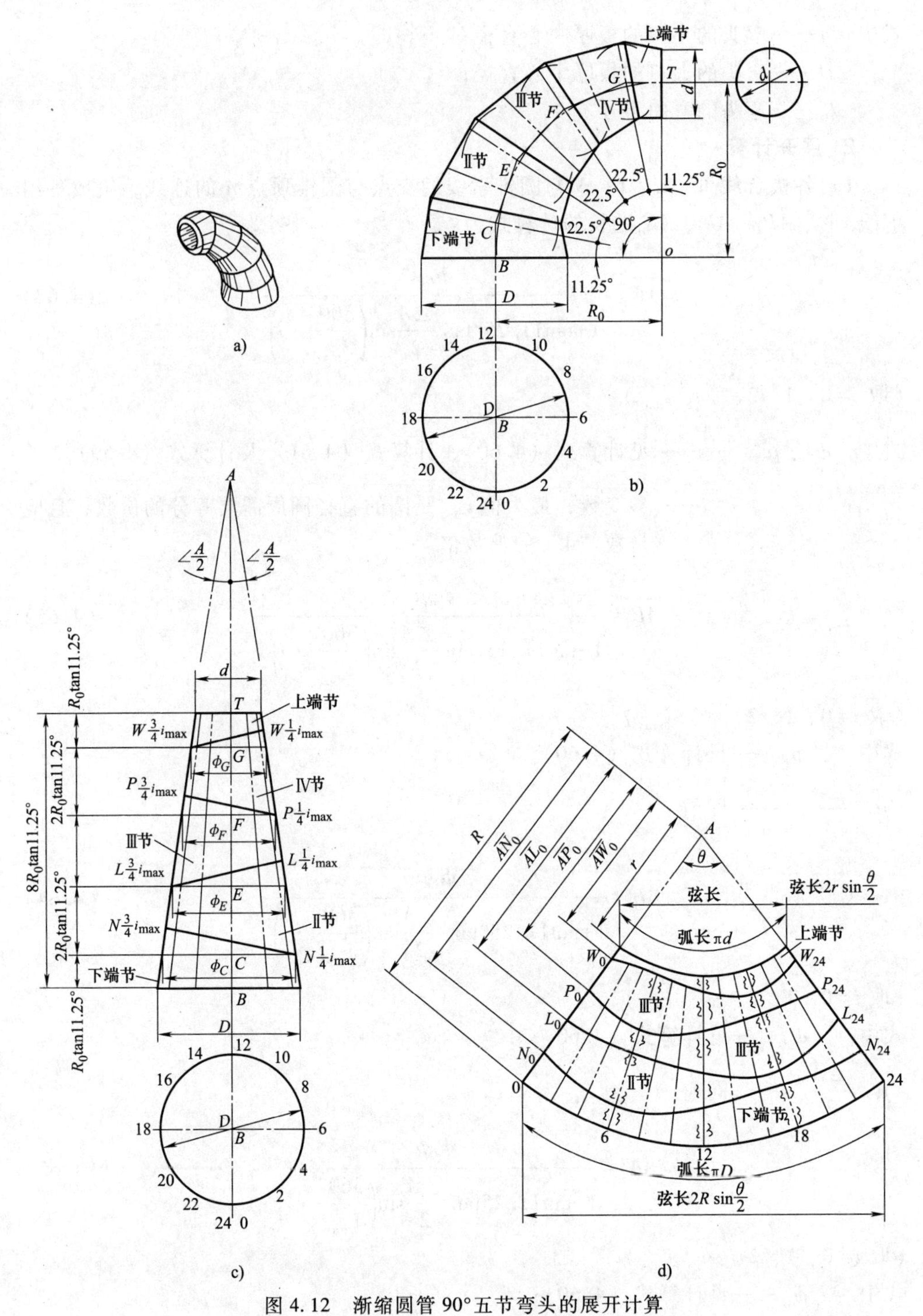

图 4.12　渐缩圆管 90°五节弯头的展开计算

a）立体图　b）渐缩圆管 90°五节弯头示意图　c）渐缩圆管 90°五节弯头展开计算辅助示意图

d）渐缩圆管 90°五节弯头展开图

2）圆锥台面的拟展开扇形的有关几何数据的计算式如下：

$$\left.\begin{array}{ll}\text{扇形中圆锥台面的上底圆的展开半径：} & r=\dfrac{d}{2\sin\dfrac{\angle A}{2}} \\ \text{扇形的展开角(圆心角)：} & \theta=360°\sin\dfrac{\angle A}{2} \\ \text{扇形中圆锥台面的上底圆的展开弧长：} & \pi d \\ \text{扇形中圆锥台面的上底圆的展开弧长所对弦长：} & 2r\sin\dfrac{\theta}{2} \\ \text{扇形中圆锥台面的下底圆的展开半径：} & R=\dfrac{D}{2\sin\dfrac{\angle A}{2}} \\ \text{扇形中圆锥台面的下底圆的展开弧长：} & \pi D \\ \text{扇形中圆锥台面的下底圆的展形弧长所对的弦长：} & 2R\sin\dfrac{\theta}{2}\end{array}\right\} \quad (4.66)$$

式中　π——圆周率；

d、D、$\dfrac{\angle A}{2}$——同前。

例 4.12　如图 4.12b 所示的渐缩圆管 90°五节弯头：$d=46$，$D=100$，$R_0=80$，转折点为 C、E、F、G，取 $i_{max}=24$。求该构件的展开图。

解：

（1）预备数据

将已知数代入计算式（4.59）~计算式（4.61）中，得本例的弯头的各节组成的圆锥台面所在的圆锥（顶点 A）的有关几何数据如下：

圆锥的半顶角：

$$\frac{\angle A}{2}=\arctan\frac{100-46}{16\times80\tan11.25°}=11.97446963°$$

圆锥台面在点 G、F、E、C 的横截面圆的直径 ϕ_G、ϕ_F、ϕ_E、ϕ_C：

$$\phi_G=\frac{100+7\times46}{8}=52.75$$

$$\phi_F=\frac{3\times100+5\times46}{8}=66.25$$

$$\phi_C=\frac{5\times100+3\times46}{8}=79.75$$

$$\phi_C=\frac{7\times100+46}{8}=93.25$$

本节计算中使用的定数：$\mu=\dfrac{1-\left(\dfrac{\sin11.97446963°}{\cos11.25°}\right)^2}{2\sin11.97446963°}=2.302076985$

（2）展开计算

1）将已知数代入计算式（4.62）~计算式（4.65）中，得本例各接合线 W、P、L、N 与圆锥素线的交点与圆锥顶点 A 的连线，组成各组射线 AW_i、AP_i、AL_i、AN_i 的长的计算式：

$$\overline{AW_i}=\frac{52.75\times2.302076985}{1+\tan11.25°\tan11.97446963°\sin\left(\frac{360°}{24}\cdot i\right)}=\frac{121.434561}{1+0.0421875\sin(15°\cdot i)}$$

（取 $i=0$、1、2、…、24）

依次将 i 值代入上式计算：

当 $i=0$ 时，得：

$$\overline{AW_0}=\frac{121.434561}{1+0.0421875\sin(15°\times0)}=121.434561$$

当 $i=1$ 时，得：

$$\overline{AW_1}=\frac{121.434561}{1+0.0421875\sin(15°\times1)}=120.1229471$$

……

将计算结果列于表 4.21 中。

$$\overline{AP_i}=\frac{66.25\times2.302076985}{1-\tan11.25°\tan11.97446963°\sin\left(\frac{360°}{24}\cdot i\right)}=\frac{152.5126003}{1-0.0421875\sin(15°\cdot i)}$$

（取 $i=0$、1、2、…、24）

依次将 i 值代入上式计算.：

当 $i=0$ 时，得：

$$\overline{AP_0}=\frac{152.5126003}{1-0.0421875\sin(15°\times0)}=152.5126$$

当 $i=1$ 时，得：

$$\overline{AP_1}=\frac{152.5126003}{1-0.0421875\sin(15°\times1)}=154.19626$$

……

将计算结果列于表 4.21 中。

$$\overline{AL_i}=\frac{79.75\times2.302076985}{1+\tan11.25°\tan11.97446963°\sin\left(\frac{360°}{24}\cdot i\right)}=\frac{183.5906396}{1+0.0421875\sin(15°\cdot i)}$$

（取 $i=0$、1、2、…、24）

依次将 i 值代入上式计算.

当 $i=0$ 时，得：

$$\overline{AL_0}=\frac{183.5906396}{1+0.0421875\sin(15°\times0)}=183.5906396$$

当 $i=1$ 时，得：

$$\overline{AL_1}=\frac{183.5906396}{1+0.0421875\sin(15°\times1)}=181.60768$$

……

将计算结果列于表 4.21 中。

$$\overline{AN_i}=\frac{93.25\times2.302076985}{1-\tan11.25°\tan11.97446963°\sin\left(\dfrac{360°}{24}\cdot i\right)}=\frac{214.6686789}{1-0.0421875\sin(15°\cdot i)}$$

（取 $i=0$、1、2、…、24）

依次将 i 值代入上式计算：

当 $i=0$ 时，得：

$$\overline{AN_0}=\frac{214.6686789}{1-0.0421875\sin(15°\times0)}=214.6686789$$

当 $i=1$ 时，得：

$$\overline{AN_1}=\frac{214.6686789}{1-0.0421875\sin(15°\times1)}=217.0385$$

……

将计算结果列于表 4.21 中。

表 4.21　例 4.12 渐缩圆管 90°五节弯头的展开图的各曲线上的点所在射线 Ax_i 的长

射线的序号 i	0　12　24	1　11	2　10	3　9	4　8	5　7	6	13　23	14　22	15　21	16　20	17　19	18
射线 AW_i 的长	121.43	120.12	118.93	117.92	117.15	116.68	116.52	122.78	124.05	125.17	126.04	126.59	126.78
射线 AP_i 的长	152.51	154.2	155.8	157.2	158.3	158.99	159.23	150.87	149.36	148.09	147.14	146.54	146.34
射线 AL_i 的长	183.59	181.61	179.8	178.27	177.12	176.4	176.16	185.62	187.55	189.24	190.55	191.36	191.68
射线 AN_i 的长	214.67	217.04	219.29	221.27	222.81	223.79	224.12	212.35	210.23	208.45	207.1	206.26	205.98

2）将已知数代入计算式（4.66）中，得本例的圆锥台面的拟展开扇形的有关几何数据如下：

扇形中圆锥台面的上底圆的展开半径：$r=\dfrac{46}{2\sin11.97446963°}=110.85629$

扇形的展开角（圆心角）：$\theta=360°\sin11.97446963°=74.69129459°$

扇形中圆锥台面的上底圆的展开弧长：46π

扇形中圆锥台面的上底圆的展开弧长所对的弦长：

$$2\times110.85629\sin\frac{74.69129459°}{2}=134.4957$$

扇形中圆锥台面的下底圆的展开半径：$R=\dfrac{100}{2\sin11.97446963°}=240.9919$

扇形中圆锥台面的下底圆的展开弧长：100π

扇形中圆锥台面的下底圆的展开弧长所对的弦长：

$$2\times 240.9919\sin\frac{74.6912459^\circ}{2}=292.382$$

3）参照 4.8 节中构件展开图的划制方法，来划制本例渐缩圆管 90°五节弯头的展开图，如图 4.12d 所示。

4.13　圆锥台面与大直径圆管正交的三通圆锥管的展开计算

图 4.13a 所示为圆锥台面与大直径圆管正交的三通圆管的立体图。如图 4.13b 所示，圆锥台面与大直径 D（中心直径）的圆管垂直正交，圆锥台面中心轴线高 h，其上底圆中心直径为 d_1，下底圆中心直径为 d_2，且下底圆的圆心点 B 在大直径圆管的圆周上。求该三通圆锥管的展开图。

1. 预备数据（图 4.13b）

1）圆锥台面所在圆锥（顶点 A）的半顶角 $\frac{\angle A}{2}$ 的计算式为：

$$\frac{\angle A}{2}=\arctan\left(\frac{d_2-d_1}{2h}\right) \tag{4.67}$$

式中　d_1——圆锥台面的上底圆的板厚中心直径；

d_2——圆锥台面的下底圆的板厚中心直径；

h——圆锥台面的中心轴线的高。

2）圆锥台面素线与接合线曲线的交点 m_i（x_i，y_i，z_i）直角坐标计算式为：

$$\begin{cases}\dfrac{x_i}{\dfrac{d_2}{2}\cos\left(\dfrac{360^\circ}{i_{\max}}\cdot i\right)}=\dfrac{y_i}{\dfrac{d_2}{2}\sin\left(\dfrac{360^\circ}{i_{\max}}\cdot i\right)}=\dfrac{z_i-\left(\dfrac{D}{2}+\dfrac{d_2h}{d_2-d_1}\right)}{-\dfrac{d_2h}{d_2-d_1}}\\ y_i^2+z_i^2=\left(\dfrac{D}{2}\right)^2\end{cases} \tag{4.68}$$

（取 $i=0$、1、2、…、$\frac{i_{\max}}{4}$）

提示：该计算式在这里取 x_i、y_i 的较小正值，取 z_i 的正值。

式中　d_1、d_2、D、h——同前；

i——参变数，最大值 $i_{\max}$ 是圆的直径圆周需要等分的份数，且应是数“4”的整数倍。

2. 展开计算

1）接合线曲线上的点 m_i 到圆锥顶点 A 的射线 Am_i 的长的计算式为：

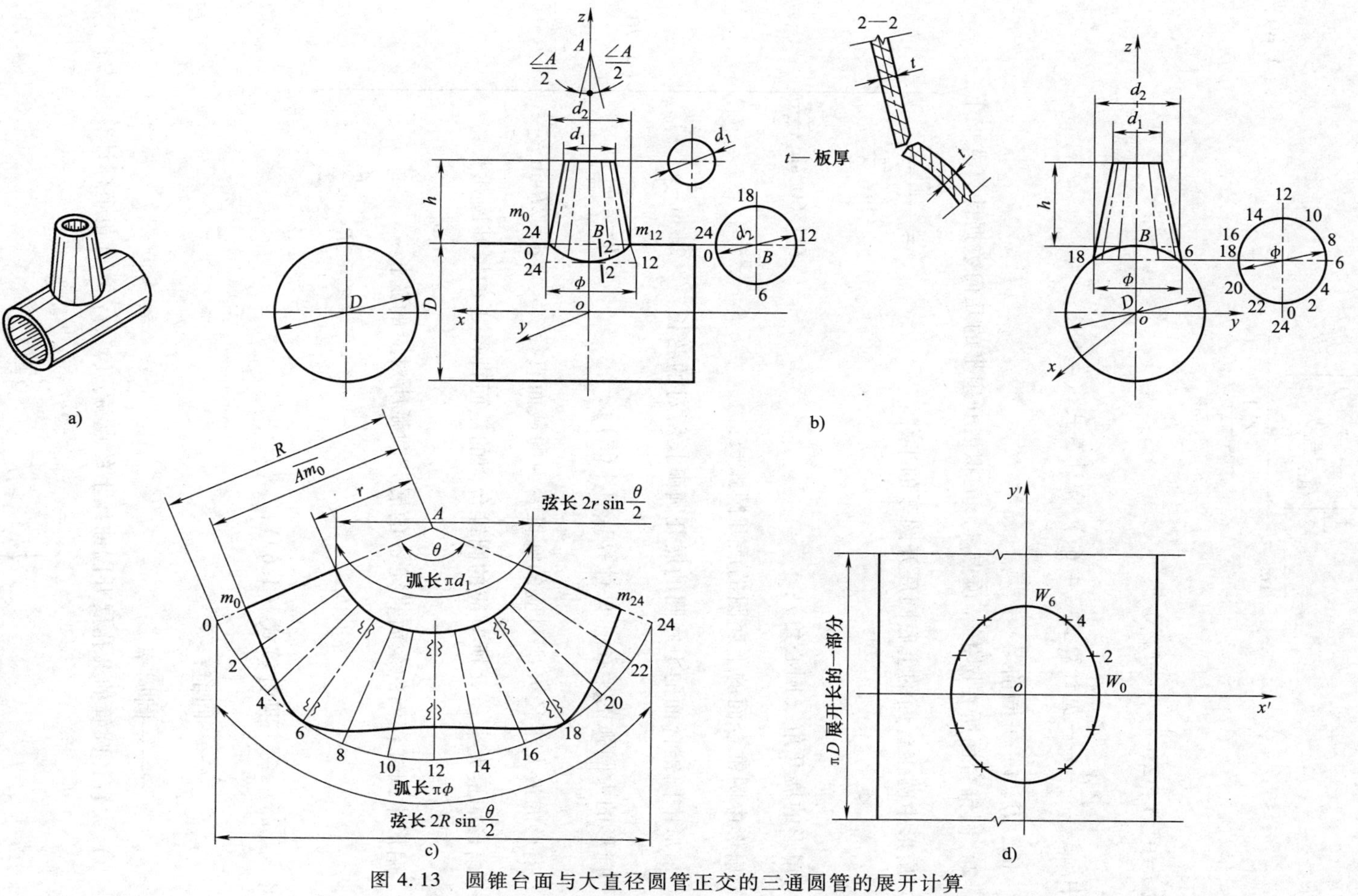

图 4.13　圆锥台面与大直径圆管正交的三通圆管的展开计算

a）立体图　b）圆锥台面与大直径圆管正交三通圆管示意图　c）圆锥台面与大直径圆管正交三通圆锥管展开图　d）开孔展开图

$$\overline{Am_i}=\frac{\frac{1}{2}\left(\frac{d_2}{\tan\frac{\angle A}{2}}+D\right)-z_i}{\cos\frac{\angle A}{2}} \tag{4.69}$$

（取 $i=0$、1、2、…、$\frac{1}{4}i_{\max}$）

式中　z_i、$\frac{\angle A}{2}$——见计算式（4.67）和计算式（4.68）；

d_2、D、i——同前。

2）圆锥台面所在圆锥（顶点 A）的拟展开扇形的几何数据计算式如下：

$$\left.\begin{array}{ll}
\text{扇形中圆锥台面的上底圆展开圆弧的半径：} & r=\dfrac{d_1}{2\sin\dfrac{\angle A}{2}} \\
\text{扇形的展开角（圆心角）：} & \theta=360^\circ\sin\dfrac{\angle A}{2} \\
\text{扇形中圆锥台面的上底圆的展开圆弧长：} & \pi d_1 \\
\text{扇形中圆锥台面的上底圆的展开圆弧长所对的弦长：} & 2r\sin\dfrac{\theta}{2} \\
\text{扇形的大圆弧的半径［见计算式（4.69）］：} & R=\overline{Am_{\frac{1}{4}i_{\max}}} \\
\text{扇形的最大半径 } R \text{ 所对应的圆锥台面的截面直径：} & \phi=2R\sin\dfrac{\angle A}{2} \\
\text{扇形的最大半径 } R \text{ 所对应的圆锥台面的截面直径 } \phi \text{ 的展开圆弧长：} & \\
 & \pi\phi \\
\text{扇形中圆锥台面的截面直径 } \phi \text{ 的展开圆弧所对应的弦长：} & \\
 & 2R\sin\dfrac{\theta}{2}
\end{array}\right\} \tag{4.70}$$

式中　$\overline{Am_{\frac{1}{4}i_{\max}}}$——见计算式（4.69）；

d_1、$\frac{\angle A}{2}$——同前；

π——圆周率。

3）大直径圆管的开孔展开图曲线上的点 W_i（x_i'、y_i'）直角坐标计算式为：

$$\begin{cases} x_i'=x_i \\ y_i'=\dfrac{\pi D}{360^\circ}\arcsin\dfrac{2y_i}{D} \end{cases} \tag{4.71}$$

（取 $i=0$、1、2、…、$\frac{1}{4}i_{max}$）

式中　x_i、y_i——见计算式（4.68）；

π、D、i——同前。

例 4.13　如图 4.13b 所示圆锥台面与大直径 $D=320$（中心直径）的圆管垂直正交，圆锥台面中心轴线高 $h=100$，其上底圆中心直径 $d_1=90$，下底圆中心直径 $d_2=170$，且下底圆的圆心点 B 在大直径圆管的圆周上，取 $i_{max}=24$。求该三通圆锥管的展开图。

解：

（1）预备数据

将已知数代入计算式（4.67）与计算式（4.68）中，得本例的有关几何数据如下：

1）圆锥台面所在圆锥（顶点 A）的半顶角$\frac{\angle A}{2}$：

$$\frac{\angle A}{2}=\arctan\left(\frac{170-90}{2\times100}\right)=21.80140949°$$

2）接合线曲线上的点 m_i（x_i，y_i，z_i）直角坐标计算式：

$$\begin{cases}\dfrac{x_i}{\dfrac{170}{2}\cos\left(\dfrac{360°}{24}\cdot i\right)}=\dfrac{y_i}{\dfrac{170}{2}\sin\left(\dfrac{360°}{24}\cdot i\right)}=\dfrac{z_i-\left(\dfrac{320}{2}+\dfrac{170\times100}{170-90}\right)}{-\dfrac{170\times100}{170-90}}\\ y_i^2+z_i^2=\left(\dfrac{320}{2}\right)^2\end{cases}$$

（取 $i=0$、1、2、…、$\frac{24}{4}$）

整理后得：

$$\begin{cases}\dfrac{x_i}{85\cos(15°\cdot i)}=\dfrac{y_i}{85\sin(15°\cdot i)}=\dfrac{z_i-372.5}{-212.5}\\ y_i^2+z_i^2=160^2\end{cases}$$

（取 $i=0$、1、2、…、6）

依次将 i 值代入上式计算：

当 $i=0$ 时，得：

$$\begin{cases}\dfrac{x_0}{85\cos(15°\times0)}=\dfrac{y_0}{85\sin(15°\times0)}=\dfrac{z_0-372.5}{-212.5}\\ y_0^2+z_0^2=160^2\end{cases}$$

整理后得：

$$\begin{cases}\dfrac{x_0}{85}=\dfrac{y_0}{0}=\dfrac{z_0-372.5}{-212.5} & (4.72)\\ y_0^2+z_0^2=160^2 & (4.73)\end{cases}$$

在式（4.72）中，只有当 $y_0=0$ 时等式才能成立，所以 $y_0=0$；代入式（4.73）中得：

$0^2+z_0^2=160^2$，所以 $z_0=160$；代入式（4.72）中得：$\dfrac{x_0}{85}=\dfrac{160-372.5}{-212.5}$，所以 $x_0=\dfrac{(160-372.5)\times 85}{-212.5}=85$，即

$$\begin{cases}x_0=85\\ y_0=0\\ z_0=160\end{cases}$$

当 $i=1$ 时，得：

$$\begin{cases}\dfrac{x_1}{85\cos(15°\times 1)}=\dfrac{y_1}{85\sin(15°\times 1)}=\dfrac{z_1-372.5}{-212.5}\\ y_1^2+z_1^2=160^2\end{cases}$$

整理后得：

$$\begin{cases}\dfrac{x_1}{82.10369523}=\dfrac{y_1}{21.99961883}=\dfrac{z_1-372.5}{-212.5} & (4.74)\\ y_1^2+z_1^2=160^2 & (4.75)\end{cases}$$

在式（4.74）中：$\dfrac{y_1}{21.99961883}=\dfrac{z_1-372.5}{-212.5}$，所以

$$z_1=\frac{-212.5y_1}{21.99961883}+372.5=372.5-9.659258263y_1 \tag{4.76}$$

将式（4.76）代入式（4.75）中，得：

$$\begin{aligned}&y_1^2+(372.5-9.659258263y_1)^2-160^2\\ &=y_1^2+93.30127019y_1^2-7196.147406y_1+113156.25\\ &=y_1^2-76.31018534y_1+1199.94407\\ &=0\end{aligned}$$

应用一元二次方程的求根公式 $y=\dfrac{-b\pm\sqrt{b^2-4ac}}{2a}$（这里取 y 的较小正值）求解。该一元二次方程式中：

未知数 y^2 的二次项系数 $a=1$，未知数 y 的一次项系数 $b=-76.31018534$，式子的常数项 $c=1199.94407$，代入求根公式得：

$$y_1=\frac{-76.31018534-\sqrt{(-76.31018534)^2-4\times1\times1199.94407}}{2\times1}=22.15925$$

将 $y_1=22.15925$ 代入式（4.76）中得：

$$z_1=372.5-9.659258263\times22.15925=158.45808$$

将 $z_1=158.45808$ 代入式（4.74）中得：

$$\frac{x_1}{82.10369523}=\frac{158.45808-372.5}{-212.5}=1.007256$$

所以

$$x_1=1.007256\times82.10369523=82.6994$$

故

$$\begin{cases}x_1=82.6994\\y_1=22.1593\\z_1=158.4581\end{cases}$$

……

将计算结果列于表 4.22 中。

表 4.22　例 4.13 圆锥台面与大直径圆管正交的三通圆锥管的接合线曲线上的点 m_i（x_i，y_i，z_i）直角坐标值

直角坐标 / 点序号 i	x_i	y_i	z_i	说　明
0	85	0	160	该例的接合线曲线具有轴对称性，所以只需计算出四分之一曲线上的点的直角坐标值就可以了
1	82.6994	22.1593	158.4581	
2	75.7213	43.7177	153.9115	
3	63.8656	63.8656	146.7010	
4	46.9390	81.3008	137.8049	
5	25.1490	93.8573	129.5793	
6	0	98.5953	126.0118	

（2）展开计算

1）将已知数代入计算式（4.69）中，得本例的接合线曲线上的点 m_i 到圆锥顶点 A 的射线 $\overline{Am_i}$ 的长的计算式：

$$\overline{Am_i}=\frac{\frac{1}{2}\left(\frac{170}{\tan21.80140949°}+320\right)-z_i}{\cos21.80140949°}=\frac{372.5-z_i}{0.92847669}$$

（取 $i=0$、1、2、…、6）

依次将 i 值代入上式计算：

当 $i=0$ 时，得：

$$\overline{Am_0}=\frac{372.5-z_0}{0.92847669}$$

查表 4.22 得：$z_0=160$，代入上式，得：

$$\overline{Am_0}=\frac{372.5-160}{0.92847669}=228.8695$$

当 $i=1$ 时，得：

$$\overline{Am_1}=\frac{372.5-z_1}{0.92847669}$$

查表 4.22 得：$z_1=158.4851$，代入上式，得：

$$\overline{Am_1}=\frac{372.5-158.4581}{0.92847669}=230.53$$

……

将计算结果列于表 4.23 中。

表 4.23　例 4.13 圆锥台面与大直径圆管正交的接合线曲线上的点 m_i 所在射线 Am_i 的长

射线序号 i	0	12	24	1	11	13	23	2	10	14	22	3	9	15	21	4	8	16	20	5	7	17	19	6	18
长	228.87			230.53				235.43				243.19				252.77				261.63				265.48	
说明	接合线曲线具有轴对称性，这样可以得出全部射线的长																								

2）将已知数代入计算式（4.70）中，得本例的圆锥台面所在圆锥（顶点 A）的拟展开扇形的有关几何数据如下：

扇形中圆锥台面的上底圆展开圆弧的半径：$r=\dfrac{90}{2\sin 21.80140949°}=121.166$

扇形的展开角（圆心角）：　$\theta=360°\sin 21.80140949°=133.7006435°$

扇形中圆锥台面的上底圆的展开圆弧长：　90π

扇形中圆锥台面的上底圆的展开圆弧长所对的弦长：

$$2\times121.166\sin\frac{133.7006435°}{2}=222.82$$

扇形的大圆弧的半径（见表 4.23）：　$R=\overline{Am_6}=265.48$

扇形的最大半径 R 所对应的圆锥台面的截面直径：

$$\phi=2\times265.48\sin 21.80140949°=197.19$$

扇形的最大半径 R 所对应的圆锥台面的截面直径 ϕ 的展开圆弧长：197.19π

扇形中圆锥台面的截面直径 ϕ 的展开圆弧所对应的弦长：

$$2\times265.48\sin\frac{133.7006435°}{2}=488.2$$

3）将已知数代入计算式（4.71）中，得本例的大直径圆管的开孔展开图曲线上的点 W_i（x'_i，y'_i）直角坐标计算式：

$$\begin{cases}x_i'=x_i\\ y_i'=\dfrac{320\pi}{360°}\arcsin\dfrac{2y_i}{320}=2.792526803\arcsin\dfrac{y_i}{160}\end{cases}$$

（取 $i=0$、1、2、…、6）

依次将 i 值代入上式计算：

当 $i=0$ 时，得：

$$\begin{cases} x_0'=x_0 \\ y_0'=2.792526803\arcsin\dfrac{y_0}{160} \end{cases}$$

查表 4.22 得：$x_0=85$、$y_0=0$，代入上式，得：

$$\begin{cases} x_0'=85 \\ y_0'=2.792526803\arcsin\dfrac{0}{160}=0 \end{cases}$$

当 $i=1$ 时，得：

$$\begin{cases} x_1'=x_1 \\ y_1'=2.792526803\arcsin\dfrac{y_1}{160} \end{cases}$$

查表 4.22 得：$x_1=82.70$、$y_1=22.1593$，代入上式，得：

$$\begin{cases} x_1'=82.70 \\ y_1'=2.792526803\arcsin\dfrac{22.1593}{160}=22.23076 \end{cases}$$

……

将计算结果列于表 4.24 中。

表 4.24　例 4.13 圆锥台面与大直径圆管正交的三通圆管的大直径圆管上的开孔展开图曲线上的点 W_i（x_i'，y_i'）直角坐标值

直角坐标 \ 点序号 i	0	1	2	3	4	5	6
x_i'	85	82.70	75.72	63.87	46.94	25.15	0
y_i'	0	22.23	44.28	65.70	85.28	100.30	106.23
说明	开孔展开图曲线具有轴对称和点对称性，所以只计算出四分之一曲线上的点的直角坐标就可以了						

4）制作展开图。

① 以点 A 为圆心，以半径 $R=265.48$ 作圆弧，量取弦长 $2R\sin\dfrac{\theta}{2}=288.2$，两端点与点 A 连线，所得扇形的外圆弧长 $\pi\phi=197.17\pi$，它所对的圆心角 $\theta=133.7006435°$，将外圆弧等分 $i_{\max}=24$ 等份，各等分点依次编号为 0、1、2、…、24，并与点 A 连线，得拟编射线 A_0、A_1、A_2、…、A_{24}；再将表 4.23 中的射线 Am_i 以同序号描划到上述拟编射线上，得系列点 m_0、m_1、m_2、…、m_{24}，用光滑曲线连接各点，得一规律曲线；然后，以 $r=121.17$ 为半径在扇形上作圆弧，所截得的

圆弧长90π，它所对的弦长 $2r\sin\dfrac{\theta}{2}=222.82$。上述两道曲线之间的弓形，即本例的三通圆锥管的展开图，如图 4.13c 所示。

② 在平面直角坐标系 $ox'y'$中，将表 4.24 中的点 $W_i(x_i',\ y_i')$ 依次描出，得系列点 W_0、W_1、W_2、…、W_6，用光滑曲线连接各点，得一规律曲线。由于开孔展开图曲线具有轴对称和点对称性质，可在坐标系的第Ⅱ、Ⅲ、Ⅳ象限作出上述曲线的对称图形，得一闭合规律曲线，即本例的大直径圆管上的开孔展开图，如图 4.13d 所示。解题后得知本节圆锥台面的高 h 是向下延伸了，这时它的总高 $H=(R-r)\cos\dfrac{\angle A}{2}$。

4.14 圆锥台面与大直径圆管斜交的斜向三通圆锥管的展开计算

图 4.14 所示为圆锥台面与大直径圆管斜交的斜向三通圆锥管的立体图。如图 4.14b 所示，圆锥台面与大直径圆管的两中心轴线以 β（<90°）夹角相交于点 o，圆锥台面的高为 h，上底圆直径为 d_1，下底圆直径为 d_2，且下底圆的圆心点 c 重合于大直径圆管的直径 D 的圆周上。求构件的斜向三通圆锥管的展开图。

1. 预备数据（图 4.14b）

1）圆锥台面所在圆锥（顶点 A）的中心轴线 AC 的长 H 的计算式：

$$H=\frac{hd_2}{d_2-d_1} \tag{4.77}$$

式中 d_1——圆锥台面的上底圆的板厚中心直径；

d_2——圆锥台面的下底圆的板厚中心直径；

h——圆锥台面的高。

2）圆锥顶点 A（x_A，y_A，z_A）直角坐标计算式：

$$\begin{cases} x_A=0 \\ y_A=\dfrac{D}{2\tan\beta}+H\cos\beta \\ z_A=\dfrac{D}{2}+H\sin\beta \end{cases} \tag{4.78}$$

式中 D——大直径圆管的板厚中心直径；

β——圆锥台面与大直径圆管的两中心轴线的夹角（°）。

3）圆锥台面与大直径圆管斜交的接合线曲线上的点 m_i（x_i，y_i，z_i）直角坐标计算式：

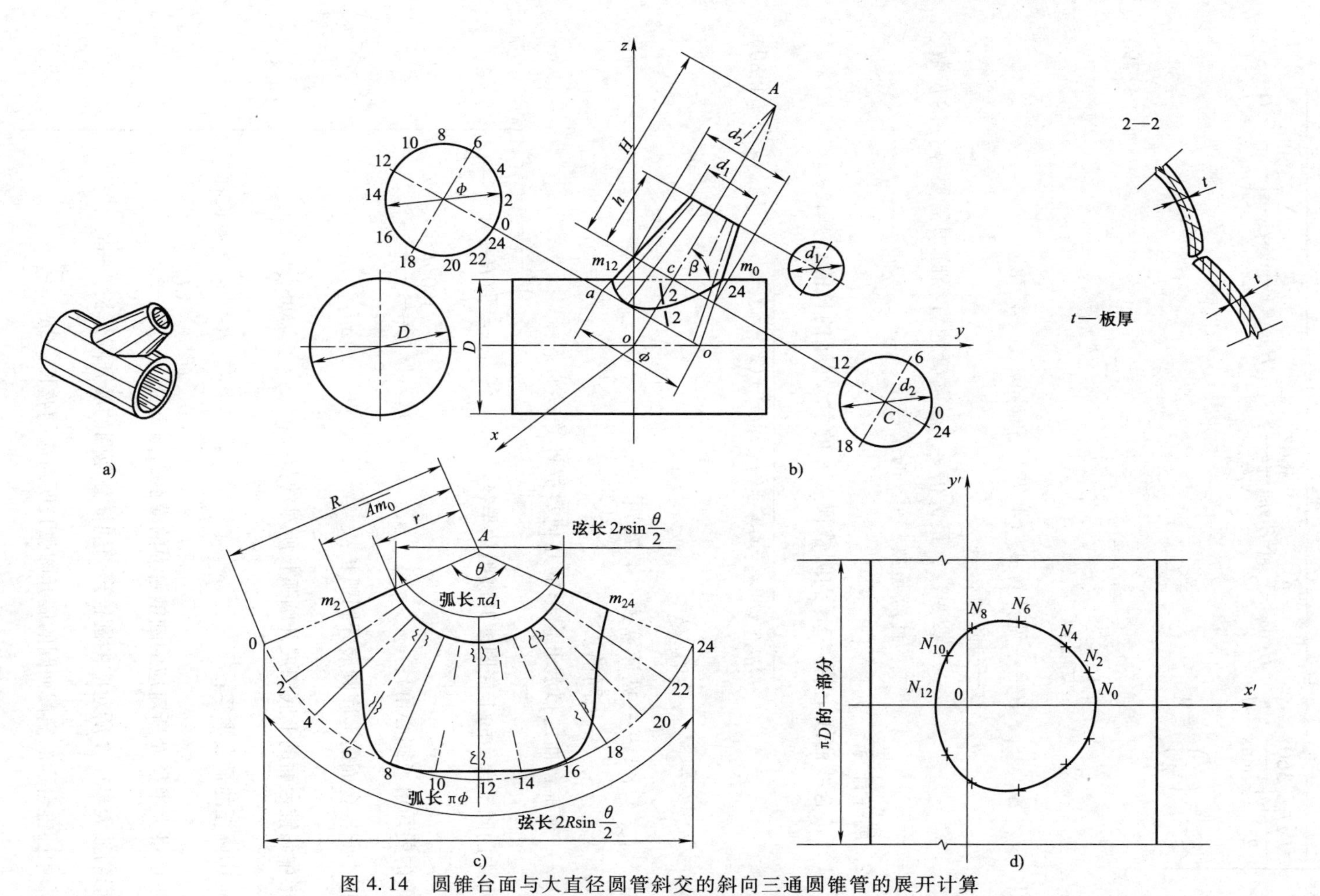

图 4.14　圆锥台面与大直径圆管斜交的斜向三通圆锥管的展开计算

a）立体图　b）圆锥台面与大直径圆管斜交三通圆管示意图　c）圆锥台面与大直径圆管斜交的斜向三通圆锥管展开图　d）开孔展开图

$$\begin{cases}\dfrac{x_i}{\dfrac{-d_2}{2}\sin\left(\dfrac{360°}{i\max}\cdot i\right)}=\dfrac{y_i-y_A}{H\cos\beta-\dfrac{d_2}{2}\sin\beta\cos\left(\dfrac{360°}{i_{\max}}\cdot \mathrm{i}\right)}=\dfrac{z_i-z_A}{H\sin\beta+\dfrac{d_2}{2}\cos\beta\cos\left(\dfrac{360°}{i_{\max}}\cdot i\right)}\\ x_i^2+z_i^2-\left(\dfrac{D}{2}\right)^2=0\end{cases}\tag{4.79}$$

（取 $i=0$、1、2、…、$\frac{1}{2}i_{\max}$）

式中　x_A、y_A、z_A、H——见计算式（4.77）和计算式（4.78）；

d_2、β——同前；

i——参变数，最大值 $i_{\max}$ 是圆管的直径圆周需要等分的份数，且应是数“4”的整数倍。

2. 展开计算

1）接合线曲线上的点 m_i 到圆锥顶点 A 的射线$\overline{Am_i}$的长的计算式：

$$\overline{Am_i}=\sqrt{(x_A-x_i)^2+(y_A-y_i)^2+(z_A-z_i)^2}\tag{4.80}$$

（取 $i=0$、1、2、…、$\frac{1}{2}i_{\max}$）

式中　x_i、y_i、z_i——见计算式（4.79）；

x_A、y_A、z_A、i——同前。

2）圆锥台面的拟展开扇形的几何数据计算式如下：

扇形中的圆锥台面的上底圆展开圆弧的半径：　$r=\sqrt{(H-h)^2+\left(\dfrac{d_1}{2}\right)^2}$

扇形的展开角（圆心角）：　$\theta=\dfrac{180°d_1}{r}$

扇形中圆锥台面的上底圆展开圆弧长：　πd_1

扇形中圆锥台面的上底圆展开圆弧长所对的弦长：　$2r\sin\dfrac{\theta}{2}$

扇形中圆弧的最大半径：　$R=\overline{Am_i}$（最长者）

扇形的最大半径 R 所对应的圆锥台面的横截面圆直径：　$\phi=\dfrac{Rd_1}{r}$

扇形的最大半径 R 所对应的圆锥台面的横截面圆的展开圆弧长：$\pi\phi$，

扇形中圆锥台面的横截面圆的展开圆弧长所对应的弦长：$2R\sin\dfrac{\theta}{2}$.

（4.81）

式中　　　π——圆周率；

$\overline{Am_i}$（最长者）——见计算式（4.80）；

d_1、h、H、i——同前。

3）大直径圆管上的开孔展开图曲线上的点 N_i（x_i'，y_i'）直角坐标计算式：

$$\begin{cases} x_i'=y_i \\ y_i'=\dfrac{\pi D}{360^\circ}\arcsin\dfrac{2x_i}{D} \end{cases} \tag{4.82}$$

（取 $i=0$、1、2、…、$\frac{1}{2}i_{\max}$）

式中　x_i、y_i——见计算式（4.79）；

π、D、i——同前。

例 4.14　如图 4.14b 所示，圆锥台面与直径 $D=320$ 的大直径圆管的两中心轴线相交，夹角$\beta=60^\circ$，交点为 o，圆锥台面的高 $h=100$，$d_1=90$，$d_2=170$，圆锥台面的下底圆的圆中心点 c 重合于大直径圆管的直径 D 的圆周上，取 $i_{\max}=24$。求构件的斜向三通圆锥管的展开图。

解：

（1）预备数据

将已知数代入计算式（4.77）与计算式（4.78）中，得本例的圆锥台面所在圆锥（顶点 A）的有关几何数据：

1）圆锥的中心轴线的线段 AC 的长：

$$H=\frac{100\times170}{170-90}=212.5$$

2）圆锥的顶点 A（x_A、y_A、z_A）直角坐标：

$$\begin{cases} x_A=0 \\ y_A=\dfrac{320}{2\tan60^\circ}+212.5\cos60^\circ=198.626 \\ z_A=\dfrac{320}{2}+212.5\sin60^\circ=344.0304 \end{cases}$$

3）将已知数代入计算式（4.79）中，得本例的接合线曲线上的点 m_i（x_i，y_i，z_i）直角坐标计算式：

$$\begin{cases} \dfrac{x_i}{\dfrac{-170}{2}\sin\left(\dfrac{360^\circ}{24}\cdot i\right)}=\dfrac{y_i-198.626}{212.5\mathrm{sos}60^\circ-\dfrac{170}{2}\sin60^\circ\cos\left(\dfrac{360^\circ}{24}\cdot i\right)} \\ =\dfrac{z_i-344.0304}{212.5\sin60^\circ+\dfrac{170}{2}\cos60^\circ\cos\left(\dfrac{360^\circ}{24}\cdot i\right)} \\ x_i^2+z_i^2-\left(\dfrac{320}{2}\right)^2=0 \end{cases}$$

整理后得：

$$\begin{cases}\dfrac{x_i}{-85\sin(15°\cdot i)}=\dfrac{y_i-198.626}{106.25-73.6122\cos(15°\cdot i)}\\ \qquad=\dfrac{z_i-344.0304}{184.0304+42.5\cos(15°\cdot i)}\\ x_i^2+z_i^2-160^2=0\end{cases}$$

（取 $i=0$、1、2、…、12）

依次将 i 值代入上式计算：

当 $i=0$ 时，得：

$$\begin{cases}\dfrac{x_0}{-85\sin(15°\times0)}=\dfrac{y_0-198.626}{106.25-73.6122\cos(15°\times0)}\\ =\dfrac{z_0-344.0304}{184.0304+42.5\cos(15°\times0)}\\ x_0^2+z_0^2-160^2=0\end{cases}$$

整理后得：

$$\begin{cases}\dfrac{x_0}{0}=\dfrac{y_0-198.626}{32.6378}=\dfrac{z_0-344.0304}{226.5304} & (4.83)\\ x_0^2+z_0^2-160^2=0 & (4.84)\end{cases}$$

在式（4.83）中，只有在 $x_0=0$ 时，算式才成立，所以 $x_0=0$；代入式（4.84）中，得：$z_0^2-160^2=0$，所以 $z_0=160$（取较大值）；代入式（4.83）中，得：$\dfrac{y_0-198.626}{32.6378}=\dfrac{160-344.0304}{226.5304}$，所以 $y_0=\dfrac{(160-344.0304)\times32.6378}{226.5304}+198.626=172.1115$，即

$$\begin{cases}x_0=0\\ y_0=172.1115\\ z_0=160\end{cases}$$

当 $i=1$ 时，得：

$$\begin{cases}\dfrac{x_1}{-85\sin(15°\times1)}=\dfrac{y_1-198.626}{106.25-73.6122\cos(15°\times1)}=\dfrac{z_1-344.0304}{184.0304+42.5\cos(15°\times1)}\\ x_1^2+z_1^2-160^2=0\end{cases}$$

整理后得：

$$\begin{cases}\dfrac{x_1}{-21.9996}=\dfrac{y_1-198.626}{35.1461}=\dfrac{z_1-344.0304}{225.0822} & (4.85)\\ x_1^2+z_1^2-160^2=0 & (4.86)\end{cases}$$

在式（4.85）中：

$$x_1=\frac{(z_1-344.0304)\times(-21.9996)}{225.0822}=-0.09774z_1+33.6256 \tag{4.87}$$

将式（4.87）代入式（4.86）中，得：

$$(33.6256-0.09774z_1)^2+z_1^2-160^2=0$$

展开并合并同类项得：

$$1.0095531z_1^2-6.5731z_1-24469.319=0$$

化简后得：

$$z_1^2-6.5109Z_1-24237.7732=0 \tag{4.88}$$

应用一元二次方程的求根公式求解：

$$z=\frac{-b\pm\sqrt{b^2-4ac}}{2a}\text{（取较大值）} \tag{4.89}$$

式中　a——方程中未知数二次项的系数.（已化简为正数“1”）；

b——方程中未知数一次项的系数.（带正负号）；

c——方程中的常数项（带正负号）。

在式（4.88）中：二次项系数 $a=1$，一次项系数 $b=-6.5109$，常数项 $c=-24237.7732$，代入求根公式（4.89）中，得：

$$z_1=\frac{-(-6.5109)+\sqrt{(-6.5109)^2-4\times1\times(-24237.7732)}}{2\times1}=158.9743\text{（取较大值）}$$

代入式（4.87）中，得：

$$x_1=33.6256-0.09774\times158.9743=18.08745$$

代入式（4.85）中，得：

$$\frac{18.08745}{-21.9996}=\frac{y_1-198.626}{35.1461}$$

所以
$$y_1=\frac{18.08745\times35.1461}{-21.9996}+198.626=169.7299$$

即

$$\begin{cases}x_1=18.0874\\y_1=169.7299\\z_1=158.9743\end{cases}$$

……

将计算结果列于表 4.25 中。

表 4.25　例 4.14 圆锥台面与大直径圆管斜交 β=60° 的接合线曲线上的点 m_i（x_i，y_i，z_i）直角坐标值

直角坐标 / 点序号 i	x_i	y_i	z_i	直角坐标 / 点序号 i	x_i	y_i	z_i
0	0	172.1115	160	5	88.7987	104.3178	133.0969
12		-35.2468		6	101.9416	71.1990	123.3204
1	18.08745	169.7299	158.9743	7	106.6479	35.8658	119.2737
2	36.2158	162.4102	155.8474	8	98.5901	7.0285	126.0158
3	54.3366	149.6285	150.4910	9	80.2609	-12.7645	138.4131
4	72.1582	130.5538	142.8048	10	56.0520	-25.5820	149.8605
				11	28.7158	-32.8718	157.4020

（2）展开计算

1）将已知数代入计算式（4.80）中，得本例的接合线曲线上的点 m_i 所在射线Am_i的长的计算式：

$$\overline{Am_i}=\sqrt{(0-x_i)^2+(198.626-y_i)^2+(344.0304-z_i)^2}$$

（取 i=0、1、2、…、12.）

依次将 i 值代入上式计算：

当 i=0 时，得：

$$\overline{Am_0}=\sqrt{x_0^2+(198.626-y_0)^2+(344.0304-z_0)^2}$$

查表 4.25 得：$x_0=0$、$y_0=172.1115$、$z_0=160$，代入上式，得：

$$\overline{Am_0}=\sqrt{0^2+(198.626-172.1115)^2+(344.0304-160)^2}=185.93$$

当 i=1 时，得：

$$\overline{Am_1}=\sqrt{x_1^2+(198.626-y_1)^2+(344.0304-z_1)^2}$$

查表 4.25 得：$x_1=18.08745$、$y_1=169.7299$、$z_1=158.9743$，代入上式，得：

$$\overline{Am_1}=\sqrt{18.08745^2+(198.626-169.7299)^2+(344.0304-158.9743)^2}=188.17$$

……

以上计算结果列于表 4.26 中.

表 4.26　例 4.14 圆锥台面与大直径圆管斜交的接合线曲线上的点 m_i 所在射线Am_i的长

射线序号 i	0	24	1	23	2	22	3	21	4	20	5	19	6	18	7	17	8	16	9	15	10	14	11	13	12
长	185.93		188.17		195.03		206.91		224.35		247.53		274.49		297.29		306.53		305.62		301.85		298.74		297.60
备注	接合线曲线关于 yoz 坐标平面对称																								

2）将已知数代入计算式（4.81）中，得本例的圆锥台面的拟展开扇形的几何数据如下：

扇形中的圆锥台面的上底圆展开圆弧的半径：$r=\sqrt{(212.5-100)^2+\left(\dfrac{90}{2}\right)^2}=$

121. 1662

扇形的展开角（圆心角）：$\theta=\dfrac{180°\times 90}{121.1662}=133.7006525°$

扇形中的圆锥台面的上底圆展开圆弧长：90π

扇形中的圆锥台面的上底圆展开圆弧长所对的弦长：

$$2\times 121.1662\sin\frac{133.7006525°}{2}=222.82$$

扇形中圆弧的最大半径：$R=\overline{Am_8}=306.53$

扇形的最大半径 R 所对应的圆锥台面的横截面圆直径：$\phi=\dfrac{306.53\times 90}{121.1662}=227.68$

扇形的最大半径 R 所对应的圆锥台面的横截面圆的展开圆弧长：227.68π

扇形中最大半径 R 所对应的圆锥台面的横截面圆的展开圆弧长所对应的弦长：

$$2\times 306.53\sin\frac{1337.7006525°}{2}=563.7$$

3）将已知数代入计算式（4.82）中，得本例的大直径圆管上的开孔展开图曲线上的点 N_i（x_i'，y_i'）直角坐标计算式：

$$\begin{cases}x_i'=y_i\\ y_i'=\dfrac{320\pi}{360°}\arcsin\dfrac{2x_i}{320}=2.792526803\arcsin\dfrac{x_i}{160}\end{cases}$$

（取 $i=0$、1、2、…、12）

依次将 i 值代入上式计算：

当 $i=0$ 时，得：$\begin{cases}x_0'=y_0\\ y_0'=2.792526803\arcsin\dfrac{x_0}{160}\end{cases}$

查表 4.25 得：$x_0=0$、$y_0=172.1115$，代入上式，得：

$$\begin{cases}x_0'=172.1115\\ y_0'=2.792526803\arcsin\dfrac{0}{160}=0\end{cases}$$

当 $i=1$ 时，得：$\begin{cases}x_1'=y_1\\ y_1'=2.792526803\arcsin\dfrac{x_1}{160}\end{cases}$

查表 4.25 得：$x_1=18.08745$、$y_1=169.7299$，代入上式，得：

$$\begin{cases}x_1'=169.7299\\ y_1'=2.792526803\arcsin\dfrac{18.08745}{160}=18.1262\end{cases}$$

……

将计算结果列于表 4. 27 中。

表 4. 27　例 4. 14 大直径圆管上的开孔展开图曲线上的点 N_i（x_i'，y_i'）直角坐标值

直角坐标 \ 点序号 i	0	12	1	2	3	4	5	6	7	8	9	10	11
x_i'	172.11	−35.25	169.73	162.41	149.63	130.55	104.32	71.20	35.87	7.03	−12.76	−25.58	−32.87
y_i'	0		18.13	36.53	55.44	74.86	94.14	110.52	116.73	106.22	84.08	57.27	28.87

参照 4. 13 节中三通圆锥管展开图及其开孔展开图的作图方法，依据本例的圆锥台面的拟展开扇形的几何数据，作出拟展开扇形，并在其中描划出拟编射线，再将表 4. 26 中的射线Am_i描划到上述拟编射线上得系列点并描点连线，得一规律曲线，得本例的斜向三通圆锥管的展开图，如图 4. 14c 所示。

在平面直角坐标系 $ox'y'$中，将表 4. 27 中的点 N_i（x_i'，y_i'）描出，并描点、连线。由于图形具有轴对称性，可作出本例的开孔展开图，如图 4. 14d 所示。解题后得知本节的圆锥台面的高 h 是向下底延伸了。这时它的总高 $G=\sqrt{(R-r)^2-\left(\frac{\phi_1-d_1}{2}\right)^2}$。

4. 15　两圆锥管相交的展开计算

图 4. 15a 所示为两圆锥管相交的立体图。如图 4. 15b 所示，斜向支圆锥管的高为 H_1，上底圆直径为 d_1，下底圆直径为 d_2；竖直主圆锥管的高为 H_2，上底圆直径为 D_1，下底圆直径为 D_2；两圆锥管的中心轴线以夹角 β（$\leqslant 90°$）相交，交点在主圆锥管的一腰边上的点 P，点 P 到主圆锥管的下底边的距离为 G，求该两圆锥管相交构件的展开图。

1. 预备数据（图 4. 15c）

1）斜支圆锥管所在圆锥（顶点 A）的中心轴线 AP 的长 L 的计算式：

$$L=\frac{d_2H_1}{d_2-d_1} \tag{4.90}$$

式中　d_1——斜支圆锥管的上底圆的板厚中心直径；

d_2——斜支圆锥管的下底圆的板厚中心直径；

H_1——斜支圆锥管的高。

2）主圆锥管所在圆锥（顶点 o）的中心轴线的长 C 的计算式：

$$C=\frac{D_2H_2}{D_2-D_1} \tag{4.91}$$

式中　D_1——主圆锥管的上底圆的板厚中心直径；

D_2——主圆锥管的下底圆的板厚中心直径；

H_2——主圆锥管的高。

3）斜支圆锥管所在圆锥的顶点 A（x_A，y_A，z_A）直角坐标计算式：

$$\begin{cases} x_A = 0 \\ y_A = \left(1-\dfrac{G}{C}\right)\dfrac{D_2}{2}+L\sin\beta \\ z_A = L\cos\beta+G-C \end{cases} \tag{4.92}$$

式中　β——两圆锥管中心轴线的夹角（°）；

G——斜支圆锥管中心轴线交主圆锥管的腰边的交点 P 到主圆锥管的下底边的距离；

D_2——同前。

4）两圆锥管相交的接合线曲线 m 上的点 m_i（x_i，y_i，z_i）直角坐标计算式：

$$\begin{cases} \dfrac{x_i}{\dfrac{-d_2}{2}\sin\left(\dfrac{360°}{i_{\max}}\cdot i\right)} = \dfrac{y_i-y_A}{L\sin\beta+\dfrac{d_2}{2}\cos\beta\cos\left(\dfrac{360°}{i_{\max}}\cdot i\right)} = \dfrac{z_i-z_A}{L\cos\beta-\dfrac{d_2}{2}\sin\beta\cos\left(\dfrac{360°}{i_{\max}}\cdot i\right)} \\ x_i^2+y_i^2-\left(\dfrac{D_2}{2C}\right)^2 z_i^2 = 0 \end{cases} \tag{4.93}$$

（取 $i=0$、1、2、…、$i_{\max}$）

式中　y_A、z_A——斜支圆锥管所在圆锥的顶点 A 的空间直角坐标，见计算式（4.92）；

β、d_2、D_2——同前；

L、C——支、主圆锥管所在圆锥的中心轴线的长，见计算式（4.90）和计算式（4.91）；

i——参变数，最大值 $i_{\max}$是圆的直径圆周需要等分的份数，且应是数“4”的整数倍。

2. 展开计算

1）两圆锥管相交的接合线曲线 m 上的点 m_i 到圆锥顶点 A 的射线Am_i 的长的计算式：

$$\overline{Am_i} = \sqrt{(x_i-x_A)^2+(y_i-y_A)^2+(z_i-z_A)^2} \tag{4.94}$$

（取 $i=0$、1、2、…、$i_{\max}$）

式中　x_A、y_A、z_A——见计算式（4.92）；

x_i、y_i、z_i——见计算式（4.93）。

2）支圆锥管所在圆锥（顶点 A）的拟展开扇形的几何数据计算式如下：

$$\left.\begin{aligned}
&\text{支圆锥管的半顶角：} && \frac{\angle A}{2}=\arctan\frac{d_2}{2L}\\
&\text{支圆锥管的最下（大）底圆直径：} && \phi_{下}=2\,\overline{Am_{\frac{1}{2}i_{\max}}}\sin\frac{\angle A}{2}\\
&\text{支圆锥管扇形的展开角（圆心角）：} && \theta_{支}=360°\sin\frac{\angle A}{2}\\
&\text{支圆锥管扇形的外圆弧半径：} && r_{下}=\overline{Am_{\frac{1}{2}i_{\max}}}\\
&\text{支圆锥管扇形的外圆弧长（支圆锥管的最下底圆的展开弧长）：} && \pi\phi_{下}\\
&\text{支圆锥管扇形的外圆弧长所对的弦长：} && 2r_{下}\sin\frac{\theta_{支}}{2}\\
&\text{支圆锥管扇形的上圆弧半径：} && r_{上}=\frac{d_1}{2\sin\frac{\angle A}{2}}\\
&\text{支圆锥管扇形的上圆弧长（支圆锥管的上底圆的展开弧长）：} && \pi d_1\\
&\text{支圆锥管扇形的上圆弧长所对的弦长：} && 2r_{上}\sin\frac{\theta_{支}}{2}
\end{aligned}\right\}\quad(4.95)$$

式中　π——圆周率；

L——见计算式（4.90）；

$\overline{Am_{\frac{1}{2}i_{\max}}}$——见计算式（4.94）；

d_1、d_2——同前。

3）主圆锥管的拟展开扇形的几何数据计算式如下：

$$\left.\begin{aligned}
&\text{主圆锥管的半顶角：} && \frac{\angle o}{2}=\arctan\frac{D_2}{2C}\\
&\text{主圆锥管的扇形的展开角（圆心角）：} && \theta_{主}=360°\sin\frac{\angle o}{2}\\
&\text{主圆锥管的扇形的外圆弧半径（主圆锥管的下底圆的展开圆弧的半径）：} && R_{下}=\frac{D_2}{2\sin\frac{\angle o}{2}}\\
&\text{主圆锥管的扇形的外圆弧长（主圆锥管的下底圆的展开弧长）：} && \pi D_2\\
&\text{主圆锥管的扇形的外圆弧长所对的弦长：} && 2R_{下}\sin\frac{\theta_{主}}{2}\\
&\text{主圆锥管的扇形的上圆弧的半径（主圆锥管的上底圆展开圆弧的半径）：} && R_{上}=\frac{D_1}{2\sin\frac{\angle o}{2}}\\
&\text{主圆锥管的扇形的上圆弧长（主圆锥管的上底圆的展开弧长）：} && \pi D_1\\
&\text{主圆锥管的扇形的上圆弧长所对的弦长：} && 2R_{上}\sin\frac{\theta_{主}}{2}
\end{aligned}\right\}\quad(4.96)$$

式中 C——见计算式（4.91）；

π、d_1、d_2——同前。

4）主圆锥管上的开孔展开的计算。

① 方法一。在主圆锥管的拟展开扇形中，以顶点 o 为极点，以扇形的中间素线（射线）om_{12} 为极轴的极坐标中，开孔展开图曲线上的点 N_i（r_i、ω_i）极坐标计算式为：

$$\begin{cases} r_i = \dfrac{1}{\sin\dfrac{\angle o}{2}}\sqrt{x_i^2 + y_i^2} \\ \omega_i = \sin\dfrac{\angle o}{2}\left(\arctan\dfrac{x_i}{y_i}\right) \end{cases} \tag{4.97}$$

（取 $i=0$、1、2、…、i_{max}）

式中 x_i、y_i——见计算式（4.93）；

$\dfrac{\angle o}{2}$——见计算式（4.96）；

i——同前。

② 方法二。在主圆锥管的拟展开扇形中，以扇形的上圆弧与其中间素线（射线）om_{12} 的交点 o' 为坐标原点，以直线 om_{12} 为横轴的平面直角坐标 $o'xy$ 中，开孔展开图曲线上的点 N_i（x_i，y_i）直角坐标计算式为：

$$\begin{cases} x_i = r_i\cos\omega_i - \dfrac{D_1}{2\sin\dfrac{\angle o}{2}} \\ y_i = r_i\sin\omega_i \end{cases} \tag{4.98}$$

（取 $i=0$、1、2、…、i_{max}）

式中 r_i、ω_i——见计算式（4.97）；

$\dfrac{\angle o}{2}$、D_1、i——同前。

例 4.15 如图 4.15b 所示，斜向支圆锥管的高 $H_1=140$，上底圆直径 $d_1=50$，下底圆直径 $d_2=100$；竖直主圆锥管的高 $H_2=200$，上底圆直径 $D_1=100$，下底圆直径 $D_2=200$；两圆锥管的中心轴线相交的夹角 $\beta=40°$，支圆锥管的中心轴线与主圆锥管的一腰边的交点 P 的垂直高 $G=80$，取 $i_{max}=24$。求该两圆锥管相交构件的展开图。

解：

（1）预备数据（图 4.15b、c）

将已知数代入计算式（4.90）~计算式（4.93）中，得本例的有关数据如下：

1）斜支圆锥管所在圆锥的中心轴线的长：

$$L=\frac{140\times100}{100-50}=280$$

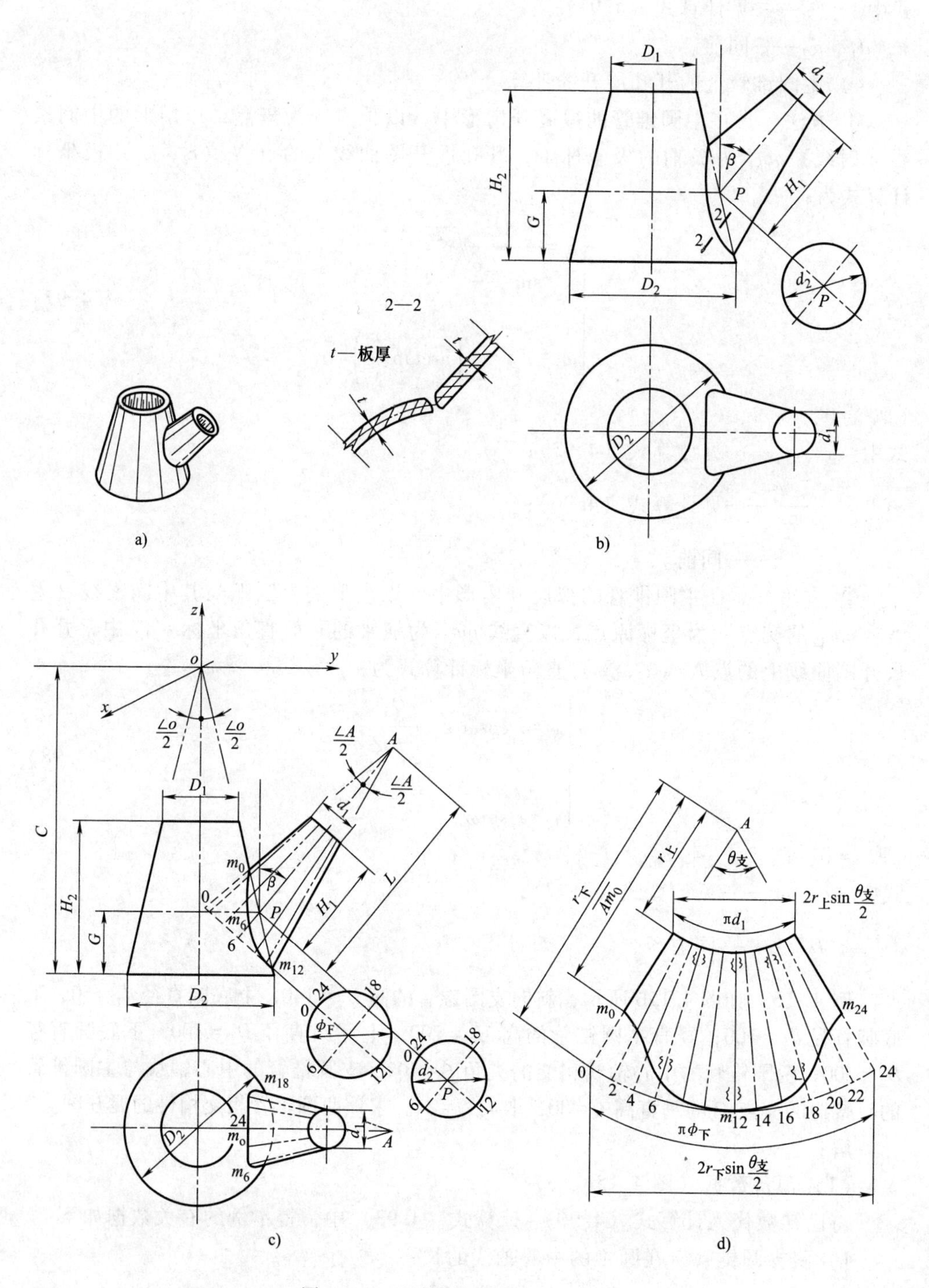

图 4.15　两圆锥管相交的展开计算

a）立体图　b）两圆锥管相交构件示意图　c）两圆锥管相交的展开计算辅助图　d）支圆锥管的展开图

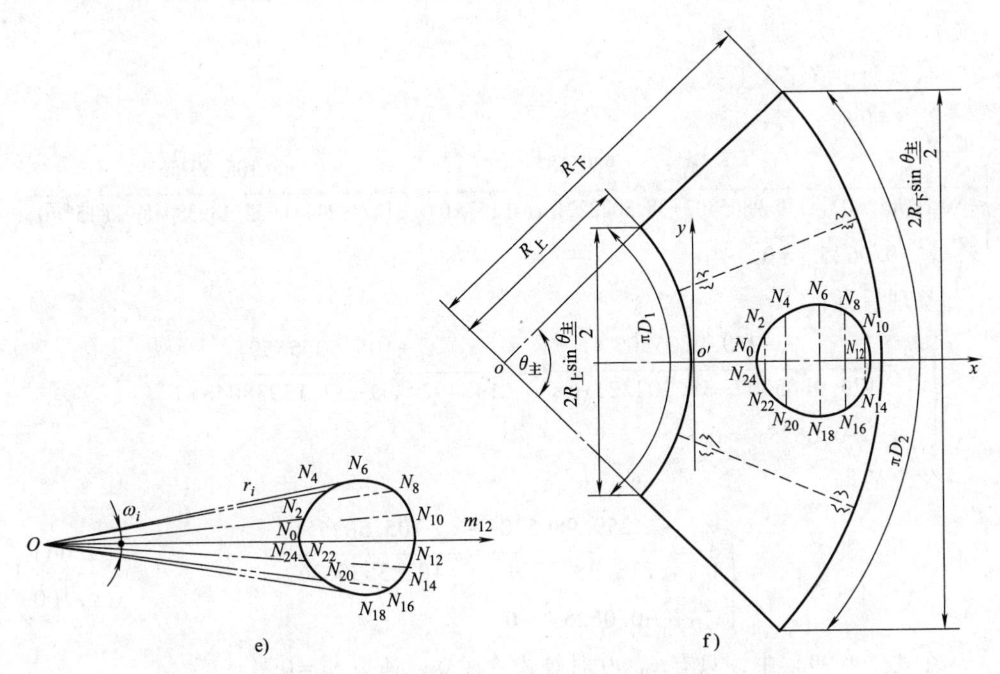

图 4.15　两圆锥管相交的展开计算（续）

e）主圆锥管上的开孔展开图　f）主圆锥管的展开图及其开孔展开图

2）主圆锥管所在圆锥的中心轴线的长：

$$C=\frac{200\times200}{200-100}=400$$

3）斜支圆锥管所在圆锥的顶点 A（x_A、y_A、z_A）直角坐标：

$$\begin{cases}x_A=0\\ y_A=\left(1-\dfrac{80}{400}\right)\times\dfrac{200}{2}+280\sin40^\circ=259.9805307\\ z_A=280\cos40^\circ+80-400=-105.5075559\end{cases}$$

4）两圆锥管相交的接合线曲线 m 上的点 m_i（x_i，y_i，z_i）直角坐标计算式：

$$\begin{cases}\dfrac{x_i}{\dfrac{-100}{2}\sin\left(\dfrac{360^\circ}{24}\cdot i\right)}=\dfrac{y_i-259.9805307}{280\sin40^\circ+\dfrac{100}{2}\cos40^\circ\cos\left(\dfrac{360^\circ}{24}\cdot i\right)}=\dfrac{z_i-(-105.5075559)}{280\cos40^\circ-\dfrac{100}{2}\sin40^\circ\cos\left(\dfrac{360^\circ}{24}\cdot i\right)}\\ x_i^2+y_i^2-\left(\dfrac{200}{2\times400}\right)^2z_i^2=0\end{cases}$$

整理后得：

$$\begin{cases}\dfrac{x_i}{-50\sin(15^\circ\cdot i)}=\dfrac{y_i-259.9805307}{179.9805307+38.30222216\cos(15^\circ\cdot i)}=\dfrac{z_i+105.5075559}{214.4924441-32.13938048\cos(15^\circ\cdot i)}\\ x_i^2+y_i^2-0.0625z_i^2=0\end{cases}$$

（取 $i=0$、1、2、…、24）

依次将 i 值代入上式计算：

当 $i=0$ 时，得：

$$\begin{cases}\dfrac{x_0}{-50\sin(15°\times0)}=\dfrac{y_0-259.9805307}{179.9805307+38.30222216\cos(15°\times0)}=\dfrac{z_0+105.5075559}{214.4924441-32.13938048\cos(15°\times0)}\\ x_0^2+y_0^2-0.0625z_0^2=0\end{cases}$$

整理后得：

$$\begin{cases}\dfrac{x_0}{0}=\dfrac{y_0-259.9805307}{179.9805307+38.30222216\times1}=\dfrac{z_0+105.5075559}{214.4924441-32.13938048\times1}\\ x_0^2+y_0^2-0.0625z_0^2=0\end{cases}$$

化简后得

$$\begin{cases}\dfrac{x_0}{0}=\dfrac{y_0-259.9805307}{218.2827529}=\dfrac{z_0+105.5075559}{182.3530636} & (4.99)\\ x_0^2+y_0^2-0.0625z_0^2=0 & (4.100)\end{cases}$$

在式（4.99）中，只有 $x_0=0$ 时等式才成立，所以 $x_0=0$。

在式（4.99）中：

$$y_0=\frac{(z_0+105.5075559)\times218.2827529}{182.3530636}+259.9805307=1.197033648z_0+386.2766252 \quad (4.101)$$

将式（4.101）代入式（4.100）中，得：

$$0^2+(1.197033648z_0+386.2766252)^2-0.0625z_0^2=0$$

展开化简后得：

$$z_0^2+674.8243466z_0+108881.1796=0 \quad (4.102)$$

应用一元二次方程的求根公式 $x=\dfrac{-b\pm\sqrt{b^2-4ac}}{2a}$（$b^2-4ac\geqslant0$）求解。

式（4.102）中的未知数的二次项 z_0^2 的系数 $a=1$，一次项 z_0 的系数 $b=674.8243466$，常数项 $c=108881.1796$，代入求根公式，得：

$$z_0=\frac{-674.8243466\pm\sqrt{674.8243466^2-4\times1\times108881.1796}}{2\times1}$$

$$=\begin{cases}-266.9437755\text{（取绝对值较小者）}\\-407.8805711\text{（舍去）}\end{cases}$$

将 $z_0=-266.9437755$ 代入式（4.101）中，得：

$$y_0=1.197033648\times(-266.9437755)+386.2766252=66.7359438$$

综上得：

$$\begin{cases} x_0 = 0 \\ y_0 = 66.7359 \\ z_0 = -266.9438 \end{cases}$$

当 $i=1$ 时，得：

$$\begin{cases} \dfrac{x_1}{-50\sin(15°\times1)} = \dfrac{y_1 - 259.9805307}{179.9805307 + 38.30222216\cos(15°\times1)} = \dfrac{z_1 + 105.5075559}{214.4924441 - 32.13938048\cos(15°\times1)} \\ x_1^2 + y_1^2 - 0.00625 z_1^2 = 0 \end{cases} \quad (4.103)$$

上式化简并整理后得：

$$\begin{cases} \dfrac{x_1}{-12.94095226} = \dfrac{y_1 - 259.9805307}{216.9776363} = \dfrac{z_1 + 105.5075559}{183.4481864} & (4.104) \\ x_1^2 + y_1^2 - 0.0625 z_1^2 = 0 & (4.105) \end{cases}$$

在式（4.104）中

$$x_1 = \frac{(z_1 + 105.5075559)\times(-12.94095226)}{183.4481864} = -0.070542819 z_1 - 7.442800447 \quad (4.106)$$

$$y_1 = \frac{(z_1 + 105.5075559)\times 216.9776363}{183.4481864} + 259.9805307 = 1.182773406 z_1 + 384.772062 \quad (4.107)$$

将式（4.106）、式（4.107）代入式（4.103）中，得：

$$(-0.070542819 z_1 - 7.442800447)^2 + (1.182773406 z_1 + 384.772062)^2 - 0.0625 z_1^2 = 0$$

展开整理后得：

$$z_1^2 + 679.3100849 z_1 + 110408.3114 = 0$$

$$z_1 = \frac{-679.3100849 \pm \sqrt{679.3100849^2 - 4\times1\times110408.3114}}{2\times1}$$

$$= \begin{cases} -269.2473976\ (\text{取绝对值较小者}) \\ -410.0626874\ (\text{舍去}) \end{cases}$$

将 $z_1 = -269.2473976$ 代入式（4.106）中，得：

$$x_1 = -0.070542819\times(-269.2473976) - 7.442800447 = 11.55066999$$

将 $z_1 = -269.2473976$ 代入式（4.107）中，得：

$$y_1 = 1.182773406\times(-269.2473976) + 384.772062 = 66.31340049$$

综上得：

$$\begin{cases} x_1 = 11.5507 \\ y_1 = 66.3134 \\ z_1 = -269.2474 \end{cases}$$

……

将计算结果列于表 4.28 中。

表 4.28　例 4.15 两圆锥管相交的接合线曲线 m 上的点 m_i（x_i，y_i，z_i）直角坐标值

直角坐标 点序号 i	x_i	y_i	z_i	直角坐标 点序号 i	x_i	y_i	z_i
0 24	0	66.7359	−226.9438	6 18	±54.2110	64.8422	−338.0644
1 23	±11.5507	66.3134	−269.2474	7 17	±53.8844	70.2359	−354.0984
2 22	±22.8523	65.1406	−276.1311	8 16	±49.1264	77.5153	−367.0864
3 21	±33.5399	63.5489	−287.4269	9 15	±40.4409	85.0907	−376.8480
4 20	±43.0017	62.2267	−302.5574	10 14	±28.6892	91.5063	−383.5930
5 19	±50.2831	62.2747	−320.1634	11 13	±14.8649	95.7399	−387.5480
				12	0	97.2129	−388.8515

（2）展开计算

1）将已知数代入计算式（4.94）中，得本例的接合线曲线 m 上的点 m_i 所在射线Am_i的长的计算式：

$$\overline{Am_i}=\sqrt{(x_i-0)^2+(y_i-259.9805)^2+[z_i-(-105.5076)]^2}$$

整理后得：

$$\overline{Am_i}=\sqrt{x_i^2+(y_i-259.9805)^2+(z_i+105.5076)^2}$$

（取 i=0、1、2、…、24）

依将将 i 值代入上式计算：

当 i=0 时，得：

$$\overline{Am_0}=\sqrt{x_0^2+(y_0-259.9805)^2+(z_0+105.5076)^2}$$

查表 4.28 得：$x_0=0$、$y_0=66.7359$、$z_0=-266.9438$，代入上式，得：

$$\overline{Am_0}=\sqrt{(66.7359-259.9805)^2+(-266.9438+105.5076)^2}=251.8037$$

当 i=1 时，得：

$$\overline{Am_1}=\sqrt{x_1^2+(y_1-259.9805)^2+(z_1+105.5076)^2}$$

查表 4.28 得 $x_1=11.5507$、$y_1=66.3134$、$z_1=269.2474$，代入上式，得：

$$\overline{Am_1}=\sqrt{11.5507^2+(66.3134-259.9805)^2+(-269.2474+105.5076)^2}=253.8722$$

……

将计算结果列于表 4.29 中。

表 4.29　例 4.15 两圆锥管相交的接合线曲线 m 上的点 m_i 所在射线 Am_i 的长

射线序号 i	0	24	1	23	2	22	3	21	4	20	5	19	6	18	7	17	8	16	9	15	10	14	11	13	12
长	251.80		253.87		259.99		269.82		282.46		296.13		308.38		317.34		322.69		325.34		326.40		326.72		326.77

2）将已知数代入计算式（4.95）中，得本例的支圆锥管所在圆锥的拟展开扇形（以下简称“支扇形”）的几何数据如下：

支圆锥管的半顶角：$\frac{\angle A}{2}=\arctan\frac{100}{2\times280}=10.12467166°$

支圆锥管的最下（大）底圆直径：$\phi_{下}=2\times326.77\sin10.12467166°=114.886$

支圆锥管扇形的展开角（圆心角）：$\theta_{支}=360°\sin10.12467166°=63.28462985°$

支圆锥管扇形的外圆弧半径：$r_{下}=\overline{Am_{12}}=326.77$

支圆锥管扇形的外圆弧长（支圆锥管的最下底圆的展开弧长）：114.886π

支圆锥管扇形的外圆弧长所对的弦长：$2\times326.77\sin\frac{63.28462985°}{2}=342.8568$

支圆锥管扇形的上圆弧半径：$r_{上}=\frac{50}{2\sin10.12467166°}=142.2146$

支圆锥管扇形的上圆弧长（支圆锥管的上底圆展开弧长）：50π

支圆锥管扇形的上圆弧所对的弦长：$2\times142.2146\sin\frac{63.28462985°}{2}=149.2158$

3）将已知数代入计算式（4.96）中，得本例的主圆锥管的拟展开扇形（以下简称“主扇形”）的几何数据：

主圆锥管的半顶角：$\frac{\angle o}{2}=\arctan\frac{200}{2\times400}=14.03624347°$

主扇形的展开角（圆心角）：$\theta_{主}=360°\sin14.03624347°=87.31282501°$

主扇形的外圆弧半径（主圆锥管的下底圆展开圆弧的半径）：

$$R_{下}=\frac{200}{2\sin14.03624347°}=412.3106$$

主扇形的外圆弧长（主圆锥管的下底圆展开圆弧长）：200π

主扇形的外圆弧长所对的弦长：$2\times412.311\sin\frac{87.31282501°}{2}=569.263$

主扇形的上圆弧的半径（主圆锥管的上底圆的展开圆弧的半径）：

$$R_{上}=\frac{100}{2\sin14.03624347°}=206.155$$

主扇形的上圆弧长（主圆锥管的上底圆的展开圆弧长）：100π

主扇形的上圆弧长所对的弦长：$2\times206.155\sin\dfrac{87.31282501^\circ}{2}=284.631$

4）主圆锥管上的开孔展开的计算。

① 将已知数代入计算式（4.97）中，得本例的主圆锥管上的开孔展开图曲线上的点 N_i（r_i，ω_i）极坐标计算式：

$$\begin{cases}r_i=\dfrac{1}{\sin14.03624347^\circ}\sqrt{x_i^2+y_i^2}=4.123105626\sqrt{x_i^2+y_i^2}\\ \omega_i=\sin14.03624347^\circ\left(\arctan\dfrac{x_i}{y_i}\right)=0.242535625\left(\arctan\dfrac{x_i}{y_i}\right)\end{cases}$$

（取 $i=0$、1、2、…、24）

依次将 i 值代入上式计算：

当 $i=0$ 时，得：

$$\begin{cases}r_0=4.123105626\sqrt{x_0^2+y_0^2}\\ \omega_0=0.242535625\arctan\dfrac{x_0}{y_0}\end{cases}$$

查表 4.28 得：$x_0=0$、$y_0=66.7359$，代入上式，得：

$$\begin{cases}r_0=4.123105626\sqrt{0^2+66.7359^2}=275.1592\\ \omega_0=0.242535625\arctan\dfrac{0}{66.7359}=0^\circ\end{cases}$$

当 $i=1$ 时，得：

$$\begin{cases}r_1=4.123105626\sqrt{x_1^2+y_1^2}\\ \omega_1=0.242535625\arctan\dfrac{x_1}{y_1}\end{cases}$$

查表 4.28 得：$x_1=11.5507$、$y_1=66.3134$，代入上式，得：

$$\begin{cases}r_1=4.123105626\sqrt{11.5507^2+66.3134^2}=277.5339\\ \omega_1=0.242535625\ \arctan\dfrac{11.5507}{66.3134}=2.39646^\circ\end{cases}$$

……

将计算结果列于表 4.30 中。

② 将已知数代入计算式（4.98）中，得本例的主圆锥管上的开孔展开图曲线上的点 N_i（x_i，y_i）直角坐标计算式：

$$\begin{cases}x_i=r_i\cos\omega_i-\dfrac{100}{2\sin14.03624347^\circ}=r_i\cos\omega_i-206.1553\\ y_i=r_i\sin\omega_i\end{cases}$$

（取 $i=0$、1、2、…、24）

表 4.30　例 4.15 两圆锥管相交主圆锥管上的开孔展开图曲线上的点 N_i（r_i，ω_i）极坐标值

极坐标 点序号 i	r_i	$\omega_i/(°)$	极坐标 点序号 i	r_i	$\omega_i/(°)$	极坐标 点序号 i	r_i	$\omega_i/(°)$	极坐标 点序号 i	r_i	$\omega_i/(°)$
0 24	275.1592	0	3 21	296.2728	±6.74837	6 18	348.4779	±9.67648	9 15	388.4459	±6.16532
1 23	277.5339	±2.39646	4 20	311.8690	±8.40298	7 17	364.9964	±9.09390	10 14	395.3986	±4.22190
2 22	284.6295	±4.68861	5 19	330.0166	±9.43920	8 16	378.3840	±7.84968	11 13	399.4754	±2.14049
									12	400.8191	0

依次将 i 值代入上式计算：

当 $i=0$ 时，得：

$$\begin{cases} x_0 = r_0\cos\omega_0 - 206.1553 \\ y_0 = r_o\sin\omega_0 \end{cases}$$

查表 4.30 得：$r_0=275.1592$、$\omega_0=0°$，代入上式，得：

$$\begin{cases} x_0 = 275.1592\cos 0° - 206.1553 = 69.0039 \\ y_0 = 275.1592\sin 0° = 0 \end{cases}$$

当 $i=1$ 时，得：

$$\begin{cases} x_1 = r_1\cos\omega_1 - 206.1553 \\ y_1 = r_1\sin\omega_1 \end{cases}$$

查表 4.30 得：$r_1=277.5339$、$\omega_1=2.39646°$，代入上式，得：

$$\begin{cases} x_1 = 277.5339\ \cos 2.39646° - 206.1553 = 71.1359 \\ y_1 = 277.5339\ \sin 2.39646° = 11.6048 \end{cases}$$

……

将计算结果列于表 4.31 中。

表 4.31　例 4.15 两圆锥管相交主圆锥管上的开孔展开图曲线上的点 N_i（x_i、y_i）直角坐标值

直角坐标 点序号 i	x_i	y_i	直角坐标 点序号 i	x_i	y_i	直角坐标 点序号 i	x_i	y_i	直角坐标 点序号 i	x_i	y_i
0 24	69.0	0	3 21	88.1	±34.8	6 18	137.4	±58.6	9 15	180.0	±41.7
1 23	71.1	±11.6	4 20	102.4	±45.6	7 17	154.3	±57.7	10 14	188.2	±29.1
2 22	77.5	±23.3	5 19	119.4	±54.1	8 16	168.7	±51.7	11 13	193.0	±14.9
									12	194.7	0

5）作展开图。

① 以点 A 为圆心，以 $r_{下}=326.8$ 为半径作圆弧，并截取弦长 $2r_{下}\sin\dfrac{\theta_{支}}{2}=342.9$，将它的两端点与点 A 连线，得支圆锥管的拟展开扇形. 它的圆心角（展开角）$\theta_{支}=63.2846°$，外圆弧长 $\pi\phi_{下}=114.9\pi$。再以 $r_{上}=142.2$ 为半径作圆弧，在扇形中的上圆弧长 $\pi d_1=50\pi$，所对的弦长 $2r_{上}\sin\dfrac{\theta_{支}}{2}=149.2$。

将扇形的外圆弧等分 $i_{\max}=24$ 等份，各等分点与点 A 连线，得拟编射线编号为 A_0、A_1、A_2、…、A_{24}；将表 4.29 中的射线Am_i以同序号描划到上述拟编射线上，得系列点 m_0、m_1、m_2、…、m_{24}；用光滑曲线连接这组系列点，得一规律曲线，该曲线与扇形的上圆弧线之间的弓形即为本例的斜支圆锥管的展开图，如图 4.15d 所示。

② 在以点 o 为极点，以射线 Om_{12} 为极轴的极坐标中，将表 4.30 中的点 N_i（r_i，ω_i）依序描出，得系列点 N_0、N_1、N_2、…、N_{24}，用光滑曲线连接这组系列点为一闭合曲线，即本例的主圆锥管上的开孔展开图，如图 4.15e 所示。

③ 以点 o 为圆心，以 $R_{下}=412.3$ 为半径作圆弧，并截取弦长 $2R_{下}\sin\dfrac{\theta_{主}}{2}=569.3$，将它的两端点与点 o 连线，得主圆锥管的拟展开扇，它的圆心角（展开角）$\theta_{主}=87.3128°$，外圆弧长$\pi D=200\pi$；再以 $R_{上}=206.16$ 为半径作圆弧，在扇形中截得的上圆弧长$\pi D_1=100\pi$，所对的弦长 $2R_{上}\sin\dfrac{\theta_{主}}{2}=284.6$。

以扇形的上圆弧与扇形的中间素线的交点 o'为坐标原点，以中间素线 $o'x$ 为横轴的平面直角坐标 $o'xy$ 中，将表 4.31 中的点 N_i（x_i，y_i）依序描划出，得系列点 N_0、N_1、N_2、…、N_{24}，用光滑曲线连接这组系列点，得一闭合曲线，即本例的主圆锥管上的开孔展开图，如图 4.15f 所示。解题后得知本节的支圆锥管的高 H 向下底延伸了，这时它的总高 $H_{支}=(r_{下}-r_{上})\cos\dfrac{\angle A}{2}$。

4.16 炼铁高炉炉身钢甲的展开计算

图 4.16a 所示为炼铁高炉炉身钢甲的立体图。如图 4.16b 所示，炼铁高炉炉身钢甲是圆锥台面，自下而上分为多带环形，每一带环形钢甲又分为若干单件钢甲（小的弓形），如图 4.16c 所示。

1）第 X 带钢甲仍是一圆锥台面，它所在的圆锥（顶点 A）的有关几何数据的计算式如下：

① 圆锥的半顶角：

$$\frac{\angle A}{2}=\arctan\frac{D_1-D_2}{2h} \tag{4.108}$$

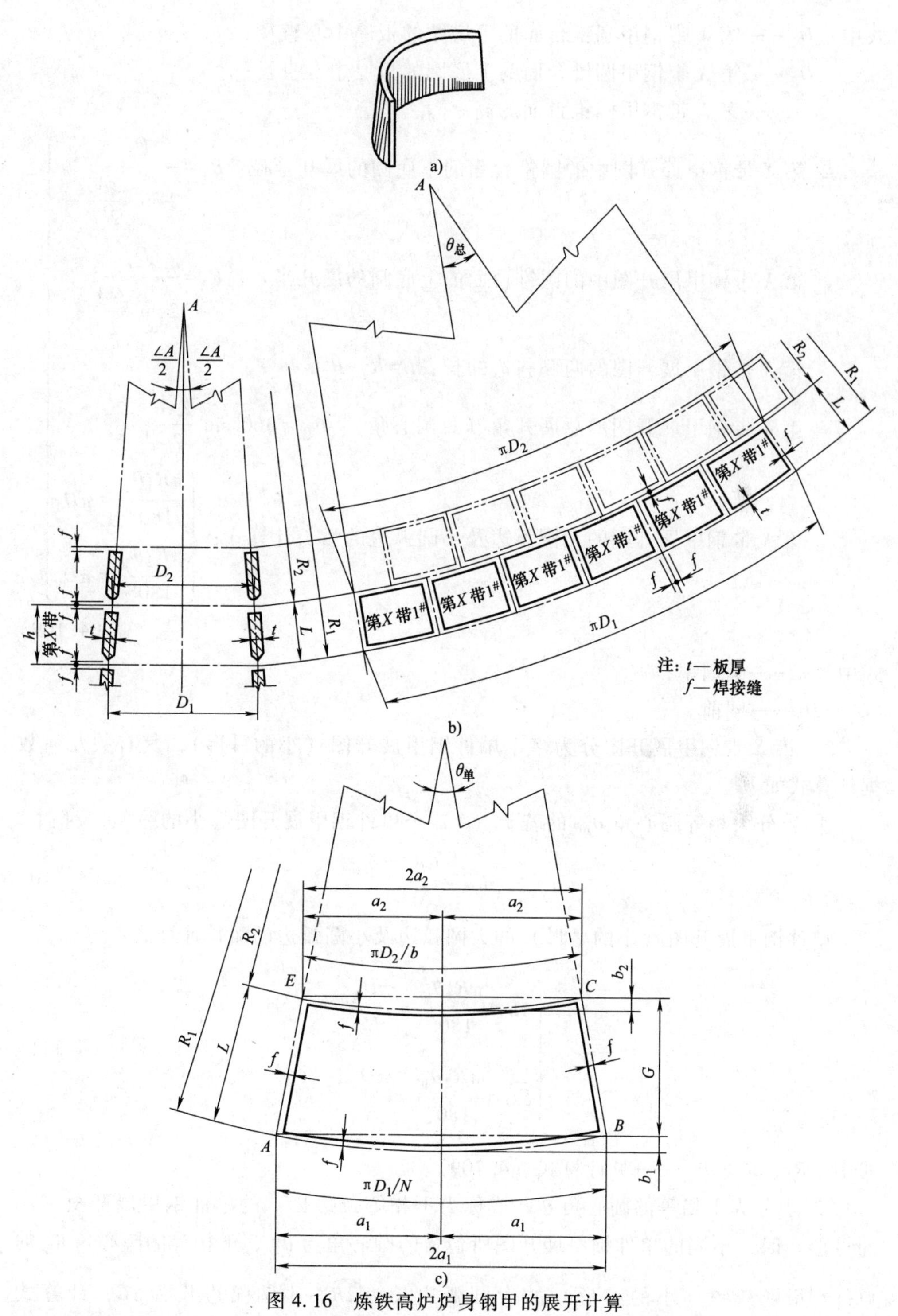

图 4.16　炼铁高炉炉身钢甲的展开计算

a）立体图　b）某炼铁高炉炉身钢甲及其第 X 带展开图　c）炉身钢甲展开图（单件）

式中 D_1——第 X 带钢甲圆锥台面的下底圆的板厚中心直径；

D_2——第 X 带钢甲圆锥台面的上底圆的板厚中心直径；

h——第 X 带钢甲圆锥台面的高。

② 第 X 带钢甲展开图中的圆锥台面的下底圆的展开半径：$R_1=\dfrac{D_1}{2\sin\dfrac{\angle A}{2}}$

第 X 带钢甲展开图中的圆锥台面的上底圆的展开半径：$R_2=\dfrac{D_2}{2\sin\dfrac{\angle A}{2}}$

第 X 带钢甲展开图的两侧斜边的长：$L=R_1-R_2$

第 X 带钢甲展开图的总展开角（总圆心角）：$\theta_{总}=360°\sin\dfrac{\angle A}{2}$

第 X 带钢甲展开图的大圆弧边及小圆弧边的弧长计算式：$\begin{cases}\dfrac{\pi R_1\theta_{总}}{180°}=\pi D_1\\ \dfrac{\pi R_2\theta_{总}}{180°}=\pi D_2\end{cases}$

（4.109）

式中 π——圆周率；

D_1、D_2——同前。

2）第 X 带钢甲展开图分为多个单件钢甲展开图（小的弓形），其有关几何数据计算式如下：

① 当分为相等圆心角 $\theta_{单}$ 的若干（N）个单件钢甲展开图（小的弓形）时：

$$\theta_{单}=\frac{\theta_{总}}{N} \tag{4.110}$$

单件钢甲展开图（小的弓形）的大圆弧边及小圆弧边的弧长计算式：

$$\begin{cases}\overset{\frown}{AB}=\dfrac{\pi R_1\theta_{单}}{180°}=\dfrac{\pi D_1}{N}\\ \overset{\frown}{EC}=\dfrac{\pi R_2\theta_{单}}{180°}=\dfrac{\pi D_2}{N}\end{cases} \tag{4.111}$$

式中 R_1、R_2、$\theta_{总}$——见计算式（4.109）。

② 当分为不相等的圆心角 $\theta'_{单}$（或称为不相等弧边长）的单件钢甲展开图（小的弓形）时，不同的单件钢甲展开图所包含的圆心角为 $\theta'_{单}$，不相等的圆心角 $\theta'_{单}$ 的单件钢甲展开图（小的弓形）的大圆弧边长为 $\overset{\frown}{AB}$，小圆弧边长为 $\overset{\frown}{EC}$，计算式如下：

$$\begin{cases} \theta'_{单} = \dfrac{\theta_{总}\widehat{AB}}{\pi D_1} \\ \widehat{AB} = \dfrac{\pi R_1 \theta'_{单}}{180°} \\ \widehat{EC} = \dfrac{\pi R_2 \theta'_{单}}{180°} \end{cases} \tag{4.112}$$

式中　$\widehat{AB}$——根据设计要求所需要选取的圆弧长；

D_1、π、$\theta_{总}$——同前。

③ 单件钢甲展开图（小的弓形）的四个角点 A、B、C、E 所形成的等腰梯形 $ABCE$ 的有关几何数据计算式如下：

$$\left.\begin{aligned} &\text{等腰梯形 } ABCE \text{ 的下底边 } AB \text{ 的长}: 2a_1 = 2R_1\sin\frac{\theta_{单}}{2} \\ &\text{等腰梯形 } ABCE \text{ 的上底边 } EC \text{ 的长}: 2a_2 = 2R_2\sin\frac{\theta_{单}}{2} \\ &\text{等腰梯形 } ABCE \text{ 的高}: G = L\cos\frac{\theta_{单}}{2} \end{aligned}\right\} \tag{4.113}$$

式中　R_1、R_2、L、$\theta_{总}$——见计算式（4.109）。

④ 单件钢甲展开图（小的弓形）的圆弧边所对应的弧高：

$$b = R\left(1-\cos\frac{\theta_{单}}{2}\right) \tag{4.114}$$

式中　R——所求弧高的圆弧边所对应的半径；

$\theta_{单}$——所求弧高的圆弧边所对应的圆心角。

例 4.16　如图 4.16b 所示，某炼铁高炉炉身钢甲的第 X 带圆锥台面的高 h = 1500，下底圆的板厚中心直径 D_1 = 10000，上底圆的板厚中心直径 D_2 = 9740，全带分为N = 6 块相等圆心角的单件钢甲。求单件钢甲的展形图。

解：1）将已知数代入计算式（4.108）与计算式（4.109）中，得本例的炉身钢甲的第 X 带钢甲的的圆锥台面的有关几何数据如下：

① 圆锥的半顶角：$\dfrac{\angle A}{2} = \arctan\dfrac{10000-9740}{2\times150} = 4.953257478°$

② 第 X 带钢甲展开图中的圆锥台面的下底圆的展开半径：$R_1 = \dfrac{10000}{2\sin4.953257478°} = 57908.569$

第 X 带钢甲展开图中的圆锥台面的上底圆的展开半径：$R_2 = \dfrac{9740}{2\sin4.953257478°} = 56402.946$

第 X 带钢甲展开图的两侧斜边的长：$L = 57908.569-56402.946 = 1505.6228$

第 X 带钢甲展开图的总展开角（总圆心角）：$\theta_{总} = 360°\sin4.953257478° = 31.08348264°$

第 X 带钢甲展开图的大圆弧边长：$\dfrac{57908.569\times31.08348264°\pi}{180°} = 31415.9265$

第 X 带钢甲展开图的小圆弧边长：$\dfrac{56402.946\times31.08348264°\pi}{180°}=30599.1123$

2）将已知数代入计算式（4.110）~计算式（4.114）中，得本例的单件钢甲展开图的有关几何数据如下：

① 第 X 带钢甲展开图等分为 $N=6$ 块相等圆心角的单件钢甲展开图，其圆心角 $\theta_{单}$：

$$\theta_{单}=\frac{31.08348264°}{6}=5.18058044°$$

单件钢甲展开图的大圆弧边长：$\widehat{AB}=\dfrac{57908.569\times5.18058044°\pi}{180°}=5235.99$

单件钢甲展开图的小圆弧边长：$\widehat{EC}=\dfrac{56402.946\times5.18058044°\pi}{180°}=5099.85$

② 单件钢甲展开图的四个角点 A、B、C、E 所形成的等腰梯形 $ABCE$ 的有关几何数据：

等腰梯形 $ABCE$ 的下底边 AB 的长：$2a_1=2\times57908.569\sin\dfrac{5.18058044°}{2}=5234.2$

等腰梯形 $ABCE$ 的上底边 EC 的长：$2a_2=2\times56402.946\sin\dfrac{5.18058044°}{2}=5098.115$

等腰梯形 $ABCE$ 的高：$G=1505.6228\cos\dfrac{5.18058044°}{2}=1504.08$

③ 单件钢甲展开图的圆弧边所对应的弧高 b：

大圆弧$\widehat{AB}$所对应的弧高：$b_1=57908.569\left(1-\cos\dfrac{5.18058044°}{2}\right)=59.1685$

小圆弧$\widehat{EC}$所对应的弧高：$b_2=56402.946\left(1-\cos\dfrac{5.18058044°}{2}\right)=57.63$

3）以等腰梯形 $ABCE$ 的下底 AB（长 $2a_1$，本例长 5234.2）为圆弧的弦长，以 R_1（本例 57908.569）为半径作圆弧$\widehat{AB}$（弧长$\dfrac{\pi R_1\theta_{单}}{180°}=\dfrac{\pi D_1}{N}$，本例5235.99）；作出该梯形的上底 EC（长 $2a_2$，本例长 5098.115）为圆弧的弦长，以 R_2（本例 56402.946）为半径的圆弧$\widehat{EC}$$\left(弧长\dfrac{\pi R_2\theta_{单}}{180°}=\dfrac{\pi D_2}{N}，本例5099.85\right)$；该梯形的两等腰边 AE 及 BC（长 L，本例 1505.6）组成的弓形，即为本例炉身钢甲（单件）的展开图，如图 4.16c 所示。单件钢甲展开图的两道圆弧边可应用本书的第 5 章 5.2 节所介绍的超长半径圆弧的计算搭点划法来制作。

4.17　Y 形渐缩圆管与等径圆管相交的三通圆管的展开计算

图 4.17a 所示为 Y 形渐缩圆管与等径圆管相交的三通圆管的立体图。如图 4.17b 所示，上部两支渐缩圆管的小口中心直径 d 与中心直径 D（$d<D$）的等径圆

管三条中心轴线在同一个平面内且相交于一点 C，每支渐缩圆管的中心轴线的长度为 L，且与等径圆管的中心轴线的夹角为 β，等径圆管的中心轴线的截取长度为 H。求该 Y 形渐缩圆管与等径圆管相交的三通圆管的展开图。

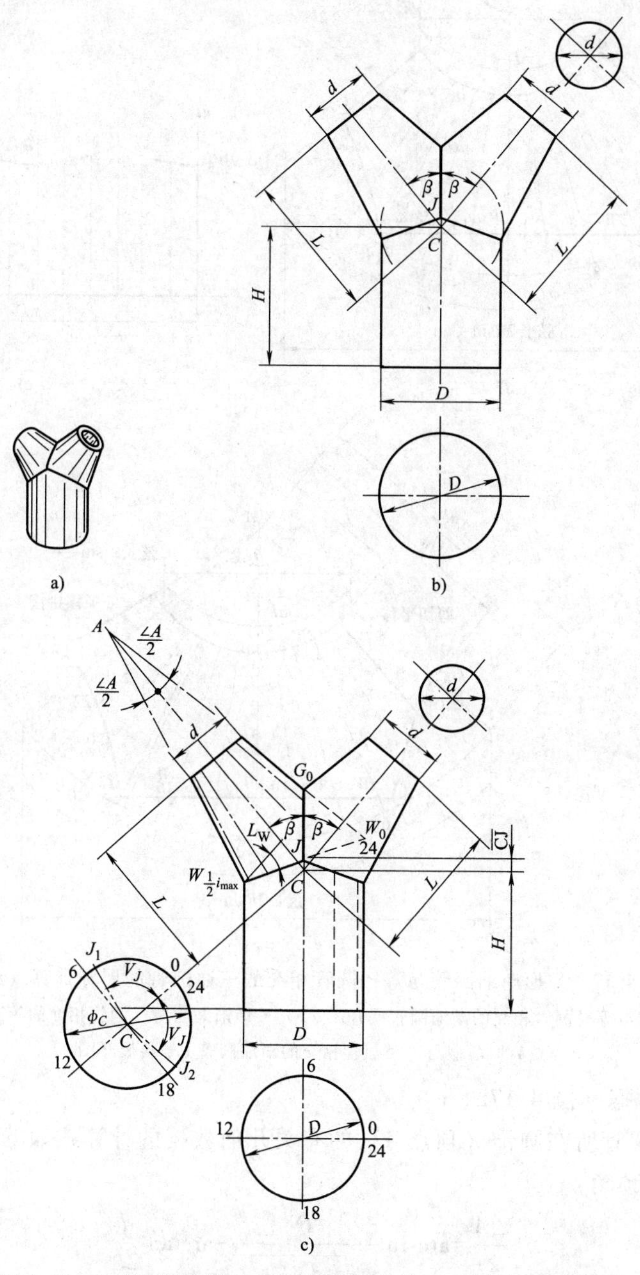

图 4.17　Y 形渐缩圆管与等径圆管相交的三通圆管的展开计算

a）立体图　b）Y 形渐缩圆管与等径圆管相交的三通圆管示意图

c）Y 形渐缩圆管与等径圆管相交的计算展开辅助示意图

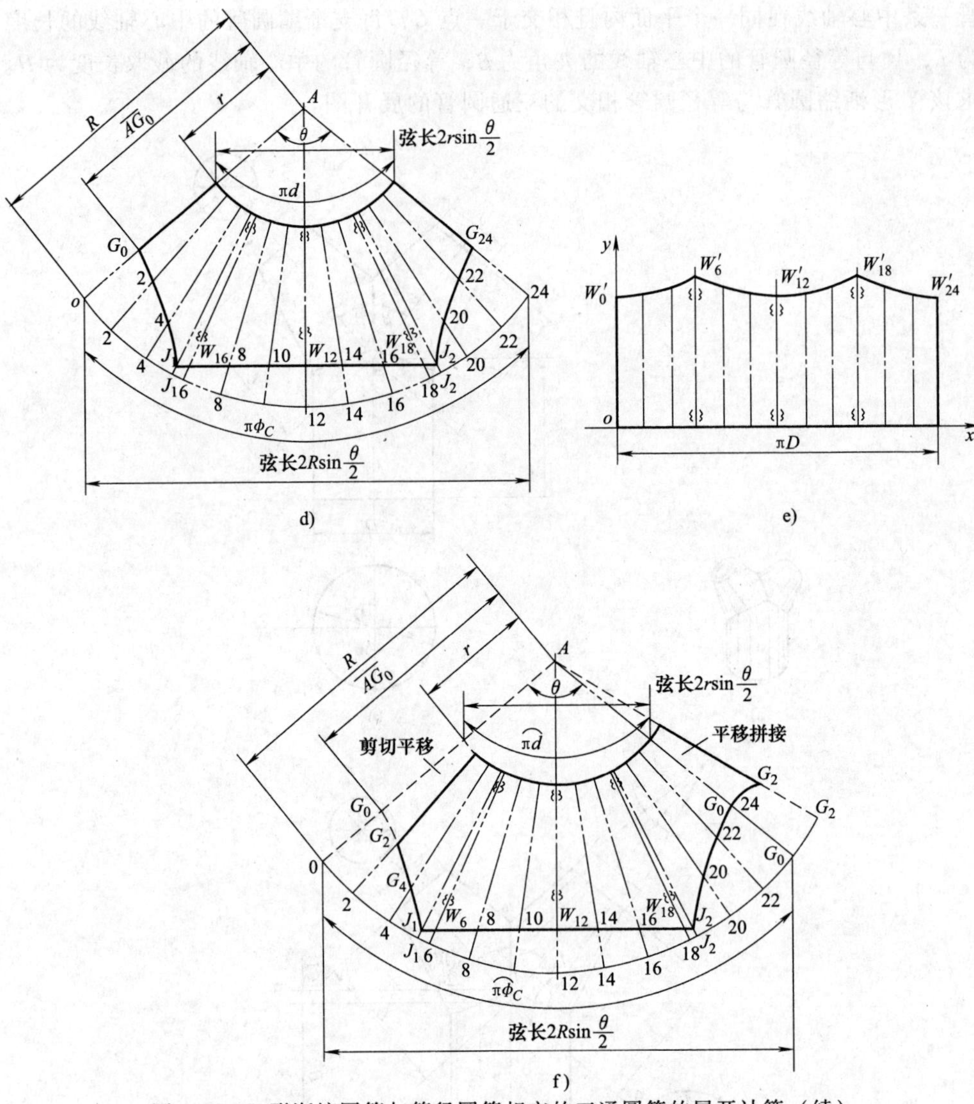

图 4.17　Y 形渐缩圆管与等径圆管相交的三通圆管的展开计算（续）

d）Y 形渐缩与等径圆管相交的渐缩圆管展开图　e）Y 形渐缩与等径圆管相交的等径圆管展开图

f）Y 形渐缩与等径圆管相交的渐缩圆管 I 号料展开图

1. 预备数据（图 4.17b、c）

1）渐缩圆管所在圆锥（顶点 A）的有关几何数据的计算式如下：

圆锥的半顶角：

$$\frac{\angle A}{2}=\arcsin\frac{D}{2\sqrt{\left(\frac{d}{2}\right)^2+L^2}}-\arctan\frac{d}{2L} \tag{4.115}$$

圆锥中心轴线的高：

$$\overline{AC}=\frac{D}{2\sin\frac{\angle A}{2}} \tag{4.116}$$

式中　d——渐缩圆管的小口板厚中心直径；

D——等径圆管的板厚中心直径；

L——渐缩圆管的中心轴线的长度。

2）单支渐缩圆管与等径圆管的接合线 W（投影）的两端点 W_0、$W_{\frac{1}{2}i_{\max}}$ 到圆锥顶点 A 的射线AW_0、$AW_{\frac{1}{2}i_{\max}}$ 的长的计算式：

$$\overline{AW_0}=\frac{\overline{AC}\sin\beta+\frac{D}{2}}{\sin\left(\beta+\frac{\angle A}{2}\right)} \tag{4.117}$$

$$\overline{AW_{\frac{1}{2}i_{\max}}}=\frac{\overline{AC}\sin\beta-\frac{D}{2}}{\sin\left(\beta-\frac{\angle A}{2}\right)} \tag{4.118}$$

式中　β——每支渐缩圆管与等径圆管中心轴线的夹角（°）；

D——同前；

i——参变数，最大值 $i_{\max}$ 是圆的直径圆周需要等分的份数，且应是数“4”的整数倍。

3）本节计算中使用的定数：

$$\mu=\frac{\overline{AW_0}-\overline{AW_{\frac{1}{2}i_{\max}}}}{\overline{AW_0}+\overline{AW_{\frac{1}{2}i_{\max}}}} \tag{4.119}$$

4）接合线 W 与圆锥底面的夹角（°）：

$$\angle W=\arctan\frac{\mu}{\tan\frac{\angle A}{2}} \tag{4.120}$$

5）等径圆管中心轴线与接合线 W 的交点为 J，所得线段 CJ 的长的计算式：

$$\overline{CJ}=\frac{D}{2}\left\{\tan\left[\frac{1}{2}\left(\beta+\frac{\angle A}{2}\right)\right]-\tan(\beta-\angle W)\right\} \tag{4.121}$$

式中　D、β——同前。

2. 渐缩圆管的展开计算

1）渐缩圆管的展开图曲线上的拐点 J 的排序号 i_J 的计算式：

$$i_J=\frac{i_{\max}}{360^\circ}\arccos\frac{\sin\beta}{\left(\frac{\overline{AC}}{\overline{CJ}}-\cos\beta\right)\tan\frac{\angle A}{2}} \tag{4.122}$$

式中　$\overline{AC}$、$\overline{CJ}$、$\frac{\angle A}{2}$——见计算式（4.116）、计算式（4.121）、计算式（4.115）；

β、i——同前。

2）渐缩圆管素线与接合线 G 的交点 G_i 到圆锥顶点 A 的射线$\overline{AG_i}$的长的计算式：

$$\overline{AC_i}=\frac{D}{\sin\angle A\left[1+\frac{\tan\frac{\angle A}{2}}{\tan\beta}\cos\left(\frac{360°}{i_{\max}}\cdot i\right)\right]} \tag{4.123}$$

（取 $i=0$、1、2、…、i_J）

式中　$\angle A$——两倍的半顶角$\frac{\angle A}{2}$；

D、$\frac{\angle A}{2}$、β、i——同前。

3）渐缩圆管素线与接合线 W 的交点 W_i 到圆锥顶点 A 的射线$\overline{AW_i}$的长的计算式：

$$\overline{AW_i}=\frac{\overline{AW_0}(1-\mu)}{1-\mu\cos\left(\frac{360°}{i_{\max}}\cdot i\right)} \tag{4.124}$$

$\left[取\ i=i_J、i_J<临近第1整数、\cdots、\frac{1}{2}i_{\max}-1、\frac{1}{2}i_{\max}\right]$

式中　$\overline{AW_0}$、μ——见计算式（4.117）、计算式（4.119）；

i——同前。

4）渐缩圆管所在圆锥（顶点 A）的拟展开扇形的几何数据的计算式如下：

$$\left.\begin{array}{l}
扇形中的渐缩圆管的小口圆的展开半径：r=\dfrac{d}{2\sin\dfrac{\angle A}{2}} \\
扇形中的渐缩圆管的小口圆的展开弧长：\pi d \\
圆锥的下底圆的直径：\phi_C=\dfrac{D}{\cos\dfrac{\angle A}{2}} \\
扇形中的圆锥下底圆的展开半径：R=\dfrac{\phi_C}{2\sin\dfrac{\angle A}{2}} \\
扇形的展开角（圆心角）：\theta=360°\sin\dfrac{\angle A}{2} \\
扇形中的圆锥下底圆的展开弧长：\pi\phi_C \\
扇形中的圆锥下底圆的展开弧长所对的弦长：2R\sin\dfrac{\theta}{2} \\
扇形中的渐缩圆管的小口圆的展开弧长所对的弦长：2r\sin\dfrac{\theta}{2}
\end{array}\right\} \tag{4.125}$$

式中　π——圆周率；

d、D、$\frac{\angle A}{2}$——同前。

3. 等径圆管的展开计算

等径圆管展开图曲线上的点 $W_i'(x_i,\ y_i)$ 直角坐标计算式：

$$\begin{cases} x_i = \dfrac{\pi D}{i_{max}} \cdot i \\ y_i = H + \overline{CJ} - \dfrac{D}{2}\tan(\beta - \angle W) \left| \cos\left(\dfrac{360°}{i_{max}} \cdot i\right) \right| \end{cases} \tag{4.126}$$

（取 $i=0$、1、2、…、i_{max}）

式中　　　$\angle W$——见计算式（4.120）；

H——等径圆管中心线的截取长度；

π、D、β、$\overline{CJ}$、i——同前。

例 4.17　如图 4.17b 所示的 Y 形渐缩与等径圆管相交的三通圆管：三支中心轴线在同一个平面内且相交于一点 C，每支渐缩圆管与等径圆管的中心轴线的夹角 β= 41.18592517°，渐缩圆管的小口中心直径 $d=40$，其中心轴线长 $L=109.182$，等径圆管的中心直径 $D=100$，其中心轴线的截取长度 $H=160$，取 $i_{max}=24$。求该构件的展开图。

解：

（1）预备数据

将已知数代入计算式（4.115）~计算式（4.121）中，得本例的有关数据如下：

1）渐缩圆管所在圆锥（顶点 A）的几何数据：

圆锥的半顶角：

$$\frac{\angle A}{2} = \arcsin \frac{100}{2\sqrt{\left(\dfrac{40}{2}\right)^2 + 109.182^2}} - \arctan \frac{40}{2 \times 109.182} = 16.39255044°$$

圆锥中心轴线的高：

$$\overline{AC} = \frac{100}{2\sin 16.39255044°} = 177.1688052$$

2）接合线 W 的投影的两端点 W_0、W_{12} 到顶点 A 的射线 AW_0、AW_{12} 的长：

$$\overline{AW_0} = \frac{177.1688052\sin 41.18592517° + \dfrac{100}{2}}{\sin(41.18592517° + 16.39255044°)} = 197.4425167$$

$$\overline{AW_{12}} = \frac{177.1688052\sin 41.18592517° - \dfrac{100}{2}}{\sin(41.18592517° - 16.39255044°)} = 158.9768307$$

3）本节计算中使用的定数：

$$\mu = \frac{197.4425167 - 158.9768307}{197.4425167 + 158.9768307} = 0.107922553$$

4）接合线 W 与圆锥底面的夹角：

$$\angle W = \arctan \frac{0.107922553}{\tan 16.39255044°} = 20.16434401°$$

5）线段 CJ 的长：

$$\overline{CJ} = \frac{100}{2}\left\{\tan\left[\frac{1}{2}(41.18592517° + 169.39255044°)\right] - \tan(41.18592517° - 20.16434401°)\right\} = 8.242660573$$

（2）渐缩圆管的展开计算

将已知数代入计算式（4.122）~计算式（4.125）中，得本例的渐缩圆管展开所需有关数据：

1）渐缩圆管的展开图曲线上的拐点 J 的排序号 i_J：

$$i_J = \frac{24}{360°}\arccos \frac{\sin 41.18592517°}{\left(\dfrac{177.1688052}{89.2426606} - \cos 41.18592517°\right)\tan 16.39255044°} = 5.58696$$

2）渐缩圆管素线与接合线 G 的交点 G_i 到圆锥顶点 A 的射线 AG_i 的长的计算式：

$$\overline{AG_i} = \frac{100}{\sin(2 \times 16.39255044°)\left[1 + \dfrac{\tan 16.39255044°}{\tan 41.1859251°}\cos\left(\dfrac{360°}{24} \cdot i\right)\right]} = \frac{184.6757496}{1 + 0.33619969\cos(15° \cdot i)}$$

（取 $i = 0$、1、2、…、5.587）

依次将 i 值代入上式计算：

当 $i = 0$ 时，得：

$$\overline{AG_0} = \frac{184.6757496}{1 + 0.33619969\cos(15° \times 0)} = 138.2$$

当 $i = 1$ 时，得

$$\overline{AG_1} = \frac{184.6757496}{1 + 0.33619969\cos(15° \times 1)} = 139.4$$

……

将计算结果列于表 4.32 中。

3）渐缩圆管素线与接合线 W 的交点 W_i 到圆锥顶点 A 的射线 AW_i 的长的计算式：

$$\overline{AW_i} = \frac{197.4425167(1 - 0.107922553)}{1 - 0.107922553\cos\left(\dfrac{360°}{24} \cdot i\right)} = \frac{176.1340162}{1 - 0.107922553\cos(15° \cdot i)}$$

（取 $i = 5.587$、6、7、…、12）

依次将 i 值代入上式计算：

当 $i = 5.587$ 时，得：

$$\overline{AW_{5.587}} = \frac{176.1340162}{1 - 0.107922553\cos(15° \times 5.587)} = 178.2$$

当 $i=6$ 时，得：

$$\overline{AW_6}=\frac{176.1340162}{1-0.107922553\cos(15°\times6)}=176.1$$

……

将计算结果列于表 4.32 中。

4）渐缩圆管所在圆锥（顶点 A）的拟展开扇形的几何数据如下：

扇形中的渐缩圆管的小口圆的展开半径：$r=\dfrac{40}{2\sin16.39255044°}=70.87$

扇形中的渐缩圆管的小口圆的展开弧长：40π

圆锥的下底圆的直径：$\phi_C=\dfrac{100}{\cos16.39255044°}=104.237$

扇形中的圆锥下底圆的展开半径：$R=\dfrac{104.237}{2\sin16.39255044°}=184.676$

扇形的展开角（圆心角）：$\theta=360°\sin16.39255044°=101.598021°$

扇形中的圆锥下底圆的展开弧长：104.237π

扇形中的圆锥下底圆的展开弧长所对的弦长：$2\times184.676\sin\dfrac{101.598021}{2}=286.22$

扇形中的渐缩圆管的小口的展开弧长所对的弦长：$2\times70.87\sin\dfrac{101.598021}{2}=109.839$

表 4.32　例 4.17Y 形渐缩与等径圆管的三通圆管的渐缩圆管的素线所在射线的长

<table>
<tr><td>射线序号 i</td><td>0</td><td>24</td><td>1</td><td>23</td><td>2</td><td>22</td><td>3</td><td>21</td><td>4</td><td>20</td><td>5</td><td>19</td><td>5.587
18.413</td><td>6</td><td>18</td><td>7</td><td>17</td><td>8</td><td>16</td><td>9</td><td>15</td><td>10</td><td>14</td><td>11</td><td>13</td><td>12</td></tr>
<tr><td>AG_i长</td><td colspan="2">138.2</td><td colspan="2">139.4</td><td colspan="2">143.0</td><td colspan="2">149.2</td><td colspan="2">158.1</td><td colspan="2">169.9</td><td rowspan="2">178.2</td><td colspan="2"></td><td colspan="2"></td><td colspan="2"></td><td colspan="2"></td><td colspan="2"></td><td colspan="2"></td><td></td></tr>
<tr><td>AW_i 长</td><td colspan="2"></td><td colspan="2"></td><td colspan="2"></td><td colspan="2"></td><td colspan="2"></td><td colspan="2"></td><td colspan="2">176.1</td><td colspan="2">171.3</td><td colspan="2">167.1</td><td colspan="2">163.6</td><td colspan="2">161.1</td><td colspan="2">159.5</td><td>159.0</td></tr>
<tr><td>说明</td><td colspan="26">渐缩圆管以平面 AW_0W_{12} 为对称平面形成，左、右对称，所以只计算半个侧面的射线长就可以了；同理，拐点 J_1 序号为 5.587，所以另一对应点拐点 J_2 的序号为 24−5.587＝18.413</td></tr>
</table>

（3）等径圆管的展开计算

将已知数代入计算式（4.126）中，得本例的等径圆管展开图曲线上的点 W_i'（x_i，y_i）直角坐标计算式：

$$\begin{cases}x_i=\dfrac{100\pi}{24}\cdot i\\[2ex] y_i=160+8.243-\dfrac{100}{2}\tan\left(41.18592517°-20.14634401°\right)\left|\cos\left(\dfrac{360°}{24}\cdot i\right)\right|\end{cases}$$

（取 $i=0$、1、2、…、24）

整理后．得：

$$\begin{cases}x_i = 13.09i \\ y_i = 168.243-19.23284303\,|\cos(15°\cdot i)\,|\end{cases}$$

（取 $i=0$、1、2、…、24）

依次将 i 值代入上式计算：

当 $i=0$ 时，得：

$$\begin{cases}x_0 = 13.09\times 0 = 0 \\ y_0 = 168.243-19.23284303\,|\cos(15°\times 0)\,| = 149.0\end{cases}$$

当 $i=1$ 时，得：

$$\begin{cases}x_1 = 13.09\times 1 = 13.1 \\ y_1 = 168.243-19.23284303\,|\cos(15°\times 1)\,| = 149.7\end{cases}$$

……

将计算结果列于表 4.33 中。

表 4.33　例 4.17Y 形渐缩与等径圆管的三通圆管的等径圆管展开图曲线上的点 $W_i'(x_i,\ y_i)$ 直角坐标值

<table>
<tr><th>点 \ 直角坐标
序号 i</th><th>x_i</th><th>y_i</th><th>点 \ 直角坐标
序号 i</th><th>x_i</th><th>y_i</th><th>点 \ 直角坐标
序号 i</th><th>x_i</th><th>y_i</th><th>点 \ 直角坐标
序号 i</th><th>x_i</th><th>y_i</th></tr>
<tr><td>0</td><td>0</td><td rowspan="3">149.0</td><td>2</td><td>26.2</td><td rowspan="4">151.6</td><td>4</td><td>52.4</td><td rowspan="4">158.6</td><td>6</td><td>78.5</td><td rowspan="2">168.2</td></tr>
<tr><td>12</td><td>157.1</td><td>10</td><td>130.9</td><td>8</td><td>104.7</td><td>18</td><td>235.6</td></tr>
<tr><td>24</td><td>314.2</td><td>14</td><td>183.3</td><td>16</td><td>209.4</td><td rowspan="6"></td><td rowspan="6"></td><td rowspan="6"></td></tr>
<tr><td>1</td><td>13.1</td><td rowspan="4">149.7</td><td>22</td><td>288.0</td><td>20</td><td>261.8</td></tr>
<tr><td>11</td><td>144.0</td><td>3</td><td>39.3</td><td rowspan="4">154.6</td><td>5</td><td>65.5</td><td rowspan="4">163.3</td></tr>
<tr><td>13</td><td>170.2</td><td>9</td><td>117.8</td><td>7</td><td>91.6</td></tr>
<tr><td>23</td><td>301.1</td><td>15</td><td>196.4</td><td>17</td><td>222.5</td></tr>
<tr><td></td><td></td><td></td><td>21</td><td>274.9</td><td>19</td><td>248.7</td></tr>
</table>

（4）制作展开图

1）以点 A 为圆心，以 $R=184.7$ 为半径作圆弧，量取弦长 $2R\sin\dfrac{\theta}{2}=286.2$。将两端点与点 A 连线，所得扇形的圆弧长 104.237π，所对的圆心角 $\theta=101.598°$；以点 A 为圆心，以 $r=70.9$ 为半径作圆弧，在扇形中所截得的圆弧长 40π，其所对弦长为 109.8。将外圆弧等分 24 等份，将各等分点与点 A 连线，得拟编射线，依次编为 A_0、A_1、A_2、…、（拐点所得射线 $A_{5.587}$ 及其对称射线 $A_{18.413}$）、…、A_{24}。将表 4.32 中的射线 AG_i、AW_i 依同序号描划到上述拟编射线上，得系列点 G_0、G_1、G_2、…、$G_{5.587}$（$W_{5.587}$）、W_6、…、$W_{18.413}$（$G_{18.413}$）、G_{19}、…、G_{24}。用光滑曲线分别连接各组段点，得呈现拐点的有规律曲线，与上边的圆弧之间的弓形组成本例的渐缩图管的展开图如图 4. 17d 所示。

提示：为了避免构件中纵向焊缝的重缝，以渐缩圆管展开图由端部向里的适当距离的纵向素线作为剪切线，将剪切下来的一小部分平移到展开图的另一端，把原等长的两端线衔接牢固，变形后的展开图方可施工号料，如图 4. 17f 所示。

2）在平面直角坐标系 oxy 中，将表 4. 33 中的点 $W'_i(x_i、y_i)$ 依次描出得系列点 W'_0、W'_1、W'_2、…、W'_{24}、用光滑曲线连接各点得一规律曲线，与有关线段组成本例的等径圆管展开图，如图 4. 17e 所示。

注：如图 4. 17c 所示，拐点 J 在圆锥底圆所占的圆心角 V_J 的计算式：

$$V_J=\arccos\frac{\sin\beta}{\left(\dfrac{\overline{AC}}{\overline{CJ}}-\cos\beta\right)\tan\dfrac{\angle A}{2}}$$

4. 18　偏坡 Y 形渐缩三通圆管的展开计算

图 4. 18a 所示为偏坡 Y 形渐缩三通圆管的立体图。如图 4. 18 所示，上部两支渐缩圆管的中心轴线长 L，其小口的中心直径为 d，下部竖直等径圆管的中心轴线长 H，其中心直径为 D，三支中心轴线相交于点 C，两支渐缩圆管的中心轴线的夹角之半为 γ，且两中心轴线构成的平面与水平面的倾角为 ω，求该偏坡 Y 形渐缩三通圆管的展开图。

1. 预备数据（见图 4. 18b、c）

1）上节渐缩圆管所在圆锥（顶点 A）的有关几何数据计算式如下：

$$\left.\begin{aligned}&\text{圆锥的半顶角：}\frac{\angle A}{2}=\arcsin\frac{D}{2\sqrt{\left(\dfrac{d}{2}\right)^2+L^2}}-\arctan\frac{d}{2L}\\&\text{圆锥中心轴线上的线段长：}\overline{AC}=\frac{D}{2\sin\dfrac{\angle A}{2}}\\&\text{圆锥在点 }C\text{ 的下底圆直径：}\phi_C=\frac{D}{\cos\dfrac{\angle A}{2}}\end{aligned}\right\}\qquad(4.127)$$

式中　d——渐缩圆管的小口板厚中心直径；

D——等径圆管的板厚中心直径；

L——渐缩圆管的中心轴线的长。

2）两渐缩圆管的中心轴线在水平面上的投影线段的夹角之半 α 的计算式：

$$\alpha=\arctan\left(\frac{\tan\gamma}{\cos\omega}\right)\qquad(4.128)$$

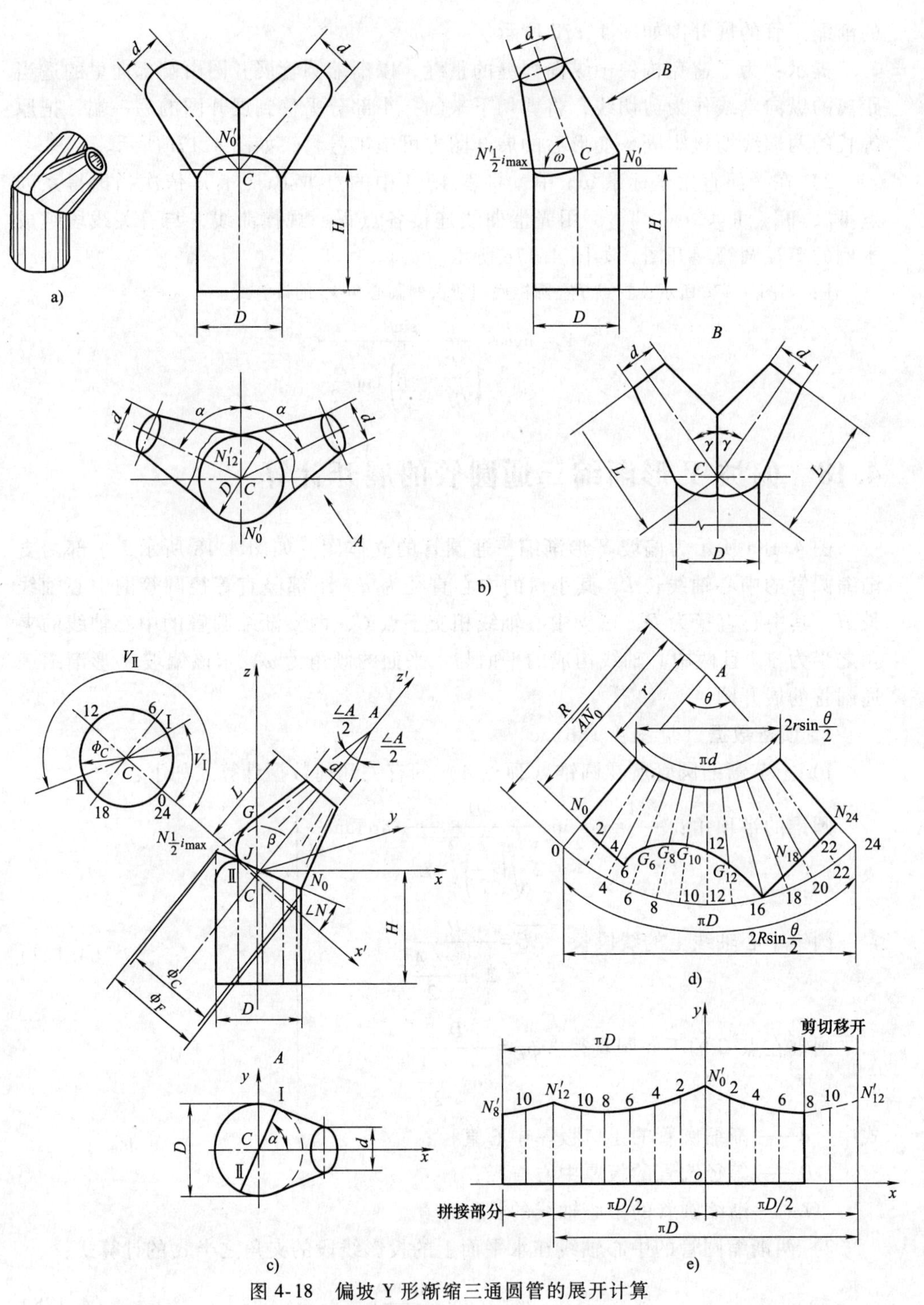

图 4-18　偏坡 Y 形渐缩三通圆管的展开计算

a）立体图　b）偏坡 Y 形渐缩三通圆管示意图　c）偏坡 Y 形渐缩三通圆管计算展开辅助示意图

d）上节渐缩圆管展开图　e）下节等径圆管展开图

3）单支渐缩圆管与竖直圆管中心轴线的夹角 β 的计算式：

$$\beta = \arccos(\cos\gamma\ \sin\omega) \tag{4.129}$$

式中　γ——两支渐缩圆管中心轴线的夹角的一半（°）；

ω——两支渐缩圆管中心轴线所构成的倾斜平面的倾角（°）。

4）圆锥与下节等径圆管的接合线 N（投影线段）的两端点 N_0、$N_{\frac{1}{2}i_{\max}}$ 到圆锥顶点 A 的两条射线 AN_0、$AN_{\frac{1}{2}i_{\max}}$ 的长的计算式：

$$\begin{cases} \overline{AN_0} = \dfrac{\overline{AC}\sin\beta - \dfrac{D}{2}}{\sin\left(\beta - \dfrac{\angle A}{2}\right)} \\ \overline{AN_{\frac{1}{2}i_{\max}}} = \dfrac{\overline{AC}\sin\beta + \dfrac{D}{2}}{\sin\left(\beta + \dfrac{\angle A}{2}\right)} \end{cases} \tag{4.130}$$

式中　β——见计算式（4.129）；

D——同前；

i——参变数，最大值 $i_{\max}$ 是圆的直径圆周需要等分的份数，且应是数“4”的整数倍。

5）本节计算中使用的定数：

$$\mu = \frac{\overline{AN_{\frac{1}{2}i_{\max}}} - \overline{AN_0}}{\overline{AN_{\frac{1}{2}i_{\max}}} + \overline{AN_0}} \tag{4.131}$$

6）接合线 N 与圆锥下底面的夹角 $\angle N$：

$$\angle N = \arctan \frac{\mu}{\tan \dfrac{\angle A}{2}} \tag{4.132}$$

7）下节等径圆管中心轴线的延长线与接合径 N 的交点为 J，所形成的线段 CJ 的长的计算式：

$$\overline{CJ} = \frac{D}{2}\left\{\tan\left[\frac{1}{2}\left(\beta + \frac{\angle A}{2}\right)\right] - \tan(\beta - \angle N)\right\} \tag{4.133}$$

式中　D——同前。

2. 上节渐缩圆管的展开计算

1）渐缩圆管展开图曲线上的拐点Ⅰ、Ⅱ的序号 $i_{\text{Ⅰ}}$、$i_{\text{Ⅱ}}$ 的计算。

① 如图 4.18c 所示，在 Cxy 坐标平面上，拐点Ⅰ所占的圆心角（以 Cx 轴逆时针旋转）为 α，拐点Ⅱ所占的圆心角为 $180°+\alpha$，拐点 x（x_x，z_x）直角坐标计算式：

$$\begin{cases} x_x = \dfrac{D}{2}\cos(\text{圆心角}) \\ z_x = \overline{CJ} - \tan(\beta - \angle N)\, x_x \end{cases} \tag{4.134}$$

式中　　　　D——同前；

α、$\overline{CJ}$、β、$\angle N$——见计算式（4.128）计算式（4.133）、计算式（4.129）及计算式（4.132）。

② 在旋转 β 角度的新直角坐标 $Cx'z'$ 中，拐点 x（x'_x、z'_x）直角坐标计算式：

$$\begin{cases} x'_x = x_x\cos\beta - z_x\sin\beta \\ z'_x = x_x\sin\beta + z_x\cos\beta \end{cases} \tag{4.135}$$

式中　β——同前。

③ 拐点 x 在圆锥底圆上所占的圆心角（以射线AN_0逆时针方向旋转计）V_x 的计算式：

$$V_x = \arccos\frac{x'_x}{(\overline{AC} - z'_x)\tan\dfrac{\angle A}{2}} \tag{4.136}$$

式中　$\overline{AC}$、$\dfrac{\angle A}{2}$——见计算式（4.127）。

④ 拐点 x 在圆锥展开图圆弧及渐缩圆管展开图曲线上的序号 i_x 计算式：

$$i_x = \frac{i_{max}}{360°}V_x \tag{4.137}$$

式中　i——同前。

2）渐缩圆管素线与接合线 N 的交点 N_i 到圆锥顶点 A 的射线AN_i的长的计算式：

$$\overline{AN_i} = \frac{\overline{AN}_{\frac{i_{max}}{2}}(1-\mu)}{1+\mu\cos\left(\dfrac{360°}{i_{max}}\cdot i\right)} \tag{4.138}$$

（取 i=0、1、2、…、i_{I}；i_{II}、i_{II} <临近第 1 个整数、i_{II} <临近第 2 个整数…、i_{max}）

式中　$\overline{AN}_{\frac{i_{max}}{2}}$、$\mu$——见计算式（4.130）和计算式（4.131）；

　　　　i——同上。

3）渐缩圆管素线与接合线 G（两渐缩圆管相交形成的接合线）的交点 G_i 到圆锥顶点 A 的射线AG_i的长的计算。

① 圆锥顶点 A（x_A，y_A，z_A）直角坐标计算式：

$$\begin{cases} x_A = \overline{AC}\sin\beta \\ y_A = 0 \\ z_A = \overline{AC}\cos\beta \end{cases} \tag{4.139}$$

式中　β、$\overline{AC}$——见计算式（4.129）和计算式（4.127）。

② 交点 G_i（x_i，y_i，z_i）直角坐标及射线AG_i的长的计算式：

$$\begin{cases}\dfrac{x_i-x_A}{\dfrac{\phi_C}{2}\cos\beta\cos\left(\dfrac{360°}{i_{\max}}\cdot i\right)-x_A}=\dfrac{y_i}{\dfrac{\phi_C}{2}\sin\left(\dfrac{360°}{i_{\max}}\cdot i\right)}=\dfrac{z_i-z_A}{\dfrac{-\phi_C}{2}\sin\beta\cos\left(\dfrac{360°}{i_{\max}}\cdot i\right)-z_A}\\ y_i=\tan\alpha x_i\end{cases} \tag{4.140}$$

［取 $i=i_{\mathrm{I}}$、i_{I}<临近第 1 个整数、i_{I}<临近第 2 个整数、…、i_{II}］

$$\overline{AG_i}=\sqrt{(x_A-x_i)^2+y_i^2+(z_A-z_i)^2} \tag{4.141}$$

［取 $i=i_{\mathrm{I}}$、i_{I}<临近第 1 个整数、i_{I}<临近第 2 个整数、…、i_{II}］

式中　ϕ_C——见计算式（4.127）；

i、β——同前；

i_{I}、i_{II}——见计算式（4.137）。

4）上节渐缩圆管所在圆锥（顶点 A）的拟展开扇形的有关几何数据计算式如下：

扇形中渐缩圆管的小口的展开半径：$r=\dfrac{d}{2\sin\dfrac{\angle A}{2}}$

扇形的展开角（圆心角）：$\theta=360°\sin\dfrac{\angle A}{2}$

扇形中渐缩圆管的小口的展开弧长：πd

扇形中渐缩圆管的小口展开弧长所对的弦长：$2r\sin\dfrac{\theta}{2}$

扇形大圆弧的半径［见计算式（4.138）及计算式（4.141）］：

$R=\overline{AG_i}$（最大者）

扇形大圆弧所对应圆锥的下底圆直径：$\phi_{下}=2R\sin\dfrac{\angle A}{2}$

扇形大圆弧的弧长：$\pi\phi_{下}$

扇形大圆弧所对的弦长：$2R\sin\dfrac{\theta}{2}$

（4.142）

式中　π——圆周率；

d、$\dfrac{\angle A}{2}$——同前。

3. 下节等径圆管的展开计算

下节等径圆管展开图曲线上的点 N_i'（x_i，y_i）直角坐标计算式：

$$\begin{cases} x_i = \dfrac{\pi D}{i_{\max}} \cdot i \\ y_i = H + \overline{CJ} - \dfrac{D}{2}\tan(\beta - \angle N)\cos\left[180° + \alpha + \left(\dfrac{360°}{i_{\max}} \cdot i\right)\right] \end{cases} \quad (4.143)$$

（取 $i=0$、1、2、…、$\dfrac{i_{\max}}{2}$）

式中　　　　　　　　　H——下节等径圆管中心轴线的截取长度；

α、π、D、$\overline{CJ}$、β、$\angle N$、i——同前。

例 4.18　如图 4.18b 所示的偏坡 Y 形渐缩三通圆管：三支圆管中心轴线相交于点 C，上部两支渐缩圆管的中心轴线的夹角的一半 $\gamma=35.82327585°$，且所形成的倾斜平面的倾角 $\omega=70.33015311°$，渐缩圆管的中心轴线长 $L=110$，其小口的中心直径 $d=50$，下部等径圆管的中心轴线长 $H=140$，其中心直径 $D=100$，取 $i_{\max}=24$。求该构件的展开图。

解：

（1）预备数据

将已知数代入计算式（4.127）~计算式（4.133）中，得本例的有关数据如下：

1）渐缩圆管所在圆锥（顶点 A）的几何数据：

圆锥的半顶角：

$$\frac{\angle A}{2} = \arcsin\frac{100}{2\sqrt{\left(\dfrac{50}{2}\right)^2 + 110^2}} - \arctan\frac{50}{2\times110} = 13.50666436°$$

线段 AC 长：

$$\overline{AC} = \frac{100}{2\sin 13.50666436°} = 214.0791614$$

圆锥在点 C 的下底圆直径：$\phi_C = \dfrac{100}{\cos 13.50666436°} = 102.844392$

2）两渐缩圆管的中心轴线在水平面上的投影线段的夹角的一半 α：

$$\alpha = \arctan\frac{\tan 35.82327585°}{\cos 70.33015311°} = 65°$$

3）单支渐缩圆管与下节竖直等径圆管中心轴线的夹角 β：

$$\beta = \arccos(\cos 35.82327585° \sin 70.33015311°) = 40.22514874°$$

4）两射线长：

$$\overline{AN_0} = \frac{214.0791614\sin 40.22514874° - \dfrac{100}{2}}{\sin(40.22514874° - 13.50666436°)} = 196.2842228$$

$$\overline{AN_{12}}=\frac{214.0791614\sin 40.22514874°+\frac{100}{2}}{\sin(40.22514874°+13.50666436°)}=233.487372$$

5）本节计算中使用的定数：

$$\mu=\frac{233.487372-196.2842228}{233.487372+196.2842228}=0.086564932$$

6）接合线 N 与圆锥下底面的夹角：

$$\angle N=\arctan\frac{0.086564932}{\tan 13.50666436°}=19.81836268°$$

7）线段 CJ 长：

$$\overline{CJ}=\frac{100}{2}\left\{\tan\left[\frac{1}{2}(40.22514874°+13.50666436°)\right]-\tan(40.22514874°-19.81836268°)\right\}$$
$$=6.727474613$$

（2）上节渐缩圆管的展开计算

1）将已知数代入计算式（4.134）~计算式（4.137）中，得本例的渐缩圆管展开图曲线上的拐点Ⅰ、Ⅱ的序号 $i_{\text{Ⅰ}}$、$i_{\text{Ⅱ}}$：

① 在直角坐标系 $Cxyz$ 中，拐点Ⅰ（x_1，z_1）直角坐标：

$$\begin{cases}x_1=\frac{100}{2}\cos 65°=21.13091309\\ z_1=6.7275-\tan(40.22514874°-19.81836268°)21.13091309=-1.13389053\end{cases}$$

② 在旋转 $\beta=40.22514874°$ 角度的新直角坐标 $Cx'z'$ 中，拐点Ⅰ（x_1'，z_1'）直角坐标：

$$\begin{cases}x_1'=21.13091309\cos 40.22514874°-(-1.3389053)\sin 40.22514874°=16.86597778\\ z_1'=21.13091309\sin 40.22514874°+(-1.3389053)\cos 40.22514874°=12.7804534\end{cases}$$

③ 拐点Ⅰ在圆锥底圆上所占的圆心角 $V_{\text{Ⅰ}}$：

$$V_{\text{Ⅰ}}=\arccos\frac{16.86597778}{(214.0791614-12.7804534)\tan 13.50666436°}=69.58518893°$$

④ 拐点Ⅰ在圆锥展开图及渐缩圆管展开图曲线上的排序号 $i_{\text{Ⅰ}}$：

$$i_{\text{Ⅰ}}=\frac{24}{360°}\times 69.5852=4.639$$

同理，在直角坐标系 $Cxyz$ 中，拐点Ⅱ（x_2，z_2）直角坐标：

$$\begin{cases}x_2=\frac{100}{2}\cos(180°+65°)=-21.13091309\\ z_2=6.7275-\tan(40.22514874°-19.81836268°)(-21.13091309)=14.58886513\end{cases}$$

在旋转 40.22514874°的新直角坐标 $Cx'z'$ 中，拐点Ⅱ（x_2'，x_z'）直角坐标：

$$\begin{cases}x_2'=-21.13091309\cos 40.22514874°-14.58886513\sin 40.22514874°=-25.55510454\\ z_2'=-21.13091309\sin 40.22514874°+14.58886513\cos 40.22514874°=-2.507410152\end{cases}$$

拐点Ⅱ在圆锥底面圆上所占的圆心角 $V_{Ⅱ}$：

$$V_{Ⅱ}=360°-\arccos\frac{-25.55510454}{[214.0791614-(-2.507410152)]\tan13.50666436°}=240.5796559°$$

拐点Ⅱ在圆锥展开图及渐缩圆管展开图曲线上的排序号 $i_{Ⅱ}$：

$$i_{Ⅱ}=\frac{24}{360°}\times240.5797°=16.03865$$

2）将已知数代入计算式（4.138）中，得本例的射线 AN_i 的长的计算式：

$$\overline{AN_i}=\frac{233.487372(1-0.086564932)}{1+0.086564932\cos\left(\frac{360°}{24}\cdot i\right)}=\frac{213.2755535}{1+0.086564932\cos(15°\cdot i)}$$

（取 i=0、1、2、…、4.639；16.039、17、18、…、24）

依次将 i 值代入上式计算：

当 i=0 时，得：

$$\overline{AN_0}=\frac{213.2755535}{1+0.086564932\cos(15°\times0)}=196.284$$

当 i=1 时，得

$$\overline{AN_1}=\frac{213.2755535}{1+0.086564932\cos(15°\times1)}=196.8185$$

……

将计算结果列于表 4.34 中。

3）将已知数代入计算式（4.139）~计算式（4.141）得本例的圆锥顶点 $A(x_A,y_A,z_A)$、点 $G_i(x_i,y_i,z_i)$ 的直角坐标及射线 AG_i 的长的计算式：

① 圆锥顶点 $A(x_A,y_A,z_A)$ 的直角坐标

$$\begin{cases}x_A=214.0791614\sin40.22514874°=138.2507476\\y_A=0\\z_A=214.0791614\cos40.22514874°=163.4521468\end{cases}$$

② 点 $G_i(x_i,y_i,z_i)$ 直角坐标及射线 AG_i 的长的计算式：

$$\begin{cases}\dfrac{x_i-138.2507976}{\dfrac{102.8444}{2}\cos40.22514874°\cos\left(\dfrac{360°}{24}\cdot i\right)-138.2507976}=\dfrac{y_i}{\dfrac{102.8444}{2}\sin\left(\dfrac{360°}{24}\cdot i\right)}=\\\dfrac{z_i-163.4521468}{\dfrac{-102.8444}{2}\sin40.22514874°\cos\left(\dfrac{360°}{24}\cdot i\right)-163.4521468}\\y_i=\tan65°x_i\end{cases}$$

（取 i=4.639、5、6、…、15、16、16.039）

$$\overline{AG_i}=\sqrt{(138.2507976-x_i)^2+y_i^2+(163.4521468-z_i)^2}$$

整理后得：

$$\begin{cases}\dfrac{x_i-138.2507976}{39.26149996\cos(15°\cdot i)-138.2507976}=\dfrac{y_i}{51.4222\sin(15°\cdot i)}\\=\dfrac{z_i-163.4521468}{-33.20809049\cos(15°\cdot i)-163.4521468}\\y_i=2.144506921x_i\end{cases}$$

（取 $i=4.639$、5、6、…、15、16、16.039）

$$\overline{AG_i}=\sqrt{(138.2507976-x_i)^2+y_i^2+(163.4521468-z_i)^2}$$

（取 $i=4.639$、5、6、…、15、16、16.039）

依次将 i 值代入上式计算：

当 $i=4.639$ 时，得：

$$\begin{cases}\dfrac{x_{4.639}-138.2507976}{39.26149996\cos(15°\times4.639)-138.2507976}=\dfrac{y_{4.639}}{51.4222\sin(15°\times4.639)}=\\\dfrac{z_{4.639}-163.4521468}{-33.20809049\cos(15°\times4.639)-163.4521468}\\y_{4.639}=2.144506921x_{4.639}\end{cases}$$

$$\overline{AG_{4.639}}=\sqrt{(138.2507976-x_{4.639})^2+y_{4.639}^2+(163.4521468-z_{4.639})^2}$$

整理后得：

$$\begin{cases}\dfrac{x_{4.639}-138.2507976}{-124.5557027}=\dfrac{y_{4.639}}{48.1924769}=\dfrac{z_{4.639}-163.4521468}{-175.0357071}&(4.144)\\y_{4.639}=2.144506921x_{4.639}&(4.145)\end{cases}$$

将式（4.145）代入式（4.144）中，得：

$$\frac{x_{4.639}-138.2507976}{-124.5557027}=\frac{2.144506921x_{4.639}}{48.1924769}$$

$$(x_{4.639}-138.2507976)48.1924769=-124.5557027\times2.144506921x_{4.639}$$

得：

$$x_{4.639}(48.1924769+267.1105664)=6662.64837$$

所以

$$x_{4.639}=\frac{6662.64837}{315.3030433}=21.13093581$$

代入式（4.145）中，得：

$$y_{4.639}=2.144506921\times21.13093581=45.31543808$$

代入式（4.144）中，得：

$$\frac{45.31543808}{48.1924769}=\frac{z_{4.639}-163.4521468}{-175.0357071}$$

$$z_{4.639}=\frac{-175.0357071\times45.31543808}{48.1924769}+163.4521468=-1.134117651$$

即

$$\begin{cases}x_{4.639}=21.13093581\\y_{4.639}=45.31543801\\z_{4.639}=-1.134117651\end{cases}$$

$$\overline{AG_{4.639}}=\sqrt{(138.2507976-21.13093581)^2+45.31543801^2+[163.4521468-(-1.134117651)]^2}$$
$$=207.02$$

当 $i=12$ 时，得：

$$\begin{cases}\dfrac{x_{12}-138.2507976}{39.26149996\cos(15°\times12)-138.2507976}=\dfrac{y_{12}}{51.4222\sin(15°\times12)}=\\\dfrac{z_{12}-163.4521469}{-33.20809049\cos(15\times12)-163.4521468}\\y_{12}=2.144506921x_{12}\end{cases}$$

$$\overline{AG_{12}}=\sqrt{(138.2507976-x_{12})^2+y_{12}^2+(163.4521468-z_{12})^2}$$

整理后得：

$$\begin{cases}\dfrac{x_{12}-138.2507976}{-177.5122976}=\dfrac{y_{12}}{0}=\dfrac{z_{12}-163.4521468}{-130.2440563} & (4.146)\\y_{12}=2.144506921x_{12} & (4.147)\end{cases}$$

在式（4.146）中，只有 $y_{12}=0$ 时，等式才能成立，所以取 $y_{12}=0$，代入式（4.147）中得：

$0=2.144506921x_{12}$，所以 $x_{12}=0$，代入式（4.146）中，得：

$$\frac{0-138.2507976}{-177.5122976}=\frac{z_{12}-163.4521468}{-130.2440563}$$

$$z_{12}=\frac{-138.2507976\times(-130.2440563)}{-177.5122796}+163.4521468=62.01497929$$

即

$$\begin{cases}x_{12}=0\\y_{12}=0\\z_{12}=62.01497929\end{cases}$$

$$\overline{AG_{12}}=\sqrt{(138.2507976-0)^2+0^2+(163.4521468-62.01497929)^2}=171.47$$

……

将计算结果列于表4.34中。

表 4.34　例 4.18 偏坡 Y 形渐缩三通圆管上节渐缩圆管素线所在射线的长

<table>
<tr><td>射线序号 i</td><td>0</td><td>24</td><td>1</td><td>23</td><td>2</td><td>22</td><td>3</td><td>21</td><td>4</td><td>20</td><td>4.639</td><td>5</td><td>6</td><td>7</td><td>8</td><td>9</td></tr>
<tr><td>AN_i 长</td><td colspan="2">196.28</td><td colspan="2">196.82</td><td colspan="2">198.40</td><td colspan="2">200.97</td><td colspan="2">204.43</td><td rowspan="2">207.02</td><td></td><td></td><td></td><td></td><td></td></tr>
<tr><td>AG_i 长</td><td colspan="2"></td><td colspan="2"></td><td colspan="2"></td><td colspan="2"></td><td colspan="2"></td><td>201.25</td><td>187.63</td><td>177.41</td><td>170.38</td><td>166.36</td></tr>
</table>

<table>
<tr><td>射线序号 i</td><td>10</td><td>11</td><td>12</td><td>13</td><td>14</td><td>15</td><td>16</td><td>16.039</td><td>17</td><td>18</td><td>19</td></tr>
<tr><td>AN_i 长</td><td></td><td></td><td></td><td></td><td></td><td></td><td></td><td rowspan="2">222.75</td><td>218.16</td><td>213.28</td><td>208.60</td></tr>
<tr><td>AG_i 长</td><td>165.21</td><td>166.90</td><td>171.47</td><td>179.08</td><td>189.93</td><td>204.21</td><td>221.99</td><td></td><td></td><td></td></tr>
</table>

4）将已知数代入计算式（4.142）中，得本例的渐缩圆管所在圆锥（顶点 A）的拟展开扇形的有关几何数据如下：

扇形中渐缩圆管的小口的展开半径：$r=\dfrac{50}{2\sin 13.50666436°}=107.0395807$

扇形的展开角（圆心角）：$\theta=360°\sin 13.50666436°=84.081047°$

扇形中渐缩圆管的小口展开弧长：50π

扇形中渐缩圆管的小口展开弧长所对的弦长：

$$2\times107.0396\sin\frac{84.081047°}{2}=143.36$$

扇形大圆弧的半径（查表 4.34）：$R=\overline{AG_{16.039}}=223$

扇形大圆弧所对应圆锥的下底圆直径：$\phi_{下}=2\times223\sin 13.50666436°=104.167$

扇形大圆弧的弧长：104.17π

扇形大圆弧所对的弦长：$2\times223\sin\dfrac{84.081047°}{2}=298.67$

（3）下节等径圆管的展开计算

将已知数代入计算式（4.143）中，得本例的下节等径圆管展开图曲线（一半）上的点 $N_i'(x_i,\ y_i)$ 直角坐标计算式：

$$\begin{cases}x_i=\dfrac{100\pi}{24}\cdot i\\ y_i=140+6.727-\dfrac{100}{2}\tan(40.22514874°-19.81836268°)\cos\left[180°+65°+\left(\dfrac{360°}{24}\cdot i\right)\right]\end{cases}$$

（取 $i=0$、1、2、…、12）

整理后得：

$$\begin{cases}x_i=13.09i\\ y_i=146.727-18.60157\cos[245°+(15°\cdot i)]\end{cases}$$

（取 $i=0$、1、2、…、12）

依次将 i 值代入上式计算：

当 $i=0$ 时，得：

$$\begin{cases}x_0=13.09\times 0=0\\y_0=146.727-18.60157\cos[245°+(15°\times 0)]=154.6\end{cases}$$

当 $i=1$ 时，得：

$$\begin{cases}x_1=13.09\times 1=13.1\\y_1=146.727-18.60157\cos[245°+(15°\times 1)]=150.0\end{cases}$$

……

将计算结果列于表 4.35 中。

表 4.35　例 4.18 偏坡 Y 形渐缩三通圆管的下节等径圆管展开图曲线（一半）上的点 $N_i'(x_i、y_i)$ 直角坐标值

点序号 i / 直角坐标	0	1	2	3	4	5	6	7	8	9	10	11	12
x_i	0	13.1	26.2	39.3	52.4	65.5	78.5	91.4	104.7	117.8	130.9	144.0	157.1
y_i	154.6	150.0	145.1	140.6	136.1	132.5	129.9	128.4	128.2	129.2	131.5	134.8	138.9
备注	等径圆管具有对称性,所以只计算半个展开图曲线上的点的直角坐标就可以了												

（4）制作展开图

1）以点 A 为圆心，以 $R=223$ 为半径划圆弧，并截取弦长 $2R\sin\dfrac{\theta}{2}=298.67$，将两端点与点 A 连线，所得扇形的圆心角 $\theta=84.081°$，其大圆弧长 $\pi\phi_{下}=107.17\pi$；将圆弧等分 $i_{max}=24$ 等份，等分点序号为：0、1、2、…、4.639、5、…、16.039、17、…、24；将各分点与点 A 连线，得拟编射线 A_0、A_1、…、A_{24}；将表 4.34 中的射线 AN_i、AG_i 以同序号划到上述拟编射线上，得系列点 N_0、N_1、…、$N_{4.639}$（$G_{4.639}$）、G_5、G_6、…、$G_{16.039}$（$N_{16.039}$）、N_{17}、N_{18}、…、N_{24}，用光滑曲线连接各组段系列点，得呈现拐点Ⅰ、Ⅱ的一条有规律曲线；再以 $r=107.04$ 为半径划圆弧所截得的弦长 $2r\sin\dfrac{\theta}{2}=143.36$，所得圆弧长 $\pi d=50\pi$，这两道曲线之间的弓形即为本例渐缩圆管展开图，如图 4.18d 所示。

2）在平面直角坐标系 oxy 中，将表 4.16 中的点 $N_i'(x_i,\ y_i)$ 直角坐标依序描出，得系列点 N_0'、N_1'、N_2'、…、N_{12}'，用光滑曲线连接各点得一规律曲线，在 oy 轴的另一侧作出该曲线的对称图形，与有关线段一起组成等径圆管展开图，如图 4.18e 所示。为了避免构件纵向焊缝的重缝，需对展开图的接口进行适当改变，见图 4.18e 中的剪切、拼接示意。

4.19　Y 形两角圆管漏斗的展开计算

图 4.19a 所示为 Y 形两角圆管漏斗的立体图。如图 4.19b 所示，Y 形两角圆管漏斗主、支圆管的中心直径分别为 D、d，中段连接圆锥管，每单支圆管与主圆管

的中心轴线 $ET // BC$，平行间距为 e，形成中心轴线折线 $BCET$，点 C、E 为转折点，两点间的重直高差为 h，线段 BC 长为 L_1，线段 ET 长为 L_2。求构件的展开图。

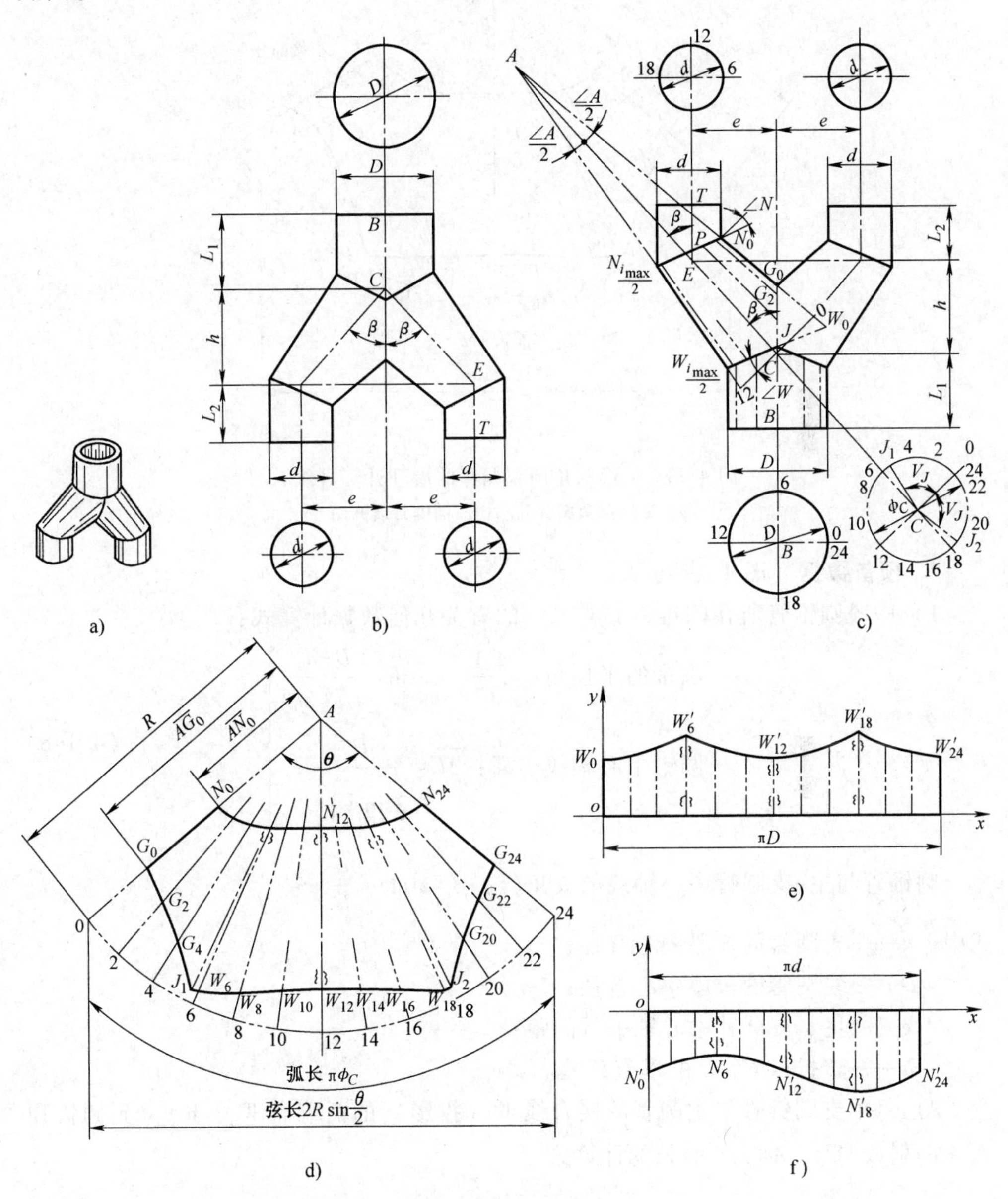

图 4.19　Y 形两角圆管漏斗的展开计算

a）立体图　b）Y 形两角圆管漏斗示意图　c）Y 形两角圆管漏斗计算展开辅助示意图　d）Y 形两角圆管漏斗中段圆锥管展开图　e）Y 形两角圆管漏斗的主圆管展开图　f）Y 形两角圆管漏斗支圆管展开图

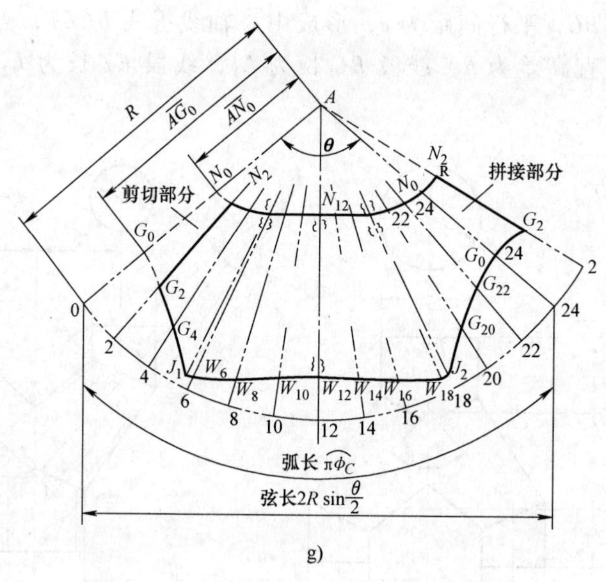

g)

图 4.19　Y 形两角圆管漏斗的展开计算（续）

g）Y 形两角圆管漏斗中段圆锥管展开图

1. 预备数据（图 4.19b、c）

1）中段圆锥管所在圆锥（顶点 A）的有关几何数据计算式：

$$\left.\begin{aligned}&\text{圆锥的半顶角：}\frac{\angle A}{2}=\arcsin\frac{D-d}{2\sqrt{e^2+h^2}}\\&\text{圆锥中心轴线的高：}\overline{AC}=\frac{D}{2\sin\frac{\angle A}{2}}\end{aligned}\right\}\tag{4.148}$$

圆锥管与主、支圆管中心轴线的夹角(°)：$\beta=\arctan\frac{e}{h}$

式中　d——支圆管的板厚中心直径；

D——主圆管的板厚中心直径；

e——主、支圆管中心轴平行间距；

h——转折点 C、E 的垂直高差。

2）每单支圆锥管与主圆管的接合线 W（投影）的两端点 W_0、$W_{\frac{1}{2}i_{\max}}$ 到圆锥顶点 A 的射线AW_0、$AW_{\frac{1}{2}i_{\max}}$ 的长的计算式：

$$\overline{AW_0}=\frac{\overline{AC}\sin\beta+\frac{D}{2}}{\sin\left(\beta+\frac{\angle A}{2}\right)}\tag{4.149}$$

$$\overline{AW}_{\frac{1}{2}i_{\max}}=\frac{\overline{AC}\sin\beta-\frac{D}{2}}{\sin\left(\beta-\frac{\angle A}{2}\right)} \tag{4.150}$$

式中　$\frac{\angle A}{2}$、β——见计算式（4.148）

D——同前；

i——参变数，最大值 $i_{\max}$ 是圆的直径圆周需要等分的份数，且应是数“4”的整数倍。

3）本节计算中使用的定数：

$$\mu=\frac{\overline{AW_0}-\overline{AW}_{\frac{1}{2}i_{\max}}}{\overline{AW_0}+\overline{AW}_{\frac{1}{2}i_{\max}}} \tag{4.151}$$

4）接合线 W、N 与圆锥底面的夹角（°）：

$$\angle W=\angle N=\arctan\frac{\mu}{\tan\frac{\angle A}{2}} \tag{4.152}$$

5）主圆管中心轴线与接合线 W 的交点为 J，所得线段 CJ 的长的计算式：

$$\overline{CJ}=\frac{D}{2}\left\{\tan\left[\frac{1}{2}\left(\beta+\frac{\angle A}{2}\right)\right]-\tan(\beta-\angle W)\right\} \tag{4.153}$$

式中　$\frac{\angle A}{2}$、β、D——同前；

$\angle W$——见计算式（4.152）。

2. 中段圆锥管的展开计算

1）中段圆锥管展开图曲线上的拐点 J 的序号 i_J 的计算式：

$$i_J=\frac{i_{\max}}{360^\circ}\arccos\frac{\sin\beta}{\left(\frac{\overline{AC}}{\overline{CJ}}-\cos\beta\right)\tan\frac{\angle A}{2}} \tag{4.154}$$

式中　β、$\overline{AC}$、$\overline{CJ}$、$\frac{\angle A}{2}$——见式（4.148）、式（4.153）；

i——同前。

2）中段圆锥管的素线与接合线 G 的交点 G_i 到圆锥顶点 A 的射线AG_i的长的计算式：

$$\overline{AG_i}=\frac{D}{\sin\angle A\left[1+\frac{\tan\frac{\angle A}{2}}{\tan\beta}\cos\left(\frac{360^\circ}{i_{\max}}\cdot i\right)\right]} \tag{4.155}$$

（取 $i=0$、1、2、…、i_J）

式中　$\angle A$——两倍的$\frac{\angle A}{2}$；

D、$\frac{\angle A}{2}$、β、i——同前。

3）中段圆锥管素线与接合线 W 的交点 W_i 到圆锥顶点 A 的射线$\overline{AW_i}$的长的计算式：

$$\overline{AW_i}=\frac{\overline{AW_0}(1-\mu)}{1-\mu\cos\left(\frac{360°}{i_{\max}}\cdot i\right)} \tag{4.156}$$

$\left[\text{取 } i=i_J\text{、}i_J<\text{临近第 1 整数、}\cdots\text{、}\frac{1}{2}i_{\max}-1\text{、}\frac{1}{2}i_{\max}\right]$

式中　$\overline{AW_0}$、μ——见式（4.149）、式（4.151）；

i——同前。

4）中段圆锥管素线与接合线 N 的交点 N_i 到圆锥顶点 A 的射线$\overline{AN_i}$的长的计算式：

$$\overline{AN_i}=\frac{d\,\overline{AN_0}(1-\mu)}{D\left[1-\mu\cos\left(\frac{360°}{i_{\max}}i\right)\right]} \tag{4.157}$$

$\left(\text{取 } i=0\text{、}1\text{、}2\text{、}\cdots\text{、}\frac{1}{2}i_{\max}\right)$

式中　d、D、μ、$\overline{AW_0}$、i——同前。

5）中段圆锥管所在圆锥（顶点 A）的拟展开扇形的有关几何数据的计算式如下：

$$\left.\begin{array}{l}
\text{圆锥的下底圆直径：}\phi_C=\dfrac{D}{\cos\dfrac{\angle A}{2}} \\
\text{扇形中的圆锥下底圆的展开半径：}R=\dfrac{\phi_C}{2\sin\dfrac{\angle A}{2}} \\
\text{扇形的展开角（圆心角）：}\theta=360°\sin\dfrac{\angle A}{2} \\
\text{扇形中圆锥下底圆的展开弧长：}\pi\phi_C \\
\text{扇形中圆锥下底圆的展开弧长所对的弦长：}2R\sin\dfrac{\theta}{2}
\end{array}\right\} \tag{4.158}$$

式中　π——圆周率；

D、$\frac{\angle A}{2}$——同前。

3. 主圆管的展开计算

主圆管展开图曲线上的点 $W_i'(x_i,\ y_i)$ 直角坐标计算式：

$$\begin{cases} x_i = \dfrac{\pi D}{i_{max}} \cdot i \\ y_i = L_1 + \overline{CJ} - \dfrac{D}{2}\tan(\beta - \angle W)\left|\cos\left(\dfrac{360°}{i_{max}} \cdot i\right)\right| \end{cases} \tag{4.159}$$

($i=0$、1、2、…、i_{max})

式中　$\angle W$、$\overline{CJ}$——见式（4.152）、式（4.153）；

L_1——主圆管中心轴线的截取长度；

π、D、β、i——同前。

4. 支圆管的展开计算

支圆管展开图曲线上的点 $N_i'(x_i、y_i)$ 直角坐标计算式：

$$\begin{cases} x_i = \dfrac{\pi d}{i_{max}} \cdot i \\ y_i = \dfrac{d}{2}\tan(\beta - \angle W)\sin\left(\dfrac{360°}{i_{max}} \cdot i\right) - \dfrac{\overline{CJ}d}{D} - L_2 \end{cases} \tag{4.160}$$

(取 $i=0$、1、2、…、i_{max})

式中　π、d、β、$\angle W$、D、$\overline{CJ}$、i——同前；

L_2——支圆管中心轴线的截取长度。

例 4.19　如图 4.19b 所示，Y 形两角圆管漏斗主圆管中心直径 $D=100$，支圆管中心直径 $d=40$，中段连接圆锥管，每单支圆管与主圆管的中心轴线为折线 $BCET$，点 C、E 为转折点，两点之间的垂直高差 $h=80$，直线 $BC//ET$，且平行间距 $e=70$，线段 BC 长 $L_1=160$，线段 ET 长 $L_2=30$，取 $i_{max}=24$。求该构件的展开图。

解：

（1）预备数据

将已知数代入计算式（4.148）~计算式（4.153）中，得本例的有关数据如下：

1）中段圆锥管所在圆锥（顶点 A）的几何数据：

圆锥的半径角：$\dfrac{\angle A}{2} = \arcsin\dfrac{100-40}{2\sqrt{70^2+80^2}} = 16.39252269°$

圆锥中心轴线的高：$\overline{AC} = \dfrac{100}{2\sin 16.39252269°} = 177.1690969$

圆锥管与主、支圆管中心轴线的夹角：$\beta = \arctan\dfrac{70}{80} = 41.18592517°$

2）接合线 W 的投影线段的两端点 W_0、W_{12} 到圆锥项点 A 的射线 AW_0、AW_{12} 的长：

$$\overline{AW_0} = \frac{177.1690969\sin 41.18592517° + \dfrac{100}{2}}{\sin(41.18592517° + 16.39252269°)} = 197.442805$$

$$\overline{AW_{12}}=\frac{177.1690969\sin 41.18592517°-\dfrac{100}{2}}{\sin(41.18592517°-16.39252269°)}=158.977122$$

3）本节计算中使用的定数：

$$\mu=\frac{197.442805-158.977122}{197.442805+158.977122}=0.107922369$$

4）接合线 W、N 与圆锥底面的夹角：

$$\angle W=\angle N=\arctan\frac{0.107922369}{\tan 16.39252269°}=20.14634555°$$

5）线段$\overline{CJ}$的长：

$$CJ=\frac{100}{2}\left\{\tan\left[\frac{1}{2}(41.18592517°+16.39252269°)\right]-\tan(41.18592517°-20.14634555°)\right\}$$

$=8.242646352$

（2）中段圆锥管的展开计算

将已知数代入计算式（4.154）~计算式（4.158）中，得本例的中段圆锥管展开所需有关数据如下：

1）中段圆锥管展开图曲线上的拐点 J 的序号 i_J 的计算：

$$i_J=\frac{24}{360°}\arccos\frac{\sin 41.18592517°}{\left(\dfrac{177.1690969}{8.242646}-\cos 41.18592517°\right)\tan 16.39252269°}=5.58696248$$

2）中段圆锥管素线与接合线 G 的交点 G_i 到圆锥顶点 A 的射线AG_i的长的计算式：

$$\overline{AG_i}=\frac{100}{\sin(2\times 16.39252269°)\left[1+\dfrac{\tan 16.39252269°}{\tan 41.18592517°}\cos\left(\dfrac{360°}{24}\cdot i\right)\right]}=\frac{184.6760273}{1+0.366199088\cos(15°\cdot i)}$$

（取 $i=0$、1、2、…、5.587）

依次将 i 值代入上式计算：

当 $i=0$ 时，得：

$$\overline{AG_0}=\frac{184.6760273}{1+0.366199088\cos(15°\times 0)}=138.21$$

当 $i=1$ 时，得：

$$\overline{AG_1}=\frac{184.6760273}{1+0.366199088\cos(15°\times 1)}=139.41$$

……

将计算结果列于表 4.36 中。

3）中段圆锥管素线与接合线 W 的交点 W_i 到圆锥顶点 A 的射线AW_i的长的计算式：

$$\overline{AW_i}=\frac{197.442805(1-0.107922369)}{1-0.107922369\cos\left(\dfrac{360°}{24}\cdot i\right)}=\frac{176.1343097}{1-0.107922369\cos(15°\cdot i)}$$

（取 i=5. 587、6、7、…、12）

依次将 i 值代入上式计算：

当 i=5. 587 时，得：

$$\overline{AW_{5.587}}=\frac{176.1343097}{1-0.107922369\cos(15°\times5.587)}=178.21$$

当 i=6 时．得：

$$\overline{AW_6}=\frac{176.1343097}{1-0.107922369\cos(15°\times6)}=176.13$$

……

将计算结果列于表 4. 36 中。

4）中段圆锥管素线与接合线 N 的交点 N_i 到圆锥顶点 A 的射线$\overline{AN_i}$的长的计算式：

$$\overline{AN_i}=\frac{40\times197.442805(1-0.107922369)}{100\left[1-0.107922369\cos\left(\dfrac{360°}{24}\cdot i\right)\right]}=\frac{70.4537239}{1-0.107922369\cos(15°\cdot i)}$$

（取 i=0、1、2、…、12）

依次将 i 值代入上式计算：

当 i=0 时，得：

$$\overline{AN_0}=\frac{70.4537239}{1-0.107922369\cos(15°\times0)}=79.0$$

当 i=1 时，得：

$$\overline{AN_1}=\frac{70.4537239}{1-0.107922369\cos(15°\times1)}=78.7$$

……

将计算结果列于表 4. 36 中。

表 4. 36　例 4. 19Y 形两角圆管漏斗的中段圆锥管的素线所在射线的长

射线序号 i	0	24	1	23	2	22	3	21	4	20	5	19	5.587 18.413	6	18	7	17	8	16	9	15	10	14	11	13	12
AG_i长	138.2		139.4		143.0		149.2		158.1		169.9		178.2													
AW_i长														176.1		171.3		167.1		163.6		161.1		159.5		159.0
AW_i长	79.0		78.7		77.7		76.3		74.5		72.5			70.5		68.5		66.8		65.5		64.4		63.8		63.6
说明	中段圆锥管以平面 AW_0W_{12} 为对称平面形成左右对称，所以只计算半个侧面的射线长就可以了；同理，拐点 J_1 序号为 5. 587，所以另一对称拐点 J_2 的序号为 24−5.587=18.413																									

5）中段圆锥管所在圆锥（顶点 A）的拟展开扇形的有关几何数据如下：

圆锥的下底圆直径：$\phi_C=\dfrac{100}{\cos 16.39252269°}=104.2371556$

扇形中圆锥下底圆的展开半径：$R=\dfrac{104.2371556}{2\sin 16.39252269°}=184.6760272$

扇形的展开角（圆心角）：$\theta=360°\sin 16.39252269°=101.5978538$

扇形中圆锥下底圆的展开弧长：104.237π

扇形中圆锥下底圆的展开弧长所对的弦长：$2\times184.676\sin\dfrac{101.5978538}{2}=286.223$

（3）主圆管的展开计算

将已知数代入计算式（4.159）中，得本例的主圆管展开图曲线上的点 $W_i'(x_i$、$y_i)$ 直角坐标计算式：

$$\begin{cases}x_i=\dfrac{100\pi}{24}\cdot i\\ y_i=60+8.24-\dfrac{100}{2}\tan(41.18592517°-20.14634555°)\left|\cos\left(\dfrac{360°}{24}\cdot i\right)\right|\end{cases}$$

（取 $i=0$、1、2、…、24）

整理后得：

$$\begin{cases}x_i=13.09\cdot i\\ y_i=68.24-19.23284\left|\cos(15°\cdot i)\right|\end{cases}$$

（取 $i=0$、1、2、…、24）

依次将 i 值代入上式计算：

当 $i=0$ 时，得：

$$\begin{cases}x_0=13.09\times0=0\\ y_0=68.24-19.23284\left|\cos(15°\times0)\right|=49.0\end{cases}$$

当 $i=1$ 时，得：

$$\begin{cases}x_1=13.09\times1=13.1\\ y_1=68.24-19.23284\left|\cos(15°\times1)\right|=49.7\end{cases}$$

……

将计算结果列于表 4.37 中。

（4）支圆管的展开计算

将已知数代入计算式（4.160）中，得本例的支圆管展开图曲线上的点 $N_i'(x_i$、$y_i)$ 直角坐标计算式：

$$\begin{cases}x_i=\dfrac{40\pi}{24}\cdot i\\ y_i=\dfrac{40}{2}\tan(41.18592517°-20.14634555°)\sin\left(\dfrac{360°}{24}\cdot i\right)-\dfrac{8.2426\times40}{100}-30\end{cases}$$

（取 $i=0$、1、2、…、24）

表 4.37　例 4.19Y 形两角圆管漏斗的主圆管展开图曲线上的点 $W_i'(x_i、y_i)$ 直角坐标值

点序号 i \ 直角坐标	x_i	y_i	点序号 i \ 直角坐标	x_i	y_i	点序号 i \ 直角坐标	x_i	y_i	点序号 i \ 直角坐标	x_i	y_i
0	0	49.0	2	26.2	51.6	4	52.4	58.6	6	78.5	68.2
12	157.1		10	130.9		8	104.7		81	235.6	
24	314.2		14	183.3		16	209.4				
1	13.1	49.7	22	288.0		20	261.8				
11	144.0		3	39.3	54.6	5	65.5	63.3			
13	170.2		9	117.8		7	91.6				
23	301.1		15	196.4		17	222.5				
			21	274.9		19	248.7				

整理后得：

$$\begin{cases} x_i = 5.236i \\ y_i = 7.69314\sin(15° \cdot i) - 26.7 \end{cases}$$

（取 $i=0、1、2、\cdots、24$）

依次将 i 代入上式计算：

当 $i=0$ 时，得：

$$\begin{cases} x_0 = 5.236 \times 0 = 0 \\ y_0 = 7.69314\sin(15° \times 0) - 26.7 = -26.7 \end{cases}$$

当 $i=1$ 时，得：

$$\begin{cases} x_1 = 5.236 \times 1 = 5.24 \\ y_1 = 7.69314\sin(15° \times 1) - 26.7 = -24.71 \end{cases}$$

……

将计算结果列于表 4.38 中。

表 4.38　Y 形两角圆管漏斗支圆管展开图曲线上的点 $N_i'(x_i、y_i)$ 直角坐标值

点序号 i \ 直角坐标	x_i	y_i	点序号 i \ 直角坐标	x_i	y_i	点序号 i \ 直角坐标	x_i	y_i	点序号 i \ 直角坐标	x_i	y_i
0	0	−26.7	3	15.7	−21.3	13	68.1	−28.7	16	83.3	−33.4
12	67.8		9	47.1		23	120.4		20	104.7	
24	125.7		4	20.9	−20.0	14	73.3	−30.5	17	89.0	34.1
1	5.2	−24.7	8	41.9		22	115.2		19	99.5	
11	57.6		5	26.2	−19.3	15	78.5	−32.1	18	94.2	34.4
2	10.5	22.9	7	36.7		21	110.0				
10	52.4		6	31.4	−19.0						

（5）制作展开图

1）以点 A 为圆心，以 $R=184.7$ 为半径作圆弧．量取弦长 $2R\sin\dfrac{\theta}{2}=286.2$，两

端点与点 A 连线。所得扇形的圆弧长是104.237π。圆心角 $\theta=101.59785°$，将该圆弧等分 24 等份（由图形的对称性质可作拐点 $J_{i_{5.587}}$及它的对称点 $J_{i_{18.413}}$）。各等分点与点 A 连线，得拟编射线A_0、A_1、…、A_{24}。将表 4.36 中的射线AG_i、AW_i、AN_i以同序号描划到上述拟编射上得两组系列点。上组系列点 N_0、N_1、N_2、…、N_{24}用光滑曲线连接得一规律曲线；下组系列点为三个组段 G_0、G_1、…、$G_{5.587}$；$W_{5.587}$、W_6、…、$W_{18.413}$；$G_{18.413}$、G_{19}、…、G_{24}，各组段点用光滑曲线连接，得到呈现拐点的一规律曲线。这两条曲线之间的弓形，即为本例的中段圆锥管的展开图，如图 4.19d 所示。

提示：为了避免构件中纵向焊缝的重缝，以中段圆锥管展开图由端部向里的适当距离的纵向素线作为剪切线，将剪切下来的一小部分平移到展开图的另一端，把原等长的两端线衔接牢固，变形后的展开图方可施工号料，如图 4.19g 所示。

2）将表 4.37 与表 4.38 中的点 W_i'及点 N_i'分别描划到各自的平面直角坐标系中，用光滑曲线连接各组点得各展开图曲线（这里从略），如图 4.19e、f 所示。

注：如图 4.19c 所示，拐点 J 在圆锥底面圆所占有的圆心角 V_J 的计算式：

$$V_J=\arccos\frac{\sin\beta}{\left(\dfrac{\overline{AC}}{\overline{CJ}}-\cos\beta\right)\tan\dfrac{\angle A}{2}}$$

4.20 三脚圆管漏斗的展开计算

图 4.20a 所示为三脚圆管漏斗的立体图。如图 4.20b 所示的三脚均布（$\alpha=120°$）圆管漏斗：主、支圆管中心直径分别为 D、d，中段连接圆锥管，每单支脚三圆管中心轴线形成折线 $BCET$，点 C、E 为转折点，两点的垂直高差为 h。中心轴线 $BC/\!/ET$ 且间距为 e，线段 BC 长 L_1，线段 ET 长 L_2。求该构件的展开图。

1. 预备数据（图 4.20b、c）

1）中段圆锥管所在圆锥（顶点 A）的有关几何数据计算式如下：

$$\left.\begin{aligned}&\text{圆锥的半顶角：}\frac{\angle A}{2}=\arcsin\frac{D-d}{2\sqrt{e^2+h^2}}\\&\text{圆锥的底圆直径：}\phi_C=\frac{D}{\cos\dfrac{\angle A}{2}}\\&\text{圆锥的中心轴线高：}\overline{AC}=\frac{D}{2\sin\dfrac{\angle A}{2}}\\&\text{圆锥管与主、支圆管的中心轴线的夹角：}\beta=\arctan\frac{e}{h}\end{aligned}\right\}\tag{4.161}$$

式中 d——支圆管的板厚中心直径；

D——主圆管的板厚中心直径；

e——主、支圆管中心轴线平行间距；

h——转折点 C、E 的垂直高差。

2）每单支圆锥管与主圆管的接合线 W（投影）的两端点 W_0、$W_{\frac{1}{2}i_{max}}$ 到圆锥顶点 A 的射线AW_0、$AW^{\frac{i_{max}}{2}}$的长的计算式如下：

$$
\begin{cases}
\overline{AW_0}=\dfrac{\overline{AC}\sin\beta+\dfrac{D}{2}}{\sin\left(\beta+\dfrac{\angle A}{2}\right)} \\[2ex]
\overline{AW_{\frac{1}{2}i_{max}}}=\dfrac{\overline{AC}\sin\beta-\dfrac{D}{2}}{\sin\left(\beta-\dfrac{\angle A}{2}\right)}
\end{cases}
\tag{4.162}
$$

式中　D——同前；

i——参变数，最大值 i_{max}是圆的直径圆周需要等分的份数，且应是数“4”的整数倍。

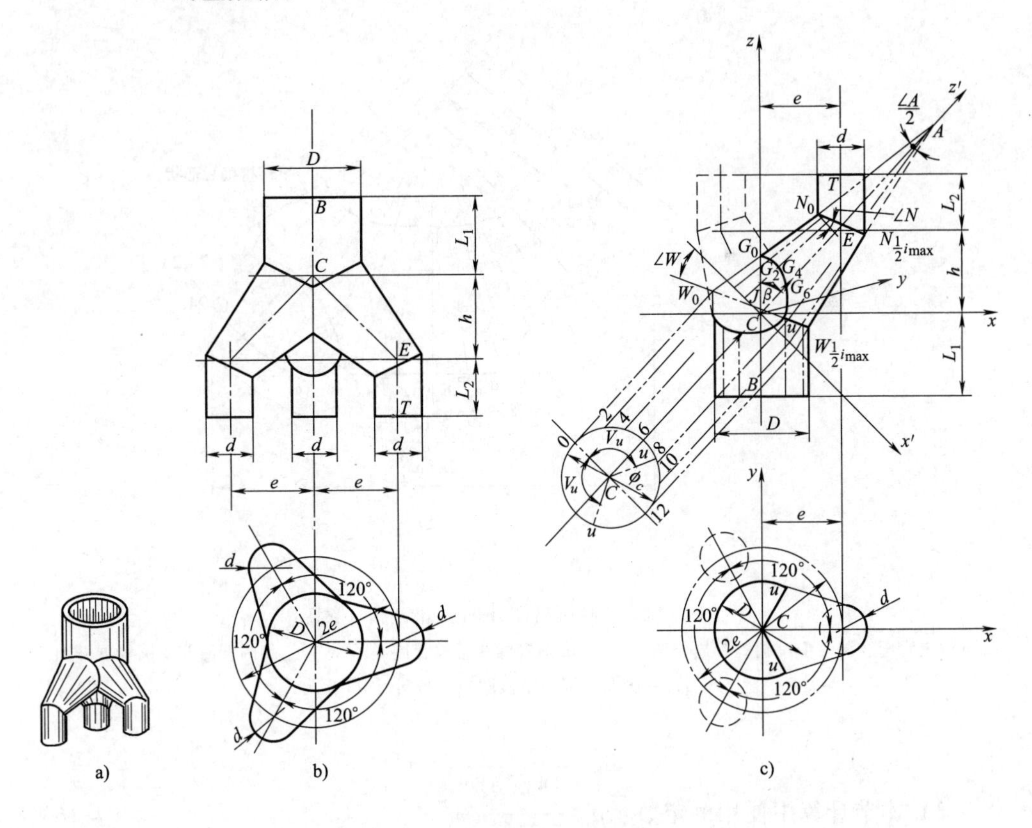

图 4.20　三脚圆管漏斗的展开计算

a）立体图　b）三脚圆管漏斗示意图　c）三脚圆管漏斗计算展开辅助示意图

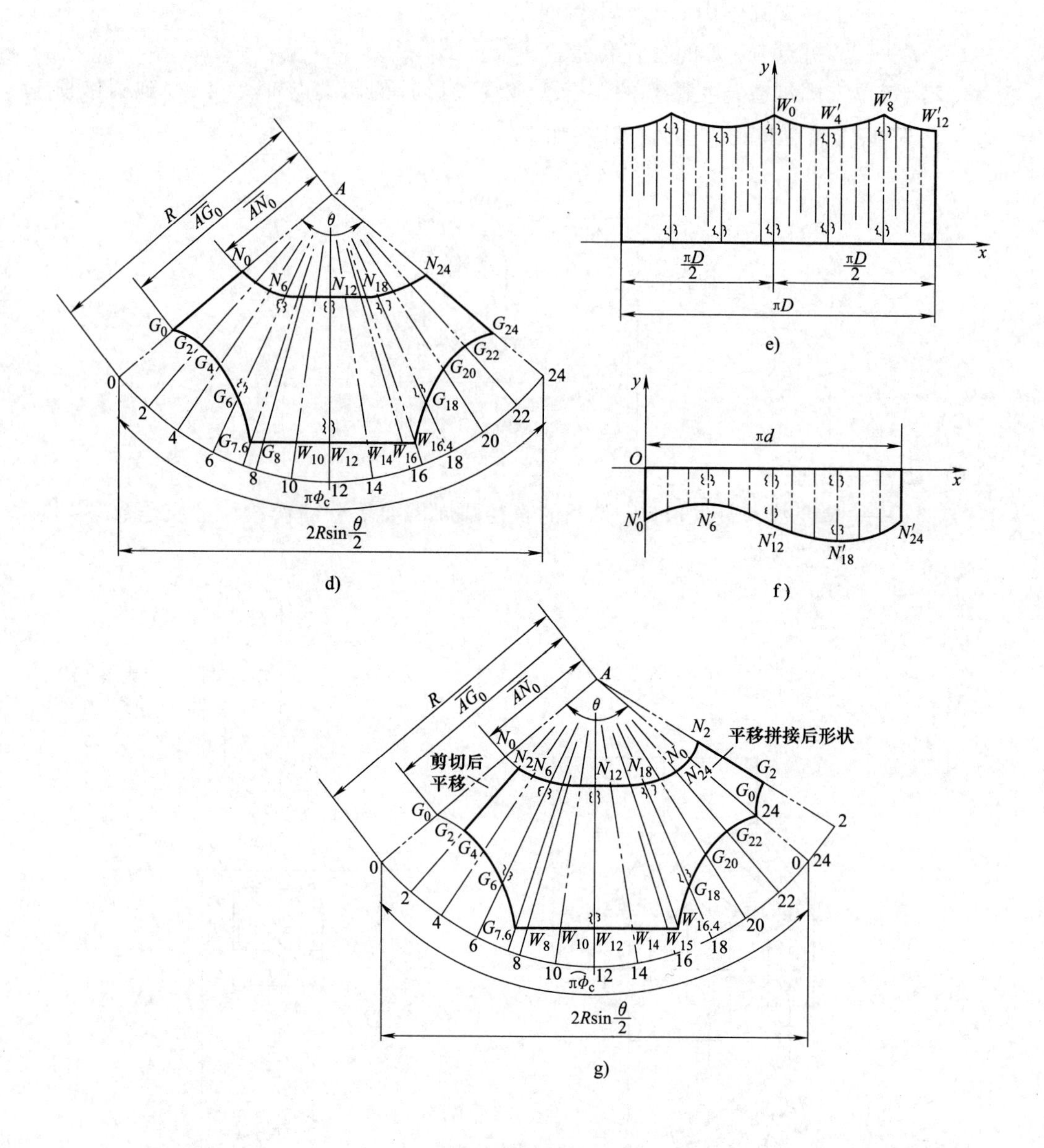

图 4.20　三脚圆管漏斗的展开计算（续）

d）三脚圆管漏斗中段圆锥管展开图　e）三脚圆管漏斗主圆管展开图　f）三脚圆管漏斗支圆管展开图

g）三脚圆管漏斗中段圆锥管号料展开图

3）本节计算中使用的定数：$\mu=\dfrac{\overline{AW_0}-\overline{AW_{\frac{1}{2}i_{\max}}}}{\overline{AW_0}+\overline{AW_{\frac{1}{2}i_{\max}}}}$　　(4.163)

4）接合线 W、N 与圆锥底面的夹角：

$$\angle W=\angle N=\arctan\frac{\mu}{\tan\frac{\angle A}{2}} \tag{4.164}$$

5）主圆管中心轴线与接合线 W 的交点为 J，所得线段 CJ 的长的计算式为：

$$\overline{CJ}=\frac{D}{2}\left\{\tan\left[\frac{1}{2}\left(\beta+\frac{\angle A}{2}\right)\right]-\tan(\beta-\angle W)\right\} \tag{4.165}$$

式中　D——同前。

2. 中段圆锥管的展开计算（图 4.20c）

1）中段圆锥管展开图曲线上的拐点 u 的排序号 i_u 的计算式：

① 在直角坐标 Cxz 中，拐点 $u(X, Z)$ 直角坐标计算式：

$$\begin{cases}X=\dfrac{D}{4}\\ Z=\overline{CJ}-\tan(\beta-\angle W)X\end{cases} \tag{4.166}$$

式中　　　D——同前；

$\overline{CJ}$、β、$\angle W$——见式（4.165）、式（4.161）、式（4.164）。

② 在旋转 β 角度的新直角坐标 $Cx'z'$ 中，拐点 $u(X', Z')$ 直角坐标计算式：

$$\begin{cases}X'=X\cos\beta-Z\sin\beta\\ Z'=X\sin\beta+Z\cos\beta\end{cases} \tag{4.167}$$

式中　β——同前。

③ 拐点 u 在圆锥底面圆上所占的圆心角（射线 AW_0 起始）V_u 的计算式：

$$V_u=180°-\arccos\frac{X'}{(\overline{AC}-Z')\tan\frac{\angle A}{2}} \tag{4.168}$$

式中　$\frac{\angle A}{2}$、$\overline{AC}$——见式（4.161）。

④ 拐点 u 的排序号 i_u 的计算式：

$$i_u=\frac{i_{max}}{360°}V_u \tag{4.169}$$

式中　i_{max}——同前。

2）在直角坐标系 $Cxyz$ 中，中段圆锥管素线与接合线 G 的交点 G_i（x_i，y_i，z_i）直角坐标及其所在射线AG_i的长的计算式：

① 圆锥顶点 A（x_A，y_A，z_A）直角坐标计算式：

$$\begin{cases}x_A=\overline{AC}\sin\beta\\ y_A=0\\ z_A=\overline{AC}\cos\beta\end{cases} \tag{4.170}$$

式中　$\overline{AC}$、β——同前。

② 交点 G_i（x_i，y_i，z_i）直角坐标及射线AG_i的长的计算式：

$$\begin{cases}\dfrac{x_i-x_A}{\dfrac{-\phi_C}{2}\cos\beta\cos\left(\dfrac{360°}{i_{\max}}\cdot i\right)-x_A}=\dfrac{y_i}{\dfrac{\phi_C}{2}\sin\left(\dfrac{360°}{i_{\max}}\cdot i\right)}=\dfrac{z_i-z_A}{\dfrac{\phi_C}{2}\sin\beta\cos\left(\dfrac{360°}{i_{\max}}\cdot i\right)-z_A}\\ y_i=\tan60°x_i\end{cases}$$

(4.171)

（取 $i=0$、1、2、…、i_u）

$$\overline{AG_i}=\sqrt{(x_A-x_i)^2+y_i^2+(z_A-z_i)^2} \qquad (4.172)$$

式中　ϕ_C、β——见式（4.161）；

　　　i——同前。

3）中段圆锥管素线与接合线 W 的交点 W_i 所在射线AW_i 的长的计算式：

$$\overline{AW_i}=\frac{\overline{AW_0}(1-\mu)}{1-\mu\cos\left(\dfrac{360°}{i_{\max}}\cdot i\right)} \qquad (4.173)$$

［取 $i=i_u$、（i_u<临近第 1 整数）、…、$\frac{1}{2}i_{\max}-1$、$\frac{1}{2}i_{\max}$］

式中　$\overline{AW_0}$、μ——见式（4.162）、式（4.163）；

　　　i——同前。

4）中段圆锥管素线与接合线 N 的交点 N_i 所在射线AN_i的长的计算式：

$$\overline{AN_i}=\frac{d\,\overline{AW_0}(1-\mu)}{D\left[1-\mu\cos\left(\dfrac{360°}{i_{\max}}\cdot i\right)\right]} \qquad (4.174)$$

（取 $i=0$、1、2、…、$i_{\max}$）

式中　d、D、μ、AW_0、i——同前。

5）中段圆锥管所在圆锥（顶点 A）的拟展开扇形的有关几何数据计算式如下：

$$\left.\begin{array}{l}\text{扇形中圆锥下底圆的展开半径：}R=\dfrac{\overline{AC}}{\cos\dfrac{\angle A}{2}}\\ \text{扇形的展开角(圆心角)：}\theta=360°\sin\dfrac{\angle A}{2}\\ \text{扇形中圆锥下底圆的展开弧长：}\pi\phi_C\\ \text{扇形中圆锥下底圆的展开弧长所对的弦长：}2R\sin\dfrac{\theta}{2}\end{array}\right\} \qquad (4.175)$$

式中　　　　π——圆周率；

$\overline{AC}$、$\dfrac{\angle A}{2}$、ϕ_C——同前。

3. 主圆管的展开计算

主圆管展开图曲线上的点 $W_i'(x_i, y_i)$ 直角坐标计算式：

$$\begin{cases} x_i = \dfrac{\pi D}{i_{\max}} \cdot i \\ y_i = L_1 + \overline{CJ} + \dfrac{D}{2}\tan(\beta - \angle W)\cos\left[120° + \left(\dfrac{360°}{i_{\max}} \cdot i\right)\right] \end{cases} \tag{4.176}$$

$\left(取\ i=0、1、2、\cdots、\dfrac{1}{3}i_{\max}\right)$

式中　　　　L_1——主圆管中心轴线的截取长度；

π、D、$\overline{CJ}$、β、$\angle W$——同前；

i——参变数、最大值 $i_{\max}$ 是圆的直径圆周需要等分的份数，且应是数“6”的整数倍。

提示：所得展开图是主圆管展开图的三分之一段，需要相同的另外两段首尾衔接组成主圆管展开图，还要避免构件的纵向焊缝的重缝。请参阅本例题中该段作图方法的阐述。

4. 支圆管的展开计算

支圆管展开图曲线上的点 $N_i'(x_i、y_i)$ 直角坐标计算式：

$$\begin{cases} x_i = \dfrac{\pi d}{i_{\max}} \cdot i \\ y_i = \dfrac{d}{2}\tan(\beta - \angle W)\sin\left(\dfrac{360°}{i_{\max}} \cdot i\right) + \dfrac{\overline{CJ}d}{D} - L_2 \end{cases} \tag{4.177}$$

（取 $i=0、1、2、\cdots、i_{\max}$）

式中　　　　L_2——支圆管中心轴线的截取长度；

π、d、β、$\angle W$、D、$\overline{CJ}$——同前；

i——参变数，最大值 $i_{\max}$ 是圆的直径圆周需要等分的份数，且应是数“4”的整数倍。

例 4.20　如图 4.20b 所示，三脚均布（$\alpha=120°$）圆管漏斗的主圆管中心直径 $D=100$，支圆管中心直径 $d=40$；中心轴线为折线 $BCET$，点 C、E 为转折点，两点之间的垂直高差 $h=80$；直线 $BC /\!/ ET$，且平行间距 $e=70$；线段 BC 长 $L_1=160$，线段 ET 长 $L_2=30$，取 $i_{\max}=24$。求该构件的展开图。

解：

（1）预备数据

将已知数代入计算式（4.161）~计算式（4.165）中，得本例的有关数据如下。

1）中段圆锥圆所在圆锥（顶点 A）的几何数据如下：

圆锥的半顶角：$\dfrac{\angle A}{2}=\arcsin\dfrac{100-40}{2\sqrt{70^2+80^2}}=16.39252269°$

圆锥中心轴线的高：$\overline{AC}=\dfrac{100}{2\sin16.39252269°}=177.1690969$

圆锥的底圆直径：$\phi_C=\dfrac{100}{2\cos16.39252269°}=104.2371556$

圆锥管与主、支圆管中心轴线的夹角：$\beta=\arctan\dfrac{70}{80}=41.18592517°$

2）接合线 W 的投影线段的两端点 W_0、W_{12} 到圆锥顶点 A 的射线 AW_0、AW_{12} 的长：

$$\overline{AW_0}=\frac{177.1690969\sin41.18592517°+\dfrac{100}{2}}{\sin(41.18592517°+16.39252269°)}=197.442805$$

$$\overline{AW_{12}}=\frac{177.1690969\sin41.18592517°-\dfrac{100}{2}}{\sin(41.18592517°-16.39252269°)}=158.977122$$

3）本节计算中使用的定数：

$$\mu=\frac{197.442805-158.977122}{197.442805+158.977122}=0.107922369$$

4）接合线 W、N 与圆锥底面的夹角：

$$\angle W=\angle N=\arctan\frac{0.107922369}{\tan16.39252269°}=20.14634555°$$

5）线段 CJ 的长：

$$\overline{CJ}=\frac{100}{2}\left\{\tan\left[\frac{1}{2}(41.18592517°+16.39252269°)\right]-\tan(41.18592517°-20.14634555°)\right\}$$
$$=8.242646352$$

（2）中段圆锥管的展开计算：

将已知数代入计算式（4.166）~计算式（4.175）中，得本例的中段圆锥管展开所需的有关数据如下。

1）中段圆锥管展开图曲线上的拐点 u 的排序号 i_u 的计算：

① 在直角坐标 Cxz 中，拐点 u（X，Z）直角坐标：

$$\begin{cases}X=\dfrac{100}{4}=25\\ Z=8.242646-\tan(41.18592517°-20.14634555°)\times25=-1.373774392\end{cases}$$

② 在旋转 $\beta=41.18592517°$ 的新直角坐标 $Cx'z'$ 中，拐点 u（X'、Z'）直角坐标：

$$\begin{cases}X'=25\cos41.18592517°-(-1.373774392)\sin41.18592517°=19.71905414\\Z'=25\sin41.18592517°+(-1.373774392)\cos41.18592517°=15.42874461\end{cases}$$

③ 拐点 u 在圆锥底面圆上所占的角度（由射线 $\overline{AW_0}$ 起始）V_u 值：

$$V_u=180°-\arccos\frac{19.71905414}{(177.1690969-15.42874461)\tan16.39252269°}=114.4841424°$$

④ 拐点 u 的排序号 i_u：

$$i_u=\frac{24}{360°}\times114.4841424°=7.63227616$$

2）中段圆锥管素线与接合线 G 的交点 G_i（x_i、y_i、z_i）直角坐标及其所在射线 AG_i 的长：

① 圆锥的顶点 A（x_A、y_A、z_A）直角坐标：

$$\begin{cases}x_A=177.1690969\sin41.18592517°=116.\dot{6}\\y_A=0\\z_A=177.1690969\cos41.18592517°=133.\dot{3}\end{cases}$$

② 交点 G_i（x_i、y_i、z_i）直角坐标及射线 AG_i 的长：

$$\begin{cases}\dfrac{x_i-x_A}{\dfrac{-104.23716}{2}\cos41.18592517°\cos\left(\dfrac{360°}{24}\cdot i\right)-x_A}=\dfrac{y_i}{\dfrac{104.23716}{2}\sin\left(\dfrac{360°}{24}\cdot i\right)}\\=\dfrac{z_i-z_A}{\dfrac{104.23716}{2}\sin41.18592517°\cos\left(\dfrac{360°}{24}\cdot i\right)-z_A}\\y_i=\tan60°x_i\end{cases}$$

（取 $i=0$、1、2、…、7.6323）

整理后，得：

$$\begin{cases}\dfrac{x_i-116.\dot{6}}{-39.22322867\cos(15°\cdot i)-116.\dot{6}}=\dfrac{y_i}{52.11858\sin(15°\cdot i)}\\=\dfrac{z_i-133.\dot{3}}{34.32032509\cos(15°\cdot i)-133.\dot{3}}\\y_i=1.732051x_i\end{cases}$$

（取 $i=0$、1、2、…、7.6323）

$$\overline{AG_i}=\sqrt{(116.\dot{6}-x_i)^2+y_i^2+(133.\dot{3}-z_i)^2}$$

（取 $i=0$、1、2、…、7.6323）

依次将 i 值代入上式计算。

当 $i=0$ 时，得：

$$\begin{cases}\dfrac{x_0-116.\dot{6}}{-39.22322867\cos(15°\times0)-116.\dot{6}}=\dfrac{y_0}{52.11858\sin(15°\times0)}\\ \qquad\qquad=\dfrac{z_0-133.\dot{3}}{34.32032509\cos(15°\times0)-133.\dot{3}}\\ y_0=1.732051x_0\end{cases}$$

$$\overline{AG_0}=\sqrt{(116.\dot{6}-x_0)^2+y_0^2+(133.\dot{3}-z_0)^2}$$

整理后，得：

$$\begin{cases}\dfrac{x_0-116.\dot{6}}{-155.8898953}=\dfrac{y_0}{0}=\dfrac{z_0-133.\dot{3}}{-99.01300825} & (4.178)\\ y_0=1.732051x_0 & (4.179)\end{cases}$$

在式（4.178）中，只有 $y_0=0$ 时，等式才成立，所以

$$y_0=0$$

代入式（4.179），得：

$$0=1.732051x_0$$

$$x_0=0$$

代入式（4.178），得：

$$\frac{0-116.\dot{6}}{-155.8898953}=\frac{z_0-133.\dot{3}}{-99.01300825}$$

所以

$$z_0=\frac{-116.\dot{6}\ (-99.01300825)}{-155.8898953}+133.\dot{3}=59.23284334$$

即有：

$$\begin{cases}x_0=0\\ y_0=0\\ z_0=59.23284334\end{cases}$$

$$\overline{AG_0}=\sqrt{(116.\dot{6}-0)^2+0^2+(133.\dot{3}-59.2328)^2}=138.2$$

当 $i=1$ 时，得：

$$\begin{cases}\dfrac{x_1-116.\dot{6}}{-39.22322867\cos(15°\times1)-116.\dot{6}}=\dfrac{y_1}{52.11858\sin(15°\times1)}\\ \qquad\qquad=\dfrac{z_i-133.\dot{3}}{34.32032509\cos(15°\times1)-133.\dot{3}}\\ y_1=1.732051x_1\end{cases}$$

$$\overline{AG_1}=\sqrt{(116.\dot{6}-x_1)^2+y_1^2+(133.\dot{3}-z_1)^2}$$

整理后得：

$$\begin{cases}\dfrac{x_1-116.\dot{6}}{-154.5533962}=\dfrac{y_1}{13.48928111}=\dfrac{z_1-133.\dot{3}}{-100.182445} & (4.180)\\ y_1=1.732051x_1. & (4.181)\end{cases}$$

将式（4.181）代入式（4.180），得：

$$\frac{x_1-116.\dot{6}}{-154.5533962}=\frac{1.732051x_1}{13.48928111}$$

整理后得

$13.48928111x_1-1573.749463=-267.6943348x_1$

所以

$$x_1=\frac{1573.749463}{281.1836159}=5.59687469$$

代入式（4.181），得：

$$y_1=9.694071328$$

代入式（4.180），得：

$$\frac{9.694071328}{13.48928111}=\frac{z_1-133.\dot{3}}{-100.182445}$$

$$z_1=\frac{-100.182445\times 9.694071328}{13.48928111}+133.\dot{3}=61.33722327$$

即有：

$$\begin{cases}x_1=5.59687469\\ y_1=9.694071328\\ z_1=61.33722327\end{cases}$$

$$\overline{AG_1}=\sqrt{(116.\dot{6}-5.5969)^2+9.6941^2+(133.\dot{3}-61.3372)^2}=132.7$$

以上计算结果列于表 4.39 中。

3）中段圆锥管素线与接合线 W 的交点 W_i 所在射线 AW_i 的长为：

$$\overline{AW_i}=\frac{197.442805\ (1-0.107922369)}{1-0.107922369\cos\left(\dfrac{360°}{24}\cdot i\right)}=\frac{176.1343097}{1-0.107922369\cos\ (15°\cdot i)}$$

（取 $i=7.6323$、8、9、…、12）

依次将 i 值代入上式计算：

当 $i=7.6323$ 时，得：

$$\overline{AW_{7.6323}}=\frac{176.1343097}{1-0.107922369\cos\ (15°×7.6323)}=168.6$$

当 $i=8$ 时，得：

$$\overline{AW_8}=\frac{176.1343097}{1-0.107922369\cos\ (15°×8)}=167.1$$

……

将计算结果列于表 4.39 中。

4）中段圆锥管素线与接合线 N 的交点 N_i 所在射线AN_i的长为：

$$\overline{AN_i}=\frac{40×197.442805(1-0.107922369)}{100\left[1-0.107922369\cos\left(\frac{360°}{24}\cdot i\right)\right]}=\frac{70.4537239}{1-0.107922369\cos(15°\cdot i)}$$

（取 $i=0$、1、2、…、24）

依次将 i 值代入上式计算.

当 $i=0$ 时，得：

$$\overline{AN_0}=\frac{70.4537239}{1-0.107922369\cos\ (15°×0)}=79.0$$

当 $i=1$ 时，得：

$$\overline{AN_1}=\frac{70.4537239}{1-0.107922369\cos\ (15°×1)}=78.7$$

……

将计算结果列于表 4.39 中。

5）中段圆锥管所在圆锥的拟展开扇形的有关几何数据：

扇形中圆锥下底圆的展开半径：$R=\frac{177.1690969}{\cos16.39252269°}=184.676$

扇形的展开角（圆心角）：$\theta=360°\sin16.39252269°=101.5978538°$

扇形中圆锥下底圆的展开弧长：104.237π

扇形中圆锥下底圆的展开弧长所对的弦长：$2×184.676\sin\frac{101.5978538°}{2}=286.223$

表 4.39　例 4.20 三脚圆管漏斗的中段圆锥管的素线所在的射线长

<table>
<tr><td>射线序号 i</td><td>0</td><td>24</td><td>1</td><td>23</td><td>2</td><td>22</td><td>3</td><td>21</td><td>4</td><td>20</td><td>5</td><td>19</td><td>6</td><td>18</td><td>7</td><td>17</td><td>7.6323
16.3677</td><td>8</td><td>16</td><td>9</td><td>15</td><td>10</td><td>14</td><td>11</td><td>13</td><td>12</td></tr>
<tr><td>AG_i长</td><td colspan="2">138.2</td><td colspan="2">132.7</td><td colspan="2">130.0</td><td colspan="2">130.0</td><td colspan="2">132.7</td><td colspan="2">138.2</td><td colspan="2">146.8</td><td colspan="2">158.9</td><td rowspan="2">168.6</td><td colspan="2"></td><td colspan="2"></td><td colspan="2"></td><td colspan="2"></td><td></td></tr>
<tr><td>AW_i长</td><td colspan="2"></td><td colspan="2"></td><td colspan="2"></td><td colspan="2"></td><td colspan="2"></td><td colspan="2"></td><td colspan="2"></td><td colspan="2"></td><td colspan="2">167.1</td><td colspan="2">163.6</td><td colspan="2">161.1</td><td colspan="2">159.5</td><td>159.0</td></tr>
<tr><td>AN_i长</td><td colspan="2">79.0</td><td colspan="2">78.7</td><td colspan="2">77.7</td><td colspan="2">76.3</td><td colspan="2">74.5</td><td colspan="2">72.5</td><td colspan="2">70.5</td><td colspan="2">68.5</td><td></td><td colspan="2">66.8</td><td colspan="2">65.5</td><td colspan="2">64.4</td><td colspan="2">63.8</td><td>63.6</td></tr>
<tr><td>说明</td><td colspan="26">中段圆锥管以坐标平面 Cxz 为对称平面形成左右对称，所以只计算半个侧面的射线长就可以了.
同理，序号为 7.63 的拐点所对应的另一拐点的序号为 24-7.63=16.37</td></tr>
</table>

（3）主圆管的展开计算

将已知数代入计算式（4.176）中，得本例的主圆管展开图曲线上的点 $W_i'(x_i、y_i)$

直角坐标计算式：

$$\begin{cases} x_i=\dfrac{100\pi}{24}\cdot i \\ y_i=160+8.242646+\dfrac{100}{2}\tan(41.18592517°-20.14634555°)\cos\left[120°+\left(\dfrac{360°}{24}\cdot i\right)\right] \end{cases}$$

（取 $i=0$、1、2、…、8）

整理后，得：

$$\begin{cases} x_i=13.09i \\ y_i=168.243+19.23284\cos\ [120°+(15°\cdot i)] \end{cases}$$

（取 $i=0$、1、2、…、8）

依次将 i 值代入上式计算。

当 $i=0$ 时，得：

$$\begin{cases} x_0=13.09\times0=0 \\ y_0=168.243+19.23284\cos[120°+(15°\times0)]=158.6 \end{cases}$$

当 $i=1$ 时，得：

$$\begin{cases} x_1=13.09\times1=13.1 \\ y_1=168.243+19.23284\cos[120°+(15°\times1)]=154.6 \end{cases}$$

……

将计算结果列于表 4.40 中。

表 4.40　例 4.20 三脚圆管漏斗的主圆管展开图曲线上的点 $W_i'(x_i,\ y_i)$ 直角坐标值

<table>
<tr><th>直角坐标
点序号 i</th><th>x_i</th><th>y_i</th><th>说　明</th></tr>
<tr><td>0</td><td>0</td><td rowspan="2">158.6</td><td rowspan="13">当描划点 $W_0'\sim W_8'$ 的直角坐标后，应以点 W_8' 的纵标 y_8 竖向直线为对称轴线，来描划点 $W_9'\sim W_{12}'$ 的直角坐标，它们与之前的点 $W_7'\sim W_4'$ 有一一对称性质；至此得到主圆管展开图曲线上一半的点的坐标，另一半点以 oy 轴为对称轴分布在另一侧</td></tr>
<tr><td>8</td><td>104.7</td></tr>
<tr><td>1</td><td>13.1</td><td rowspan="3">154.6</td></tr>
<tr><td>7</td><td>91.6</td></tr>
<tr><td>9</td><td>117.8</td></tr>
<tr><td>2</td><td>26.2</td><td rowspan="3">151.6</td></tr>
<tr><td>6</td><td>78.5</td></tr>
<tr><td>10</td><td>130.9</td></tr>
<tr><td>3</td><td>39.3</td><td rowspan="3">149.7</td></tr>
<tr><td>5</td><td>65.5</td></tr>
<tr><td>11</td><td>144.0</td></tr>
<tr><td>4</td><td>52.4</td><td rowspan="2">149.0</td></tr>
<tr><td>12</td><td>157.1</td></tr>
</table>

（4）支圆管的展开计算

将已知数代入计算式（4.177），得本例的支圆管展开图曲线上的点 $N_i'(x_i、y_i)$ 直角坐标计算式：

$$\begin{cases} x_i = \dfrac{40\pi}{24} \cdot i \\ y_i = \dfrac{40}{2}\tan\ (41.18592517° - 20.14634555°)\ \sin\left(\dfrac{360°}{24} \cdot i\right) + \dfrac{8.242646 \times 40}{100} - 30 \end{cases}$$

（取 i　0、1、2、…、24）

整理后，得：

$$\begin{cases} x_i = 5.236i \\ y_i = 7.693\sin\ (15° \cdot i)\ -26.7 \end{cases}$$

（取 i=0、1、2、…、24）

依次将 i 值代入上式计算：

当 i=0 时，得：

$$\begin{cases} x_0 = 5.236 \times 0 = 0 \\ y_0 = 7.693\sin(15° \times 0) - 26.7 = -26.7 \end{cases}$$

当 i=1 时，得：

$$\begin{cases} x_1 = 5.236 \times 1 = 5.2 \\ y_1 = 7.693\sin(15° \times 1) - 26.7 = -24.7 \end{cases}$$

……

将计算结果列于表 4.41 中。

表 4.41　例 4.20 三脚圆管漏斗的支圆管展开图曲线上的点 $N'_i(x_i,\ y_i)$ 直角坐标值

直角坐标 / 点序号 i	x_i	y_i	直角坐标 / 点序号 i	x_i	y_i	直角坐标 / 点序号 i	x_i	y_i	直角坐标 / 点序号 i	x_i	y_i
0	0	-26.7	3	15.7	-21.3	13	68.1	-28.7	16	83.8	-33.4
12	62.8		9	47.1		23	120.4		20	104.7	
24	125.7		4	20.9	-20.0	14	73.3	-30.5	17	89.0	-34.1
1	5.2	-24.7	8	41.9		22	115.2		19	99.5	
11	57.6		5	26.2	-19.3	15	78.5	-32.1	18	94.2	-34.4
2	10.5	-22.9	7	36.7		21	110.0				
10	52.4		6	31.4	-19.0						

（5）制作展开图

1）以点 A 为圆心、以 R=184.676 为半径作圆弧，并在圆弧上量取弦长 $2R\sin\dfrac{\theta}{2}$=286.2，将两端点与点 A 连线，得扇形其圆心角 θ=101.59785°，其圆弧长 $\pi\phi_C$=104.237π。将此圆弧等分 24 等份（包括拐点序号 7.6323 及序号 16.3677），各点与点 A 连线，为拟编射线 A_0、A_1、…、A_{24}，然后将表 4.39 中的射线 AN_i、AG_i、AW_i 以同序号描划到上述拟编射线上，得两组系列点 N_0、N_1、…、N_{24} 和 G_0、G_1、…、$G\ (W)_{7.6323}$、W_8、W_9、…、$W\ (G)_{16.3677}$、G_{17}、G_{18}、…、G_{24}；分别用

曲线连接各组点. 得两条有规律的曲线。这两条曲线之间的部分，即为本例的中段圆锥管的展开图，如图 4. 20d 所示。

提示：为了避免构件的纵向焊缝的重缝，将圆锥管展开图的一端内的适当尺寸的素线作为剪切线，剪切下来的部分平移到展开图的另一端，把两端线衔接牢固，这样就可以施工号料了。如图 4. 20g 所示。

2）在平面直角坐标系 oxy 中，将表 4. 40 中的点 $W'_i(x_i、y_i)$ 依序描出，得系列点 W'_0、W'_1、…、W'_{12}，并用光滑曲线连接各点，得呈现拐点的有规律曲线。以 oy 轴为对称轴，在另一侧作出其对称图形，与相关线段组成本例的主圆管的展开图，如图 4. 20e 所示。

本例的支圆管展开图的制作可参照 4. 19 节中例题的支圆管展开图的划法，如图 4. 20f 所示。

4. 21　四脚圆管漏斗的展开计算

图 4. 21a 所示为四脚圆管漏斗的立体图。如图 4. 21b 所示，四脚均布（$\alpha=90°$）圆管漏斗主、支圆管的中心直径分别为 D、d，中段连接圆锥管，每单支圆管与主圆管的中心轴线平行，即 $BC /\!/ ET$，平行间距为 e，形成中心轴线为折线 $BCET$，点 C、E 为转折点，两点间的垂直高差为 h。线段 BC 长 L_1，线段 ET 长 L_2。求该构件的展开图。

1. 预备数据（图 4. 21b、c）

1) 中段圆锥管所在圆锥（顶点 A）的有关几何数据的计算式如下：

$$\left.\begin{aligned}&\text{圆锥的半顶角：}\frac{\angle A}{2}=\arcsin\frac{D-d}{2\sqrt{e^2+h^2}}\\&\text{圆锥的底圆直径：}\phi_C=\frac{D}{\cos\dfrac{\angle A}{2}}\\&\text{圆锥的中心轴线高：}\overline{AC}=\frac{D}{2\sin\dfrac{\angle A}{2}}\\&\text{圆锥管与主、支圆管的中心轴线的夹角：}\beta=\arctan\frac{e}{h}\end{aligned}\right\}\qquad(4.182)$$

式中　d——支圆管的板厚中心直径；

D——主圆管的板厚中心直径；

e——主、支圆管中心轴线的平行间距；

h——转折点 C、E 的垂直高差。

2）每单支圆锥管与主圆管的接合线 W（投影）的两端点 W_0、$W_{\frac{1}{2}i_{\max}}$ 到圆锥顶点 A 的射线 AW_0、$AW_{\frac{1}{2}i_{\max}}$ 的长的计算式：

$$\begin{cases}\overline{AW_0}=\dfrac{\overline{AC}\sin\beta+\dfrac{D}{2}}{\sin\left(\beta+\dfrac{\angle A}{2}\right)}\\[2ex]\overline{AW_{\frac{1}{2}i_{\max}}}=\dfrac{\overline{AC}\sin\beta-\dfrac{D}{2}}{\sin\left(\beta-\dfrac{\angle A}{2}\right)}\end{cases}\tag{4.183}$$

式中　D——同前；

i——参变数。最大值 $i_{\max}$ 是圆管的直径圆周需要等分的份数，且应是数“4”的整数倍.

3）本节计算中使用的定数：

$$\mu=\frac{\overline{AW_0}-\overline{AW_{\frac{1}{2}i_{\max}}}}{\overline{AW_0}+\overline{AW_{\frac{1}{2}i_{\max}}}}\tag{4.184}$$

4）接合线 W、N 与圆锥底面的夹角：

$$\angle W=\angle N=\arctan\frac{\mu}{\tan\dfrac{\angle A}{2}}\tag{4.185}$$

5）主圆管中心轴线与接合线 W 的交点 J，所得线段$\overline{CJ}$的长的计算式：

$$\overline{CJ}=\frac{D}{2}\left\{\tan\left[\frac{1}{2}\left(\beta+\frac{\angle A}{2}\right)\right]-\tan(\beta-\angle W)\right\}\tag{4.186}$$

式中　D——同前。

2. 中段圆锥管的展开计算（图 4.21c）

1）中段圆锥管展开图曲线上的拐点 u 的排序号 i_u 的计算式：

① 在直角坐标系 Cxz 中，拐点 u（x、z）直角坐标计算式为：

$$\begin{cases}x=\dfrac{\sqrt{2}D}{24}\\[1ex]z=\overline{CJ}-\tan(\beta-\angle W)x\end{cases}\tag{4.187}$$

式中　D——同前；

$\overline{CJ}$、β、$\angle W$——见“预备数据”。

② 在旋转 β 角度的新直角坐标 $Cx'z'$中，拐点 u（x'，z'）直角坐标计算式为：

$$\begin{cases}x'=x\cos\beta-z\sin\beta\\z'=x\sin\beta+z\cos\beta\end{cases}\tag{4.188}$$

式中　β——同前。

③ 拐点 u 在圆锥底面圆上所占的圆心角（由射线AW_0起始）V_u 的计算式为：

$$V_u = 180° - \arccos \frac{x'}{(\overline{AC} - z')\tan\dfrac{\angle A}{2}} \tag{4.189}$$

式中　$\dfrac{\angle A}{2}$、$\overline{AC}$——见“预备数据”。

④ 拐点 u 的排序号 i_u 的计算式为：

$$i_u = \frac{i_{max}}{360°} \cdot V_u \tag{4.190}$$

式中　i——参变数，最大值 i_{max} 是圆的直径圆周需要等分的份数，且应是数“8”的整数倍。

2）在直角坐标系 $Cxyz$ 中，中段圆锥管素线与接合线 G 的交点 G_i（x_i、y_i、z_i）直角坐标及其所在射线$\overline{AG_i}$的长的计算式如下：

① 圆锥顶点 A（x_A、y_A、z_A）直角坐标计算式为：

$$\begin{cases} x_A = \overline{AC}\sin\beta \\ y_A = 0 \\ z_A = \overline{AC}\cos\beta \end{cases} \tag{4.191}$$

式中　$\overline{AC}$、β——见“预备数据”。

② 交点 G_i（x_i、y_i、z_i）直角坐标及射线$\overline{AG_i}$的长的计算式为：

$$\begin{cases} \dfrac{x_i - x_A}{\dfrac{-\phi_C}{2}\cos\beta\cos\left(\dfrac{360°}{i_{max}} \cdot i\right) - x_A} = \dfrac{y_i}{\dfrac{\phi_C}{2}\sin\left(\dfrac{360°}{i_{max}} \cdot i\right)} = \dfrac{z_i - z_A}{\dfrac{\phi_C}{2}\sin\beta\cos\left(\dfrac{360°}{i_{max}} \cdot i\right) - z_A} \\ y_i = x_i \end{cases} \tag{4.192}$$

$$\overline{AG_i} = \sqrt{(x_A - x_i)^2 + y_i^2 + (z_A - z_i)^2} \tag{4.193}$$

（取 $i = 0$、1、2、…、i_u）

式中　ϕ_C、β——见“预备数据”；

i——同前。

3）中段圆锥管素线与接合线 W 的交点 W_i 所在射线$\overline{AW_i}$的长的计算式：

$$\overline{AW_i} = \frac{\overline{AW_0}(1-\mu)}{1-\mu\cos\left(\dfrac{360°}{i_{max}} \cdot i\right)} \tag{4.194}$$

$\left[\text{取 } i = i_u\text{、}i_u\text{<临近第 1 整数、…、}\dfrac{1}{2}i_{max}-1\text{、}\dfrac{1}{2}i_{max}\right]$

式中　$\overline{AW_0}$、μ——见“预备数据”；

i——同前。

4）中段圆锥管素线与接合线 N 的交点 N_i 所在射线$\overline{AN_i}$的长的计算式：

$$\overline{AN_i}=\frac{d\,\overline{AW_0}(1-\mu)}{D\left[1-\mu\cos\left(\frac{360°}{i_{\max}}\cdot i\right)\right]} \tag{4.195}$$

（取 $i=0$、1、2、…、$i_{\max}$）

式中　d——支圆管中心直径；

D——主圆管中心直径；

μ、$\overline{AW_0}$——见“预备数据”；

i——同前。

5）中段圆锥管所在圆锥（顶点 A）的拟展开扇形的有关几何数据计算式如下：

$$\left.\begin{aligned}&\text{扇形中圆锥下底圆的展开半径}:R=\frac{\overline{AC}}{\cos\frac{\angle A}{2}}\\&\text{扇形的展开角(圆心角)}:\theta=360°\sin\frac{\angle A}{2}\\&\text{扇形中圆锥下底圆的展开弧长}:\pi\phi_C\\&\text{扇形中圆锥下底圆的展开弧长所对的弦长}:2R\sin\frac{\theta}{2}\end{aligned}\right\} \tag{4.196}$$

式中　π——圆周率；

$\overline{AC}$、$\frac{\angle A}{2}$、ϕ_C——见“预备数据”。

3. 主圆管的展开计算

主圆管展开图曲线上的点 $W'_i(x_i、y_i)$ 直角坐标计算式为：

$$\begin{cases}x_i=\frac{\pi D}{i_{\max}}\cdot i\\y_i=L_1+\overline{CJ}+\frac{D}{2}\tan(\beta-\angle W)\cos\left[135°+\left(\frac{360°}{i_{\max}}\cdot i\right)\right]\end{cases} \tag{4.197}$$

$\left(\text{取 } i=0、1、2、…、\frac{1}{4}i_{\max}\right)$

式中　L_1——主圆管中心轴线的截取长度；

π、D、$\overline{CJ}$、β、$\angle W$、i——同前。

提示：所得展开图是主圆管展开图的四分之一段，还需要相同的另外三段，首尾衔接组成主圆管展开图，还要避免构件的纵向焊缝的重缝。请参阅本例题中该段作图方法的阐述。

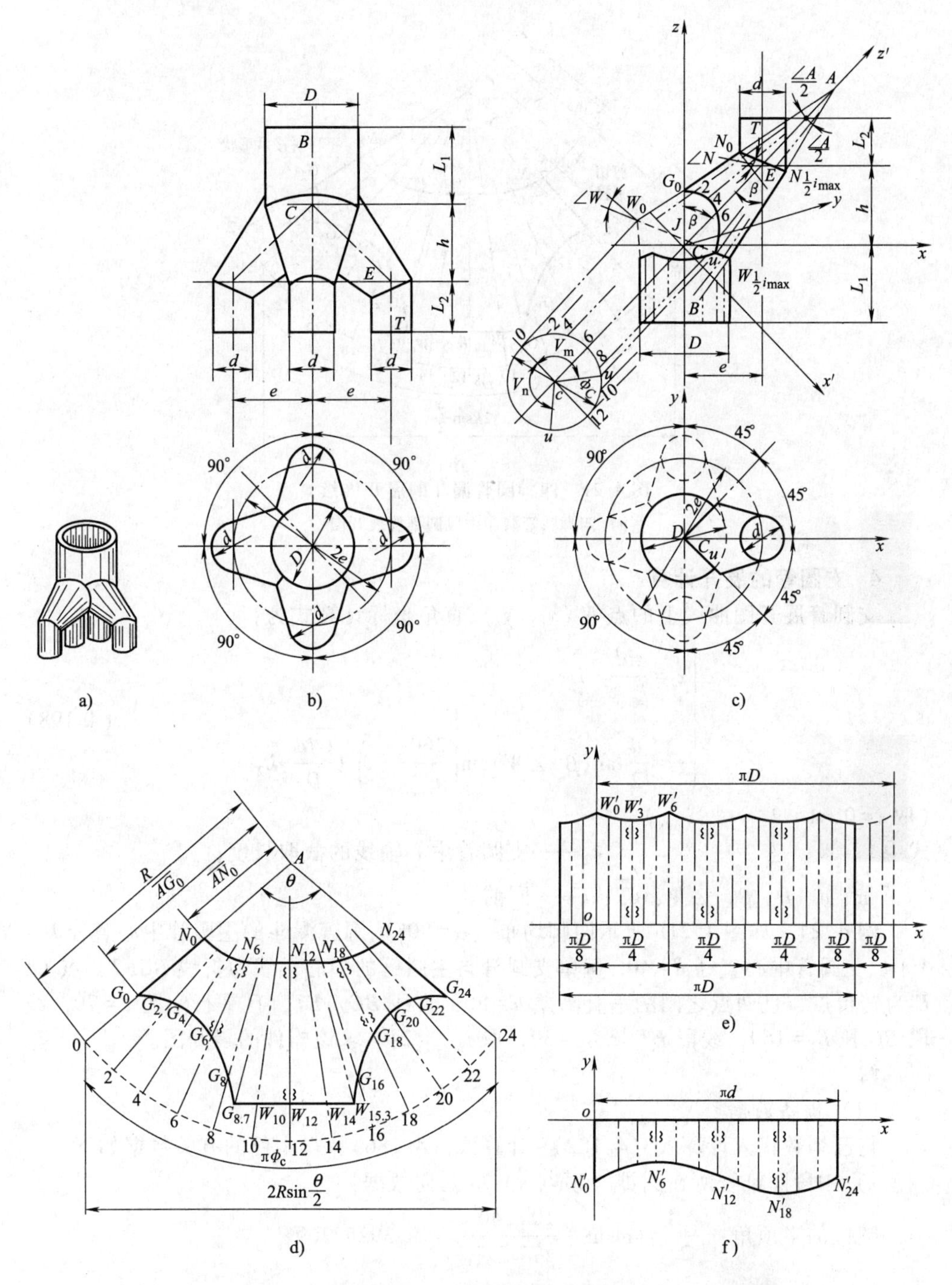

图 4.21　四脚圆管漏斗的展开

a）立体图　b）四脚圆管漏斗示意图　c）四脚圆管漏斗计算展开辅助示意图

d）四脚圆管漏斗中段圆锥管展开图示意　e）四脚圆管漏斗主圆管展开图示意

f）四脚圆管漏斗支圆管展开图示意

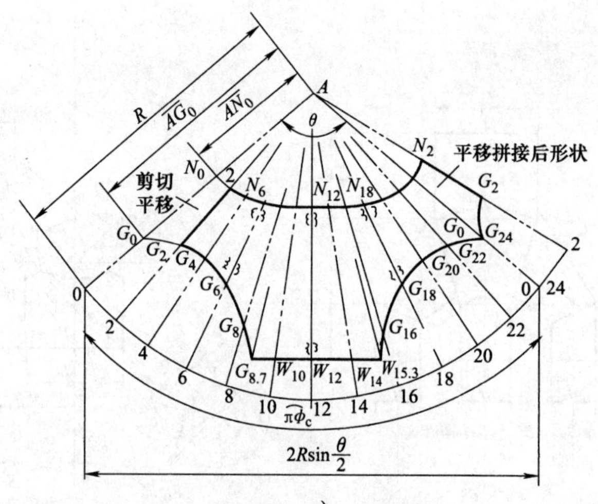

图 4.21　四脚圆管漏斗的展开（续）

g）四脚圆管漏斗中段圆锥管展开图

4. 支圆管的展开计算

支圆管展开图曲线上的点 $N'_i(x_i,\ y_i)$ 直角坐标计算式为：

$$\begin{cases} x_i = \dfrac{\pi d}{i_{\max}} \cdot i \\ y_i = \dfrac{d}{2}\tan(\beta - \angle W)\sin\left(\dfrac{360°}{i_{\max}} \cdot i\right) + \dfrac{\overline{CJ}d}{D} - L_2 \end{cases} \tag{4.198}$$

（取 $i=0$、1、2、…、$i_{\max}$）

式中　　L_2——支圆管中心轴线的截取长度；

π、d、D、β、$\angle W$、$\overline{CJ}$、i——同前。

例 4.21　如图 4.21b 所示四脚均布（$\alpha=90°$）圆管漏斗的主圆管中心直径 $D=100$，支圆管中心直径 $d=40$. 每单支圆管与主圆管的中心轴线为折线 $BCET$，点 C、E 为转折点，且两点之间的垂直高差 $h=80$，直线 $BC\,/\!/\,ET$，且平行间距 $e=70$，线段 BC 长 $L_1=160$，线段 ET 长 $L_2=30$，取 $i_{\max}=24$。求该构件的展开图。

解

（1）预备数据

将已知数代入计算式（4.182）~计算式（4.186），得本例的有关数据如下：

1）中段圆锥管所在圆锥（顶点 A）的几何数据：

圆锥的半顶角：$\dfrac{\angle A}{2} = \arcsin\dfrac{100-40}{2\sqrt{70^2+80^2}} = 16.39252269°$

圆锥的中心轴线高：$\overline{AC} = \dfrac{100}{2\sin16.39252269°} = 177.1690969$

圆锥的底圆直径：$\phi_C = \dfrac{100}{2\cos16.39252269°} = 104.2371556$

圆锥管与主、支圆管中心轴线的夹角：$\beta=\arctan\dfrac{70}{80}=41.18592517°$

2）接合线 W 的投影线段的两端点 W_0、W_{12} 到圆锥顶点 A 的射线 AW_0、AW_{12} 的长：

$$\overline{AW_0}=\frac{177.1690969\sin41.18592517°+\dfrac{100}{2}}{\sin(41.18592517°+16.39252269°)}=197.442805$$

$$\overline{AW_{12}}=\frac{177.1690969\sin41.18592517°-\dfrac{100}{2}}{\sin(41.18592517°-16.39252269°)}=158.977122$$

3）本节计算中使用的定数：$\mu=\dfrac{197.442805-158.977122}{197.442805+158.977122}=0.107922369$

4）接合线 W、N 与圆锥底面的夹角：

$$\angle W=\angle N=\arctan\frac{0.107922369}{\tan16.39252269°}=20.14634555°$$

5）线段 CJ 的长：

$$\overline{CJ}=\frac{100}{2}\left\{\tan\left[\frac{1}{2}(41.18592517°+16.39252269°)\right]-\tan(41.18592517°-20.14634555°)\right\}$$
$$=8.242646$$

（2）中段圆锥管的展开计算

将已知数代入计算式（4.187）~计算式（4.196），得本例的中段圆锥管的展开所需数据如下：

1）中段圆锥管展开图曲线上的拐点 u 的排序号 i_u 的计算：

① 在直角坐标系 Cxz 中，拐点 u（x、z）直角坐标为：

$$\begin{cases}x=\dfrac{\sqrt{2}}{4}\times100=35.35533906\\ z=8.242646-\tan(41.18592517°-20.14634555°)\times35.35533906=-5.357026638\end{cases}$$

② 在旋转 $\beta=41.18592517°$ 的新直角坐标系 $Cx'z'$ 中，拐点 u（x'，z'）直角坐标为：

$$\begin{cases}x'=35.35533906\cos41.18592517°-(-5.357026638)\sin41.18592517°=30.13523093\\ z'=35.35533906\sin41.18592517°+(-5.357026638)\cos41.18592517°=19.25008028\end{cases}$$

③ 拐点 u 在圆锥底面圆上所占的圆心角（由射线 AW_0 起始）V_u 为：

$$V_u=180°-\arccos\frac{30.13523093}{(177.1690969-19.25008028)\tan16.39252269°}=130.4427156°$$

④ 拐点 u 的排序号 i_u 为：

$$i_u=\frac{24}{360°}\times130.4427156°=8.69618$$

2）在直角坐标系 $Cxyz$ 中，中段圆锥管素线与接合线 G 的交点 G_i（x_i，y_i、z_i）

直角坐标及其所在射线AG_i的长的计算：

① 圆锥顶点A（x_A、y_A、z_A）直角坐标为：

$$\begin{cases} x_A = 177.1690969\sin41.18592517° = 116.\dot{6} \\ y_A = 0 \\ z_A = 177.1690969\cos41.18592517° = 133.\dot{3} \end{cases}$$

② 交点G_i（x_i、y_i、z_i、）直角坐标及射线AG_i的长的计算式为：

$$\begin{cases} \dfrac{x_i - 116.\dot{6}}{\dfrac{-104.23716}{2}\cos41.18592517°\cos\left(\dfrac{360°}{24}\cdot i\right) - 116.\dot{6}} = \dfrac{y_i}{\dfrac{104.23716}{2}\sin\left(\dfrac{360°}{24}\cdot i\right)} \\ \qquad = \dfrac{z_i - 133.\dot{3}}{\dfrac{104.23716}{2}\sin41.18592517°\cos\left(\dfrac{360°}{24}\cdot i\right) - 133.\dot{3}} \\ y_i = x_i \end{cases}$$

$$\overline{AG_i} = \sqrt{(116.\dot{6} - x_i)^2 + y_i^2 + (133.\dot{3} - z_i)^2}$$

（取i=0、1、2、…、8.69618）

整理后得：

$$\begin{cases} \dfrac{x_i - 116.\dot{6}}{-39.22322867\cos(15°\cdot i) - 116.\dot{6}} = \dfrac{y_i}{52.11858\sin(15°\cdot i)} \\ \qquad = \dfrac{z_i - 133.\dot{3}}{34.32032509\cos(15°\cdot i) - 133.\dot{3}} \\ y_i = x_i \end{cases}$$

（取i=0、1、2、…、8.69618）

$$\overline{AG_i} = \sqrt{(116.\dot{6} - x_i)^2 + y_i^2 + (133.\dot{3} - z_i)^2}$$

（取i=0、1、2、…、8.69618）

依次将i值代入上式计算：

当i=0时，得：

$$\begin{cases} \dfrac{x_0 - 116.\dot{6}}{-39.22322867\cos(15°\times0) - 116.\dot{6}} = \dfrac{y_0}{52.11858\sin(15°\times0)} \\ \qquad = \dfrac{z_0 - 133.\dot{3}}{34.32032509\cos(15°\times0) - 133.\dot{3}} \\ y_0 = x_0 \end{cases}$$

$$\overline{AG_0}=\sqrt{(116.\dot{6}-x_0)^2+y_0^2+(133.\dot{3}-z_0)^2}$$

整理后得：

$$\begin{cases}\dfrac{x_0-116.\dot{6}}{-155.8898954}=\dfrac{y_0}{0}=\dfrac{z_0-133.\dot{3}}{-99.01300825} & (4.199)\\ y_0=x_0. & (4.200)\end{cases}$$

$$\overline{AG_0}=\sqrt{(116.\dot{6}-x_0)^2+y_0^2+\ (133.\dot{3}-z_0)^2}$$

在式（4.199）中，只有当 $y_0=0$ 时等式才能成立，

将 $y_0=0$ 代入式（4.200），得：$0=x_0$；将 $x_0=0$ 代入式（4.199），得：

$$\frac{0-116.\dot{6}}{-155.8898954}=\frac{z_0-133.\dot{3}}{-99.01300825},$$

故

$$z_0=\frac{-116.\dot{6}\times(-99.01300825)}{-155.8898954}+133.\dot{3}=59.23284334$$。即有：

$$\begin{cases}x_0=0\\ y_0=0\\ z_0=59.23284\end{cases}$$

$$\overline{AG_0}=\sqrt{(116.\dot{6}-0)+0^2+(133.\dot{3}-59.23284)^2}=138.2$$

当 $i=1$ 时，得：

$$\begin{cases}\dfrac{x_1-116.\dot{6}}{-39.22322867\cos(15°\times1)-116.\dot{6}}=\dfrac{y_1}{52.11858\sin(15°\times1)}\\ \qquad=\dfrac{z_1-133.\dot{3}}{34.32032509\cos(15°\times1)-133.\dot{3}}\\ y_1=x_1\end{cases}$$

$$\overline{AG_1}=\sqrt{(116.\dot{6}-x_1)^2+y_1^2+(133.\dot{3}-z_1)^2}$$

整理后得：

$$\begin{cases}\dfrac{x_1-116.\dot{6}}{-154.5533962}=\dfrac{y_1}{13.48928111}=\dfrac{z_1-133.\dot{3}}{-100.182445} & (4.201)\\ y_1=x_1 & (4.202)\end{cases}$$

$$\overline{AG_1}=\sqrt{(116.\dot{6}-x_1)^2+y_1^2+(133.\dot{3}-z_1)^2}$$

将式（4.202）代入式（4.201），得：

$$\frac{x_1-116.\dot{6}}{-154.5533962}=\frac{x_1}{13.48928111}$$

化简后得：

$$13.48928111x_1-1573.749463=-154.5533962x_1$$

移项后得：

$$168.0426773x_1=1573.749463$$

所以

$$x_1=9.365177276$$

代入式（4.202）得：

$$y_1=9.365177276$$

代入式（4.201）得：

$$\frac{9.365177276}{13.48928111}=\frac{z_1-133.\dot{3}}{-100.182445}$$

所以

$$z_1=\frac{-100.182445\times 9.365177276}{13.48928111}+133.\dot{3}=63.77985975$$

即有：

$$\begin{cases}x_1=9.365177276\\ y_1=9.365177276\\ z_1=63.77985975\end{cases}$$

$$\overline{AG_1}=\sqrt{(116.\dot{6}-9.36518)^2+9.36518^2+(133.\dot{3}-63.77986)^2}=128.2$$

……

以上计算结果列于表 4.42 中。

3）中段圆锥管素线与接合线 W 的交点 W_i 所在射线AW_i的长的计算：

$$\overline{AW_i}=\frac{197.442805\ (1-0.107922369)}{1-0.107922369\cos\left(\frac{360°}{24}\cdot i\right)}=\frac{176.1343097}{1-0.107922369\cos\ (15°\cdot i)}$$

（取 $i=8.69618$、9、…、12）

依次将 i 值代入上式计算：

当 $i=8.69618$ 时，得：

$$\overline{AW_{8.69618}}=\frac{176.1343097}{1-0.107922369\cos\ (15°\times 8.69618)}=164.6$$

当 $i=9$ 时，得：

$$\overline{AW_9}=\frac{176.1343097}{1-0.107922369\cos\ (15°\times 9)}=163.6$$

……

以上计算结果列于表 4.42 中。

4）中段圆锥管素线与接合线 N 的交点 N_i 所在射线AN_i的长的计算：

$$\overline{AN_i}=\frac{40\times197.442805\ (1-0.107922369)}{100\left[1-0.107922369\cos\left(\dfrac{360°}{24}\cdot i\right)\right]}=\frac{70.4537239}{1-0.107922369\cos\ (15°\cdot i)}$$

（取 $i=0$、1、2、…、24）

依次将 i 值代入上式计算：

当 $i=0$ 时，得：

$$\overline{AN_0}=\frac{70.4537239}{1-0.107922369\cos\ (15°\times0)}=79.0$$

当 $i=1$ 时，得：

$$\overline{AN_1}=\frac{70.4537239}{1-0.107922369\cos\ (15°\times1)}=78.7$$

……

将计算结果列于表 4.42 中。

表 4.42　例 4.21 四脚圆管漏斗的中段圆锥管素线所在射线的长

射线序号 i	0、24	1、23	2、22	3、21	4、20	5、19	6、18	7、17	8、16	8.696、15.304	9、15	10、14	11、13	12
AG_i长	138.2	128.2	121.9	118.9	118.8	121.6	127.7	137.4	151.5	164.6				
AW_i长											163.6	161.1	159.5	159.0
AN_i长	79.0	78.7	77.7	76.3	74.5	72.5	70.5	68.5	66.8		65.5	64.4	63.8	63.6
说明	中段圆锥管以坐标平面 Cxz 为对称平面形成左右对称，所以只需计算半个侧面的射线长就可以了；同理，序号为 8.7 的拐点所对应的另一拐点的序号为 24−8.7=15.3													

5）中段圆锥管所在圆锥的拟展开扇形的有关几何数据：

扇形中圆锥下底圆的展开半径：$R=\dfrac{177.1690969}{\cos16.39252269°}=184.676$

扇形的展开角（圆心角）：$\theta=360°\sin16.39252269°=101.5978538°$

扇形中圆锥下底圆的展开弧长：104.237π

扇形中圆锥下底圆的展开弧长所对的弦长：$2\times184.676\sin\dfrac{101.5978538}{2}=286.223$

（3）主圆管的展开计算

将已知数代入计算式（4.197），得本例的主圆管展开图曲线上的点 $W'_i(x_i, y_i)$ 直角坐标计算式：

$$\begin{cases} x_i = \dfrac{100\pi}{24} \cdot i \\ y_i = 160+8.242646+\dfrac{100}{2}\tan(41.18592517°-20.14634555°)\cos\left[135°+\left(\dfrac{360°}{24} \cdot i\right)\right] \end{cases}$$

（取 $i=0$、1、2、…、6）

整理后，得

$$\begin{cases} x_i = 13.09i \\ y_i = 168.243+19.23284\cos[135°+(15° \cdot i)] \end{cases}$$

（取 $i=0$、1、2、…、6）

依次将 i 值代入上式计算：

当 $i=0$ 时，得：

$$\begin{cases} x_0 = 13.09\times0 = 0 \\ y_0 = 168.243+19.23284\cos[135°+(15°\times0)] = 154.6 \end{cases}$$

当 $i=1$时，得：

$$\begin{cases} x_1 = 13.09\times1 = 13.1 \\ y_1 = 168.243+19.23284\cos[135°+(15°\times1)] = 151.6 \end{cases}$$

……

将计算结果列于表 4.43 中。

（4）支圆管的展开计算

将已知数代入计算式（4.198），得本例的支圆管展开图曲线上的点 $N'_i(x_i、y_i)$ 直角坐标计算式：

$$\begin{cases} x_i = \dfrac{40\pi}{24} \cdot i \\ y_i = \dfrac{40}{2}\tan(41.18592517°-20.14634555°)\sin\left(\dfrac{360°}{24} \cdot i\right)+\dfrac{8.242646\times40}{100}-30 \end{cases}$$

（取 $i=0$、1、2、…、24）

整理后，得：

$$\begin{cases} x_i = 5.236i \\ y_i = 7.693\sin(15° \cdot i)-26.7 \end{cases}$$

（取 $i=0$、1、2、…、24）

依次将 i 值代入上式计算.

当 $i=0$ 时，得：

$$\begin{cases} x_0 = 5.236\times0 = 0 \\ y_0 = 7.693\sin(15°\times0)-26.7 = -26.7 \end{cases}$$

当 $i=1$时，得：

$$\begin{cases} x_1 = 5.236\times1 = 5.2 \\ y_1 = 7.693\sin(15°\times1) - 26.7 = -24.7 \end{cases}$$

……

将计算结果列于表 4.44 中。

表 4.43　例 4.21 四脚圆管漏斗的主圆管展开图曲线上的点 $W'_i(x_i, y_i)$ 直角坐标值

点序号 i \ 直角坐标	x_i	y_i	说　明
0	0	154.6	点 W'_0 ~ W'_6 的图形曲线，只是主圆管展开图的四分之一段，另外三段与此段相同。把这四段图形首尾衔接相连，即组成主圆管的展开图.为了避免构件纵向焊缝的重缝，应该将展开图的端部按纵向素线剪切下来一小部分并平移到另一端，把原来相等的两端线衔接牢固，重新组成主圆管展开图
6	78.5		
1	13.1	151.6	
5	65.5		
2	26.2	149.7	
4	52.4		
3	39.3	149.0	

表 4.44　例 4.21 四脚圆管漏斗的支圆管展开图曲线上的点 $N'_i(x_i, y_i)$ 直角坐标值

点序号 i \ 直角坐标	x_i	y_i	点序号 i \ 直角坐标	x_i	y_i	点序号 i \ 直角坐标	x_i	y_i	点序号 i \ 直角坐标	x_i	y_i
0	0	-26.7	3	15.7	-21.3	13	68.1	-28.7	16	83.8	-33.4
12	62.8		9	47.1		23	120.4		20	104.7	
24	125.7		4	20.9	-20.0	14	73.3	-30.5	17	89.0	-34.1
1	5.2	-24.7	8	41.9		22	115.2		19	99.5	
11	57.6		5	26.2	-19.3	15	78.5	-32.1	18	94.2	-34.4
2	10.5	-22.9	7	36.7		21	110.0				
10	52.4		6	31.4	-19.0						

5. 制作展开图

1）参照 4.20 节中制作中段圆锥管展开图的方法，应用本例表 4.42 中的点划制本节例题的中段圆锥管展开图，如图 4.21d 所示。

2）在直角坐标 oxy 中，将表 4.43 中的点 $W'_i(x_i、y_i)$ 依序描出，得系列点W'_0、W'_1、…、W'_6，用光滑曲线连接各点，得一规律曲线，与有关线段组成主圆管展开图的四分之一段。将这样相同的四段图形首尾相连，再将靠端部的一条最短纵向素线作为剪切线剪切下来一小部分，并平移到另一端，将原等长的两端线衔接牢固，重新组成主圆管展开图，如图 4.21e 所示。

3）参照 4.20 节中制作支圆管展开图的方法，划制本例题的支圆管展开图，如

图 4. 21f 所示。

提示：为了避免构件的纵向焊缝的重缝，将渐缩圆管展开图 4. 21d 由端部向里的适当距离的一纵向素线作为剪切线，剪下来的一小部分平移到展开图的另一端，把两等长的两端线衔接牢固，变形后的展开图方可施工号料，如图 4. 21g 所示。

第5章　有关配套的几何图形与相关的数学公式的应用

5.1　大跨度构件起拱的抛物线拱形弧的计算描点划法

结构工程中的大跨度承重构件，如桥梁、屋架、桁架、天车梁等的上、下弦杆都要求起拱。其原理是：使构件水平弦杆在跨度中点处向上升起一设计高度（称拱高），从而使构件在跨度上的两端点及其中点这三点在一条向上凸起的圆弧线上，这样承重构件就处于良好的受力状态，以抛物线拱形弧受力最佳。

图5.1a所示为大跨度构件起拱示意图。图5.1b所示为大跨度构件的起拱抛物线拱形弧，构件跨度AB长$2a$，设计起拱高度为b，其抛物线拱形弧上的半跨度内各分点m_i（x_i，y_i）直角坐标计算式为：

$$\begin{cases} x_i=\dfrac{a}{i_{\max}}\cdot i \\ y_i=b\left[1-\left(\dfrac{i}{i_{\max}}\right)^2\right] \end{cases} \tag{5.1}$$

（取$i=0$、1、2、…、$i_{\max}$）

式中　a——构件跨度长的一半；

b——构件起拱的高度（设计拱高）；

i——参变数，最大值$i_{\max}$是构件跨度长的一半需要等分的份数，在桁架结构中，取半跨度的节点之间的间隔数，在实腹梁结构中，所取份数应适当密集些。

例5.1　如图5.1b、c所示，某桁架式铁路桥跨度AB长的一半$a=12000$，设计要求桥的上、下水平弦杆跨度的中点o起拱高度$b=90$，桥梁半跨度内的节点之间的间隔数$i_{\max}=4$。求该桥梁起拱的抛物线拱形弧。

解：将已知数代入计算式（5.1）中，得本例桥梁起拱抛物线拱形弧在半跨度内的弧线上的各分点m_i（x_i、y_i）直角坐标计算式：

$$\begin{cases} x_i=\dfrac{12000}{4}\cdot i=3000\cdot i \\ y_i=90\left[1-\left(\dfrac{i}{4}\right)^2\right] \end{cases}$$

（取$i=0$、1、2、…、4）

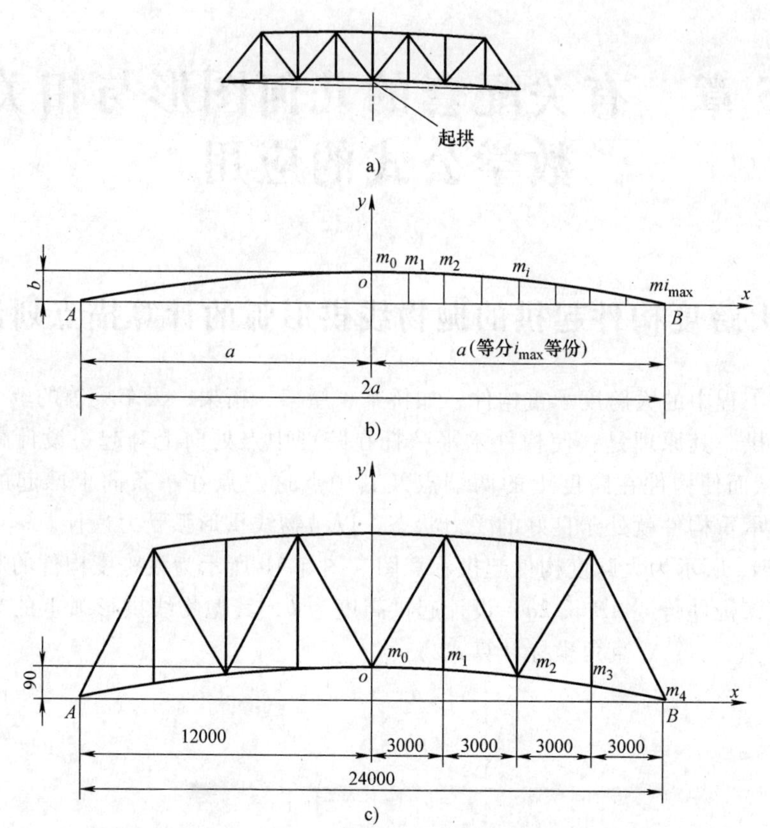

图 5.1　大跨度构件起拱的抛物线拱形弧的计算描点划法

a）示意图　b）大跨度构件起拱抛物线的拱形弧的计算描点划法示意图

c）某桁架式铁路桥起拱抛物线的拱形弧示意图

依次将 i 值代入上式计算：

当 $i=0$ 时，得

$$\begin{cases} x_0 = 3000\times0 = 0 \\ y_0 = 90\times\left[1-\left(\dfrac{0}{4}\right)^2\right] = 90 \end{cases}$$

当 $i=1$ 时，得：

$$\begin{cases} x_1 = 3000\times1 = 3000 \\ y_1 = 90\left[1-\left(\dfrac{1}{4}\right)^2\right] = 84.375 \end{cases}$$

……

以上计算结果列于表 5.1 中。

在平面直角坐标系 oxy 中，将表 5.1 中的点 m_i（x_i，y_i）描出，用光滑曲线连接这组系列点 m_0、m_1、…、m_4 得一规律曲线，并在 oy 轴的另一侧划出其对称曲线，可得该桥梁的起拱抛物线拱形弧，如图5.1c所示。

表5.1　例5.1某桁架式铁路桥起拱抛物线拱形弧在半跨度内的弧线上各分点 m_i（x_i，y_i）直角坐标值

直角坐标 \ 点序号 i	0	1	2	3	4
x_i	0	3000	6000	9000	12000
y_i	90	84.4	67.5	39.4	0

5.2　超长半径的圆弧及大跨度构件起拱的圆弧的计算描点划法

施工中会遇到所划圆弧的半径长达十多米或更长，如炼铁高炉钢甲展开图的圆弧边的半径、大跨度构件的起拱圆弧的半径都是超长半径，不易直接划出圆弧线。本节介绍计算描点划圆弧法，该划法能准确简便地划出这种圆弧。

1. 超长半径的圆弧的计算描点划法

图5.2a所示为圆弧示意图。如图5.2b所示，圆弧$\overset{\frown}{AB}$的半径R及其所对的弦（线段）长$2a$。拟设将线段（弦）的长的一半a等分$i_{\max}$等份。过各等分点作线段的垂线与圆弧$\overset{\frown}{AB}$相交于点m_i，则圆弧$\overset{\frown}{AB}$上的点m_i（x_i，y_i）直角坐标计算式为：

$$\begin{cases} x_i = \dfrac{a}{i_{\max}} \cdot i \\ y_i = \sqrt{R^2 - \left(\dfrac{a}{i_{\max}} \cdot i\right)^2} - \sqrt{R^2 - a^2} \end{cases} \tag{5.2}$$

（取$i=0$、1、2、…、$i_{\max}$）

式中　a——圆弧所对的弦（线段）长的一半；

R——线段（弦）所对圆弧的半径；

i——参变数，最大值$i_{\max}$是线段（弦）长的一半需要等分的份数。

例5.2　如图5.2b所示，已知线段AB的长的一半$a=1200$，过线段两端点A、B的圆弧$\overset{\frown}{AB}$的半径$R=15000$。现以线段AB为圆弧的弦长，以R为半径，用计算描点划圆弧法，描划出圆弧$\overset{\frown}{AB}$. 取$i_{\max}=12$。

解：将已知数代入计算式（5.2）中，得本例所需圆弧$\overset{\frown}{AB}$上的点m_i（x_i、y_i）直角坐标计算式：

$$\begin{cases} x_i = \dfrac{1200}{12} \cdot i = 100i \\ y_i = \sqrt{15000^2 - \left(\dfrac{1200}{12} \cdot i\right)^2} - \sqrt{15000^2 - 1200^2} = \sqrt{15000^2 - (100 \cdot i)^2} - 14951.923 \end{cases}$$

（取 $i=0$、1、2、…、12）

依次将 i 值代入上式计算：

当 $i=0$ 时，得：

$$\begin{cases} x_0 = 100\times 0 = 0 \\ y_0 = \sqrt{15000^2-(100\times 0)^2}-14951.923 = 48.077 \end{cases}$$

当 $i=1$ 时，得：

$$\begin{cases} x_1 = 100\times 1 = 100 \\ y_1 = \sqrt{15000^2-(100\times 1)^2}-14951.923 = 47.744 \end{cases}$$

……

将计算结果列于表 5.2 中。

表 5.2　例 5.2 过线段 AB 的两端点、以半径 R 作圆弧 AB 的圆弧线上的点 m_i（x_i、y_i）直角坐标值

直角坐标 \ 点序号 i	0	1	2	3	4	5	6	7	8	9	10	11	12
x_i	0	100	200	300	400	500	600	700	800	900	1000	1100	1200
y_i	48.1	47.7	46.7	45.1	42.7	39.7	36.1	31.7	26.7	21.1	14.7	7.7	0

在平面直角坐标系 oxy 中，将表 5.2 中的点 m_i（x_i、y_i）依序描出。用光滑曲线连接这组系列点 m_0、m_1、…、m_{12}，得一规整圆弧。在 oy 轴的另一侧，作出其对称圆弧，可得例 5.2 所需圆弧 AB，如图 5.2b 所示。

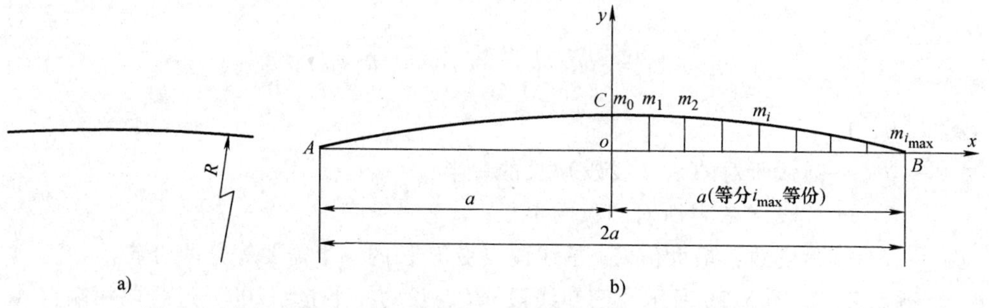

图 5.2　超长半径的圆弧及大跨度构件起拱的圆弧线的计算描点划法

a）示意图　b）超长半径圆弧线计算描点划法示意图

2. 大跨度构件起拱的圆弧的计算描点划法

如图 5.2b 所示，某大跨度构件的跨度 AB 长 $2a$，设计要求水平弦杆跨度的中点 o 处起拱高度 $\overline{oc}=b$. 这就是过线段 AB 的两端点 A、B 及其中间点 C 作一圆弧 ACB. 圆弧ACB的未知半径 R 的计算式为：

$$R=\frac{a^2+b^2}{2b} \tag{5.3}$$

式中　a——构件跨度长的一半；

　　　b——构件起拱的高度（设计拱高）。

至此，构件跨度的一半 a 及过点 A、C、B 的圆弧 $\overset{\frown}{ACB}$ 的半径 R 均为已知数。可应用本节的计算式（5.2）所阐述的超长半径的圆弧的计算描点划法，作出大跨度构件的起拱圆弧线。

5.3　标准椭圆的计算描点划法

图 5.3a 所示为标准椭圆的示意图。如图 5.3b 所示，一个平面斜截（不通过顶点）圆锥壳体及等径圆管，所得的切面口形是一个椭圆，该椭圆的长轴（或长半轴）、短轴（或短半轴）可以根据施工图或已知条件得到。椭圆具有关于长轴及短轴的轴对称性和关于其中心点的点对称性，所以在计算椭圆圆弧线上点的直角坐标时，只计算它的在第Ⅰ象限中的弧线上的点的坐标，就可以划制整个椭圆了。这里把椭圆的长轴重合于平面直角坐标的横轴 ox 轴，把椭圆的短轴重合于纵轴 oy 轴。

椭圆（右上四分之一部分）在第Ⅰ象限中的圆弧线上的点 m_i（x_i、y_i）直角坐标的计算式为：

$$y_i = \frac{b}{a}\sqrt{a^2 - x_i^2} \tag{5.4}$$

（这里 $0 \leqslant x_i \leqslant a$）

式中　a——椭圆的长半轴；

　　　b——椭圆的短半轴；

　　　x_i——自变量，在自变量的取值范围（0～a）内，应以适当密集的间距来选取自变量的一系列数值。

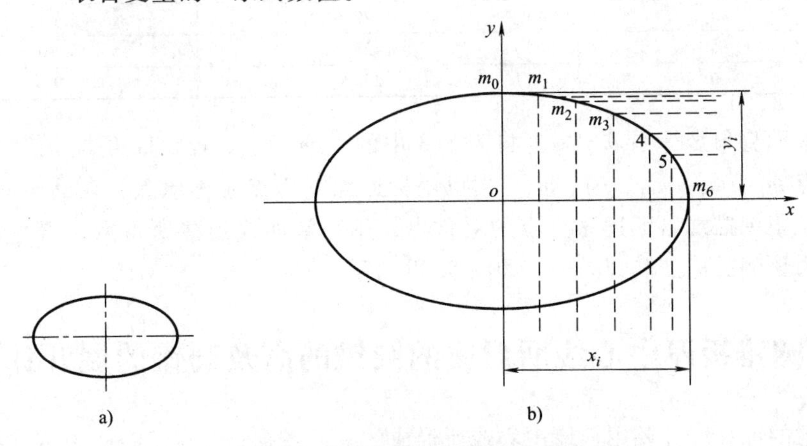

图 5.3　标准椭圆的计算描点划法

a）示意图　b）标准椭圆的计算描点划法示意

例 5.3 如图 5.3b 所示，已知椭圆的长半轴 $a=25.2$，短半轴 $b=14.2$，求作该椭圆的标准图形。

解：将已知数代入计算式（5.4）中，得该例的椭圆在第Ⅰ象限中的点 m_i（x_i、y_i）直角坐标的计算式：

$$y_i=\frac{14.2}{25.2}\sqrt{25.2^2-x_i^2}=0.563492063\sqrt{635.04-x_i^2}$$

（取 $x_i=0$、5、10、15、20、23、25.2）

依次将 x_i 值代入上式计算：

当 $x_i=0$ 时，得：

$$y_0=0.563492063\sqrt{635.04-0^2}=14.2$$

当 $x_i=5$ 时，得：

$$y_1=0.563492063\sqrt{635.04-5^2}=13.92$$

当 $x_i=10$ 时，得：

$$y_2=0.563492063\sqrt{635.04-10^2}=13.03$$

……

将计算结果列于表 5.3 中。

表 5.3 例 5.3 椭圆在第Ⅰ象限中的点 m_i（x_i，y_i）直角坐标值

点序号 i	直角坐标	
	（已选用的）x_i	y_i
0	0	14.2
1	5	13.92
2	10	13.03
3	15	11.41
4	20	8.64
5	23	5.80
6	25.2	0

在平面直角坐标系 oxy 中，将表 5.3 中的点 m_i（x_i、y_i）直角坐标依次描出，得系列点 m_0、m_1、m_2、…、m_6；再以坐标原点 o 为点对称原点，在其余的第Ⅱ、Ⅲ、Ⅳ象限中描划出上述系列点的对称点，用平滑曲线连接所得点，得一规则椭圆，即为该例的标准椭圆图形，如图 5.3b 所示。

5.4 圆锥板厚中心线所形成的圆锥的高及圆锥的展开计算

圆锥的计算展开要用板厚中心线所形成的几何数据. 当施工图样中有这些数据时，可直接使用。如果只有圆锥的外形边缘尺寸，那就要换算出圆锥板厚中心线所形成的圆锥的高及圆锥的下底圆板厚中心直径，才能进行计算展开，制作圆锥的展开图。

图 5.4a 所示为圆锥的立体图。如图 5.4b 所示，构件下部圆管的外直径为 $D_{外}$，上部圆锥的外形边缘高为 H，板厚均为 t，求圆锥板厚中心线所形成的圆锥高 C 及圆锥的下底圆的板厚中心直径 $D_{中}$，并制作展开图。

1）圆锥板厚中心线所形成的圆锥的几何数据计算式：

圆锥的半顶角：

$$\left.\begin{aligned}
&\frac{\angle A}{2}=\arctan\frac{\frac{D_{外}}{2}-t}{H}+\arcsin\frac{t}{\sqrt{\left(\frac{D_{外}}{2}-t\right)^2+H^2}}\\
&\text{圆锥的下底圆的板厚中心直径：}D_{中}=D_{外}-t\\
&\text{圆锥的高：}C=\frac{D_{中}}{2}\cot\frac{\angle A}{2}\\
&\text{圆锥的斜边长：}R=\sqrt{\left(\frac{D_{中}}{2}\right)^2+C^2}\\
&\text{焊缝的坡口切割量 }b\text{：}\\
&\text{施工图样上有焊缝的坡口切割量时：}b=\text{图示尺寸}\\
&\text{施工图样上已确认，不要焊缝坡口切割量时：}b=0\\
&\text{本节（例题）的对角焊缝的坡口切割量计算式：}b=\frac{t}{2}\tan\left(\frac{1}{2}\frac{\angle A}{2}\right)\\
&\text{验算式：}H=\frac{t}{2\sin\frac{\angle A}{2}}+C+\frac{t}{2}\tan\left(\frac{1}{2}\frac{\angle A}{2}\right)
\end{aligned}\right\}\qquad(5.5)$$

式中　t——圆管和圆锥的板厚；

H——圆锥的外形边缘所形成的圆锥高；

$D_{外}$——圆管的外直径。

2）圆锥展开图扇形的几何数据计算式：

$$\left.\begin{aligned}
&\text{扇形的圆弧半径：}r=R-b\ (\text{当 }b=0\text{ 时，}r=R)\\
&\text{扇形的展开角（圆心角）：}\theta=360^\circ\sin\frac{\angle A}{2}\\
&\text{扇形的圆弧长：}2\pi r\sin\frac{\angle A}{2}
\end{aligned}\right\}\qquad(5.6)$$

式中　π——圆周率；

R、b、$\frac{\angle A}{2}$——见计算式（5.5）。

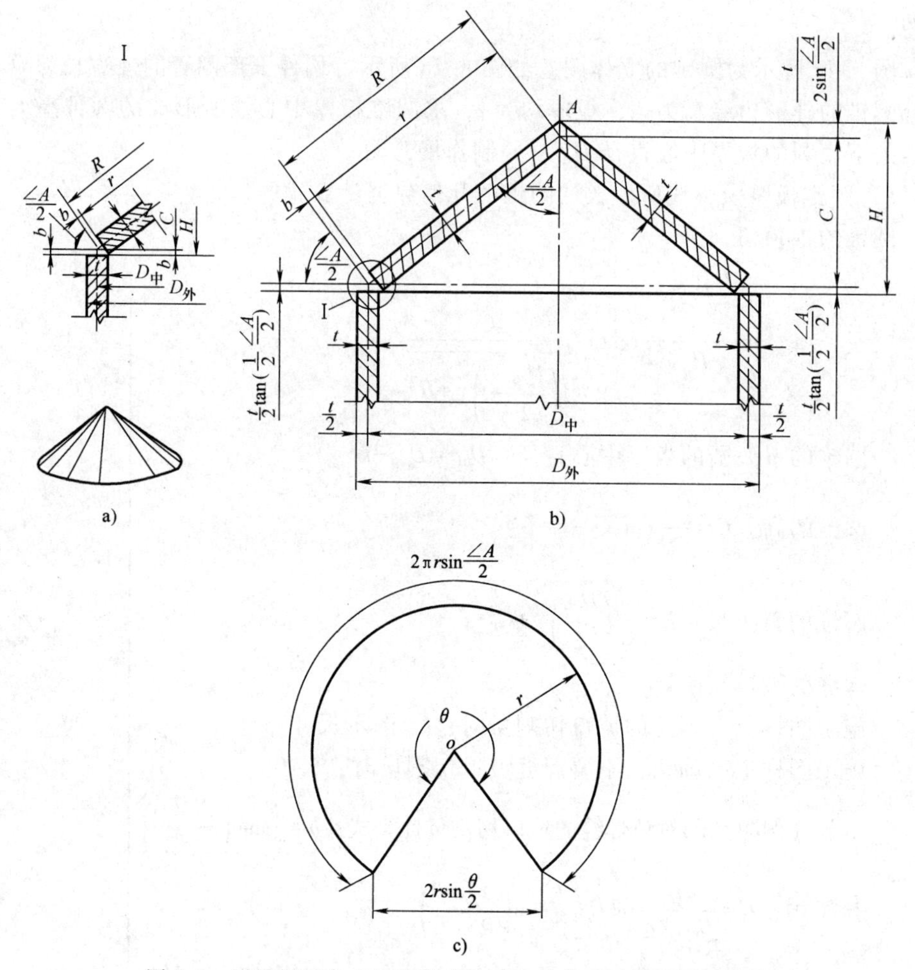

图 5.4　圆锥板厚中心线所形成的圆锥的高及圆锥的展开计算

a）立体图　b）圆锥板厚中心线所形成的圆锥几何数据示意图　c）圆锥展开图

例 5.4　如图 5.4b 所示，构件下部圆管的外直径 $D_{外}=800$，上部圆锥的外形边缘的圆锥高 $H=300$，板厚均为 $t=10$。求圆锥的板厚中心线所形的圆锥高 C 及圆锥下底圆的板厚中心直径 $D_{中}$，并制作圆锥展开图。

解：1）将已知数代入计算式（5.5）中，得本例的圆锥的板厚中心线所形成的圆锥的几何数据：

圆锥的半顶角：$\dfrac{\angle A}{2}=\arctan\dfrac{\dfrac{800}{2}-10}{300}+\arcsin\dfrac{10}{\sqrt{\left(\dfrac{800}{2}-10\right)^2+300^2}}=53.59594993°$

圆锥的下底圆的板厚中心直径：$D_{中}=800-10=790$

圆锥的高：$C=\frac{790}{2}\cot 53.59594993°=291.26$

圆锥的斜边长：$R=\sqrt{\left(\frac{790}{2}\right)^2+291.26^2}=490.77$

本例题的焊缝坡口切割量：$b=\frac{10}{2}\tan\frac{53.59594993°}{2}=2.53$

验算式：$H=\frac{10}{2\sin 53.59594993°}+291.26+\frac{10}{2}\tan\frac{53.59594993°}{2}=300$

2）将已知数代入计算式（5.6）中，得本例的圆锥展开图扇形的几何数据：

扇形的圆弧半径：$r=490.77-2.53=488.24$

扇形的展开角（圆心角）：$\theta=360°\sin 53.59594993°=289.7466654°$

扇形的圆弧长：$2\pi\times 488.24\sin 53.59594993°=2469.05$

扇形的圆弧长所对的弦长：$2\times 488.24\sin\frac{289.7466654°}{2}=561.85$

3）以点 o 为圆心，以 $r=488.24$ 为半径作圆弧，在圆弧上取两点间的线段，弦长$2r\sin\frac{\theta}{2}=561.85$，这两点与圆心 o 连接，所得扇形的圆弧长 $2\pi r\sin\frac{\angle A}{2}=2469.05$，圆心角 $\theta=360°\sin\frac{\angle A}{2}=289.75°$，即为本例的圆锥展开图，如图 5.4c 所示。